U0203623

河南洛阳熊耳山省级自然保护区科学考察报告

SCIENTIFIC SURVEY REPORT OF
HENAN LUOYANG XIONGERSHAN NATURE RESERVE

郭　凌　叶永忠　秦向民　主编

河南科学技术出版社
· 郑州 ·

图书在版编目（CIP）数据

河南洛阳熊耳山省级自然保护区科学考察报告/郭凌，叶永忠，秦向民主编．—郑州：河南科学技术出版社，2018.7

ISBN 978-7-5349-9294-0

Ⅰ.①河…　Ⅱ.①郭…②叶…③秦…　Ⅲ.①自然保护区-科学考察-考察报告-洛阳　Ⅳ.①S759.992.613

中国版本图书馆 CIP 数据核字（2018）第 149517 号

出版发行：河南科学技术出版社
地址：郑州市经五路 66 号　　邮编：450002
电话：（0371）65788613　　65788628
网址：www.hnstp.cn
策划编辑：杨秀芳
责任编辑：田　伟
责任校对：张娇娇
封面设计：张　伟
版式设计：栾亚平
责任印制：张艳芳
印　　刷：河南瑞之光印刷股份有限公司
经　　销：全国新华书店
开　　本：787 mm×1092 mm　1/16　　印张：20.5　　彩页：16 面　　字数：750 千字
版　　次：2018 年 7 月第 1 版　　2018 年 7 月第 1 次印刷
定　　价：180.00 元

《河南洛阳熊耳山省级自然保护区科学考察报告》调查编辑委员会

领导小组

组　　长　魏进忠

副 组 长　张万里

成　　员　郭　凌　闫万成　周建发　张耀光

主　　编　郭　凌　叶永忠　秦向民

副 主 编　王　婷　魏东伟　刘　超　刘冰许　王冉杰
王文博　张全来　陈　鹏　张建设

编　　委　(按姓氏音序排列)
陈　锋　陈　鹏　陈　云　崔新峰　郭　凌
郭晓辉　贺　丹　黄　萍　金晨希　金玮欣
明新伟　刘冰许　刘　超　秦向民　邵毅贞
王　婷　王刚强　王冉杰　王文博　王一涵
王亚玲　魏东伟　吴灵枝　杨栓温　叶永忠
袁志良　张建设　张建龙　张全来　周梦社

《河南洛阳熊耳山省级自然保护区科学考察报告》
调查编辑单位及成员

河南农业大学：叶永忠　闫双喜　袁志良　王　婷　魏东伟
邵毅贞　陈　云　李培坤　曹若凡　王雪颖
王一涵

郑州师范学院：崔　波　蒋素华　梁　芳

湖北工业大学工程技术学院：刘　超

河南省林业调查规划院：张全来

河南科技大学：张赞平

河南农业职业学院：黄　萍

河南黄河湿地国家级自然保护区洛阳管理处：
郭　凌　秦向民　王冉杰　王文博　陈　鹏　吴灵枝　金玮欣
金晨希

郑州市动物园：刘冰许

河南洛阳熊耳山省级自然保护区大坪管理站：
刘小国　明新伟　魏新峰

河南洛阳熊耳山省级自然保护区王莽寨管理站：王刚强

河南洛阳熊耳山省级自然保护区宜阳管理站：周梦社

河南洛阳熊耳山省级自然保护区三官庙管理站：贺　丹

河南洛阳熊耳山省级自然保护区故县管理站：张建龙

河南洛阳熊耳山省级自然保护区全宝山管理站：杨栓温

洛阳市退耕还林管理中心：郭晓辉　陈　锋

洛阳市林业工作管理站：王亚玲

河南伏牛山国家级自然保护区老君山管理局：张建设

前　言

熊耳山是秦岭东段的重要支脉，也是豫西主要山脉之一。它地处伊、洛河之间，西起卢氏县，向东北绵延至伊川，南接伏牛山系，北邻崤山，全长近 200 km。海拔高度在 640~2 103 m，其地貌有中山、低山、丘陵和河谷，坡度多在 25°~45°，大部分地区奇峰林立，沟壑纵横，溪流瀑布，长年不断。主峰全宝山海拔 2 103. 2 m，花果山海拔 1 831. 8 m，鹰嘴山海拔 1 859. 6 m。另有花山、象君山、三不管圪塔、李岗寨、王莽寨等山峰海拔均在 1 800 m 以上。

该区处于暖温带南部边缘，属大陆性季风气候，其南面的伏牛山是暖温带和北亚热带的地理分界线，因此该区亦受北亚热带气候影响，动植物种类繁多，生物区系复杂，生态系统完整，生物多样性丰富。2004 年 11 月 19 日《河南省人民政府关于建立河南洛阳熊耳山省级自然保护区的批复》（豫政文〔2004〕216 号）批准建立“河南洛阳熊耳山省级自然保护区”，保护区为过渡区森林和野生动物类型自然保护区。2009 年 12 月 14 日《河南省人民政府关于调整河南洛阳熊耳山省级自然保护区的批复》（豫政文〔2009〕368 号）对河南洛阳熊耳山省级自然保护区进行了部分调整。2015 年，经省政府批准再次进行了调整。

调整后的河南洛阳熊耳山省级自然保护区总面积 32 529. 3 hm^2，位于洛阳市的洛宁、宜阳、嵩县、栾川四县界岭的南北两侧，由故县、全宝山、三官庙、宜阳、王莽寨、大坪六个国有林场的部分林业用地和周边部分集体林地组成。地理坐标为北纬 33°54′~34°31′，东经 111°18′~111°58′。

为摸清自然保护区的家底，明确主要保护对象，采取有针对性的保护措施，保护区管理局组织省内外专家对保护区进行了系统的考察。经多年的调查表明：保护区有维管植物 163 科、769 属、2 076 种及变种，其中蕨类植物 24 科、49 属、123 种，裸子植物 6 科、13 属、21 种，被子植物 133 科、707 属、1 932 种及变种。其中，有国家一级重点保护植物 3 种，国家二级重点保护植物 11 种，河南省重点保护植物 42 种，国家珍贵树种 10 种。有脊椎动物 405 种，包括兽类 69 种，鸟类 236 种，爬行类 29 种，两栖类 17 种，鱼类 54 种。其中，有国家级保护动物 52 种，一级保护动物 2 种，二级保护动物 50 种，中国特有物种 50 种，河南省重点保护的野生脊椎动物 20 种。分布的野生动物中有极危物种 3 种，濒危种 6 种，近危种 25 种，易危种 22 种。

本次科学考察工作得到了国家、省、市各级主管部门的支持以及保护区所在的林场和保护区周边社区的大力配合。河南科学技术出版社为本书的出版做了周密的安排，值此书出版之际，对所有为本书编写、出版做出贡献的人们表示衷心的感谢！

由于编者水平有限，书中若有错误和不足之处，恳请广大读者批评指正。

《河南洛阳熊耳山省级自然保护区科学考察报告》编辑委员会

2018 年 5 月 8 日

目　　录

第 1 章　总　论

1.1　自然保护区地理位置

熊耳山是秦岭东段的重要支脉，也是豫西主要山脉之一。它地处伊河和洛河之间，全长近 200 km。河南洛阳熊耳山省级自然保护区位于洛阳市的洛宁、宜阳、嵩县、栾川四县界岭（熊耳山主山脉）的南北两侧，由故县、全宝山、三官庙、宜阳、王莽寨、大坪六个国有林场的部分林业用地和周边部分集体林地组成。地理坐标为北纬 33°54′~34°31′，东经111°18′~111°58′，总面积 32 529. 3 hm^2。

1.2　自然地理环境概况

熊耳山位处长江流域和黄河流域的分界岭，西起卢氏县，向东北绵延至伊川县折而向东，南接伏牛山系，北邻崤山。海拔高度一般在 640~2 103 m，其地貌有中山、低山、丘陵和河谷，坡度多在 25°~45°，大部分地区奇峰林立，沟壑纵横，溪流瀑布长年不断。主峰全宝山（在洛宁县境内）海拔 2 103. 2 m，花果山（在宜阳县境内）海拔 1 831. 8 m，鹰嘴山（在嵩县境内）海拔 1 859. 6 m。另有花山、象君山、三不管圪塔、李岗寨、王莽寨等山峰海拔均在 1 800 m 以上。

河南洛阳熊耳山省级自然保护区是在新生界燕山造山运动所塑造的地貌形态基础上形成的，其山体主要由花岗岩及少量片麻岩组成。地层主要以前震旦纪结晶片和三叠纪千峰系岩以及后入侵的花岗岩为主。地貌类型主要是流水作用的断块中山和位于中山地貌带两侧的低山地貌带。

该区属暖温带季风型大陆性气候，四季分明，年气温变化大，光照充足。全年平均气温 13℃，1 月最低平均气温-3. 8℃，7 月最高平均气温 29. 4℃，极端最低气温-18. 4℃，极端最高气温 41. 7℃，无霜期从 4 月中旬至 10 月中旬，共 180~195 天，全年日照时数 2 140 小时。降水量分布年际变化大，年降水量在 660~900mm，并随季节变化有很大差异，多集中在 6~9 月，8 月最多。

该区属黄河流域，主山脉是洛河和伊河的分水岭，洛河和伊河在其两侧，洛河位于其北侧，在熊耳山和崤山之间；伊河位于南侧，在熊耳山和伏牛山之间。这里沟谷纵横，河流众多，有大小沟谷河流近千条，直接注入洛河和伊河的沟、涧、河流就有 20 余条。茂密的森林孕育了丰富的地下水资源，该区域大部分地区水资源丰富，只有东部部分地区水资源较少。

区内成土母岩以燕山期中粒花岗岩为主，也有片麻岩、安山汾岩、石英岩、砂岩等。海拔高度一般在 1 300 m 以上，土壤类型以山地棕壤为主，也有小面积的山地褐土。岩石裸露较普遍，土层多浅薄，厚度一般在 30 cm 以下。在沟、谷和局部较平缓的山坡，土层较厚，可达 40 cm 以上。土壤质地多以轻壤为主，pH 值为 5. 5~6. 5，呈酸性，腐殖质层厚，一般为 15~20 cm，最厚可达 30 cm 左右。区内人为活动少，植被盖度大，除岩石裸露，无侵蚀现象。

1.3 自然资源概况

河南洛阳熊耳山省级自然保护区自然植被类型有 7 个植被型组、12 个植被型、115 个群系，在主要群系内划分出群丛。森林覆盖率达 96. 42%，针叶林主要组成为华山松林、油松林、落叶松林，阔叶林主要有锐齿槲栎林、短柄枹栎林、栓皮栎林、杨桦林等。保护区有维管植物共计 163 科、769 属、2 076 种及变种，其中蕨类植物 24 科、49 属、123 种，裸子植物 6 科、13 属、21 种，被子植物 134 科、707 属、1 932 种及变种。脊椎动物 405 种，包括哺乳类 6 目、69 种，鸟类 14 目、236 种，爬行类 2 目、29 种，两栖类 2 目、17 种，鱼类 2 目、54 种。其中，有国家Ⅰ级重点保护植物 3 种，国家Ⅱ级重点保护植物 11 种，河南省重点保护植物 42 种，国家珍贵树种 10 种；有国家级保护动物 52 种，一级保护动物 2 种，二级保护动物 50 种，中国特有物种 50 种，河南省重点保护的野生脊椎动物 20 种。分布的野生动物中有极危物种 3 种，濒危物种 6 种，近危物种 25 种，易危物种 22 种。

1.4 社会经济概况

河南洛阳熊耳山省级自然保护区位于洛阳市的洛宁、宜阳、嵩县、栾川四县交界地带，是河南省较大的一块集中连片的国有林区，包括洛宁县故县林场、全宝山林场和三官庙林场，宜阳县宜阳林场，嵩县王莽寨林场，栾川县大坪林场。

保护区内各国有林场，共有职工 521 人，民族组成单一，均为汉族。与保护区相邻的 20 个乡镇总人口约 48. 08 万人，人口密度为每平方千米 148 人，劳动力总数 22. 62 万人。当地人口在民族组成上绝大多数为汉族，只有洛宁兴华乡和嵩县德亭乡等有极少数回族，约占当地人口的 1%，没有其他少数民族。

保护区四周公路纵横交错，四通八达，市与县、县与县之间都有干线公路，如洛栾高速、洛栾快速通道、洛卢公路、旧祖公路等。通往各林场都有专线公路，汽车可直达各林场，多数林区道路路况较差，目前尚能满足基本的护林和生产需要。

与保护区相邻的共计有 20 个乡镇，北部自西向东分别是洛宁县的故县、下峪、兴华、底张、西山底、赵村、陈吴、涧口，宜阳县的张坞、穆册、上观、莲庄；南部自西向东分别是栾川县的狮子庙、秋扒、潭头，嵩县的大章、德亭、何村、城关、大平。在相邻的 20 个乡镇中共涉及 67 个行政村。

1.5 保护区范围及功能区划

河南洛阳熊耳山省级自然保护区总面积为32 529.3 hm^2。其中，核心区面积为7 706.3 hm^2，占保护区总面积的23.69%；缓冲区面积为8 957.8 hm^2，占保护区总面积27.54%；实验区面积为15 865.2 hm^2，占保护区总面积的48.77%。

（1）核心区：核心区主要由天然次生林组成，具有明显的自然垂直带谱和多样性的生态类型，生物种类繁多，森林生态系统完整稳定。主要保护天然次生林、华山松栎类混交林及多种植物群落，以及连香树、领春木、铁杉、勺鸡等珍稀动植物及生境。

（2）缓冲区：缓冲区分布在核心区外围100 m左右的区域，该区地势多以悬崖峭壁为主，形成一道天然屏障。

（3）实验区：实验区主要由天然次生林组成，含有部分人工林。主要保护山白树、猬实、水曲柳、领春木、人工油松林、落叶松林、紫斑牡丹、红腹锦鸡等动植物及天然次生林等。

保护区核心区、缓冲区无居民，主要保护对象在保护区内能得到有效保护。

1.6 综合评价

河南洛阳熊耳山省级自然保护区位于暖温带南缘，保存有典型的暖温带与北亚热带过渡森林生态系统，是天然的物种资源宝库，包含有多种珍稀、濒危野生动植物。保护区为华东植物区系、华中植物区系、西南植物区系与西北植物区系、华北植物区系交会之地，多种区系成分兼容并存。植被类型具有一定的北亚热带常绿林向暖温带落叶林的过渡型。该区还与我国南水北调中线工程的重要水源区相邻，保护好森林生态系统，对维持区域生态环境的稳定具有十分重要的作用。

河南洛阳熊耳山省级自然保护区是我国中部地区生物多样性较丰富的地区之一，保护区的建立有利于保护北亚热带、暖温带过渡地区生态环境，有利于该区的生物多样性保护。

第2章　河南洛阳熊耳山省级自然保护区自然地理环境

2.1　地质概况

地壳运动、构造体系的排列及岩石性质的形成，是地球演化史上最重大的地质事件。熊耳山所在的豫西山地，大体构造位置位于中朝准地台（华北地台）南缘与秦岭褶皱系之衔接部位。豫西山地又在本区分为秦岭地轴与豫西地台两个次一级的构造单元。

秦岭地轴自吕梁运动之后，隆起成条带状山体，震旦纪以来主要呈现为垂直上升运动。后期因多次受地壳运动强烈影响，地轴活化现象明显，使北部有花岗岩和玄武岩侵入体并呈大面积不连续分布，前震旦系秦岭系后期花岗岩侵入体成为组成地轴的主要成分。本区由于受板块边界深断裂和秦岭褶皱带长期活动的影响，构造形态复杂，断裂与褶皱均较发育，区域构造格架呈近“EW”向与“NNE”向两组构造相互交织构成的格子状。区内断裂以近“EW”向最早发育，形成于早燕山期；其次为“NNE”向，形成于燕山期。近“EW”向断裂与“NNE”向断裂交会部位常控制燕山期中酸性小侵入体的分布。这些花岗岩侵入体由于岩性坚硬，造成突兀高原（黄土高原东部）面上的陡峻山地，亦成为第二地貌阶梯与东部平原接壤区难得出现的山地地貌景观。

另一重要构造单元豫西地台位于伏牛山、外方山与中条山广阔地域之间，自震旦纪以来该地质单元以下降作用为主，这种构造变动过程一直持续到古生代，从而使本区域在区域构造变动导引下出现明显的区域地质特征：除志留纪、泥盆纪及下石炭纪地层有沉积缺失外，其他华北地区常见地层在本地均有出露；中生代晚期因受燕山运动的强烈影响，三叠纪以前的沉积地层因地壳运动导致的构造变形，从而形成明显的向斜构造和大面积分布的褶皱，褶皱方向由西南向东北伸展。这种变形塑造了崤山、熊耳山和外方山由西南伸向东北的构造格局。

在褶皱作用的同时，生有较强烈的断裂活动。从外形上看，断裂常常发生在背斜的两翼，背斜主体形成地垒式山地，如熊耳山、崤山、嵩山等为地垒式山地，向斜则构造出地堑式盆地和谷地，洛阳盆地、伊川盆地、宜阳盆地、三门峡盆地及登封盆地等都为向斜构造盆地。

岩性方面，较高山地（地垒式山地）多由前震旦系变质岩、石英岩，寒武-奥陶系石灰岩组成。以石灰岩、砂岩和页岩等软质岩层构成的石炭-二叠纪和侏罗纪地层大多分布在背斜两翼，而在构造盆地和地堑谷地中通常有第四系红色岩系和第四纪湖相、河湖相沉积地层分布，后期风化成黄土沉积常覆于湖相-河湖相沉积之上。

2.2　地貌的形成及特征

河南洛阳熊耳山省级自然保护区是在新生界燕山造山运动所塑造的地貌形态基础上形成的，其山体主要由花岗岩及少量片麻岩组成。地层主要由前震旦纪结晶片和三叠纪千峰系岩以及后入侵的花岗岩为主。地貌类型主要是流水作用的断块中山。

中山地貌带内的重力过程和块体运动非常活跃，900 m 以上因受气候垂直变化和山坡缺乏植被的保护，机械分化和重力崩塌过程非常强烈，山地后退，常伴随形成残断层崖和崩塌壁等垂直地貌现象，散流和暴流的冲刷作用形成深切割的“V”形峡谷，常伴随有暂时性的暴流和跌水。重力过程及暴流作用又使机械风化的大块砾石流入沟谷，形成多姿多彩的石河。

低山地貌位于中山地貌带之外围，由一系列海拔 600~700 m 的低山群所组成，并以断裂的方式与中山地貌带分开，并位于中山地貌带的两侧。低山地貌带北部由石灰岩和页岩组成，表现为单斜构造地形——单面山地貌形态。南侧为片岩组成的和缓侵蚀低山。本带的机械分化和重力过程较中山地貌带弱，暴流与片流冲刷作用大大加剧，因而地貌形态总体趋于浑圆。

丘陵地貌因组成物质不同，有三种不同的类型：山前侵蚀丘陵位于低山外围，与低山呈断层接触，由片岩和页岩经暴流切割而成，表现为地形破碎、沟谷零乱的地形形态，该类地形以三官庙至石寨山及颍水南岸较为典型；花岗岩丘陵主要分布于片岩、页岩侵蚀丘陵以南，因暴流冲刷剧烈，沟谷密布、地形破碎；长岗状侵蚀丘陵集中分布于登封盆地底部，尤以颍水北岸最为典型，由山前洪积扇平原经单羽状平行水系切割而成，形如长蛇、状如山岗，故有“长岗”之称。

河谷平原地貌主要指位于山之间的河谷平原，接受来自山地剥蚀和流水侵蚀的松散堆积物，后经稳定发育的河流改造形成的河流地貌。这里有三级河流堆积阶地，其结构高程分别是 300~320 m，370~400 m，450~500 m。

2.3　水文

本区内地下水资源丰富，水位深浅不一，多在 1~15 m，降水入渗量因岩层的不透水性，流动方向多同地表河水流向一致，潜流一定地段又重新溢出地表成为溪流。水质为一、二级，富含多种矿物质成分，水质良好。

发源于该区域的河流主要有明白河、汝河和白河。明白河为伊河支流，经栾川县注入伊河，再经嵩县、伊川县、偃师市汇入黄河。汝河发源于嵩县龙池墁、木札岭，经汝阳、临汝等县而后注入淮河，年平均径流量 4.1~26.8 m^3/s。白河发源于嵩县白云山、玉皇顶，经南召、方城、新野等县后在湖北省注入汉水。

2.4 岩石与土壤

熊耳山地区地层可分为3个构造层：结晶基底为新太古界太华群中深变质岩（绿岩建造）及片麻状花岗岩；盖层为中元古界熊耳群浅变质火山岩，以及官道口群滨-浅海相含硅质碳酸盐岩；上构造层为在中新生代伸展断陷盆地内发育的红色碎屑沉积岩。

新太古界太华群深变质岩系主要由英云闪长质-奥长花岗质-花岗闪长质（TTG）片麻岩、原岩为拉斑玄武岩的斜长角闪岩和石榴二辉麻粒岩，以及具孔兹岩建造特征的富铝、富碳质片麻岩，大理岩和磁铁石英岩等组成。变质作用达高角闪岩相和麻粒岩相。

河南洛阳熊耳山省级自然保护区地域面积大，在其漫长的发展过程中，受各种自然成土因素以及人为活动的深刻影响，致使土壤组成存在着很大差异，形成的土壤类型也各不相同。该区域土壤母岩主要为花岗岩和片麻岩，土壤以褐土和棕壤为主，发育层次明显，表面有机质含量较丰富，大部分地区的枯枝落叶层和腐殖质层厚度为5~10 cm，土壤厚度多在20~60 cm，pH值为5.5~8.0，绝大多数土壤呈酸性。

河南洛阳熊耳山省级自然保护区成土母岩以燕山期中粒花岗岩为主，也有片麻岩、安山汾岩、石英岩、砂岩等。海拔高度一般在1 300 m以上，土壤类型以山地棕壤为主，也有小面积的山地褐土。岩石裸露较普遍，土层多浅薄，厚度一般在30 cm以下。在沟、谷和局部较平缓的山坡，土层较厚，可达40 cm以上。土壤质地多以轻壤为主，pH值为5.5~6.5，呈酸性，腐殖质层厚，一般15~20 cm，最厚可达30 cm左右。区内人为活动少，植被盖度大，除岩石裸露，无侵蚀现象。

第 3 章　河南洛阳熊耳山省级自然保护区植物多样性

3.1　河南洛阳熊耳山省级自然保护区植物区系

3.1.1　维管植物区系的科、属基本组成

通过野外考察和参考相关资料统计出维管植物共计 163 科、769 属、2 076 种及变种，其中蕨类植物 24 科、49 属、123 种，裸子植物 6 科、13 属、21 种，被子植物 134 科、707 属、1 932 种及变种。

为了直观地反映出河南洛阳熊耳山省级自然保护区与中国、世界植物区系的关系，以及与世界各地的联系，现对河南洛阳熊耳山省级自然保护区维管植物各科所含属数、种数、分布类型进行统计，见表 3.1。

表 3.1　河南洛阳熊耳山省级自然保护区维管植物科统计与分布

科	属/种	中国含属/种	世界含属/种	世界分布区域
被子植物				
1. 三白草科	1/1	3/4	4/6	东亚、北美
2. 金粟兰科	1/2	3/18	4/40	热带至亚热带
3. 杨柳科	2/29	3/231	3/530	北温带
4. 胡桃科	4/5	7/27	8/60	泛热带至温带
5. 桦木科	5/15	6/70	6/120	北温带
6. 壳斗科	2/14	5/209	8/900	全世界，主产全温带及热带山区
7. 榆科	5/18	8/52	15/150	泛热带至温带
8. 桑科	6/10	19/163	55/1405	泛热带至亚热带
9. 荨麻科	6/14	20/223	45/550	泛热带至亚热带
10. 檀香科	2/4	7/20	30/600	泛热带至温带
11. 槲寄生科	2/3	6/（60）70	7/450	广布全球热带和温带

续表

科	属/种	中国含属/种	世界含属/种	世界分布区域
12. 马兜铃科	3/8	4/50	5/300	泛热带至温带
13. 蓼科	8/53	11/210	40/800	全世界，主产温带
14. 藜科	4/10	44/209	102/1 400	全世界，主产中亚—地中海
15. 苋科	4/12	13/39	60/850	泛热带至温带
16. 商陆科	1/1	1/4	22/120	亚、非、拉丁美洲
17. 马齿苋科	1/1	3/7	20/500	全世界，主产美洲
18. 石竹科	13/32	29/316	66/1 654	全世界
19. 睡莲科	3/3	5/10	8/100	全世界
20. 金鱼藻科	1/1	1/5	1/7	全世界
21. 领春木科	1/1	2/2	2/3	东亚
22. 连香树科	1/1	1/1	1/1	东亚
23. 毛茛科	15/58	41/687	51/1 901	全世界，主产温带
24. 木通科	1/1	5/40	7/50	东亚
25. 小檗科	3/11	11/300	20/600	主产北温带
26. 防己科	3/3	19/60	70/400	泛热带至亚热带
27. 五味子科	1/2	2/30	2/50	东亚、东南亚及北美
28. 木兰科	1/3	16/150	18/320	泛热带至亚热带
29. 樟科	2/4	22/282	32/2 050	泛热带至亚热带
30. 罂粟科	6/19	20/230	43/500	北温带
31. 十字花科	22/36	102/440	510/6 200	泛热带至温带
32. 景天科	5/14	12/262	36/1 503	全世界
33. 虎耳草科	11/26	27/400	80/1 200	全温带
34. 海桐花科	1/1	1/34	9/200	热带和亚热带
35. 悬铃木科	1/3	1/3	1/10	北半球温带和亚热带
36. 金缕梅科	1/1	17/76	27/140	东亚
37. 杜仲科	1/1	1/1	1/1	特产我国
38. 蔷薇科	28/114	60/912	100/2 000	全世界，主产温带
39. 豆科	32/101	150/1 120	600/13 000	全世界
40. 酢浆草科	1/4	3/13	10/900	泛热带至温带
41. 牻牛儿苗科	2/8	4/70	11/600	泛热带至温带
42. 亚麻科	1/1	5/12	14/160	全世界

续表

科	属/种	中国含属/种	世界含属/种	世界分布区域
43. 蒺藜科	1/1	5/33	25/160	泛热带至亚热带
44. 芸香科	2/8	24/145	150/900	泛热带至温带
45. 苦木科	2/2	5/10	20/120	泛热带至亚热带
46. 楝科	2/2	16/113	50/1 400	泛热带至亚热带
47. 远志科	1/4	5/47	11/1 000	泛热带至温带
48. 大戟科	11/22	63/345	300/5 000	泛热带至温带
49. 黄杨科	1/2	3/18	6/100	泛热带至亚热带
50. 漆树科	4/9	15/55	60/600	主产热带、亚热带
51. 卫矛科	2/17	13/202	51/530	全世界（除北极）
52. 省沽油科	1/2	3/20	6/50	北温带
53. 槭树科	2/17	2/102	3/200	北温带，主产东亚
54. 七叶树科	1/2	1/8	2/30	北温带
55. 无患子科	2/2	20/40	136/2 000	主产热带
56. 清风藤科	2/4	2/70	4/120	主产亚洲及热带美洲
57. 凤仙花科	1/3	2/191	4/600	亚热带非洲
58. 鼠李科	6/21	15/134	58/90	泛热带至温带
59. 葡萄科	4/23	7/124	20/700	泛热带至亚热带
60. 椴树科	3/8	9/80	35/400	泛热带至亚热带
61. 锦葵科	4/7	16/50	75/(1 000~1 500)	泛热带至温带
62. 梧桐科	1/1	17/70	50/900	主产热带、亚热带
63. 猕猴桃科	2/6	2/79	4/370	主产热带、亚热带
64. 藤黄科	1/7	8/87	40/1 000	热带
65. 芍药科	1/7	1/20	1/35	主产欧亚大陆
66. 柽柳科	2/3	4/27	5/90	温带、热带和亚热带
67. 堇菜科	1/18	4/120	18/800	全世界
68. 大风子科	1/1	10/24	80/500	热带、亚热带
69. 旌节花科	1/1	1/8	1/10	东亚
70. 秋海棠科	1/2	1/90	5/500	热带、亚热带
71. 瑞香科	5/8	9/90	40/500	泛热带至温带
72. 胡颓子科	2/5	2/30	3/50	亚热带至温带
73. 千屈菜科	4/7	11/47	25/550	主产热带、亚热带

续表

科	属/种	中国含属/种	世界含属/种	世界分布区域
74. 菱科	1/1	1/5	1/30	东半球
75. 柳叶菜科	5/11	10/60	20/600	全世界，主产北温带
76. 小二仙草科	2/4	2/7	7/170	全世界
77. 杉叶藻科	1/1	1/3	1/3	全世界
78. 八角枫科	1/3	1/8	1/30	东亚、大洋洲及非洲
79. 五加科	5/9	23/160	60/800	泛热带至温带
80. 伞形科	28/53	58/540	305/3 225	全温带
81. 山茱萸科	1/9	8/50	10/90	北温带至热带
82. 青荚叶科	1/1	1/5	1/8	世界
83. 杜鹃花科	4/12	20/792	50/1 350	全世界，主产南非、喜马拉雅
84. 报春花科	4/15	12/534	20/1 000	全温带
85. 白花丹科	2/2	7/40	21/580	地中海至中亚
86. 柿树科	1/2	1/40	1/400	泛热带至亚热带
87. 山矾科	1/1	1/125	2/500	热带、亚热带
88. 安息香科	1/4	9/59	11/180	亚洲、美洲东部
89. 木犀科	7/23	14/188	29/600	泛热带至温带
90. 马钱科	1/3	9/60	35/800	泛热带至亚热带
91. 龙胆科	7/20	19/269	80/900	全温带
92. 夹竹桃科	3/3	22/177	180/1 500	泛热带至亚热带
93. 萝藦科	1/4	36/231	120/2 000	泛热带至温带
94. 旋花科	4/11	21/120	55/1 650	泛热带至温带
95. 花荵科	1/1	3/6	15/300	欧洲、亚洲和美洲，主产地为北美
96. 紫草科	12/24	51/209	100/2 000	全世界，主产温带
97. 马鞭草科	4/11	16/166	75/3 000	泛热带至温带
98. 唇形科	25/71	94/793	180/3 500	全世界，主产地中海
99. 茄科	10/20	24/140	80/3 000	热带至温带
100. 玄参科	17/36	54/610	220/3 000	全世界，主产温带
101. 紫葳科	3/6	17/40	120/650	热带、亚热带
102. 胡麻科	1/1	17/40	120/650	热带、亚热带
103. 列当科	1/2	10/40	13/800	主产旧大陆温带
104. 苦苣苔科	2/2	37/231	120/2 000	泛热带至亚热带

续表

科	属/种	中国含属/种	世界含属/种	世界分布区域
105. 透骨草科	1/1	1/（1~2）	1/（1~2）	东亚、北美
106. 车前科	1/4	1/16	3/370	全世界
107. 茜草科	4/15	74/474	510/6 200	泛热带至温带
108. 忍冬科	7/29	12/200	13/500	北温带和热带山区
109. 败酱科	2/7	3/30	13/400	北温带
110. 川续断科	2/2	5/30	12/300	地中海、亚洲、非洲北部
111. 葫芦科	5/6	29/141	110/640	泛热带至温带
112. 桔梗科	5/16	13/125	70/2 000	全世界，主产温带
113. 菊科	66/182	207/2 170	900/1 300	全世界
114. 香蒲科	1/4	1/10	1/18	全世界
115. 黑三棱科	1/2	1/4	1/20	全温带
116. 眼子菜科	1/12	7/39	8/100	全温带
117. 茨藻科	2/3	1/4	1/35	热带至温带
118. 泽泻科	2/5	5/13	13/100	北温带、大洋洲
119. 花蔺科	1/1	2/2	5/12	欧、亚、美三洲
120. 水鳖科	2/2	8/24	16/80	全球温、热带
121. 禾本科	78/164	217/1 160	620/10 000	全世界
122. 莎草科	13/74	33/569	90/4 000	全世界，主产温带及寒冷地区
123. 天南星科	5/11	28/194	115/2 000	泛热带至温带
124. 浮萍科	3/5	3/6	4/30	全世界
125. 鸭跖草科	2/2	13/49	40/600	泛热带至温带
126. 雨久花科	1/1	2/6	7/30	热带至亚热带
127. 灯心草科	2/14	2/60	8/300	全温带
128. 百部科	1/1	2/9	3/12	泛热带至温带
129. 百合科	22/72	52/365	250/3 700	全世界，主产温带、亚热带
130. 石蒜科	1/1	10/100	85/1 100	泛热带至温带
131. 薯蓣科	1/2	1/80	10/650	泛热带至温带
132. 鸢尾科	2/7	11/84	60/1 500	泛热带至温带
133. 兰科	22/36	141/1 040	735/17 000	全世界
裸子植物				
1. 银杏科	1/1	1/1	1/1	特产我国

续表

科	属/种	中国含属/种	世界含属/种	世界分布区域
2. 松科	5/9	10/142	10/230	全世界
3. 杉科	2/3	5/7	10/16	主产北温带
4. 柏科	3/6	8/36	22/150	全世界
5. 三尖杉科	1/1	1/7	1/9	东亚
6. 红豆杉科	1/2	4/13	5/23	主产北半球
蕨类植物				
1. 石松科	3/4	5/14	6/40	全世界
2. 卷柏科	1/12	1/（60~70）	1/700	全世界
3. 木贼科	1/6	1/10	1/25	北温带
4. 阴地蕨科	1/1	1/17	1/40	主要分布在温带，很少分布在热带或南极地区
5. 瓶尔小草科	1/1	1/6	3/80	全世界
6. 膜蕨科	1/1	19/79	34/700	热带地区
7. 碗蕨科	1/2	2/62	9/100	热带及亚热带
8. 蕨科	1/1	2/6	2/11	全世界，热带为中心
9. 凤尾蕨科	1/2	3/100	13/300	全世界
10. 中国蕨科	4/5	8/60	14/300	亚热带地区
11. 铁线蕨科	1/5	2/30	60/850	全世界，尤多见于热带美洲
12. 裸子蕨科	2/6	5/10	17/40	热带和亚热带，少数达北半球温带
13. 蹄盖蕨科	9/17	20/400	20/500	全世界热带至寒温带各地，以热带、亚热带山地为多
14. 肿足蕨科	1/2	1/11	1/30	产亚洲和非洲的亚热带和暖温带
15. 金星蕨科	3/5	18/365	20/1 000	热带和亚热带，少数产温带，尤以亚洲为多
16. 铁角蕨科	2/7	8/131	10/700	世界各地，主产热带
17. 睫毛蕨科	1/1	1/1	1/1	亚洲东部及东北部
18. 球子蕨科	2/3	2/5	2/6	北半球温带
19. 岩蕨科	2/6	3/30	3/50	北温带及我国东北
20. 鳞毛蕨科	3/18	13/472	14/1 200	北半球温带和亚热带高山地带
21. 水龙骨科	5/15	27/150	40/500	热带
22. 苹科	1/1	1/3	3/75	大洋洲、非洲南部及南美洲

续表

科	属/种	中国含属/种	世界含属/种	世界分布区域
23. 槐叶苹科	1/1	1/1	1/1	全世界，以美洲和非洲热带地区为主
24. 满江红科	1/1	1/1	1/4	南美洲和北美洲及欧洲

由表 3. 1，各科所含种数统计：含 1 种的单种科 36 个，占所有科的 21. 95%，有连香树科（Cercidiphyllaceae）、银杏科（Ginkgoaceae）、杜仲科（Eucommiaceae）、透骨草科（Phrymataceae）等；含有 2~9 种的寡种科 78 个，占所有科的 47. 56%；含 10~30 种的科 36 个，占所有科的 21. 95%；含 31~50 种的中等科 4 个，占所有科的 2. 44%；含 51~100 种的大科 6 个，分别为蓼科（Polygonaceae）53 种、伞形科（Umbelliferae）53 种、毛茛科（Ranunculaceae）58 种、唇形科（Labiatae）71 种、莎草科（Cyperaceae）74 种、百合科（Liliaceae）72 种；含 100 种以上的特大科 4 个，分别为豆科（Leguminosae）101 种、蔷薇科（Rosaceae）114 种、禾本科（Gramineae）164 种、菊科（Compositae）182 种。大科、特大科共计 10 科，占全部科的 6. 1%，但所含有的种数占全部种数的 45. 38%。由此可见，以上大科在本区的维管植物区系组成中起着重要作用。但在这些科中，除蔷薇科、豆科的少数属为木本植物外，其余各科均为草本植物，它们在本区的森林植被中的作用并不明显；而含属种较少的银杏科、松科、柏科、三尖杉科、红豆杉科、胡桃科、壳斗科、樟科、桦木科、杨柳科、榆科等木本植物则是本区森林植被的主要成分。

以上统计表明，本区维管植物具有明显的过渡特征，泛热带至温带分布科较多，纯温带分布科明显较少，但泛热带至温带科仅含有少数几属或数种，体现出热带植物边缘的分布特征。此外，在全世界广布科中，以主产温带地区的属种居多。

3. 1. 2　植物区系的地理成分分析

3.1.2.1　科的地理成分分布

吴征镒在世界植物科的分布区类型系统中对植物的科进行了分析整理，提出了世界植物科分布区类型的划分方案。将世界植物的科划分为 18 个大分布区类型。根据这一方案将河南洛阳熊耳山省级自然保护区维管植物 163 个科分为 13 个类型，见表 3. 2。

表 3. 2　河南洛阳熊耳山省级自然保护区维管植物科的分布区类型

分布区类型和变型	本区科数	占总科（%）
1. 世界广布	41	25. 15
2. 泛热带分布	61	37. 42
3. 热带亚洲、热带美洲间断分布	3	1. 84
4. 热带亚洲至热带大洋洲	4	2. 454
5. 热带亚洲至热带非洲	4	2. 454
6. 热带亚洲	3	1. 84

续表

分布区类型和变型	本区科数	占总科（%）
7. 北温带分布	14	8.589
8. 东亚、北美分布	5	3.067
9. 旧世界温带分布	5	3.067
10. 温带亚洲分布	11	6.748
11. 地中海区、西亚至中亚分布	3	1.84
12. 东亚分布	7	4.294
13. 中国特有分布	2	1.227

从科的区系组成中可以看出，世界广布科 41 个，热带分布科 75 个，温带分布科 30 个，地中海区、西亚至中亚分布科 3 个，东亚及东亚、北美分布科 12 个，中国特有科 2 个。从表 3.2 看出本区以泛热带分布科为主，约占 37.42%；世界广布科和温带科大致接近，世界广布科占 25.15%，温带成分占 20.25%；中国特有分布科有 2 种，为银杏科、杜仲科。由此可见，河南洛阳熊耳山省级自然保护区的维管植物科的区系组成具有较明显的热带性质，同时具有从热带向温带的过渡特征。

3.1.2.2 属的地理成分分布

按保护区内维管植物各属所含种的数量将该区 769 属植物分为 3 个等级，分别为少种属（5 种以下）、中等属（5~10 种）、大属（10 种以上）。其中大属有 34 个，分别为卷柏属（*Selaginella*）、鳞毛蕨属（*Dryopteris*）、杨属（*Populus*）、柳属（*Salix*）、栎属（*Quercus*）、蓼属（*Polygonum*）、乌头属（*Aconitum*）、铁线莲属（*Clematis*）、唐松草属（*Thalictrum*）、紫堇属（*Corydalis*）、委陵菜属（*Potentilla*）、蔷薇属（*Rosa*）、悬钩子属（*Rubus*）、绣线菊属（*Spiraea*）、胡枝子属（*Lespedeza*）、巢菜属（*Vicia*）、大戟属（*Euphorbia*）、卫矛属（*Euonymus*）、槭属（*Acer*）、葡萄属（*Vitis*）、堇菜属（*Viola*）、山茱萸属（*Cornus*）、珍珠菜属（*Lysimachia*）、牛皮消属（*Cynanchum*）、忍冬属（*Lonicera*）、艾蒿属（*Artemisia*）、风毛菊属（*Saussurea*）、眼子菜属（*Potamogeton*）、披碱草属（*Elymus*）、早熟禾属（*Poa*）、薹草属（*Carex*）、莎草属（*Cyperus*）、灯心草属（*Juncus*）、葱属（*Allium*）。可见，该植物区系中优势属十分明显，且多数是温带类型。

在植物分类学上，属的形态特征相对比较稳定，占有比较固定的分布区，但又能随着地理环境条件的变化而产生分化，因而属比科更能反映植物系统发育过程中的进化分化情况和地区性特征。根据吴征镒教授关于中国植物属的分布区类型的划分，参照有关分类学文献，对河南洛阳熊耳山省级自然保护区 769 属植物进行归类统计，结果见表 3.3。

本区维管植物各属分为 15 个分布区类型，其中世界分布属有 82 属，占总属数的 10.66%；热带分布属有 176 个，占总属数的 22.89%；温带分布属有 335 属，占总属数的 43.56%；东亚及东亚、北美分布属有 155 个，占总属数的 20.16%；中国特有属有

21 个，占总属数的 2. 73%。由此可见，河南洛阳熊耳山省级自然保护区的植物区系具有明显的温带性质。

表 3. 3　河南洛阳熊耳山省级自然保护区维管植物属的分布区类型

分布区类型和变型	本区属数	全国属数	占全国属数（%）
1. 世界分布	82	104	78. 85
2. 泛热带分布	96	316	30. 38
2. 1　热带亚洲、大洋洲和南美洲间断	2	17	11. 76
2. 2　热带亚洲—热带非洲—热带美洲	1	29	3. 45
3. 热带亚洲、热带美洲间断分布	8	62	12. 90
4. 旧世界热带	18	147	12. 24
4. 1 热带亚洲、非洲、大洋洲间断	2	30	6. 67
5. 热带亚洲至热带大洋洲	14	147	9. 52
6. 热带亚洲至热带非洲	15	149	10. 07
6. 1 中国华南、西南到印度和热带非洲间断	1	6	16. 67
7. 热带亚洲	18	442	4. 07
7. 1 越南至华南	1	67	1. 49
8. 北温带分布	172	213	80. 75
8. 1 环北极分布	1	10	10
8. 2 北极高山	2	14	14. 29
8. 3 北温带、南温带间断	29	57	50. 38
8. 4 欧亚和南美间断	4	5	80
8. 5 地中海区，东亚、新西兰、墨西哥到智利	1	1	100
9. 东亚、北美分布	59	123	47. 97
9. 1 东亚至墨西哥	1	1	100
10. 旧世界温带分布	64	114	56. 14
10. 1 地中海区、西亚、东亚间断	12	25	48
10. 2 欧亚和南非间断	6	17	35. 29
11. 温带亚洲	22	55	40
12. 地中海、中亚、西亚	13	152	8. 55
12. 1 地中海至中亚和墨西哥间断	1	2	50
12. 2 地中海至温带热带亚洲、大洋洲	2	5	70
13. 中亚分布	5	69	7. 25
13. 1 中亚至喜马拉雅	1	26	3. 85
14. 东亚分布	38	73	52. 05
14. 1 中国喜马拉雅	29	141	20. 57
14. 2 中国、日本	28	85	32. 94
15. 中国特有分布	21	257	8. 17

3.1.2.3 种的地理分布

属的分布区是属内各个种的分布区的综合，但由于每个种的分化时间、迁移路线和迁移的速度不同，因而种间的分布区存在着较大的差异，尤其是研究某一局部地区的植物区系时就会有较大的出入，参照吴征镒教授属的分布区类型将种的分布区划分成 15 个类型（表 3.4）。

表 3.4 河南洛阳熊耳山省级自然保护区维管植物种的分布区类型

分布区类型	种数	占总种数（%）
1. 世界分布	25	1.2
2. 泛热带分布	56	2.7
2.1 热带亚洲、大洋洲和南美洲间断	2	0.1
2.2 热带亚洲—热带非洲—热带美洲	5	0.24
3. 热带亚洲和热带美洲间断分布	11	0.53
4. 旧世界热带分布	12	0.58
5. 热带亚洲至热带大洋洲分布	6	0.29
6. 热带亚洲至热带非洲	6	0.29
7. 热带亚洲	28	1.35
8. 北温带分布	83	4
9. 东亚、北美洲间断分布	46	2.22
10. 旧世界温带分布	132	6.36
11. 温带亚洲分布	375	18.1
12. 地中海区、西亚至中亚分布	16	0.77
13. 中亚分布	5	0.24
14. 东亚分布	243	11.7
15. 中国特有分布	1 025	49.4
合计	2 076	100

从表 3.4 中的区系组成可以看出，本区植物种的区系组成中，以中国特有分布种和温带分布种为主，其中中国特有分布种 1 025 个，占所有种的 49.4%；温带分布种 611 个，占所有种的 29.43%；东亚及东亚、北美分布种 289 个，占所有种的 13.92%；热带分布种 126 个，占所有种的 6.07%；世界广布种 25 个，占 1.20%；泛热带分布种 56 个，占 2.7%；东亚及东亚、北美分布种比较接近。由此可见，河南洛阳熊耳山省级自然保护区种的植物区系中中国特有种丰富，同时具有明显的温带性质。

3.1.3 结论

3.1.3.1 植物种类极其丰富，区系成分复杂多样

河南洛阳熊耳山省级自然保护区共有蕨类植物123种，隶属于24科、49属；裸子植物有21种，隶属于6科、13属；被子植物1 932种及变种，隶属于134科、707属。在一个相对较小的地理范围分布有众多的植物物种，可见该区植物多样性是相当丰富的。

3.1.3.2 具有明显的北热带和温带过渡地区的特征

本区植物科、属、种的区系组成中反映出不同特征：科的区系成分以泛热带成分为主，属的区系成分以温带成分为主，种的区系成分以中国特有成分为主。

植物科的区系组成中，世界广布科41个，热带分布科75个，温带分布科33个，东亚及东亚、北美分布科12个，中国特有科2个。以泛热带分布科为主，约占44.58%，具有较明显的热带性质，同时具有从热带向温带的过渡特征。

植物属的区系组成中，世界广布属有82属，占总属数的10.66%；热带分布属有176属，占总属数的22.89%；温带分布属有335属，占总属数的43.56%；东亚及东亚、北美分布属有155个，占总属数的20.16%；中国特有属有21个，占总属数的2.73%。由此可见，河南洛阳熊耳山省级自然保护区的植物区系具有明显的温带性质。

植物种的区系组成中，以中国特有分布种和温带分布种为主，其中中国特有分布种1 025个，占所有种的49.4%；温带分布种611个，占所有种的29.43%；东亚及东亚、北美分布种289个，占所有种的13.92%；热带分布种126个，占所有种的6.07%；世界广布种25个，占1.20%；泛热带分布种56个，占2.7%；东亚及东亚、北美分布种比较接近。由此可见，河南洛阳熊耳山省级自然保护区种的植物区系中中国特有种丰富，同时具有明显的温带性质。

3.1.3.3 物种地理分布具有过渡性和复杂性

河南洛阳熊耳山省级自然保护区地理成分较为复杂，各种地理成分相互渗透，植物种、属的区域分布范围广，跨度大，保护区地处中纬度暖温带与北亚热带气候过渡区，属暖温带季风型大陆性气候，温带成分略占优势，过渡性突出，但是以温带成分逐渐向亚热带成分交替渗透和过渡为特征的温带、亚热带成分占有绝对的优势。在维管植物属的水平上，温带、东亚及东亚、北美成分约占总属数的63.72%，是该区维管植物区系的主要组成部分，其中温带成分占43.56%；同时热带成分在该区维管植物区系中仍然占有较大的比重，占22.89%。因此，河南洛阳熊耳山省级自然保护区维管植物区系具有温带向亚热带地区过渡和渗透的特征。

3.2 河南洛阳熊耳山省级自然保护区植被

根据我们野外调查样方和历年来有关专家学者和有关林业部门在河南洛阳熊耳山省级自然保护区及伏牛山所做的调查资料，结合本山区的具体情况，参照《中国植被》1980年的分类系统，我们采用植被型组、植被型、群系、群丛等单位，将河南洛阳熊耳山省级自然保护区植物群落分为7个植被型组、12个植被型、115个群系，在主要

群系内划分出群丛。

3.2.1 河南洛阳熊耳山省级自然保护区植被类型

1. 针叶林

（1）常绿针叶林：

华山松林 Form. *Pinus armandii*

油松林 Form. *Pinus tabulaeformis*

粗榧林 Form. *Cephalotaxus sinensis*

（2）落叶针叶林：

日本落叶松林 Form. *Larix kaempferi*

华北落叶松林 Form. *Larix gmelinii* var. *principis-rupprechtii*

2. 阔叶林

（1）落叶阔叶林：

栓皮栎林 Form. *Quercus variabilis*

锐齿栎林 Form. *Quercus acutidentata*

槲栎林 Form. *Quercus aliena*

短柄枹林 Form. *Quercus glandulifera* var. *brevipetiolata*

槲树林 Form. *Quercus dentata*

茅栗林 Form. *Castariea seguinii*

千金榆林 Form. *Carpinus cordata*

铁木林 Form. *Ostrya japonica*

石灰花楸林 Form. *Sorbus folgneri*

水榆花楸林 Form. *Sorbus alnifolia*

山杨林 Form. *Populus davidiana*

白桦林 Form. *Betula platyphylla*

坚桦林 Form. *Betula chinensis*

葛萝槭林 Form. *Acer grosseri*

化香林 Form. *Platycarya strobilacea*

短梗稠李林 Form. *Padus brachypoda*

山樱花林 Form. *Cerasus serrulata*

灯台树林 Form. *Cornus controversa*

四照花林 Form. *Cornus kousa* subsp. *Chinensis*

臭辣吴萸林 Form. *Evodia fargesii*

领春木林 Form. *Euptelea pleiosperma*

青檀林 Form. *Pteroceltis tatarinowii*

牛鼻栓林 Form. *Fortuneria sinensis*

漆树林 Form. *Toxicodendron vernixiflum*

君迁子林 Form. *Diospyros lotus*

野核桃林 Form. *Juglans cathayensis*
河楸林 Form. *Catalpa ovata*
山柳林 Form. *Salix phylicifolia*
河柳林 Form. *Salix chaenoineloides*
山茱萸人工林 Form. *Macrocarpium oficinale*
(2) 常绿半常绿阔叶林:
橿子栎林 Form. *Querces baronii*

3. 针阔叶混交林

华山松、锐齿栎混交林 Form. *Pinus armandii*, *Quercus acutidentata*
油松、槲栎混交林 Form. *Pinus tabulaeformis*, *Quercus aliena*

4. 竹林

单轴竹林:
桂竹林 Form. *Phyllostachis bambusoides*
斑竹林 Form. *Phyllostachis bambusoides* f. *lacrima*
淡竹林 Form. *Phyllostachis glauca*

5. 灌丛和灌草丛

(1) 灌丛:
Ⅰ. 常绿灌丛:
河南杜鹃灌丛 Form. *Rhododendron henanense*
照山白灌丛 Form. *Rhododendron micrunthum*
Ⅱ. 落叶灌丛:
荆条灌丛 Form. *Vitex chinensis*
黄栌灌丛 Form. *Cotinus cogygria* var. *pubescens*
杜鹃灌丛 Form. *Rhododendron simsii*
连翘灌丛 Form. *Forsythia suspensa*
杭子梢灌丛 Form. *Campylotropis macrocarpa*
绿叶胡枝子灌丛 Form. *Lespedeza buergeri*
美丽胡枝子灌丛 Form. *Lespedeza formosa*
六道木灌丛 Form. *Abelia zanderi*
白檀灌丛 Form. *Symplocos paniculata*
山胡椒灌丛 Form. *Lindera glauca*
三裂绣线菊灌丛 Form. *Spiraea trilobata*
山梅花灌丛 Form. *Philadelphus incanus*
桦叶荚蒾灌丛 Form. *Viburnum betulifolium*
天目琼花灌丛 Form. *Viburnum sargentii*
多花溲疏灌丛 Form. *Deutzia micrantha*
接骨木灌丛 Form. *Sambuscus williamsii*
珍珠梅灌丛 Form. *Sorbaria kirilowii*

白鹃梅灌丛 Form. *Exochorda racemosa*

榛灌丛 Form. *Corylus heterophylla*

卫矛灌丛 Form. *Euonymus alatus*

米面翁灌丛 Form. *Buckleya henrvi*

伞花胡颓子灌丛 Form. *Elueagntrum bellata*

野山楂灌丛 Form. *Crataegus cuneata*

紫珠灌丛 Form. *Callicarpa* spp.

苦皮藤灌丛 Form. *Celastrus angulatus*

棣棠灌丛 Form. *Kerria japonica*

杠柳灌丛 Form. *Periploca sepium*

忍冬灌丛 Form. *Lonicera japonica*

小叶忍冬灌丛 Form. *Lonicera microphylla*

悬钩子灌丛 Form. *Rubus* spp.

醉鱼草灌丛 Form. *Buddleja officinalis*

西北栒子 Form. *Cotoneaster zabelii*

秦岭小檗灌丛 Form. *Berberis circumserrata*

华茶藨子灌丛 Form. *Ribes fasciculatum*

（2）灌草丛：

美丽胡枝子、黄背草灌草丛 Form. *Lespedeza formosa*，*Themeda trianda* var. *japonica*

荆条、酸枣、黄背草灌草丛 Form. *Vilex chinensis*，*Zizyphus spinosus*，*Themeda trianda* var. *japonica*

悬钩子、大油芒灌草丛 Form. *Rubus* spp.，*Spodipogon sibiricus*

6. 草甸

（1）典型草甸：

Ⅰ. 根茎禾草草甸：

狗牙根草甸 Form. *Cynodon dactylon*

结缕草草甸 Form. *Zoysia japonica*

白茅草甸 Form. *Imperata cylindrical* var. *major*

野古草草甸 Form. *Arundinella hirta*

野青茅草甸 Form. *Deyeuxia pyramidalis*

马唐、画眉草草甸 Form. *Digitaria sanguinatis*，*Eragrostis pilosa*

白羊草草甸 Form. *Bothriochloa ischaeinum*

狼尾草草甸 Form. *Pennisetum alopecuroides*

知风草草甸 Form. *Eragrostis ferruginea*

Ⅱ. 丛生禾草草甸：

黄背草草甸 Form. *Therneda triandra* var. *japonica*

鹅观草、早熟禾草甸 Form. *Roegncriakamoji*，*Poa* spp.

斑茅草甸 Form. *Saccharum arundinaceum*

芒草草甸 Form. *Miscanthus sinemsis*

Ⅲ. 杂类草草甸：

黄花菜草甸 Form. *Hemerocallis citrina*

香青草甸 Form. *Anaphalis sinica*

蒿类草甸 Form. *Artemisia* spp.

血见愁老鹳草草甸 Form. *Geranium henryi*

（2）湿生草甸：

酸模叶蓼草甸 Form. *Polygonum lapathifolium*

脉果薹草、水金凤草甸 Form. *Carex neurocarpa*，*Impatiens noli-tangere*

7. 沼泽植被和水生植被

（1）沼泽：

灯心草沼泽 Form. *Juncus effusus*

荆三棱、莎草沼泽 Form. *Scirpus maritimus*，*Cyperus rotundus*

东陵薹草沼泽 Form. *Carex tangiana*

慈姑群落 Form. *Sagittaria sagittifolia*

喜旱莲子草沼泽 Form. *Alternanthora philoxeroides*

（2）水生植被：

Ⅰ. 挺水植被：

香蒲沼泽 Form. *Typha* spp.

芦苇沼泽 Form. *Phragmites communis*

菰群落 Form. *Zizania latifolia*

Ⅱ. 浮水植被：

满江红、槐叶萍群落 Form. *Azollaim bricata*，*Salvinia natans*

浮萍、紫萍群落 Form. *Lemna minor*，*Spirodela polyrrhiza*

荇菜群落 Form. *Nymphoides peltatum*

芡实菱群落 Form. *Euryale ferox*，*Trapa* spp.

菱群落 Form. *Trapa* spp.

眼子菜群落 Form. *Potamogeton distinctus*

Ⅲ. 沉水植被：

狐尾藻群落 Form. *Myriophyllum spicatum*

黑藻群落 Form. *Hydrilla verticillata*

菹草群落 Form. *Fotamogeton erispus*

竹叶眼子菜群落 Form. *Potamogeton malainus*

金鱼藻群落 Form. *Ceratophyllam demensun*

3.2.2　主要植被类型概述

3.2.2.1　针叶林

河南洛阳熊耳山省级自然保护区分布的针叶树种有 10 多种，均为温性针叶树种。

其中，只有华山松、油松、侧柏等5种植物能在本区成为群落的优势种并形成群落。河南洛阳熊耳山省级自然保护区海拔800 m以下山坡及丘陵地带有较大面积的人工侧柏林。本群落分布的地段一般比较干燥、土壤瘠薄，其他阔叶树种难以生长，但侧柏仍能生长，是本区保持水土、涵养水源、改善生态环境的重要树种。海拔1 000~1 500 m山地分布有油松林（部分为人工林），但面积较小，多为中幼林，但在山崖峭壁上常见有百年大树，且生长良好，说明河南洛阳熊耳山省级自然保护区是油松的适生地，只是由于人们的经济活动而使大龄级油松减少。海拔1 500 m以上山地广泛分布有少量华山松林，在本区生长发育良好，是山区的主要用材林和水源涵养林。在栾川大坪、嵩县王莽寨和洛宁全宝山还有日本落叶松（*Larix gmelinii*）林；在该区生长良好；嵩县王莽寨天池附近还有面积较大的水杉（*Metasequoia glyptostroboides*）和落羽杉（*Taxodium distichum*）人工林。

华山松林 Form. *Pinus armandii*

华山松林自然分布于河南洛阳熊耳山省级自然保护区海拔1 500 m以上的山坡、岭脊或陡崖上，主要见于大坪等林区。乔木层除华山松外，伴生的植物有锐齿栎（*Quercus acutidentata*）、红桦（*Betula albo-sinensis*）、坚桦（*Betula chinensis*）、槲栎（*Quercus dentata*）、千金榆（*Carpinus cordata*）、暖木（*Meliosma veitchiorum*）、五角枫（*Acer mono*）、少脉椴（*Tilia paucicostata*）、山樱花（*Prunus serrulata*）、秦岭冷杉（*Abies chensiensis*）、铁杉（*Tsuga chinensis*）、山核桃（*Juglan scathayensis*）、老鸹铃（*Styrax hemsleyanus*）等。灌木层盖度0.2~0.4，常见的有青荚叶（*Helwing japonica*）、三裂绣线菊（*Spiraea trilobata*）、刺悬钩子（*Rubus indefensus*）、接骨木、桦叶荚蒾（*Viburnum betulifolium*）、钓樟（*Lindera umbellata*）、绿叶胡枝子（*Lespedzea buergeri*）、蕳梗花、美丽胡枝子、陕甘花楸（*Sorbus koehneana*）、粉枝莓（*Rubus biflorus*）等。草本植物较丰富，盖度0.4~0.6，主要的种类有鬼灯檠（*Rodgersia aesculifolia*）、糙苏（*Phlomisum brosa*）、野青茅、崖棕（*Carexs iderosticta*）、荠苨（*Adenophora trachelioides*）、败酱（*Patrinia villosa*）、蟹甲草（*Cacalia auriculata*）、山尖子（*Cacalia hastata*）、山罗花（*Melampyrum roseum*）、黄精（*Polygonatum sibiricum*）、马先蒿（*Pedicularis shansiensis*）、天南星等。层间植物有华中五味子（*Schisandra sphenanthera*）、粉背南蛇藤（*Celastrus hypoleucus*）等。华山松是河南洛阳熊耳山省级自然保护区重要的用材林和水源涵养林，分布广，蓄积量大，林中幼苗、各级立木正常发育，群落结构稳定。

油松林 Form. *Pinus tabulaeformis*

油松林是本区的主要森林类型之一，主要分布于海拔700 m以上山地，其分布星散。低海拔为人工林，高海拔地区也有少量的自然分布的油松林。群落外貌整齐，生长发育良好，层次分明，年龄多为30~50年，山脊处还散生有近百年的大树，盖度0.4~0.5。100 m^2样方内有植物62~75种。

天然油松林中常伴生有鹅耳枥（*Carpinus turczaninowii*）、蒙椴（*Tilia mongolica*）、山杨（*Populus davidiana*）、槲栎（*Quercus dentata*）、短柄枹（*Quercus brevipetiolata*）、锐齿栎（*Quercus acutidentata*）、化香（*Platycarya strobilacea*）、山槐（*Albizzia kalkora*）、五角枫（*Acer mono*）、漆树（*Toxicodendron verniciflnum*）等。灌木层盖度0.25~0.35，

主要有三桠乌药（*Lindera obtusiloba*）、钓樟（*Lindera umbellata*）、连翘（*Forsythia suspensa*）、溲疏（*Deutzia scabra*）、红瑞木（*Swida alba*）、绣线菊（*Spiraea fritschiana*）、山胡椒（*Lindera glauca*）、胡枝子（*Lespedzea bicolor*）、灰栒子（*Cotoneaster acutifolius*）、卫矛、莸梗花、荚蒾（*Viburnum dilatatum*）等。草本层盖度0.1～0.25，主要有披针薹（*Carex lanceolata*）、糙苏（*Phlomis umbrosa*）、山罗花（*Melampyrum roseum*）、龙牙草（*Agrimonia japonica*）、唐松草（*Thalictrum sibiricum*）、山棉花（*Anemone tomentosa*）、堇菜（*Viola verecunda*）、黄精（*Polygonatum sibiricum*）等。油松林更新状况良好，幼苗颇多，各级立木发育良好，在本区是一个稳定的群落类型。

3.2.2.2　阔叶林

阔叶林是组成河南洛阳熊耳山省级自然保护区森林群落的主体。海拔1 200 m以下主要由栓皮栎林组成，常伴生有麻栎、槲树等落叶树种；在较低海拔处，群众常砍伐栓皮栎饲养柞蚕，致使群落成低矮萌生林，是当地的一项重要的副业资源。此外，在向阳山坡上还分布有崖栎林、化香林、茅栗林等。海拔1 300～1 450 m处主要分布有短柄枹林，下限常与栓皮栎、上限常与锐齿栎形成混交林，群落常为中龄林，林相整齐，结构分明；在短柄枹林砍伐迹地上还发育有山杨林、白桦林、红桦林，为一种喜光速生的群落类型。海拔1 500 m以上则主要是槲栎林、锐齿栎林，分布面积广泛，是河南洛阳熊耳山省级自然保护区的主要用材林和水源涵养林，常与华山松林一起形成混交林，在高海拔的山顶、山脊上锐齿栎常呈矮态或被耐寒冷、大风的坚桦林所取代。在局部环境优越、水湿条件较好的地段上还分布有槭类林、花楸林、野核桃林、漆树林和水曲柳林。在不同海拔的向阳沟谷还分布有众多的中国特有植物组成的群落类型，如青檀林、山白树林、金钱槭林、香果树林、领春木林等，它们基本上以河南洛阳熊耳山省级自然保护区为分布的北界。在农作区及山坡阶地上还有广泛分布的山茱萸人工林及部分油桐林、核桃林，是山区经济的重要来源。

栓皮栎林 Form. *Quercusvariabilis*

栓皮栎分布北起辽宁、河北，南至广东、广西，西至四川、云南，东至山东、江苏，分布极为广泛，但栓皮栎林的分布中心在华北至秦岭一带。在本区栓皮栎林广泛分布于海拔600～1 300 m的向阳山坡、浅山及丘陵地带。下限与农作区相接，上限可与短柄枹林、锐齿栎林相接或与它们形成混交林。浅山区多为中幼林或萌生状态的蚕坡栎林，深山区多为成熟林。成熟栓皮栎林结构简单，林相整齐，郁闭度0.5～0.9，林木高一般10～15 m。在100m^{2}样方内有植物50～80种。

乔木层伴生的树种有化香（*Platycarya strobilacea*）、山槐（*Albizzia kalkora*）、茅栗、山杨（*Populus davidiana*）、槲栎（*Quercus dentata*）、短柄枹（*Quercus brevipetiolata*）、山樱花（*Prunus serrulata*）、黄檀（*Dalbergia hupeana*）、鹅耳枥（*Carpinus turczaninowii*）、油松、山桑（*Morus diabolica*）、野核桃（*Juglans cathayensis*）、漆树（*Toxicodendron verniciflnum*）等。灌木层一般盖度不大，0.15～0.35，由10～20种灌木构成。常见的有杜鹃（*Rhododendron simsii*）、绿叶胡枝子（*Lespedzea buergeri*）、西北栒子（*Cotoneaster zabelii*）、胡枝子（*Lespedzea bicolor*）、山莓、金银木、中华绣线菊（*Spiraea chinensis*）、卫矛、盐肤木（*Rhus chinensis*）、黄栌（*Cotinus coggygria*）、山梅花（*Phila-*

delphus incanus)、大花溲疏（*Deutzia grandiflora*)、照山白（*Rhododendron micrathus*)、花木蓝、白檀、连翘、野茉莉、毛柱悬钩子等。草本层郁闭度 0.2~0.4，主要有丝叶薹（*Carex capilliformis*)、日本薹草、蕨（*Pteridium latiusculum*)、披针薹（*Carex lanceolata*)、委陵菜（*Potentilla chinensis*)、白头翁、山棉花（*Anemone tomentosa*)、珍珠菜、石沙参（*Adenophora axilliflora*)、荠苨（*Adenophora trachelioides*)、深山堇菜（*Viola verecunda*）等。层间植物有五味子、山葡萄、穿龙薯蓣、清风藤等。栓皮栎林天然下种更新苗较多，妥加保护，栓皮栎林可长期保持相对稳定。

栓皮栎能耐干旱、瘠薄，分布最为广泛，在浅山区栓皮栎林屡遭砍伐呈萌生状况，有些林地被改造成板栗林或果园，面积有逐渐变小的趋势。根据林下优势灌木和草本，本群落可分为 7 个群丛。

槲栎林 Form. *Quercusaliena*

槲栎林分布于海拔 1 300~1 500 m 的阴坡与半阴坡，在垂直高度上与短柄枹（*Quercus brevipetiolata*）相当，但分布不及短柄枹广泛。深山区多为成熟林或过熟林，群落整齐，高 8~12 m，胸径 20~40 cm 不等，郁闭度 0.5~0.8。林下残落物丰厚，潮湿；土壤为森林褐土或棕色森林土。

乔木层低矮，树木多分枝。伴生的植物常见的有锐齿槲栎（*Quercus dentata*)、千金榆（*Carpinus cordata*)、色木槭（*Acer mono*)、少脉椴（*Tilia paucicostata*)、山拐枣（*Poliothyrsis sinensis*)、漆树（*Toxicodendron verniciflnum*)、葛萝槭，下木层主要有美丽胡枝子（*Lespedzea formosa*)、杭子梢、绣线菊（*Spiraea fritschiana*)、六道木（*Abelia biflora*)、照山白（*Rhododendron micrathus*)、西北栒子（*Cotoneaster zabelii*)、小花溲疏等。草本层由披针薹（*Carex lanceolata*)、蟹甲草（*Cacalia auriculata*)、糙苏（*Phlomis umbrosa*)、山罗花（*Melampyrum roseum*)、山飘风、黄精（*Polygonatum sibiricum*)、景天、冷水花（*Pilea notata*)、龙牙草（*Agrimonia japonica*）等植物构成。层间植物有华中五味子（*Schisandra sphenanthera*)、三叶木通、山葡萄、鸡矢藤等。本类型常与短柄枹（*Quercus brevipetiolata*)、锐齿栎相混生，或与山杨林、白桦林镶嵌分布，乔木层组成较为混杂。

锐齿栎林 Form. *Quercusacutidentata*

锐齿栎林是河南洛阳熊耳山省级自然保护区森林植被的优势类型，广泛分布于海拔 1 500~2 000 m 的山坡。较低海拔处多为中幼林，林相整齐，群落高 15~17 m，群落分层明显；较高海拔地区，人为干扰较少，在河南洛阳熊耳山省级自然保护区全宝山的局部地段还保留有原始林。树龄较大，多为成熟林或过熟林，郁闭度 0.7~0.9，树冠开展，枝下高较低。在 100 m^2 样方内有植物 80~120 种。

乔木层伴生的植物有华山松、油松、五角枫（*Acer mono*)、少脉椴、漆树（*Toxicodendron verniciflnum*)、暖木（*Meliosma veitchiorum*)、水曲柳、水榆、千金榆（*Carpinus cordata*)、山杨（*Populus davidiana*)、灯台树、少脉椴（*Tilia paucicostata*)、老鸹铃（*Styrax hemsleyanus*）等。灌木层郁闭度 0.1~0.25，种类较为丰富，常见的有西北栒子（*Cotoneaster zabelii*)、美丽胡枝子（*Lespedzea formosa*)、桦叶荚蒾（*Viburnum betulifolium*)、毛叶小檗（*Berberis mitifolia*)、三裂绣线菊（*Spiraea trilobata*)、粉团蔷薇、箭竹

（*Fargesia nitida*）、蕴梗花（*Abelia engleriana*）、天目琼花、陕甘花楸、三桠乌药（*Lindera obtusiloba*）、珍珠梅、粉背溲疏、刺悬钩子（*Rubus indefensus*）等。草本层较为丰富，盖度达0.2～0.6，常见的有薹草、崖棕（*Carexs iderosticta*）、鬼灯檠（*Rodgersia aesculifolia*）、糙苏（*Phlomi sumbrosa*）、蕨（*Pteridium latiusculum*）、东风菜、兔儿伞（*Syneilesis aconitifolia*）、沙参（*Adenophora axilliflora*）、蟹甲草（*Cacalia auriculata*）、唐松草（*Thalictrum sibiricum*）、臭草、马先蒿（*Pedicularis shansiensis*）、珍珠菜、狼尾花、藜芦、香青（*Anaphalis sinica*）、鞘柄乌头（*Aconitum vaginatum*）、类叶牡丹、风毛菊等。层间植物有华中五味子（*Schisandra sphenanthera*）、粉背南蛇藤（*Celastrus hypoleucus*）、山葡萄等。本类型天然更新良好，群落结构稳定，为本区重要的水源涵养林和用材林。根据下木层和草本层的差异可以分为不同的群丛。

短柄枹林 Form. *Quercus glandulifera* var. *brevipetiolata*

短柄枹林分布于全宝山、花果山、段沟等地海拔1 000～1 300 m的林地。常成大片纯林，下限常与栓皮栎，上限与槲栎（*Quercus dentata*）、锐齿栎形成混交林。群落发育良好，外貌整齐，群落高13～18 m，郁闭度0.6～0.85。在100 m^2的样方内有植物70～80种。

乔木层常为一层，伴生的植物有山杨（*Populus davidiana*）、千金榆（*Carpinus cordata*）、蒙椴、铁杉（*Tsuga chinensis*）、五角枫（*Acer mono*）、锐齿栎（*Quercus acutidentata*）、漆树（*Toxicodendron verniciflnum*）、刺楸、君迁子（*Diospyros lotus*）、鹅耳枥（*Carpinus turczaninowii*）等。灌木层高1～2 m，常由绿叶胡枝子（*Lespedzea buergeri*）、西北栒子（*Cotoneaste rzabelii*）、紫珠、荚蒾（*Viburnum dilatatum*）、六道木（*Abelia biflora*）、刺悬钩子（*Rubus indefensus*）、毛柱山梅花（*Philadelphus incanus*）、三裂绣线菊（*Spiraea trilobata*）、连翘（*Forsythia suspensa*）、杜鹃（*Rhododendron simsii*）等组成。草本植物多不成层，常见的有薹草、崖棕（*Carex siderosticta*）、石沙参（*Adenophora axilliflora*）、唐松草（*Thalictrum sibiricum*）、山罗花（*Melampyrum roseum*）、蕨（*Pteridium latiusculum*）、黄精（*Polygonatum sibiricum*）、苍术（*Atractylodes chinensis*）、珍珠菜、紫菀、风毛菊、牛泷草等构成。层间植物常见的有爬山虎、粉背南蛇藤（*Celastrus hypoleucus*）、五味子、葛、山葡萄等。本群落在垂直带谱上位于栓皮栎林与锐齿栎林之间。

山杨林 Form. *Populusdavidiana*

山杨林常成小片状分布于各林区海拔1 000～1 300 m的向阳山坡。镶嵌在锐齿栎林或短柄枹林中。群落分布地土层较厚、肥沃，为棕色森林土。群落外貌整齐，树干挺直，高9～16 m，郁闭度为0.4～0.71。100 m^2样地有植物50～70种。

乔木层伴生的有白桦（*Betulaplatyphylla*）、锐齿栎、短柄枹（*Quercus brevipetiolata*）、槲栎（*Quercus dentata*）、漆树（*Toxicodendron verniciflnum*）、千金榆（*Carpinus cordata*）等。灌木层较发育，盖度0.3～0.45，常见的有太平花、西北栒子（*Cotoneaster zabelii*）、荚蒾（*Viburnum dilatatum*）、白檀、三桠乌药（*Lindera obtusiloba*）、连翘（*Forsythia suspensa*）、胡枝子（*Lespedze abicolor*）、蕴梗花、刺悬钩子（*Rubus indefensus*）等。草本层盖度0.4～0.5，种类有金星蕨（*Parathelypteris glanduligera*）、珍珠菜、牛泷草、糙苏（*Phlomis umbrosa*）、红根草、风毛菊（*Saussurea japonica*）、柔毛淫羊藿、

离舌橐吾（*Ligularia veitchiana*）、崖棕（*Carex siderosticta*）、多花红升麻（*Astilbe chinensis*）等。层间植物有南蛇藤、五味子、复叶葡萄等。山杨林是林间空地上的先锋植物，为速生短命的用材植物，最后终被其他群落所代替。

白桦林 Form. *Betula platyphylla*

白桦林分布于各林区海拔 1 100~1 400 m 的阳坡。成大小不均的块状分布。乔木层一般高 14 m，少数个体高达 18 m，盖度 0.6 左右，树龄一般在 10~18 年，大龄树呈现出衰退迹象，枯枝较多，且生长不良。乔木层伴生有锐齿栎（*Quercus acutidentata*）、五角枫（*Acer mono*）、暖木（*Meliosma veitchiorum*）、华山松、山樱花（*Prunus serrulata*）、鹅耳枥（*Carpinus turczaninowii*）等。灌木层盖度 0.3~0.41，主要有菰帽悬钩子、天目琼花、荚蒾（*Viburnum dilatatum*）、太白六道木（*Abelia biflora*）、西北栒子（*Cotoneaster zabelii*）、挂苦绣球、陕甘花楸、陇塞忍冬（*Lonicera tangulica*）、毛柱山梅花（*Philadelphus incanus*）、细枝栒子（*Cotoneaster grecilis*）等。草本层盖度 0.4，主要有羊胡子草（*Carex rochebrunii*）、地榆（*Sanguisorba officinalis*）、山牛蒡（*Synurus deltoides*）、盘果菊、岩败酱（*Patrinia villosa*）、龙牙草（*Agrimonia japonica*）、糙苏（*Phlomis umbrosa*）、山飘风、龙胆（*Genitiana scabra*）等。白桦林亦是林间空地上的先锋植物，为速生短命的用材植物，最后终被其他群落所代替。

坚桦林 Form. *Betula chinensis*

坚桦林广泛分布于河南洛阳熊耳山省级自然保护区海拔 1 500 m 以上的山坡、岭脊或陡崖上。群落所在地气温较低、湿度较大，地形起伏不平，土壤为棕色森林土。群落盖度 0.5~0.6，缓坡多为中幼林，高 8~10 m。在山顶、山脊的华山松因当地气温低寒，林木受大风和冷空气的袭击，冬季积雪压断枝，树丛生，树冠大而低矮，常有偏冠现象。在 100 m^2 的样地内平均有植物 50~60 种。乔木层除坚桦（*Betula chinensis*）外，常见有华山松、辽东栎（*Quercus liaotungensis*）、锐齿栎（*Quercus acutidentata*）、鹅耳枥（*Carpinus turczaninowii*）、暖木（*Meliosma veitchiorum*）、五角枫（*Acerm ono*）、少脉椴（*Tilia paucicostata*）、山樱花（*Prunus serrulata*）、秦岭冷杉（*Abies chensiensis*）、铁杉（*Tsuga chinensis*）、山核桃（*Juglans cathayensis*）、老鸹铃（*Styra xhemsleyanus*）等。灌木层盖度 0.3~0.5，常见的有红瑞木（*Swida alba*）、心叶帚菊、绣线梅、高山绣线菊（*Spiraea alpina*）、匍匐栒子（*Cotoneaster adpressus*）、刺悬钩子（*Rubusi ndefensus*）、桦叶荚蒾（*Viburnum betulifolium*）、钓樟（*Lindera umbellata*）、华西银蜡梅（*Potentilla veitchii*）、莸梗花、秦岭小檗、陕甘花楸（*Sorbus koehneana*）、粉枝莓（*Rubus biflorus*）等。草本植物较丰富，盖度 0.4~0.6，主要的种类有龙胆（*Genitiana scabra*）、华北风毛菊（*Saussurea japonica*）、野青茅（*Deyeuxia sylvatica*）、崖棕（*Carex siderosticta*）、荠苊（*Adenophora trachelioides*）、败酱（*Patrinia villosa*）、山罗花（*Melampyrum roseum*）、黄精（*Polygonatum sibiricum*）、蓝盆花、马先蒿（*Pedicularis shansiensis*）等。

千金榆林 Form. *Carpinus cordata*

千金榆林分布于河南洛阳熊耳山省级自然保护区海拔 800~1 300 m 的阴湿沟谷和坡地上。群落所在地阴湿，苔藓植物丰富。常与五角枫（*Acer mono*）、黄橿子（*Quercus baronii*）、岩栎（*Quercus acrodenta*）、葛萝槭、黑棕子一起组成杂木林，形成纯林较少。

群落高 8~13 m 不等，郁闭度 0.4~0.6。

乔木层除上述植物外，还有青榨槭（*Acer davidii*）、杈叶槭、领春木、鹅耳枥（*Carpinus turczaninowii*）、山白树、少脉椴、泡花树、漆树（*Toxicodendron verniciflnum*）、华榛、灯台树等。灌木层由卫矛、紫珠、山梅花（*Philadelphus incanus*）、三桠乌药（*Lindera obtusiloba*）、珍珠梅、西北栒子（*Cotoneaster zabelii*）、接骨木、六道木（*Abelia biflora*）、茶藨子等构成。草本层较稀疏，常见的有落新妇、鬼灯檠（*Rodgersia aesculifolia*）、冷水花（*Pilea notata*）、火焰草、藜芦、鞘柄乌头（*Aconitum vaginatum*）、紫花碎米荠等。

五角枫、杈叶槭林 Form. *Acer mono*，*Acer robustum*

五角枫、杈叶槭林仅分布于海拔 1 400~1 700 m 的山顶缓坡或山间凹地。常与其他槭类一起形成槭类林。群落所在地土层深厚、潮湿，林木发育良好。群落高 13~15 m，盖度 0.5~0.7。

乔木层除杈叶槭外，还有元宝槭（*Acer truncatum*）、葛萝槭、水曲柳、锐齿栎（*Quercus acutidentata*）、千金榆（*Carpinus cordata*）、天目木姜子、暖木（*Meliosma veitchiorum*）、玉铃花等。灌木层主要由箭竹（*Fargesia nitida*）、桦叶荚蒾（*Viburnum betulifolium*）、钓樟（*Lindera umbellata*）、三桠乌药（*Lindera obtusiloba*）、冰川茶藨子、西北栒子（*Cotoneaster zabelii*）、长柄绣球、羽裂莛子藨、接骨木、棣棠、旌节花等组成。草本层由离舌橐吾（*Ligularia veitchiana*）、顶蕊三角咪、糙苏（*Phlomis umbrosa*）、红升麻（*Astilbe chinensis*）、黑鳞短肠蕨、华蟹甲草（*Cacalia auriculata*）、积雪草、黄水枝等组成。层间植物较为丰富，常见的有扶芳藤、络石、五味子、南蛇藤、清风藤等。

化香林 Form. *Platycarya strobilacea*

化香林是熊耳山海拔 1 300 m 以下向阳山坡的一种常见群落，是栎林采伐迹地上发展起来的演替性森林类型。一般以中幼林为主，局部地段也有 30~40 年的成熟林。群落外貌整齐，林冠高 12~14 m，盖度 0.5~0.7。100 m^2 样地有植物 50~70 种。

乔木层伴生有栓皮栎、短柄枹（*Quercus brevipetiolata*）、油松、山槐（*Albizzia kalkora*）、黄檀（*Dalbergia hupeana*）、茅栗、黄连木等。灌木层稀疏，常见有连翘（*Forsythia suspensa*）、六道木（*Abelia biflora*）、满山红、胡枝子（*Lespedzea bicolor*）、杭子梢、小叶白蜡、山莓、杜鹃（*Rhododendron simsii*）等。草本植物也多不成层，常见的有蕨（*Pteridium latiusculum*）、大油芒（*Spodopogon sibiricus*）、野菊（*Dendranthem aindicum*）、珍珠菜、石沙参（*Adenophora axilliflora*）、针薹、泽兰等。层间植物有猕猴桃、葛、山葡萄、五味子、薯蓣等。化香林是森林演替过程中的过渡类型，但林下幼苗尚多，不同年龄的幼树在群落中均有分布，能在一定时期内保持相对稳定。

青檀林 Form. *Pteroceltis tatarinowii*

青檀星散分布于河南洛阳熊耳山省级自然保护区各地，在沟谷常形成小片林，乔木层伴生的树种有大叶朴（*Celtis koraiensis*）、建始槭（*Acer henryi*）、漆树（*Toxicodendron verniciflnum*）、粗榧（*Cephalotaxus sinensis*）、大果榉（*Zelkova sinica*）、紫荆等，高 3~6 m，盖度 0.3。灌木层比较星散，无明显层次，主要有紫珠、华中栒子（*Cotoneaster silvestrii*）、接骨木（*Sambucus williamsii*）、冰川茶藨子、金银忍冬等。草本植物分布不均，主要有披针薹（*Carex lanceolata*）、丝叶薹（*Carex capilliformis*）、沿阶草、单蕊败酱（*Patrinia villosa*）、贯众等。

领春木林 Form. *Euptelea pleiosperma*

领春木在本区多散生于沟谷杂木林中，分布在海拔 1 100～1 300 m，群落林相整齐，高达 8～12 m，最高达 15 m，一般胸径 8～12 cm，郁闭度 0. 75～0. 85。

乔木层伴生的还有锐齿栎（*Quercus acutidentata*）、金钱槭（*Dipteronia sinensis*）、山核桃（*Juglans cathayensis*）、君迁子（*Diospyros lotus*）、东北土当归（*Aralia continentalis*）、楤木（*Aralia chinensis*）、千金榆（*Carpinus cordata*）、臭檀、白蜡树、五角枫（*Acer mono*）、野漆等。灌木层盖度 0. 2～0. 35，一般高 2～4. 5 m，优势种有华北绣线菊（*Spiraea fritschiana*）、珍珠梅、连翘（*Forsythia suspensa*）、卫矛、华中栒子（*Cotoneaster silvestrii*）、八角枫等。草本层分布不均，盖度 0. 2～0. 3；多为常见的沟谷耐阴植物，如多穗金粟兰、蟹甲草（*Cacalia auriculata*）、裂叶荨麻、升麻、鬼灯檠（*Rodgersia aesculifolia*）、地榆（*Sanguisorba officinalis*）、珍珠菜等。领春木是国家珍稀植物，在本区日渐稀少，应采取措施，加以保护。

水曲柳林 Form. *Fraxinus mandshurica*

水曲柳林主要见于洛宁全宝山林区，群落所在地为山脊缓坡和沟谷坡地，土层较为深厚、群落湿度较大、残落物丰富。在本区有少量分布。林相不整，一般高 14 m，最高达 16 m，胸径 30 cm，郁闭度 0. 5。由水曲柳构成乔木上层，下层乔木高 8～10 m，多由槭属和鹅耳枥属植物组成。

伴生的植物有五角枫（*Acer mono*）、杈叶槭、锐齿栎（*Quercus acutidentata*）、华榛（*Corylus chinensis*）、山樱花（*Prunus serrulata*）、少脉椴（*Tilia paucicostata*）等。灌木层由荚蒾（*Viburnum dilatatum*）、钓樟（*Lindera umbellata*）、三桠乌药（*Lindera obtusiloba*）、卫矛等植物构成，分布不均，盖度约 0. 25。草本层有鬼灯檠（*Rodgersia aesculifolia*）、冷水花（*Pilea notata*）、水金凤、山罗花（*Melampyrum roseum*）、重楼、藜芦、崖棕（*Carexsidero sticta*）等。水曲柳材质优良，是国家二级保护植物，本区仅在深山区有少量分布，应采取有效措施，加以保护。

橿子栎林（Form. *Quercu sbaronii*）

橿子栎林分布于太山庙、花山等林区海拔 1 200 m 以下的山谷或峭壁上，常成小片状或条块状分布。群落所在地地形起伏、土层瘠薄，多为棕色森林土，环境较为湿润。由于地形关系，群落参差不齐。乔木层高 8～12 m，郁闭度 0. 4～0. 6。乔木层伴生的植物有鹅耳枥（*Carpinus turczaninowii*）、千金榆（*Carpinus cordata*）、大果榉、漆树（*Toxicodendron verniciflnum*）、栓皮栎、短柄枹（*Quercus brevipetiolata*）等。南坡的一些沟中还伴生有一些常绿、半常绿林木，如中国粗榧（*Cephalotaxus sinensis*）、西南栎（*Quercus dentate* var. *oxyloba*）、岩栎（*Quercus acrodonta*）、照山白（*Rhododendron micranthum*）等。下木层都为沟谷中的常见种类，如紫珠（*Callicarpa bodinieri*）、山梅花（*Philadelphu sincanus*）、三尖杉、华中栒子（*Cotoneaster silvestrii*）、垂丝卫矛（*Euonymus oxyphyllus*）、菱叶海桐、郁香忍冬、一叶萩、茶藨子、小果蔷薇等。草本层稀疏，主要有绞股蓝、薹草、贯众、铁线蕨、积血草、变豆菜、双蝴蝶、水金凤、冷水花（*Pilea notata*）

等。层间植物较多，常见的有三叶木通、华中五味子（*Schisand rasphenanthera*）、鹰爪枫、络石、葛、中华猕猴桃、常春藤、秋葡萄等。橿子栎林为沟谷水源涵养林，分布地环境恶劣，一旦橿子栎遭砍伐，则很难恢复。

岩栎林 Form. *Quercus acrodenta*

本群系分布于寺山庙、三官庙等林区的向阳沟谷，海拔高度为500～1 000 m，常呈小片状分布。群落所在地水热状况较好，环境湿润，光照充足，但土层较薄，或生于崖缝、石隙中。群落高度5～6 m，郁闭度0.4～0.6。林下阴暗。乔木层中常伴生有千金榆（*Carpinus cordata*）、鹅耳枥（*Carpinu sturczaninowii*）、领春木、老鸹铃（*Styrax hemsleyanus*）、橿子栎、匙叶栎、山槐（*Albizzia kalkora*）、胡颓子等植物，灌木层常见有胡枝子（*Lespedzea bicolor*）、杭子梢、苏木蓝、华中栒子（*Cotoneaster silvestrii*）、野花椒等。草本植物稀疏，常见的有麦冬、日本薹草、玉竹、荩草（*Arthraxon hispidus*）、苍术（*Atractylodes chinensis*）、女娄菜、野菊（*Dendranthema indicum*）等。层间植物有三叶木通、铁线莲等。

山茱萸林 Form. *Macrocarpium officinale*

伏牛山是全国两个山茱萸主产区之一。河南洛阳熊耳山省级自然保护区位于伏牛山的北面，山茱萸在本区分布相当广泛，以海拔400～800 m的山间盆地生长最好。村宅、农田四周多有栽培，成稀疏纯林，高4～5 m，郁闭度0.3～0.5。四周有核桃、栓皮栎、茅栗、桃、山杏等。灌木层不明显，主要有胡枝子（*Lespedzea bicolor*）、木香薷、绣线菊（*Spiraea fritschiana*）、醉鱼草、珍珠梅等。草本植物主要有翻白草、鸭跖草、山棉花（*Anemon etomentosa*）等。山坡林多进行割蔓除草管理，农田则施肥，实行园田化管理。是本区群众的重要副业资源。

3.2.2.3　针阔叶混交林

针阔叶混交林在河南洛阳熊耳山省级自然保护区主要有两个群系。在海拔1 200 m处，主要由油松与槲栎（*Quercus dentata*）形成混交林，或由油松与栓皮栎、短柄枹（*Quercus brevipetiolata*）组成混交林，针叶树、阔叶树均发育良好，林下残落物丰富，各种乔木层幼苗能正常发育，是一个相对稳定的群落类型。海拔1 500 m以上，主要由华山松与锐齿栎形成混交林。

华山松、锐齿栎混交林 Form. *Pinus armandi*，*Quercus acutidentata*

本群系分布于河南洛阳熊耳山省级自然保护区海拔1 500 m以上的山坡、山脊。较低海拔以锐齿栎为主，较高海拔以华山松为主。群落所在地气温较低、湿度较大，残落物丰富。群落外貌整齐，郁闭度0.6～0.8，群落高10～12 m，100 m^2样方中有植物70～80种。乔木层除建群种外，还有千金榆（*Carpinus cordata*）、少脉椴（*Tilia paucicostata*）、青麸杨、五角枫（*Acer mono*）、老鸹铃（*Styrax hemsleyanus*）、暖木（*Meliosma veitchiorum*）、四照花等。灌木层盖度0.2，主要有三裂绣线菊（*Spiraea trilobata*）、粉枝莓（*Rubus biflorus*）、秦岭小檗（*Berberis circumserrata*）、山梅花（*Philadelphus incanus*）、臭檀、鸡爪槭、高丛珍珠梅、连翘（*Forsythia suspensa*）、华中栒子（*Cotoneaster silvestrii*）、南方六道木、卫矛、东北茶藨子、山刺玫等。草本层较发育，覆盖度0.3～0.5，由50～70种植物组成，常见的有三角叶风毛菊、返顾马先蒿（*Pedicularis resupinata*）、野青茅（*Deyeuxia sylvatica*）、糙苏（*Phlomisum brosa*）、窄头橐吾、香青（*Anaphalis aureopunctata*）、禾秆蹄盖蕨、鬼灯檠（*Rodgersia aesculifolia*）、玉竹、金挖耳、天门冬、崖棕（*Carex siderosticta*）、珍珠菜、败酱（*Patrinia villosa*）等。层间植物有华中五味子（*Schisandra sphenanthera*）、南蛇藤、藤山柳、软枣猕猴桃等。

3.2.2.4 竹林

竹林是由竹类植物组成的一种常绿木本群落，是亚热带最常见的典型植被之一。河南洛阳熊耳山省级自然保护区位于暖温带的南缘与北亚热带的北部边缘，低海拔地区散生有刚竹林、斑竹林、淡竹林、水竹林及阔叶箬竹林等。

竹林主要分布在海拔 1 300 m 以下依山傍水、山麓或山谷向阳背风处，多为人工栽培或野生状态。群落常呈块状分布，外貌碧绿、林相整齐，常组成纯林。群落高 7～13 m，胸径 6～9 cm，每公顷有植株 7 000～15 000 株，郁闭度 0. 6～0. 9。有时混生有栓皮栎、化香（*Platycarya strobilacea*）、臭椿、黄连木、榆、构、栾树的幼树或幼苗。无明显的林下灌木层，常见的有绿叶胡枝子（*Lespedzea buergeri*）、杭子梢、枸杞、小果蔷薇、茶藨子、柘树等，草本层稀疏，常见的有荩草（*Arthraxon hispidus*）、龙牙草（*Agrimonia japonica*）、蛇莓、鸭跖草、堇菜（*Viola verecunda*）、头状蓼、细叶麦冬、天名精、马兰等。刚竹具有发达和更新能力强的鞭根系统，适应能力较强，是本地比较稳定的群落类型。刚竹在人们合理的经营下，能成为较大径材的竹林，具有较高的经济价值。

3.2.2.5 灌丛和灌草丛

河南洛阳熊耳山省级自然保护区分布的灌丛和灌草丛是由于森林植被在遭受破坏以后所发展起来的植被类型，群落均属次生性质，由落叶灌木和多年生中生禾草类植物组成。本区分布有灌木 560 余种，但只有 60 种能发展成灌丛的建群种或优势种。灌丛的种类组成多为附近森林植被的林缘或林下的常见灌木种。灌草丛则是由于森林植被或灌丛屡遭砍伐后，生境日趋旱化所形成的植被类型。群落结构简单，在旱生或中生的禾草中散生有少数喜光灌木。

河南洛阳熊耳山省级自然保护区灌丛类型多样，从低海拔到高海拔山地都有分布，海拔 800 m以下的低山丘陵地区广泛分布有荆条（*Vitex chinensis*）灌丛、黄栌（*Cotinus coggygria*）灌丛、鼠李灌丛、柔毛绣线菊（*Spiraea pubescens*）灌丛、大花溲疏（*Deutzia grandiflora*）灌丛、杠柳灌丛、野山楂（*Crataegus cunaeta*）灌丛；海拔 800～1 400 m 主要分布有照山白灌丛、杜鹃（*Rhododendron simsii*）灌丛、榛灌丛、连翘（*Forsythia suspensa*）灌丛、秦岭米面蓊（*Buckleya graebneriana*）灌丛、绿叶胡枝子（*Lespedzea buergeri*）灌丛、山梅花（*Philadelphus incanus*）灌丛、杭子梢（*Campylotropis macrocarpa*）灌丛、白檀灌丛；海拔 1 400 m 以上则主要有小叶忍冬（*Lonicera microphylla*）灌丛、美丽胡枝子灌丛、六道木（*Abelia biflora*）灌丛、天目琼花灌丛、绣线梅灌丛、心叶帚菊灌丛、三裂绣线菊灌丛、华西银蜡梅灌丛等。在沟谷的灌丛则主要有珍珠梅、棣棠、绣线菊（*Spiraea fritschiana*）等。山间湿地则分布有黄花柳灌丛、卫矛灌丛等。

杜鹃灌丛 Form. *Rhododendron sirtisii*

杜鹃灌丛广泛分布于河南洛阳熊耳山省级自然保护区的南北坡海拔 700～1 500 m 的向阳山坡，但以海拔 1 000 m 左右的山坡发育最好。呈小片状分布，灌丛高 0. 8～

2.5 m，郁闭度0.7~0.9。群落季相变化明显，早春展叶前开花，花期集中，整个灌丛一片火红。常伴生的大花溲疏（*Deutzia grandiflora*）、连翘（*Forsythia suspensa*）也在此时相继开花，整个群落分布地红、白、黄相间，呈现出色彩斑斓的植被景观。群落伴生的植物除上述植物外，还混生有白檀、小叶鼠李、黄栌（*Cotinus coggygria*）、盐肤木（*Rhus chinensis*）、照山白（*Rhododendron micrathus*）、秀雅杜鹃（*Rhododendron concinuum*）、槲树和栓皮栎的萌生枝条等。草本层主要由委陵菜（*Potentilla chinensis*）、鸦葱（*Scorzonera austriaca*）、白头翁、白羊草（*Bothriochloa ischaemum*）、地榆（*Sanguisorba officinalis*）、山棉花（*Anemone tomentosa*）、沙参（*Adenophora axilliflora*）、兔儿伞（*Syneilesis aconitifolia*）、黄背草（*Themeda japonica*）、星宿菜等组成。本群系是在栓皮栎被破坏以后发展起来的植被类型，在本区处在相对稳定状态，但群落中见有其他乔木树种的侵入，如果没有人工干扰的话，有可能被栓皮栎林或槲树林所取代，如果人工干预太强，杜鹃被多次砍伐，则有可能被更耐旱的荆条（*Vitex chinensis*）所取代。

美丽胡枝子灌丛 Form. *Lespedeza formosa*

美丽胡枝子是河南洛阳熊耳山省级自然保护区分布最为广泛的一种植物，常在海拔1 600 m以下的阔叶林下形成优势灌木层。一旦上层乔木遭受破坏，美丽胡枝子即可发展成灌丛，是河南洛阳熊耳山省级自然保护区农田四周、村宅旁、路边最常见的灌丛之一。群落高70~150 cm，覆盖度0.7~0.9，生长旺盛。伴生的植物较少，常见的有绿叶胡枝子（*Lespedzea buergeri*）、一叶萩、杭子梢（*Campylotrop ismacrocarpa*）、白鹃梅、白檀、欧李、栒子等。草本植物有野古草（*Arundinella hirta*）、野青茅（*Deyeuxia sylvatica*）、缘毛鹅观草（*Roegneria pendulina*）、披碱草、委陵菜（*Potentilla chinensis*）、柴胡（*Bupleurum chinense*）、夏枯草、马先蒿（*Pedicularis shansiensis*）、阴行草（*Siphonostegia chinensis*）、瞿麦、地榆（*Sanguisorba officinalis*）、紫菀等。美丽胡枝子群系是阔叶树种被破坏后形成的植被，随着阔叶树种再度形成森林，美丽胡枝子会退居林下，成为林下或林缘植物。

连翘灌丛 Form. *Forsythia suspensa*

本群落分布于海拔1 500 m以下的山坡、沟谷旁，在河南洛阳熊耳山省级自然保护区各地均有分布。群落所在地的土壤为棕色森林土。连翘灌丛呈丛生状态，上层枝条斜展，生长繁茂，群落高1~2.5 m，盖度达0.5~0.6，通常先花后叶，早春群落呈黄色植被景观。伴生的植物有杜鹃（*Rhododendron simsii*）、美丽胡枝子（*Lespedze aformosa*）、黄栌（*Cotinus coggygria*）、溲疏（*Deutzia scabra*）、绣线菊（*Spiraea fritschiana*）、杭子梢（*Campylotropis macrocarpa*）、盐肤木（*Rhus chinensis*）、欧李、野山楂（*Crataegus cunaeta*）。草本层盖度0.4~0.6，主要有白羊草（*Bothriochloa ischaemum*）、披针薹（*Carex lanceolata*）、黄背草（*Theme dajaponica*）、野青茅（*Deyeuxia sylvatica*）、缘毛鹅观草（*Roegneria pendulina*）、野古草（*Arundinella hirta*）、翻白草、白莲蒿、毛华菊、歪头菜、北柴胡（*Bupleurum chinense*）、桔梗、瞿麦等。

层间植物有铁线莲、葛、南蛇藤等。连翘灌丛是在森林植被破坏后旱化的环境下发展起来的植被。连翘的萌生能力强，能忍耐干旱瘠薄的山坡，一旦遭受破坏，则可能沦为灌草丛或旱生草坡。

天目琼花灌丛 Form. *Viburnum sargentii*

本灌丛分布于河南洛阳熊耳山省级自然保护区海拔 1 500 m 以上的山顶或山谷阴湿处，常与亚高山草甸、小叶忍冬（*Lonicera microphylla*）灌丛、六道木（*Abelia biflora*）、三裂绣线菊灌丛镶嵌分布。群落所在地风大、潮湿、土层比较深厚，土壤为棕色森林土。群落成丛生长，形成茂密的灌丛，高 1.5~2.5 m，盖度 0.5~0.6，叶子经霜后呈红色。伴生的植物有卫矛（*Euonymus alatus*）、山荆子、三裂绣线菊（*Spiraea trilobata*）、蓪梗花（*Abelia engleriana*）、金银木、秦岭小檗（*Berberis circumserrata*）、陇塞忍冬（*Lonicera tangulica*）、黑果栒子、陕甘花楸。

草本层较为发育，盖度达 0.75~0.85，主要由大油芒（*Spodopogon sibiricus*）、野古草（*Arundinella hirta*）、缘毛鹅观草（*Roegneria pendulina*）、野青茅（*Deyeuxia sylvatica*）等禾本科植物及其他一些杂类草如地榆（*Sanguisorba officinalis*）、山牛蒡（*Synurus deltoides*）、苍术（*Atractylodes chinensis*）、顶花艾麻、大叶柴胡（*Bupleurum longiradiatum*）、藓生马先蒿（*Pedicularis shansiensis*）、红花龙胆（*Genitia narhodantha*）、华北獐牙菜（*Swertia wolfangiana*）、山尖子（*Cacalia hastata*）、香青（*Anaphalis aureopunctata*）等植物构成。

天目琼花灌丛是在锐齿栎林或华山松林破坏后所形成的一种植被类型，由于群落分布地风大、寒冷等环境条件较差，不利于以上树木的恢复与发展，因而本类型在山顶、山脊处是一种稳定的群落类型。

荆条灌丛 Form. *Vitex chinensis*

荆条灌丛是河南洛阳熊耳山省级自然保护区低山丘陵地区极常见的一种群落类型。本植被类型是在森林群落屡遭破坏，生境旱化的基地上发展起来的一种类型。群落所在地一般为浅山，人们常在此放牧，枝条屡遭砍伐或被啃食，植株呈丛状分布。群落高 0.8~1.2 m，盖度不同地方变异较大。伴生的植物多为一些旱生性灌木如黄栌（*Cotinus coggygria*）、酸枣、小叶鼠李、野山楂（*Crataegus cunaeta*）、胡枝子（*Lespedzea bicolor*）、铁扫帚、盐肤木（*Rhus chinensis*）、黄连木，以及栓皮栎、槲树的一些萌生幼苗。草本植物常见有白羊草（*Bothriochloa ischaemum*）、荩草（*Arthraxon hispidus*）、黄背草（*Themeda japonica*）、野菊（*Dendranthema indicum*）、委陵菜（*Potentilla chinensis*）、蛇莓、堇菜（*Viola verecunda*）、麻花头、鸦葱（*Scorzonera ruprechtiana*）、白头翁、远志、兔儿伞（*Syneilesis aconitifolia*）等。

黄花柳灌丛 Form. *Salix caprea*

本灌丛分布于河南洛阳熊耳山省级自然保护区海拔 1 000 m 以上的山谷湿地。群落所在地潮湿、土层比较深厚，土壤为棕色森林土。群落成丛生长，形成茂密的灌丛，高 1.5~2.5 m，盖度 0.5~0.6。伴生的植物有卫矛（*Euonymus alatus*）、红瑞木（*Swida alba*）、刚毛忍冬、山荆子、华北绣线菊（*Spiraea fritschiana*）、蓪梗花（*Abelia engleriana*）、金银木、陕西小檗、陇塞忍冬（*Lonicera tangulica*）、黑果栒子、陕甘花楸。草本层盖度 0.25~0.45，主要由大油芒（*Spodopogon sibiricus*）、野古草（*Arundinella hirta*）、缘毛鹅观草（*Roegneria pendulina*）、野青茅（*Deyeuxia sylvatica*）等禾本科植物及其他一些杂类草如地榆（*Sanguisorba officinalis*）、山牛蒡（*Synurus deltoides*）、苍术

(*Atractylodes chinensis*)、顶花艾麻、藓生马先蒿(*Pedicularis muscicola*)、红花龙胆(*Genitia narhodantha*)、华北獐牙菜(*Swertia wolfangiana*)、山尖子(*Cacalia* hastata)等植物构成。黄花柳灌丛是在锐齿栎林或华山松林破坏后所形成的一种植被类型,由于群落分布地寒冷、潮湿,其他树木难以生长,因此该群落是一种稳定的群落类型。

珍珠梅灌丛(Form. *Sorbaria sorbfolia*)

本灌丛分布于河南洛阳熊耳山省级自然保护区海拔 1 200 m 以上的山顶或山谷阴湿处。群落处在山谷或山间潮湿地,土层比较深厚,土壤为棕色森林土。群落成丛生长,形成茂密的灌丛,高 1.5~2.5 m,盖度 0.5~0.6,叶子经霜后呈红色。伴生的植物有接骨木、多枝柳、卫矛(*Euonymus alatus*)、山荆子、天目琼花(*Viburnum sargentii*)、莸梗花(*Abelia engleriana*)、金银木、华中栒子(*Cotoneaster silvestrii*)、陕甘花楸。草本层较为发育,盖度达 0.75~0.85,主要由大油芒(*Spodopogon sibiricus*)、野古草(*Arundinella hirta*)、缘毛鹅观草(*Roegneria pendulina*)、野青茅(*Deyeuxia sylvatica*)等禾本科植物及其他一些杂类草如华北耧斗菜(*Aquilegia yabeana*)、山牛蒡(*Synurus deltoides*)、中华艾麻(*Laportea macrostachya*)、老鹳草、返顾马先蒿(*Pedicularis resupinata*)、千里光(*Senecio scandens*)、华北獐牙菜(*Swertia wolfangiana*)、山尖子(*Cacalia hastata*)、香青(*Anaphalis aureopunctata*)等植物构成。珍珠梅灌丛是在林缘湿地上所形成的一种植被类型。

3.2.2.6 草甸

草甸是由中生性草本植物组成的植被类型,为非地带性植被。河南洛阳熊耳山省级自然保护区组成草甸的植物有 180 余种,其中优势种有 50 余种,隶属于禾本科、莎草科、菊科、百合科等。草甸在不同海拔高度均有分布,低海拔及丘陵地带草甸主要有狗牙根草甸、鹅观草(*Roegneria pendulina*)草甸、结缕草草甸、白羊草(*Bothriochloa ischaemum*)草甸、马唐草甸,山岗或山梁上则以狼尾草、黄背草(*Themeda japonica*)、芒、白茅、知风草等草甸为主;海拔 1 000 m 以上的山地林缘或路旁分布的草甸主要有野古草(*Arundinella hirta*)草甸、野青茅(*Deyeuxia arundinacea*)草甸、蒿类草甸;海拔 1 500 m 以上的山地草甸以杂类草为主,常见的有黄花菜草甸,常在林缘呈大片分布,香青(*Anaphalis sinica*)与蟹甲草(*Cacalia auriculata*)、风毛菊(*Saussurea japonica*)等在山顶或山脊的林间空地或火烧迹地上形成优势群落,是亚高山喜光、耐旱的群落类型;血见愁老鹳草在林下或环境阴湿处形成草甸。在低海拔湿生环境下最常见的是酸模叶蓼草甸,群落中分布有众多的湿生和沼生植物。高海拔山地林缘湿地分布有东陵薹草、脉果薹草与水金凤、离舌橐吾(*Ligularia veitchiana*)、水蜈蚣等形成湿生草甸。

3.2.2.7 沼泽植被和水生植被

河南洛阳熊耳山省级自然保护区水域面积不大,河流多为季节性河流,沼泽植被和水生植被面积不大。沼泽以草本沼泽为主,见于各地河滩、池塘、沟渠边、水库四周。常见的有香蒲沼泽、芦苇沼泽、荆三棱沼泽、莎草沼泽、水毛花沼泽、灯心草沼泽、喜旱莲子草沼泽等。水生植被主要分布于池塘、沟渠、水库、河流及其他水体中,常见的沉水植被主要有狐尾藻群落、黑藻群落、菹草群落、金鱼藻群落及各类眼子菜群落等；浮水植被主要有满江红群落、槐叶苹群落、浮萍群落、紫萍群落、荇菜群落、芡实群落、菱群落等。

3.3 河南洛阳熊耳山省级自然保护区植物物种及其分布

3.3.1 被子植物

三白草科 Saururaceae

蕺菜属 *Houttuynia*

蕺菜 *Houttuynia cordata* 产于保护区各保护站。生于阴坡林下、沟谷、溪边。

金粟兰科 Chloranthaceae

金粟兰属 *Chloranthus*

银线草 *Chloranthus japonicus* 产于保护区各保护站。生于阴坡林下。

多穗金粟兰 *Chloranthus multistachys* 产于保护区各保护站。生于阴坡林下、沟谷、溪边。

杨柳科 Salicaceae

杨属 *Populus*

响毛杨 *Populus×pseudo-tomentosa* 产于山坡杂木林。

加杨 *Populus×canadensis* 保护区有栽培或逸生。

银白杨 *Populus alba* 保护区有栽培或逸生。

新疆杨 *Populus alba* var. *pyramidalis* 保护区有栽培或逸生。

青杨 *Populus cathayana* 产于寺山庙、三官庙。生于山坡杂木林。

楸皮杨 *Populus ciupi* 产于段沟、西沟。生于山坡杂木林。

山杨 *Populus davidiana* 产于保护区各保护站。生于山坡杂木林。

钻天杨 *Populus nigra* var. *italica* 保护区有栽培或逸生。

箭杆杨 *Populus nigra* var. *thevestina* 保护区有栽培或逸生。

小叶杨 *Populus simonii* 保护区有栽培或逸生。

甜杨 *Populus suaveolens* 保护区有栽培或逸生。

毛白杨 *Populus tomentosa* 保护区有栽培或逸生。

柳属 *Salix*

垂柳 *Salix babylonica* 保护区有栽培或逸生。

黄花柳 *Salix caprea* 产于马营、大木场、王莽寨。生于沟谷、溪边。

中华柳 *Salix cathayana* 产于保护区各保护站。生于阴坡林下。

腺柳 *Salix chaenomeloides* 产于保护区各保护站。生于阴坡林下。

密齿柳 *Salix characta* 产于花山、大木场、寺山庙。生于阴坡林下。

乌柳 *Salix cheilophila* 产于七里坪、马营、杜沟口。生于阴坡林下。

银叶柳 *Salix chienii* 产于王莽寨、西沟。生于阴坡林下。

川鄂柳 *Salix fargesii* 产于西沟、段沟。生于沟谷、溪边。

柴枝柳 *Salix heterochroma* 产于料凹、栗子园、杜沟口。生于阴坡林下。

小叶柳 *Salix hypoleuca* 产于保护区各保护站。生于沟谷、溪边。

筐柳 *Salix linearistipularis* 产于保护区各保护站。生于沟谷、溪边。

旱柳 *Salix matsudana* 产于保护区各保护站。生于沟谷、溪边。

龙爪柳 *Salix matsudana* f. *tortusoa* 保护区有栽培或逸生。

五蕊柳 *Salix pentandra* 产于宽坪、三官庙、太山庙。生于阴坡林下。

红皮柳 *Salix sinopurpurea* 产于太山庙、宽坪、段沟。生于沟谷、溪边。

周至柳 *Salix tangii* 产于寺山庙、阳坡园。生于阴坡林下。

皂柳 *Salix wallichiana* 产于寺山庙、三官庙、太山庙。生于阴坡林下。

胡桃科 Juglandaceae

青钱柳属 *Cyclocarya*

青钱柳 *Cyclocarya paliurus* 产于宽坪、大木场。生于山坡杂木林。

胡桃属 *Juglans*

胡桃楸 *Juglans mandshurica* 产于宽坪、大木场、王莽寨。生于阴坡林下。

胡桃 *Juglans regia* 保护区有栽培或逸生。

枫杨属 *Pterocarya*

枫杨 *Pterocarya stenoptera* 产于保护区各保护站。生于沟谷、溪边。

化香树属 *Platycarya*

化香树 *Platycarya strobilacea* 产于保护区各保护站。生于向阳山坡。

桦木科 Betulaceae

桦木属 *Betula*

红桦 *Betula albosinensis* 产于花山、大木场、王莽寨。生于山坡杂木林。

坚桦 *Betula chinensis* 产于段沟、七里坪。生于向阳山坡。

亮叶桦 *Betula luminifera* 产于大木场、王莽寨。生于山坡杂木林。

白桦 *Betula platyphylla* 产于马营、大木场、花山、王莽寨、杜沟口。生于山坡杂木林、阴坡林下、林缘草地。

糙皮桦 *Betula utilis* 产于马营、大木场、花山、王莽寨。生于山坡杂木林。

鹅耳枥属 *Carpinus*

千斤榆 *Carpinus cordata* 产于保护区各保护站。生于山坡杂木林。

川陕鹅耳枥 *Carpinus fargesiana* 产于宽坪、七里坪、太山庙、杜沟口。生于山坡杂木林。

川鄂鹅耳枥 *Carpinus henryana* 产于寺山庙、三官庙、岳山、鳔池。生于阴坡林下。

多脉鹅耳枥 *Carpinus polyneura* 产于宽坪、大木场、杜沟口。生于阴坡林下。

鹅耳枥 *Carpinus turczaninowii* 产于保护区各保护站。生于山坡杂木林。

榛属 *Corylus*

华榛 *Corylus chinensis* 产于段沟、寺山庙、七里坪、花山、杜沟口。生于山坡杂木林。

榛 *Corylus heterophylla* 产于保护区各保护站。生于向阳山坡。

川榛 *Corylus heterophylla* var. *sutchuenensis* 产于栗子园、马营、太山庙。生于山坡杂木林。

毛榛 *Corylus mandshurica* 产于花山、段沟、料凹、杜沟口。生于山坡杂木林、向阳山坡。

铁木属 *Ostrya*

铁木 *Ostrya japonica* 产于杜沟口、宽坪、大木场。生于阴坡林下。

虎榛子属 *Ostryopsis*

虎榛子 *Ostryopsis davidiana* 产于马营、大木场、花山。生于向阳山坡。

壳斗科 Fagaceae

栗属 *Castanea*

栗 *Castanea mollissima* 产于保护区各保护站。生于向阳山坡。

茅栗 *Castanea seguinii* 产于保护区各保护站。生于向阳山坡。

栎属 *Quercus*

岩栎 *Quercus acrodonta* 产于宽坪、大木场、料凹。生于沟谷、溪边、向阳山坡。

麻栎 *Quercus acutissima* 产于保护区各保护站。生于山坡杂木林。

槲栎 *Quercus aliena* 产于保护区各保护站。生于山坡杂木林。

锐齿槲栎 *Quercus aliena* var. *acutiserrata* 产于宽坪、大木场、王莽寨。生于山坡杂木林。

橿子栎 *Quercus baronii* 产于保护区各保护站。生于阴坡林下、沟谷、溪边。

槲树 *Quercus dentata* 产于保护区各保护站。生于山坡杂木林、向阳山坡。

蒙古栎 *Quercus mongolica* 产于大木场、段沟、王莽寨。生于山坡杂木林。

乌冈栎 *Quercus phillyreoides* 产于宽坪、大木场。生于山坡杂木林、沟谷、溪边。

枹栎 *Quercus serrata* 产于保护区各保护站。生于山坡杂木林。

短柄枹栎 *Quercus serrata* var. *brevipetiolata* 产于保护区各保护站。生于山坡杂木林。

栓皮栎 *Quercus variabilis* 产于保护区各保护站。生于山坡杂木林。

辽东栎 *Quercus wutaishanica* 产于宽坪、王莽寨、大木场。生于山坡杂木林。

榆科 Ulmaceae

朴属 *Celtis*

紫弹树 *Celtis biondii* 产于三官庙。生于山坡杂木林、沟谷、溪边。

黑弹树 *Celtis bungeana* 产于马营、大木场、花山。生于山坡杂木林、沟谷、溪边。

大叶朴 *Celtis koraiensis* 产于保护区各保护站。生于沟谷、溪边、阴坡林下。

朴树 *Celtis sinensis* 产于保护区各保护站。生于阴坡林下、沟谷、溪边。

刺榆属 *Hemiptelea*

刺榆 *Hemiptelea davidii* 产于保护区各保护站。生于沟谷、溪边、向阳山坡。

青檀属 *Pteroceltis*

青檀 *Pteroceltis tatarinowii* 产于保护区各保护站。生于沟谷、溪边、阴坡林下。

榆属 *Ulmus*

兴山榆 *Ulmus bergmanniana* 产于马营、大木场、岳山、鳔池。生于山坡杂木林。

黑榆 *Ulmus davidiana* 产于保护区各保护站。生于山坡杂木林。

旱榆 *Ulmus glaucescens* 产于保护区各保护站。生于向阳山坡。

裂叶榆 *Ulmus laciniata* 产于宽坪、大木场、王莽寨。生于山坡杂木林。

大果榆 *Ulmus macrocarpa* 产于保护区各保护站。生于山坡杂木林。

榔榆 *Ulmus parvifolia* 产于保护区各保护站。生于向阳山坡。

榆树 *Ulmus pumila* 产于保护区各保护站。生于山坡杂木林。

春榆 *Ulmus davidiana* var. *japonica* 产于保护区各保护站。生于沟谷、溪边、向阳山坡。

毛果旱榆 *Ulmus glaucescens* var. *lasiocarpa* 产于保护区各保护站。生于向阳山坡。

榉属 *Zelkova*

大叶榉树 *Zelkova schneideriana* 产于保护区各保护站。生于沟谷、溪边、山坡杂木林。

大果榉 *Zelkova sinica* 产于保护区各保护站。生于沟谷、溪边、山坡杂木林。

榉树 *Zelkova serrata* 产于宽坪、大木场。生于山坡杂木林、沟谷、溪边。

大麻科 Cannabaceae

大麻属 *Cannabis*

大麻 *Cannabis sativa* 产于保护区各保护站。生于沟谷、溪边、旷野、农田、河滩、荒地。

葎草属 *Humulus*

葎草 *Humulus scandens* 产于保护区各保护站。生于旷野、农田、河滩、荒地。

桑科 Moraceae

构属 *Broussonetia*

楮 *Broussonetia kazinoki* 产于保护区各保护站。生于向阳山坡、河滩、荒地。

构树 *Broussonetia papyrifera* 产于保护区各保护站。生于向阳山坡、河滩、荒地。

柘属 *Cudrania*

柘 *Cudrania tricuspidata* 产于保护区各保护站。生于向阳山坡、沟谷、溪边。

榕属 *Ficus*

异叶榕 *Ficus heteromorpha* 产于马营、岳山、阳坡园、杜沟口。生于阴坡林下、沟谷、溪边。

桑属 *Morus*

桑 *Morus alba* 产于保护区各保护站。生于阴坡林下、沟谷、溪边。

鸡桑 *Morus australis* 产于寺山庙、岳山、阳坡园、西沟。生于阴坡林下、沟谷、溪边。

华桑 *Morus cathayana* 产于宽坪、大木场、太山庙。生于山坡杂木林、沟谷、溪边。

蒙桑 *Morus mongolica* 产于寺山庙、七里坪、王莽寨、西沟。生于山坡杂木林、沟谷、溪边。

荨麻科 Urticaceae

苎麻属 *Boehmeria*

序叶苎麻 *Boehmeria clidemioides* var. *diffusa* 产于马营、三官庙、太山庙、栗子园。

生于林缘草地、向阳山坡。

野线麻 *Boehmeria japonica* 产于寺山庙、三官庙、岳山。生于林缘草地、向阳山坡。

赤麻 *Boehmeria silvestrii* 产于段沟、宽坪、大木场。生于林缘草地。

小赤麻 *Boehmeria spicata* 产于宽坪、三官庙、岳山、杜沟口。生于林缘草地。

蝎子草属 *Girardinia*

蝎子草 *Girardinia diversifolia* subsp. *suborbiculata* 产于保护区各保护站。生于阴坡林下。

艾麻属 *Laportea*

珠芽艾麻 *Laportea bulbifera* 产于保护区各保护站。生于阴坡林下、林缘草地。

艾麻 *Laportea cuspidata* 产于保护区各保护站。生于阴坡林下、林缘草地。

墙草属 *Parietaria*

墙草 *Parietaria micrantha* 产于保护区各保护站。生于阴坡林下、崖壁。

冷水花属 *Pilea*

山冷水花 *Pilea japonica* 产于保护区各保护站。生于林缘草地。

冷水花 *Pilea notata* 产于保护区各保护站。生于阴坡林下。

矮冷水花 *Pilea peploides* 产于保护区各保护站。生于阴坡林下。

透茎冷水花 *Pilea pumila* 产于保护区各保护站。生于阴坡林下、林缘草地。

荨麻属 *Urtica*

荨麻 *Urtica fissa* 产于保护区各保护站。生于阴坡林下、林缘草地。

宽叶荨麻 *Urtica laetevirens* 产于保护区各保护站。生于阴坡林下、林缘草地。

檀香科 Santalaceae

米面蓊属 *Buckleya*

秦岭米面蓊 *Buckleya graebneriana* 产于宽坪、大木场、王莽寨。生于山坡杂木林、向阳山坡。

米面蓊 *Buckleya henryi* 产于寺山庙、七里坪、花山、段沟。生于山坡杂木林、向阳山坡。

百蕊草属 *Thesium*

百蕊草 *Thesium chinense* 产于保护区各保护站。生于向阳山坡、河滩、荒地。

急折百蕊草 *Thesium refractum* 产于保护区各保护站。生于向阳山坡、河滩、荒地。

桑寄生科 Loranthaceae

栗寄生属 *Korthalsella*

栗寄生 *Korthalsella japonica* 产于宽坪、大木场、王莽寨。生于山坡杂木林。

桑寄生属 *Taxillus*

桑寄生 *Taxillus sutchuenensis* 产于段沟、寺山庙、太山庙。生于山坡杂木林。

槲寄生属 *Viscum*

槲寄生 *Viscum coloratum* 产于宽坪、王莽寨、大木场。生于山坡杂木林。

马兜铃科 Aristolochiaceae

马兜铃属 *Aristolochia*

北马兜铃 *Aristolochia contorta* 产于保护区各保护站。生于林缘草地、向阳山坡。

马兜铃 *Aristolochia debilis* 产于寺山庙、三官庙、岳山。生于沟谷、溪边、林缘草地、灌木丛。

木通马兜铃 *Aristolochia manshuriensis* 产于段沟、宽坪、七里坪、料凹。生于林缘草地、灌木丛。

寻骨风 *Aristolochia mollissima* 产于宽坪、三官庙、岳山。生于沟谷、溪边、林缘草地、灌木丛。

管花马兜铃 *Aristolochia tubiflora* 产于寺山庙、三官庙、料凹。生于林缘草地、灌木丛。

细辛属 *Asarum*

辽细辛 *Asarum heterotropoides* var. *mandshuricum* 产于宽坪、大木场、王莽寨。生于阴坡林下。

单叶细辛 *Asarum himalaicum* 产于马营、大木场、西沟。生于阴坡林下。

马蹄香属 *Saruma*

马蹄香 *Saruma henryi* 产于宽坪、大木场、王莽寨。生于阴坡林下。

蓼科 Polygonaceae

金线草属 *Antenoron*

金线草 *Antenoron filiforme* 产于保护区各保护站。生于阴坡林下。

短毛金线草 *Antenoron filiforme* var. *neofiliforme* 产于保护区各保护站。生于阴坡林下。

荞麦属 *Fagopyrum*

金荞麦 *Fagopyrum dibotrys* 产于马营、三官庙、料凹。生于林缘草地、向阳山坡。

荞麦 *Fagopyrum esculentum* 保护区有栽培或逸生。

细柄野荞麦 *Fagopyrum gracilipes* 保护区有栽培或逸生。

苦荞麦 *Fagopyrum tataricum* 保护区有栽培或逸生。

何首乌属 *Fallopia*

木藤蓼 *Fallopia aubertii* 产于宽坪、三官庙、杜沟口。生于林缘草地、灌木丛。

卷茎蓼 *Fallopia convolvulus* 产于段沟、大木场、王莽寨。生于林缘草地、灌木丛。

齿翅蓼 *Fallopia dentatoalata* 产于鳔池、七里坪、料凹。生于林缘草地、灌木丛。

何首乌 *Fallopia multiflora* 产于保护区各保护站。生于林缘草地、灌木丛。

毛脉蓼 *Fallopia multiflora* var. *ciliinervis* 产于保护区各保护站。生于林缘草地、河滩、荒地。

蓼属 *Polygonum*

两栖蓼 *Polygonum amphibium* 产于保护区各保护站。生于向阳山坡、旷野、农田、河滩、荒地。

萹蓄 *Polygonum aviculare* 产于保护区各保护站。生于向阳山坡、旷野、农田、河滩、荒地。

拳参 *Polygonum bistorta* 产于太山庙、七里坪、宽坪。生于林缘草地、灌木丛。

头花蓼 *Polygonum capitatum* 产于保护区各保护站。生于阴坡林下、河滩、荒地。

蓼子草 *Polygonum criopolitanum* 产于宽坪、大木场、王莽寨。生于沟谷、溪边、林缘草地。

大箭叶蓼 *Polygonum darrisii* 产于太山庙、七里坪、杜沟口。生于沟谷、溪边、林缘草地、灌木丛。

稀花蓼 *Polygonum dissitiflorum* 产于保护区各保护站。生于沟谷、溪边、林缘草地。

叉分蓼 *Polygonum divaricatum* 产于保护区各保护站。生于沟谷、溪边、林缘草地。

河南蓼 *Polygonum honanense* 产于宽坪、大木场。生于阴坡林下。

水蓼 *Polygonum hydropiper* 产于保护区各保护站。生于河滩、荒地、积水沼泽湿地。

蚕茧草 *Polygonum japonicum* 产于保护区各保护站。生于旷野、农田、河滩、荒地、积水沼泽湿地。

愉悦蓼 *Polygonum jucundum* 产于保护区各保护站。生于林缘草地、河滩、荒地。

酸模叶蓼 *Polygonum lapathifolium* 产于保护区各保护站。生于沟谷、溪边、河滩、荒地、林缘草地、旷野、农田。

长鬃蓼 *Polygonum longisetum* 产于保护区各保护站。生于河滩、荒地、林缘草地。

长戟叶蓼 *Polygonum maackianum* 产于保护区各保护站。生于林缘草地、旷野、农田、河滩、荒地。

小蓼花 *Polygonum muricatum* 产于保护区各保护站。生于林缘草地、旷野、农田、河滩、荒地。

尼泊尔蓼 *Polygonum nepalense* 产于保护区各保护站。生于林缘草地、旷野、农田、河滩、荒地。

红蓼 *Polygonum orientale* 产于保护区各保护站。生于林缘草地、河滩、荒地。

杠板归 *Polygonum perfoliatum* 产于保护区各保护站。生于林缘草地、旷野、农田、河滩、荒地。

春蓼 *Polygonum persicaria* 产于保护区各保护站。生于林缘草地、旷野、农田、河滩、荒地。

习见蓼 *Polygonum plebeium* 产于保护区各保护站。生于林缘草地、旷野、农田、河滩、荒地。

丛枝蓼 *Polygonum posumbu* 产于保护区各保护站。生于林缘草地、旷野、农田、河滩、荒地。

伏毛蓼 *Polygonum pubescens* 产于保护区各保护站。生于林缘草地、旷野、农田、河滩、荒地。

赤胫散 *Polygonum runcinatum* var. *sinense* 产于宽坪、七里坪、花山、杜沟口。生于林缘草地、灌木丛。

刺蓼 *Polygonum senticosum* 产于马营、三官庙、杜沟口。生于林缘草地、灌木丛、向阳山坡。

西伯利亚蓼 *Polygonum sibiricum* 产于太山庙、大木场。生于阴坡林下、林缘草地。

箭叶蓼 *Polygonum sieboldii* 产于段沟、大木场、王莽寨。生于林缘草地、灌木丛。

支柱蓼 *Polygonum suffultum* 产于七里坪、宽坪、西沟。生于林缘草地。

戟叶蓼 *Polygonum thunbergii* 产于保护区各保护站。生于林缘草地、旷野、农田、河滩、荒地。

蓼蓝 *Polygonum tinctorium* 产于保护区各保护站。生于林缘草地、旷野、农田、河滩、荒地。

粘蓼 *Polygonum viscoferum* 产于保护区各保护站。生于林缘草地、旷野、农田、河滩、荒地。

珠芽蓼 *Polygonum viviparum* 产于宽坪、大木场、王莽寨。生于阴坡林下、林缘草地。

翼蓼属 *Pteroxygonum*

翼蓼 *Pteroxygonum giraldii* 产于段沟、宽坪、大木场。生于林缘草地、向阳山坡。

虎杖属 *Reynoutria*

虎杖 *Reynoutria japonica* 产于七里坪、马营、栗子园。生于沟谷、溪边、林缘草地。

大黄属 *Rheum*

波叶大黄 *Rheum rhabarbaruma* 产于宽坪、大木场、王莽寨。生于阴坡林下、林缘草地。

酸模属 *Rumex*

酸模 *Rumex acetosa* 产于保护区各保护站。生于向阳山坡、旷野、农田、河滩、荒地。

小酸模 *Rumex acetosella* 产于保护区各保护站。生于向阳山坡、旷野、农田、河滩、荒地。

皱叶酸模 *Rumex crispus* 产于保护区各保护站。生于向阳山坡、旷野、农田、河滩、荒地。

齿果酸模 *Rumex dentatus* 产于保护区各保护站。生于向阳山坡、旷野、农田、河滩、荒地。

长叶酸模 *Rumex longifolius* 产于保护区各保护站。生于向阳山坡、旷野、农田、河滩、荒地。

巴天酸模 *Rumex patientia* 产于保护区各保护站。生于向阳山坡、旷野、农田、河滩、荒地。

长刺酸模 *Rumex trisetifer* 产于保护区各保护站。生于向阳山坡、旷野、农田、河滩、荒地。

藜科 Chenopodiaceae

千针苋属 *Acroglochin*

千针苋 *Acroglochin persicarioides* 产于保护区各保护站。生于向阳山坡、旷野、农田、河滩、荒地。

轴藜属 *Axyris*

杂配轴藜 *Axyris hybrida* 产于保护区各保护站。生于向阳山坡、旷野、农田、河滩、荒地。

藜属 *Chenopodium*

尖头叶藜 *Chenopodium acuminatum* 产于保护区各保护站。生于向阳山坡、旷野、农田、河滩、荒地。

藜 *Chenopodium album* 产于保护区各保护站。生于向阳山坡、旷野、农田、河滩、荒地。

小藜 *Chenopodium ficifolium* 产于保护区各保护站。生于向阳山坡、旷野、农田、河滩、荒地。

杖藜 *Chenopodium giganteum* 产于保护区各保护站。生于向阳山坡、旷野、农田、河滩、荒地。

灰绿藜 *Chenopodium glaucum* 产于保护区各保护站。生于向阳山坡、旷野、农田、河滩、荒地。

细穗藜 *Chenopodium gracilispicum* 产于保护区各保护站。生于向阳山坡、旷野、农田、河滩、荒地。

杂配藜 *Chenopodium hybridum* 产于保护区各保护站。生于向阳山坡、旷野、农田、河滩、荒地。

地肤属 *Kochia*

地肤 *Kochia scoparia* 产于保护区各保护站。生于向阳山坡、旷野、农田、河滩、荒地。

苋科 Amaranthaceae

牛膝属 *Achyranthes*

牛膝 *Achyranthes bidentata* 产于保护区各保护站。生于阴坡林下、林缘草地。

莲子草属 *Alternanthera*

喜旱莲子草 *Alternanthera philoxeroides* 产于保护区各保护站。生于河滩、荒地、水库、池塘、沟渠、积水沼泽湿地。

苋属 *Amaranthus*

凹头苋 *Amaranthus blitum* 产于保护区各保护站。生于向阳山坡、旷野、农田、河滩、荒地。

尾穗苋 *Amaranthus caudatus* 产于保护区各保护站。生于向阳山坡、旷野、农田、河滩、荒地。

繁穗苋 *Amaranthus cruentus* 产于保护区各保护站。生于向阳山坡、旷野、农田、河滩、荒地。

绿穗苋 *Amaranthus hybridus* 产于保护区各保护站。生于向阳山坡、旷野、农田、河滩、荒地。

反枝苋 *Amaranthus retroflexus* 产于保护区各保护站。生于向阳山坡、旷野、农田、河滩、荒地。

腋花苋 *Amaranthus roxburghianus* 产于保护区各保护站。生于向阳山坡、旷野、农田、河滩、荒地。

刺苋 *Amaranthus spinosus* 产于保护区各保护站。生于向阳山坡、旷野、农田、河滩、荒地。

苋 *Amaranthus tricolor* 产于保护区各保护站。生于向阳山坡、旷野、农田、河滩、荒地。

皱果苋 *Amaranthus viridis* 产于保护区各保护站。生于向阳山坡、旷野、农田、河滩、荒地。

青葙属 *Celosia*

青葙 *Celosia argentea* 产于保护区各保护站。生于向阳山坡、旷野、农田、河滩、荒地。

商陆科 Phytolaccaceae

商陆属 *Phytolacca*

商陆 *Phytolacca acinosa* 产于保护区各保护站。生于阴坡林下、林缘草地。

马齿苋科 Portulacaceae

马齿苋属 *Portulaca*

马齿苋 *Portulaca oleracea* 产于保护区各保护站。生于向阳山坡、旷野、农田、河滩、荒地。

石竹科 Caryophyllaceae

无心菜属 *Arenaria*

老牛筋 *Arenaria juncea* 产于保护区各保护站。生于向阳山坡、旷野、农田、河滩、荒地。

无心菜 *Arenaria serpyllifolia* 产于保护区各保护站。生于向阳山坡、旷野、农田、河滩、荒地。

卷耳属 *Cerastium*

卵叶卷耳 *Cerastium wilsonii* 产于保护区各保护站。生于向阳山坡、旷野、农田、河滩、荒地。

卷耳 *Cerastium arvense* 产于保护区各保护站。生于向阳山坡、旷野、农田、河滩、荒地。

簇生卷耳 *Cerastium fontanum* 产于保护区各保护站。生于向阳山坡、旷野、农田、河滩、荒地。

缘毛卷耳 *Cerastium furcatum* 产于保护区各保护站。生于向阳山坡、旷野、农田、河滩、荒地。

石竹属 *Dianthus*

石竹 *Dianthus chinensis* 产于宽坪、大木场、王莽寨。生于林缘草地、向阳山坡。

瞿麦 *Dianthus superbus* 产于马营、大木场、栗子园、杜沟口。生于林缘草地、向阳山坡。

石头花属 *Gypsophila*

长蕊石头花 *Gypsophila oldhamiana* 产于保护区各保护站。生于林缘草地、向阳山坡。

薄蒴草属 *Lepyrodiclis*

薄蒴草 *Lepyrodiclis holosteoides* 产于寺山庙、七里坪、花山。生于林缘草地。

剪秋罗属 *Lychnis*

浅裂剪秋罗 *Lychnis cognata* 产于宽坪、大木场、岳山。生于阴坡林下、林缘草地。

剪秋罗 *Lychnis fulgens* 产于大木场、太山庙、王莽寨。生于阴坡林下、林缘草地。

剪红纱花 *Lychnis senno* 产于宽坪、大木场、料凹。生于阴坡林下、林缘草地。

鹅肠菜属 *Myosoton*

鹅肠菜 *Myosoton aquaticum* 产于保护区各保护站。生于向阳山坡、旷野、农田、河滩、荒地。

孩儿参属 *Pseudostellaria*

蔓孩儿参 *Pseudostellaria davidii* 产于马营、七里坪、花山。生于阴坡林下、林缘草地。

异花孩儿参 *Pseudostellaria heterantha* 产于宽坪、大木场、王莽寨。生于阴坡林下、林缘草地。

孩儿参 *Pseudostellaria heterophylla* 产于寺山庙、大木场、花山。生于阴坡林下、林缘草地。

漆姑草属 *Sagina*

漆姑草 *Sagina japonica* 产于保护区各保护站。生于向阳山坡、旷野、农田、河滩、荒地。

蝇子草属 *Silene*

女娄菜 *Silene aprica* 产于保护区各保护站。生于阴坡林下、林缘草地。

狗盘蔓 *Silene baccifera* 产于保护区各保护站。生于林缘草地、灌木丛、向阳山坡。

麦瓶草 *Silene conoidea* 产于保护区各保护站。生于向阳山坡、旷野、农田、河滩、荒地。

疏毛女娄菜 *Silene firma* 产于宽坪、大木场、料凹、西沟。生于阴坡林下、林缘草地。

鹤草 *Silene fortunei* 产于保护区各保护站。生于林缘草地、向阳山坡。

蝇子草 *Silene gallica* 产于保护区各保护站。生于林缘草地、向阳山坡。

石生蝇子草 *Silene tatarinowii* 产于宽坪、大木场、王莽寨。生于向阳山坡、林缘草地。

拟漆姑属 *Spergularia*

拟漆姑 *Spergularia marina* 产于保护区各保护站。生于向阳山坡、旷野、农田、河滩、荒地。

繁缕属 *Stellaria*

雀舌草 *Stellaria alsine* 产于保护区各保护站。生于向阳山坡、旷野、农田、河滩、荒地。

中国繁缕 *Stellaria chinensis* 产于保护区各保护站。生于向阳山坡、旷野、农田、河滩、荒地。

内弯繁缕 *Stellaria infracta* 产于宽坪、大木场、王莽寨。生于阴坡林下、林缘草地。

繁缕 *Stellaria media* 产于保护区各保护站。生于旷野、农田、河滩、荒地。

沼生繁缕 *Stellaria palustris* 产于保护区各保护站。生于向阳山坡、旷野、农田、河滩、荒地。

麦蓝菜属 *Vaccaria*

麦蓝菜 *Vaccaria hispanica* 产于保护区各保护站。生于向阳山坡、旷野、农田、河滩、荒地。

睡莲科 Nymphaeaceae

芡属 *Euryale*

芡实 *Euryale ferox* 产于保护区各保护站。生于水库、池塘、沟渠、积水沼泽湿地。

莲属 *Nelumbo*

莲 *Nelumbo nucifera* 产于保护区各保护站。生于水库、池塘、沟渠、积水沼泽湿地。

萍蓬草属 *Nuphar*

萍蓬草 *Nuphar pumila* 产于保护区各保护站。生于积水沼泽湿地。

金鱼藻科 Ceratophyllaceae

金鱼藻属 *Ceratophyllum*

金鱼藻 *Ceratophyllum demersum* 产于保护区各保护站。生于水库、池塘、沟渠、积水沼泽湿地。

领春木科 Eupteleaceae

领春木属 *Euptelea*

领春木 *Euptelea pleiosperma* 产于料凹、栗子园、杜沟口。生于山坡杂木林、沟谷、溪边。

连香树科 Cercidiphyllaceae

连香树属 *Cercidiphyllum*

连香树 *Cercidiphyllum japonicum* 产于宽坪、大木场。生于山坡杂木林。

毛茛科 Ranunculaceae

乌头属 *Aconitum*

牛扁 *Aconitum barbatum* var. *puberulum* 产于花山、王莽寨、杜沟口。生于林缘草地、沟谷、溪边。

乌头 *Aconitum carmichaelii* 产于七里坪、花山、栗子园、西沟。生于向阳山坡。

瓜叶乌头 *Aconitum hemsleyanum* 产于马营、大木场、杜沟口。生于阴坡林下、沟谷、溪边。

华北乌头 *Aconitum jeholense* var. *angustius* 产于宽坪、料凹、阳坡园、西沟。生于林缘草地。

北乌头 *Aconitum kusnezoffii* 产于大木场、料凹、栗子园。生于林缘草地。

吉林乌头 *Aconitum kirinense* 产于宽坪、三官庙、料凹。生于阴坡林下、林缘草地。

毛果吉林乌头 *Aconitum kirinense* var. *australe* 产于寺山庙、岳山、杜沟口。生于阴坡林下、沟谷、溪边。

异裂吉林乌头 *Aconitum kirinense* var. *heterophyllum* 产于七里坪、鳔池、西沟。生于阴坡林下、沟谷、溪边。

铁棒锤 *Aconitum pendulum* 产于宽坪、段沟、王莽寨。生于林缘草地。

花葶乌头 *Aconitum scaposum* 产于七里坪、岳山、王莽寨。生于阴坡林下、林缘草地。

高乌头 *Aconitum sinomontanum* 产于大木场、栗子园、西沟。生于林缘草地。

类叶升麻属 *Actaea*

类叶升麻 *Actaea asiatica* 产于宽坪、三官庙、阳坡园。生于阴坡林下、沟谷、溪边。

银莲花属 *Anemone*

阿尔泰银莲花 *Anemone altaica* 产于宽坪、大木场、段沟。生于阴坡林下、林缘草地。

银莲花 *Anemone cathayensis* 产于太山庙、大木场、阳坡园。生于阴坡林下、林缘草地。

毛蕊银莲花 *Anemone cathayensis* var. *hispida* 产于七里坪、栗子园、杜沟口。生于阴坡林下、林缘草地。

小银莲花 *Anemone exigua* 产于马营、鳔池、三官庙。生于阴坡林下、林缘草地。

大火草 *Anemone tomentosa* 产于保护区各保护站。生于林缘草地、向阳山坡。

耧斗菜属 *Aquilegia*

无距耧斗菜 *Aquilegia ecalcarata* 产于寺山庙、三官庙、岳山。生于林缘草地。

耧斗菜 *Aquilegia viridiflora* 产于宽坪、王莽寨、杜沟口。生于林缘草地。

华北耧斗菜 *Aquilegia yabeana* 产于保护区各保护站。生于林缘草地。

驴蹄草属 *Caltha*

驴蹄草 *Caltha palustris* 产于宽坪、七里坪、料凹。生于阴坡林下、林缘草地。

升麻属 *Cimicifuga*

升麻 *Cimicifuga foetida* 产于鳔池、大木场、花山。生于阴坡林下。

小升麻 *Cimicifuga japonica* 产于宽坪、三官庙、杜沟口。生于阴坡林下、沟谷、溪边。

短尾铁线莲 *Clematis brevicaudata* 产于保护区各保护站。生于林缘草地、灌木丛。

铁线莲属 *Clematis*

粗齿铁线莲 *Clematis grandidentata* 产于保护区各保护站。生于林缘草地、灌木丛。

大叶铁线莲 *Clematis heracleifolia* 产于保护区各保护站。生于林缘草地、灌木丛。

棉团铁线莲 *Clematis hexapetala* 产于保护区各保护站。生于林缘草地、灌木丛。

太行铁线莲 *Clematis kirilowii* 产于保护区各保护站。生于林缘草地、灌木丛。

毛蕊铁线莲 *Clematis lasiandra* 产于保护区各保护站。生于林缘草地、灌木丛。

秦岭铁线莲 *Clematis obscura* 产于保护区各保护站。生于林缘草地、灌木丛。

钝萼铁线莲 *Clematis peterae* 产于保护区各保护站。生于林缘草地、灌木丛。

毛果铁线莲 *Clematis peterae* var. *trichocarpa* 产于保护区各保护站。生于林缘草地、灌木丛。

陕西铁线莲 *Clematis shensiensis* 产于保护区各保护站。生于林缘草地、灌木丛。

圆锥铁线莲 *Clematis terniflora* 产于保护区各保护站。生于林缘草地、灌木丛。

柱果铁线莲 *Clematis uncinata* 产于保护区各保护站。生于林缘草地、灌木丛。

翠雀属 *Delphinium*

还亮草 *Delphinium anthriscifolium* 产于保护区各保护站。生于林缘草地。

秦岭翠雀花 *Delphinium giraldii* 产于保护区各保护站。生于林缘草地。

翠雀 *Delphinium grandiflorum* 产于保护区各保护站。生于林缘草地。

腺毛翠雀 *Delphinium grandiflorum* var. *gilgianum* 产于保护区各保护站。生于林缘草地。

川陕翠雀花 *Delphinium henryi* 产于寺山庙、三官庙、料凹。生于林缘草地。

河南翠雀花 *Delphinium honanense* 产于宽坪、七里坪、栗子园。生于林缘草地。

水葫芦苗属 *Halerpestes*

水葫芦苗 *Halerpestes cymbalaria* 产于保护区各保护站。生于水库、池塘、沟渠、积水沼泽湿地。

獐耳细辛属 *Hepatica*

獐耳细辛 *Hepatica nobilia* var. *asiaticanobilis* 产于宽坪、大木场、王莽寨。生于阴坡林下、沟谷、溪边。

白头翁属 *Pulsatilla*

白头翁 *Pulsatilla chinensis* 产于保护区各保护站。生于林缘草地、灌木丛、向阳山坡。

毛茛属 *Ranunculus*

茴茴蒜 *Ranunculus chinensis* 产于保护区各保护站。生于旷野、农田、河滩、荒地、积水沼泽湿地。

毛茛 *Ranunculus japonicus* 产于保护区各保护站。生于旷野、农田、河滩、荒地、积水沼泽湿地。

石龙芮 *Ranunculus sceleratus* 产于保护区各保护站。生于旷野、农田、河滩、荒地、积水沼泽湿地。

天葵属 *Semiaquilegia*

天葵 *Semiaquilegia adoxoides* 产于马营、大木场、杜沟口。生于阴坡林下。

唐松草属 *Thalictrum*

唐松草 *Thalictrum aquilegiifolium* var. *sibiricum* 产于保护区各保护站。生于阴坡林下、林缘草地。

贝加尔唐松草 *Thalictrum baicalense* 产于保护区各保护站。生于阴坡林下、林缘草地。

西南唐松草 *Thalictrum fargesii* 产于保护区各保护站。生于阴坡林下、林缘草地。

河南唐松草 *Thalictrum honanense* 产于保护区各保护站。生于阴坡林下、林缘草地。

盾叶唐松草 *Thalictrum ichangense* 产于保护区各保护站。生于阴坡林下、林缘草地。

东亚唐松草 *Thalictrum minus* var. *hypoleucum* 产于保护区各保护站。生于阴坡林下、林缘草地。

瓣蕊唐松草 *Thalictrum petaloideum* 产于保护区各保护站。生于阴坡林下、林缘草地。

长柄唐松草 *Thalictrum przewalskii* 产于保护区各保护站。生于阴坡林下、林缘草地。

粗壮唐松草 *Thalictrum robustum* 产于保护区各保护站。生于阴坡林下、林缘草地。

金莲花属 *Trollius*

金莲花 *Trollius chinensis* 产于段沟、大木场、王莽寨。生于林缘草地、向阳山坡。

木通科 Lardizabalaceae

木通属 *Akebia*

三叶木通 *Akebia trifoliata* 产于宽坪、大木场、王莽寨。生于阴坡林下、沟谷、溪边、灌木丛。

小檗科 Berberidaceae

小檗属 *Berberis*

黄芦木 *Berberis amurensis* 产于马营、三官庙、花山。生于阴坡林下、灌木丛。

短柄小檗 *Berberis brachypoda* 产于鳔池、七里坪、西沟。生于阴坡林下、灌木丛。

秦岭小檗 *Berberis circumserrata* 产于太山庙、三官庙、栗子园。生于阴坡林下、灌木丛。

直穗小檗 *Berberis dasystachya* 产于宽坪、料凹、杜沟口。生于阴坡林下、灌木丛。

首阳小檗 *Berberis dielsiana* 产于段沟、寺山庙、岳山。生于阴坡林下、灌木丛。

河南小檗 *Berberis honanensis* 产于宽坪、七里坪。生于阴坡林下、灌木丛。

细叶小檗 *Berberis poiretii* 产于寺山庙、三官庙、杜沟口。生于阴坡林下、灌木丛。

日本小檗 *Berberis thunbegii* 保护区有栽培或逸生。

红毛七属 *Caulophyllum*

红毛七 *Caulophyllum robustum* 产于寺山庙、三官庙、阳坡园。生于阴坡林下、林缘草地。

淫羊藿属 *Epimedium*

淫羊藿 *Epimedium brevicornu* 产于宽坪、七里坪、料凹。生于阴坡林下。

柔毛淫羊藿 *Epimedium pubescens* 产于太山庙、三官庙、王莽寨。生于阴坡林下。

防己科 Menispermaceae

木防己属 *Cocculus*

木防己 *Cocculus orbiculatus* 产于保护区各保护站。生于沟谷、溪边、灌木丛。

蝙蝠葛属 *Menispermum*

蝙蝠葛 *Menispermum dauricum* 产于保护区各保护站。生于沟谷、溪边、林缘草地。

风龙属 *Sinomenium*

风龙 *Sinomenium acutum* 产于宽坪、大木场、岳山。生于阴坡林下、沟谷、溪边。

五味子科 Schisandraceae

五味子属 *Schisandra*

五味子 *Schisandra chinensis* 产于保护区各保护站。生于阴坡林下、沟谷、溪边、灌木丛。

华中五味子 *Schisandra sphenanthera* 产于宽坪、大木场、王莽寨。生于阴坡林下、沟谷、溪边。

木兰科 Magnoliaceae

木兰属 *Magnolia*

望春玉兰 *Magnolia biondii* 产于宽坪、大木场、太山庙、杜沟口。生于山坡杂木林。

玉兰 *Magnolia denudata* 产于寺山庙、三官庙、料凹。生于山坡杂木林。

紫玉兰 *Magnolia liliiflora* 产于宽坪、大木场、王莽寨。生于山坡杂木林。

樟科 Lauraceae

山胡椒属 *Lindera*

红果山胡椒 *Lindera erythrocarpa* 产于寺山庙、大木场。生于山坡杂木林。

山胡椒 *Lindera glauca* 产于宽坪、七里坪、料凹。生于山坡杂木林。

三桠乌药 *Lindera obtusiloba* 产于太山庙、三官庙、花山。生于山坡杂木林。

木姜子属 *Litsea*

木姜子 *Litsea pungens* 产于宽坪、段沟、王莽寨。生于山坡杂木林。

罂粟科 Papaveraceae

白屈菜属 *Chelidonium*

白屈菜 *Chelidonium majus* 产于保护区各保护站。生于林缘草地。

紫堇属 *Corydalis*

地丁草 *Corydalis bungeana* 产于保护区各保护站。生于阴坡林下、林缘草地。

小药八旦子 *Corydalis caudata* 产于保护区各保护站。生于阴坡林下、林缘草地。

紫堇 *Corydalis edulis* 产于保护区各保护站。生于阴坡林下、林缘草地。

刻叶紫堇 *Corydalis incisa* 产于保护区各保护站。生于阴坡林下、林缘草地。

蛇果黄堇 *Corydalis ophiocarpa* 产于保护区各保护站。生于阴坡林下、林缘草地。

黄堇 *Corydalis pallida* 产于保护区各保护站。生于阴坡林下、林缘草地。

小花黄堇 *Corydalis racemosa* 产于保护区各保护站。生于阴坡林下、林缘草地。

小黄紫堇 *Corydalis raddeana* 产于保护区各保护站。生于阴坡林下、林缘草地。

珠果黄堇 *Corydalis speciosa* 产于保护区各保护站。生于阴坡林下、林缘草地。

延胡索 *Corydalis yanhusuo* 产于保护区各保护站。生于阴坡林下、林缘草地。

秃疮花属 *Dicranostigma*

秃疮花 *Dicranostigma leptopodum* 产于保护区各保护站。生于阴坡林下、林缘草地。

荷青花属 *Hylomecon*

荷青花 *Hylomecon japonica* 产于保护区各保护站。生于阴坡林下、林缘草地。

锐裂荷青花 *Hylomecon japonica* var. *subincisa* 产于保护区各保护站。生于阴坡林下、林缘草地。

角茴香属 *Hypecoum*

角茴香 *Hypecoum erectum* 产于保护区各保护站。生于向阳山坡、旷野、农田、河滩、荒地。

博落回属 *Macleaya*

博落回 *Macleaya cordata* 产于保护区各保护站。生于林缘草地、向阳山坡。

小果博落回 *Macleaya microcarpa* 产于保护区各保护站。生于林缘草地、向阳山坡。

绿绒蒿属 *Meconopsis*

柱果绿绒蒿 *Meconopsis oliverana* 产于保护区各保护站。生于阴坡林下、林缘草地。

十字花科 Brassicaceae

鼠耳芥属 *Arabidopsis*

鼠耳芥 *Arabidopsis thaliana* 产于宽坪、大木场、岳山。生于阴坡林下、林缘草地。

南芥属 *Arabis*

硬毛南芥 *Arabis hirsuta* 产于马营、三官庙、王莽寨。生于阴坡林下。

垂果南芥 *Arabis pendula* 产于段沟、太山庙、杜沟口。生于阴坡林下、林缘草地。

辣根属 *Armoracia*

辣根 *Armoracia rusticana* 产于保护区各保护站。生于向阳山坡、旷野、农田、河滩、荒地。

亚麻荠属 *Camelina*

小果亚麻荠 *Camelina microcarpa* 产于保护区各保护站。生于向阳山坡、旷野、农田、河滩、荒地。

荠属 *Capsella*

荠 *Capsella bursa-pastoris* 产于保护区各保护站。生于向阳山坡、旷野、农田、河滩、荒地。

碎米荠属 *Cardamine*

弯曲碎米荠 *Cardamine flexuosa* 产于保护区各保护站。生于向阳山坡、旷野、农田、河滩、荒地。

弹裂碎米荠 *Cardamine impatiens* 产于保护区各保护站。生于向阳山坡、旷野、农田、河滩、荒地。

白花碎米荠 *Cardamine leucantha* 产于保护区各保护站。生于阴坡林下、沟谷、溪边。

水田碎米荠 *Cardamine lyrata* 产于保护区各保护站。生于旷野、农田、河滩、荒地、积水沼泽湿地。

大叶碎米荠 *Cardamine macrophylla* 产于宽坪、大木场、西沟。生于阴坡林下、沟谷、溪边。

紫花碎米荠 *Cardamine purpurascens* 产于寺山庙、七里坪、花山。生于阴坡林下、沟谷、溪边。

离子芥属 *Chorispora*

离子芥 *Chorispora tenella* 产于保护区各保护站。生于向阳山坡、旷野、农田。

臭荠属 *Coronopus*

臭荠 *Coronopus didymus* 产于保护区各保护站。生于向阳山坡、旷野、农田。

播娘蒿属 *Descurainia*

播娘蒿 *Descurainia sophia* 产于保护区各保护站。生于向阳山坡、旷野、农田。

花旗杆属 *Dontostemon*

花旗杆 *Dontostemon dentatus* 产于保护区各保护站。生于向阳山坡、旷野、农田、河滩、荒地。

葶苈属 *Draba*

苞序葶苈 *Draba ladyginii* 产于保护区各保护站。生于向阳山坡、旷野、农田、河滩、荒地。

葶苈 *Draba nemorosa* 产于保护区各保护站。生于向阳山坡、旷野、农田、河滩、荒地。

芝麻菜属 *Eruca*

芝麻菜 *Eruca vesicaria* subsp. *sativa* 产于保护区各保护站。生于向阳山坡、旷野、农田、河滩、荒地。

糖芥属 *Erysimum*

糖芥 *Erysimum amurense* 产于保护区各保护站。生于向阳山坡、旷野、农田、河滩、荒地。

小花糖芥 *Erysimum cheiranthoides* 产于保护区各保护站。生于向阳山坡、旷野、农田、河滩、荒地。

菘蓝属 *Isatis*

菘蓝 *Isatis tinctoria* 产于保护区各保护站。生于向阳山坡、旷野、农田、河滩、荒地。

独行菜属 *Lepidium*

独行菜 *Lepidium apetalum* 产于保护区各保护站。生于向阳山坡、旷野、农田、河滩、荒地。

宽叶独行菜 *Lepidium latifolium* 产于保护区各保护站。生于向阳山坡、旷野、农田、河滩、荒地。

北美独行菜 *Lepidium virginicum* 产于保护区各保护站。生于向阳山坡、旷野、农田、河滩、荒地。

涩荠属 *Malcolmia*

涩荠 *Malcolmia africana* 产于保护区各保护站。生于向阳山坡、旷野、农田、河滩、荒地。

豆瓣菜属 *Nasturtium*

豆瓣菜 *Nasturtium officinale* 产于保护区各保护站。生于向阳山坡、旷野、农田、河滩、荒地。

蚓果芥属 *Neotorularia*

蚓果芥 *Neotorularia humilis* 产于保护区各保护站。生于向阳山坡、旷野、农田、河滩、荒地。

诸葛菜属 *Orychophragmus*

诸葛菜 *Orychophragmus violaceus* 产于保护区各保护站。生于阴坡林下、沟谷、溪边。

蔊菜属 *Rorippa*

广州蔊菜 *Rorippa cantoniensis* 产于保护区各保护站。生于向阳山坡、旷野、农田、河滩、荒地。

无瓣蔊菜 *Rorippa dubia* 产于保护区各保护站。生于向阳山坡、旷野、农田、河滩、荒地。

风花菜 *Rorippa globosa* 产于保护区各保护站。生于向阳山坡、旷野、农田、河滩、荒地。

蔊菜 *Rorippa indica* 产于保护区各保护站。生于向阳山坡、旷野、农田、河滩、荒地。

沼生蔊菜 *Rorippa palustris* 产于保护区各保护站。生于向阳山坡、旷野、农田。

大蒜芥属 *Sisymbrium*

垂果大蒜芥 *Sisymbrium heteromallum* 产于宽坪、大木场、花山。生于阴坡林下、林缘草地。

全叶大蒜芥 *Sisymbrium luteum* 产于马营、三官庙、王莽寨。生于阴坡林下、林缘草地。

菥蓂属 *Thlaspi*

菥蓂 *Thlaspi arvense* 产于保护区各保护站。生于向阳山坡、旷野、农田、河滩、荒地。

景天科 Crassulaceae

八宝属 *Hylotelephium*

狭穗八宝 *Hylotelephium angustum* 产于保护区各保护站。生于阴坡林下、沟谷、溪边。

八宝 *Hylotelephium erythrostictum* 产于宽坪、七里坪、料凹。生于阴坡林下、沟谷、溪边。

长药八宝 *Hylotelephium spectabile* 产于宽坪、大木场、花山。生于阴坡林下、沟谷、溪边。

轮叶八宝 *Hylotelephium verticillatum* 产于七里坪、花山、段沟。生于阴坡林下、沟谷、溪边。

瓦松属 *Orostachys*

瓦松 *Orostachys fimbriata* 产于保护区各保护站。生于向阳山坡、旷野、农田、河滩、荒地。

晚红瓦松 *Orostachys japonica* 产于保护区各保护站。生于向阳山坡、旷野、农田、河滩、荒地。

费菜属 *Phedimus*

费菜 *Phedimus aizoon* 产于保护区各保护站。生于阴坡林下、沟谷、溪边、向阳山坡。

乳毛费菜 *Phedimus aizoon* var. *scabrus* 产于保护区各保护站。生于林缘草地、向阳山坡。

红景天属 *Rhodiola*

小丛红景天 *Rhodiola dumulosa* 产于保护区各保护站。生于林缘草地、向阳山坡。

景天属 *Sedum*

小山飘风 *Sedum filipes* 产于宽坪、大木场、岳山。生于阴坡林下、沟谷、溪边。

大苞景天 *Sedum oligospermum* 产于保护区各保护站。生于阴坡林下、沟谷、溪边、林缘草地、向阳山坡。

藓状景天 *Sedum polytrichoides* 产于段沟、大木场、王莽寨。生于阴坡林下、沟谷、溪边。

垂盆草 *Sedum sarmentosum* 产于保护区各保护站。生于林缘草地、向阳山坡。

火焰草 *Sedum stellariifolium* 产于宽坪、大木场、王莽寨。生于阴坡林下、沟谷、溪边。

虎耳草科 Saxifragaceae

落新妇属 *Astilbe*

落新妇 *Astilbe chinensis* 产于保护区各保护站。生于沟谷、溪边、林缘草地。

大落新妇 *Astilbe grandis* 产于保护区各保护站。生于沟谷、溪边、林缘草地。

金腰属 *Chrysosplenium*

毛金腰 *Chrysosplenium pilosum* 产于寺山庙、三官庙、花山。生于阴坡林下、沟谷、溪边。

中华金腰 *Chrysosplenium sinicum* 产于宽坪、七里坪。生于阴坡林下、沟谷、溪边。

溲疏属 *Deutzia*

大花溲疏 *Deutzia grandiflora* 产于保护区各保护站。生于阴坡林下、沟谷、溪边、灌木丛。

小花溲疏 *Deutzia parviflora* 产于保护区各保护站。生于阴坡林下、沟谷、溪边、灌木丛。

多花溲疏 *Deutzia setchuenensis* var. *corymbiflora* 产于保护区各保护站。生于阴坡林下、沟谷、溪边、灌木丛。

光萼溲疏 *Deutzia glabrata* 产于宽坪、三官庙、王莽寨。生于阴坡林下、沟谷、溪边。

绣球属 *Hydrangea*

东陵绣球 *Hydrangea bretschneideri* 产于宽坪、大木场、花山。生于阴坡林下、沟谷、溪边。

莼兰绣球 *Hydrangea longipes* 产于马营、岳山、栗子园。生于阴坡林下。

梅花草属 *Parnassia*

细叉梅花草 *Parnassia oreophila* 产于马营、三官庙、花山。生于林缘草地。

扯根菜属 *Penthorum*

扯根菜 *Penthorum chinense* 产于保护区各保护站。生于沟谷、溪边、林缘草地。

山梅花属 *Philadelphus*

山梅花 *Philadelphus incanus* 产于保护区各保护站。生于阴坡林下。

太平花 *Philadelphus pekinensis* 产于保护区各保护站。生于阴坡林下。

疏花山梅花 *Philadelphus laxiflorus* 产于保护区各保护站。生于阴坡林下。

茶藨子属 *Ribes*

华蔓茶藨子 *Ribes fasciculatum* var. *chinense* 产于保护区各保护站。生于阴坡林下。

冰川茶藨子 *Ribes glaciale* 产于保护区各保护站。生于阴坡林下。

东北茶藨子 *Ribes mandshuricum* 产于保护区各保护站。生于阴坡林下。

长刺茶藨子 *Ribes alpestre* 产于保护区各保护站。生于阴坡林下。

刺果茶藨子 *Ribes burejense* 产于保护区各保护站。生于阴坡林下。

细枝茶藨子 *Ribes tenue* 产于保护区各保护站。生于阴坡林下。

鬼灯檠属 *Rodgersia*

七叶鬼灯檠 *Rodgersia aesculifolia* 产于保护区各保护站。生于阴坡林下。

虎耳草属 *Saxifraga*

零余虎耳草 *Saxifraga cernua* 产于保护区各保护站。生于阴坡林下、沟谷、溪边。

球茎虎耳草 *Saxifraga sibirica* 产于保护区各保护站。生于阴坡林下、崖壁。

虎耳草 *Saxifraga stolonifera* 产于保护区各保护站。生于阴坡林下、沟谷、溪边。

黄水枝属 *Tiarella*

黄水枝 *Tiarella polyphylla* 产于宽坪、大木场、段沟。生于阴坡林下、林缘草地。

海桐花科 Pittosporaceae

海桐属 *Pittosporum*

海桐 *Pittosporum tobira* 保护区有栽培或逸生。

悬铃木科 Platanaceae

悬铃木属 *Platanus*

二球悬铃木 *Platanus×acerifolia* 保护区有栽培或逸生。

三球悬铃木 *Platanus orientalis* 保护区有栽培或逸生。

一球悬铃木 *Platanus occidentalis* 保护区有栽培或逸生。

金缕梅科 Hamamelidaceae

山白树属 *Sinowilsonia*

山白树 *Sinowilsonia henryi* 产于宽坪、王莽寨、岳山。生于山坡杂木林。

杜仲科 Eucommiaceae

杜仲属 *Eucommia*

杜仲 *Eucommia ulmoides* 保护区有栽培或逸生。

蔷薇科 Rosaceae

龙芽草属 *Agrimonia*

龙芽草 *Agrimonia pilosa* 产于保护区各保护站。生于阴坡林下、林缘草地。

黄龙尾 *Agrimonia pilosa* var. *nepalensis* 产于保护区各保护站。生于阴坡林下、林缘草地。

唐棣属 *Amelanchier*

唐棣 *Amelanchier sinica* 产于保护区各保护站。生于山坡杂木林、向阳山坡。

桃属 *Amygdalus*

山桃 *Amygdalus davidiana* 产于保护区各保护站。生于山坡杂木林。

桃 *Amygdalus persica* 保护区有栽培或逸生。

榆叶梅 *Amygdalus triloba* 保护区有栽培或逸生。

杏属 *Armeniaca*

梅 *Armeniaca mume* 保护区有栽培或逸生。

山杏 *Armeniaca sibirica* 产于保护区各保护站。生于山坡杂木林。

杏 *Armeniaca vulgaris* 保护区有栽培或逸生。

野杏 *Armeniaca vulgaris* var. *ansu* 产于宽坪、大木场。生于山坡杂木林。

假升麻属 *Aruncus*

假升麻 *Aruncus sylvester* 产于马营、大木场、王莽寨。生于阴坡林下、沟谷、溪边。

樱属 *Cerasus*

微毛樱桃 *Cerasus clarofolia* 产于保护区各保护站。生于山坡杂木林。

锥腺樱桃 *Cerasus conadenia* 产于段沟、宽坪、花山。生于山坡杂木林。

毛叶欧李 *Cerasus dictyoneura* 产于保护区各保护站。生于向阳山坡。

麦李 *Cerasus glandulosa* 产于保护区各保护站。生于向阳山坡。

欧李 *Cerasus humilis* 产于保护区各保护站。生于向阳山坡。

郁李 *Cerasus japonica* 保护区有栽培或逸生。

多毛樱桃 *Cerasus polytricha* 产于马营、大木场、阳坡园。生于山坡杂木林。

樱桃 *Cerasus pseudocerasus* 保护区有栽培或逸生。

毛樱桃 *Cerasus tomentosa* 产于宽坪、大木场、王莽寨。生于山坡杂木林。

地蔷薇属 *Chamaerhodos*

地蔷薇 *Chamaerhodos erecta* 产于七里坪、岳山、阳坡园。生于林缘草地、向阳山坡。

栒子属 *Cotoneaster*

灰栒子 *Cotoneaster acutifolius* 产于保护区各保护站。生于沟谷、溪边、灌木丛。

匍匐栒子 *Cotoneaster adpressus* 产于保护区各保护站。生于沟谷、溪边、灌木丛。

黑果栒子 *Cotoneaster melanocarpus* 产于段沟、宽坪、料凹。生于阴坡林下、沟谷、溪边、灌木丛。

水栒子 *Cotoneaster multiflorus* 产于保护区各保护站。生于阴坡林下、沟谷、溪边、灌木丛。

毛叶水栒子 *Cotoneaster submultiflorus* 产于寺山庙、大木场、王莽寨。生于阴坡林下、沟谷、溪边。

西北栒子 *Cotoneaster zabelii* 产于大木场、太山庙、阳坡园。生于沟谷、溪边、灌木丛、向阳山坡。

山楂属 *Crataegus*

野山楂 *Crataegus cuneata* 产于保护区各保护站。生于灌木丛、向阳山坡。

湖北山楂 *Crataegus hupehensis* 产于宽坪、大木场、岳山。生于山坡杂木林。

山楂 *Crataegus pinnatifida* 产于宽坪、三官庙、西沟。生于山坡杂木林、向阳山坡。

蛇莓属 *Duchesnea*

蛇莓 *Duchesnea indica* 产于保护区各保护站。生于河滩、荒地、旷野、农田、向阳山坡。

白鹃梅属 *Exochorda*

红柄白鹃梅 *Exochorda giraldii* 产于保护区各保护站。生于灌木丛、向阳山坡。

白鹃梅 *Exochorda racemosa* 产于保护区各保护站。生于灌木丛、向阳山坡。

路边青属 *Geum*

路边青 *Geum aleppicum* 产于保护区各保护站。生于阴坡林下、林缘草地。

柔毛路边青 *Geum japonicum* var. *chinense* 产于保护区各保护站。生于阴坡林下、林缘草地。

棣棠花属 *Kerria*

棣棠花 *Kerria japonica* 产于保护区各保护站。生于阴坡林下、沟谷、溪边。

臭樱属 *Maddenia*

臭樱 *Maddenia hypoleuca* 产于寺山庙、三官庙、鳔池。生于灌木丛、向阳山坡。

苹果属 *Malus*

山荆子 *Malus baccata* 产于保护区各保护站。生于山坡杂木林。

垂丝海棠 *Malus halliana* 保护区有栽培或逸生。

河南海棠 *Malus honanensis* 产于保护区各保护站。生于山坡杂木林。

湖北海棠 *Malus hupehensis* 产于保护区各保护站。生于山坡杂木林。

陇东海棠 *Malus kansuensis* 产于保护区各保护站。生于山坡杂木林。

楸子 *Malus prunifolia* 产于保护区各保护站。生于山坡杂木林。

三叶海棠 *Malus sieboldii* 产于保护区各保护站。生于山坡杂木林。

绣线梅属 *Neillia*

毛叶绣线梅 *Neillia ribesioides* 产于宽坪、七里坪、王莽寨。生于阴坡林下、沟谷、溪边。

中华绣线梅 *Neillia sinensis* 产于寺山庙、大木场、岳山。生于阴坡林下、沟谷、溪边。

稠李属 *Padus*

稠李 *Padus avium* 产于宽坪、三官庙、杜沟口。生于阴坡林下、沟谷、溪边。

短梗稠李 *Padus brachypoda* 产于宽坪、大木场、段沟。生于阴坡林下、沟谷、溪边。

橉木 *Padus buergeriana* 产于马营、大木场、王莽寨。生于阴坡林下、沟谷、溪边。

细齿稠李 *Padus obtusata* 产于段沟、七里坪、花山。生于阴坡林下、沟谷、溪边。

委陵菜属 *Potentilla*

皱叶委陵菜 *Potentilla ancistrifolia* 产于保护区各保护站。生于向阳山坡。

蛇莓委陵菜 *Potentilla centigrana* 产于保护区各保护站。生于林缘草地、向阳山坡。

委陵菜 *Potentilla chinensis* 产于保护区各保护站。生于林缘草地、向阳山坡。

细裂委陵菜 *Potentilla chinensis* var. *lineariloba* 产于保护区各保护站。生于林缘草地、向阳山坡。

翻白草 *Potentilla discolor* 产于保护区各保护站。生于林缘草地、向阳山坡。

莓叶委陵菜 *Potentilla fragarioides* 产于保护区各保护站。生于林缘草地、向阳山坡。

三叶委陵菜 *Potentilla freyniana* 产于保护区各保护站。生于林缘草地、向阳山坡。

蛇含委陵菜 *Potentilla kleiniana* 产于保护区各保护站。生于林缘草地、向阳山坡。

腺毛委陵菜 *Potentilla longifolia* 产于保护区各保护站。生于林缘草地、向阳山坡。

多茎委陵菜 *Potentilla multicaulis* 产于保护区各保护站。生于林缘草地、向阳山坡。

绢毛匍匐委陵菜 *Potentilla reptans* var. *sericophylla* 产于保护区各保护站。生于林缘草地、向阳山坡。

朝天委陵菜 *Potentilla supina* 产于保护区各保护站。生于向阳山坡、旷野、农田、河滩、荒地。

三叶朝天委陵菜 *Potentilla supina* var. *ternata* 产于保护区各保护站。生于向阳山坡、旷野、农田、河滩、荒地。

李属 *Prunus*

李 *Prunus salicina* 产于宽坪、三官庙、花山。生于阴坡林下、沟谷、溪边。

梨属 *Pyrus*

杜梨 *Pyrus betulifolia* 产于保护区各保护站。生于山坡杂木林。

白梨 *Pyrus bretschneideri* 保护区有栽培或逸生。

豆梨 *Pyrus calleryana* 产于保护区各保护站。生于山坡杂木林。

褐梨 *Pyrus phaeocarpa* 产于宽坪、七里坪。生于山坡杂木林。

秋子梨 *Pyrus ussuriensis* 产于保护区各保护站。生于山坡杂木林。

木梨 *Pyrus xerophila* 产于宽坪、三官庙、王莽寨。生于山坡杂木林。

鸡麻属 *Rhodotypos*

鸡麻 *Rhodotypos scandens* 产于段沟、三官庙、西沟。生于阴坡林下。

蔷薇属 *Rosa*

木香花 *Rosa banksiae* 产于马营、料凹、王莽寨、杜沟口。生于沟谷、溪边、灌木丛。

美蔷薇 *Rosa bella* 产于宽坪、大木场、花山。生于山坡杂木林。

月季花 *Rosa chinensis* 保护区有栽培或逸生。

陕西蔷薇 *Rosa giraldii* 产于马营、大木场、岳山。生于山坡杂木林。

野蔷薇 *Rosa multiflora* 产于保护区各保护站。生于沟谷、溪边、灌木丛。

峨眉蔷薇 *Rosa omeiensis* 产于段沟、大木场、花山。生于沟谷、溪边、灌木丛。

玫瑰 *Rosa rugosa* 保护区有栽培或逸生。

钝叶蔷薇 *Rosa sertata* 产于寺山庙、七里坪、杜沟口。生于沟谷、溪边、灌木丛。

黄刺玫 *Rosa xanthina* 产于保护区各保护站。生于灌木丛。

悬钩子属 *Rubus*

秀丽莓 *Rubus amabilis* 产于马营、段沟、岳山。生于阴坡林下、沟谷、溪边。

华中悬钩子 *Rubus cockburnianus* 产于宽坪、大木场、太山庙。生于阴坡林下、沟谷、溪边、灌木丛。

山莓 *Rubus corchorifolius* 产于保护区各保护站。生于阴坡林下。

插田泡 *Rubus coreanus* 产于保护区各保护站。生于沟谷、溪边、灌木丛。

牛叠肚 *Rubus crataegifolius* 产于保护区各保护站。生于灌木丛、向阳山坡。

弓茎悬钩子 *Rubus flosculosus* 产于保护区各保护站。生于阴坡林下、沟谷、溪边、灌木丛。

覆盆子 *Rubus idaeus* 产于保护区各保护站。生于沟谷、溪边、灌木丛、向阳山坡。

喜阴悬钩子 *Rubus mesogaeus* 产于保护区各保护站。生于阴坡林下、灌木丛。

茅莓 *Rubus parvifolius* 产于保护区各保护站。生于沟谷、溪边、灌木丛、向阳山坡。

腺花茅莓 *Rubus parvifolius* var. *adenochlamys* 产于保护区各保护站。生于沟谷、溪边、灌木丛、向阳山坡。

多腺悬钩子 *Rubus phoenicolasius* 产于保护区各保护站。生于阴坡林下。

菰帽悬钩子 *Rubus pileatus* 产于保护区各保护站。生于阴坡林下。

针刺悬钩子 *Rubus pungens* 产于寺山庙、七里坪、花山。生于沟谷、溪边、灌木丛。

地榆属 *Sanguisorba*

地榆 *Sanguisorba officinalis* 产于保护区各保护站。生于林缘草地、向阳山坡。

长叶地榆 *Sanguisorba officinalis* var. *longifolia* 产于保护区各保护站。生于林缘草地、向阳山坡。

山莓草属 *Sibbaldia*

山莓草 *Sibbaldia procumbens* 产于段沟、三官庙、阳坡园。生于山坡杂木林。

珍珠梅属 *Sorbaria*

高丛珍珠梅 *Sorbaria arborea* 产于杜沟口、大木场、宽坪。生于沟谷、溪边、灌木丛。

华北珍珠梅 *Sorbaria kirilowii* 产于寺山庙、花山、阳坡园。生于沟谷、溪边、灌木丛。

花楸属 *Sorbus*

水榆花楸 *Sorbus alnifolia* 产于保护区各保护站。生于山坡杂木林。

北京花楸 *Sorbus discolor* 产于宽坪、大木场、西沟。生于山坡杂木林。

陕甘花楸 *Sorbus koehneana* 产于宽坪、大木场、王莽寨。生于山坡杂木林。

花楸树 *Sorbus pohuashanensis* 产于段沟、料凹、栗子园。生于山坡杂木林。

绣线菊属 *Spiraea*

绣球绣线菊 *Spiraea blumei* 产于保护区各保护站。生于山坡杂木林。

石蚕叶绣线菊 *Spiraea chamaedryfolia* 产于马营、三官庙、花山。生于山坡杂木林。

中华绣线菊 *Spiraea chinensis* 产于保护区各保护站。生于山坡杂木林。

毛花绣线菊 *Spiraea dasyantha* 产于保护区各保护站。生于山坡杂木林。

华北绣线菊 *Spiraea fritschiana* 产于保护区各保护站。生于山坡杂木林。

金丝桃叶绣线菊 *Spiraea hypericifolia* 产于寺山庙、三官庙、花山。生于山坡杂木林。

长芽绣线菊 *Spiraea longigemmis* 产于宽坪、七里坪、西沟。生于阴坡林下、沟谷、溪边。

欧亚绣线菊 *Spiraea media* 产于保护区各保护站。生于山坡杂木林。

蒙古绣线菊 *Spiraea mongolica* 产于宽坪、大木场、王莽寨。生于阴坡林下、沟谷、溪边。

土庄绣线菊 *Spiraea pubescens* 产于保护区各保护站。生于沟谷、溪边、灌木丛。

绢毛绣线菊 *Spiraea sericea* 产于保护区各保护站。生于沟谷、溪边、灌木丛。

三裂绣线菊 *Spiraea trilobata* 产于保护区各保护站。生于沟谷、溪边、灌木丛。

豆科 Leguminosae

合萌属 *Aeschynomene*

合萌 *Aeschynomene indica* 产于保护区各保护站。生于旷野、农田、河滩、荒地。

合欢属 *Albizia*

合欢 *Albizia julibrissin* 产于宽坪、大木场、王莽寨。生于山坡杂木林。

山槐 *Albizia kalkora* 产于保护区各保护站。生于山坡杂木林。

紫穗槐属 *Amorpha*

紫穗槐 *Amorpha fruticosa* 保护区有栽培或逸生。

两型豆属 *Amphicarpaea*

两型豆 *Amphicarpaea bracteata* subsp. *edgeworthii* 产于保护区各保护站。生于灌木丛、林缘草地、向阳山坡。

土圞儿属 *Apios*

土圞儿 *Apios fortunei* 产于保护区各保护站。生于向阳山坡、旷野、农田、河滩、荒地。

黄耆属 *Astragalus*

斜茎黄耆 *Astragalus adsurgens* 产于宽坪、七里坪、料凹。生于林缘草地、向阳山坡。

华黄耆 *Astragalus chinensis* 产于保护区各保护站。生于向阳山坡、旷野、农田、河滩、荒地。

背扁黄耆 *Astragalus complanatus* 产于保护区各保护站。生于向阳山坡、旷野、农田、河滩、荒地。

鸡峰山黄耆 *Astragalus kifonsanicus* 产于保护区各保护站。生于向阳山坡、旷野、农田、河滩、荒地。

草木犀状黄耆 *Astragalus melilotoides* 产于保护区各保护站。生于向阳山坡、旷野、农田、河滩、荒地。

糙叶黄耆 *Astragalus scaberrimus* 产于保护区各保护站。生于向阳山坡、旷野、农田、河滩、荒地。

杭子梢属 *Campylotropis*

杭子梢 *Campylotropis macrocarpa* 产于保护区各保护站。生于沟谷、溪边、灌木丛。

锦鸡儿属 *Caragana*

毛掌叶锦鸡儿 *Caragana leveillei* 产于保护区各保护站。生于沟谷、溪边、灌木丛、向阳山坡。

小叶锦鸡儿 *Caragana microphylla* 产于保护区各保护站。生于沟谷、溪边、灌木丛、向阳山坡。

红花锦鸡儿 *Caragana rosea* 产于宽坪、大木场、花山。生于灌木丛、向阳山坡。

锦鸡儿 *Caragana sinica* 产于马营、三官庙、栗子园。生于灌木丛、向阳山坡。

柄荚锦鸡儿 *Caragana stipitata* 产于七里坪、岳山、西沟。生于灌木丛、向阳山坡。

紫荆属 *Cercis*

紫荆 *Cercis chinensis* 产于保护区各保护站。生于山坡杂木林。

短毛紫荆 *Cercis chinensis* f. *pubescensa* 产于保护区各保护站。生于山坡杂木林。

黄檀属 *Dalbergia*

黄檀 *Dalbergia hupeana* 产于宽坪、大木场、王莽寨。生于山坡杂木林。

山黑豆属 *Dumasia*

山黑豆 *Dumasia truncata* 产于保护区各保护站。生于沟谷、溪边、林缘草地。

柔毛山黑豆 *Dumasia villosa* 产于保护区各保护站。生于灌木丛、林缘草地。

皂荚属 *Gleditsia*

山皂荚 *Gleditsia japonica* 产于保护区各保护站。生于山坡杂木林、向阳山坡。

野皂荚 *Gleditsia microphylla* 产于保护区各保护站。生于山坡杂木林、向阳山坡。

皂荚 *Gleditsia sinensis* 产于保护区各保护站。生于山坡杂木林、向阳山坡。

大豆属 *Glycine*

野大豆 *Glycine soja* 产于保护区各保护站。生于向阳山坡、旷野、农田、河滩、荒地。

甘草属 *Glycyrrhiza*

刺果甘草 *Glycyrrhiza pallidiflora* 产于保护区各保护站。生于向阳山坡、旷野、农田、河滩、荒地。

圆果甘草 *Glycyrrhiza squamulosa* 产于保护区各保护站。生于向阳山坡、河滩、荒地。

米口袋属 *Gueldenstaedtia*

长柄米口袋 *Gueldenstaedtia harmsiib* 产于保护区各保护站。生于向阳山坡、河滩、荒地。

狭叶米口袋 *Gueldenstaedtia stenophylla* 产于保护区各保护站。生于向阳山坡、旷野、农田、河滩、荒地。

岩黄耆属 *Hedysarum*

中国岩黄耆 *Hedysarum chinense* 产于段沟、三官庙、岳山。生于林缘草地、向阳山坡。

华北岩黄耆 *Hedysarum gmelinii* 产于寺山庙、大木场、杜沟口。生于林缘草地、向阳山坡。

红花岩黄耆 *Hedysarum multijugum* 产于宽坪、三官庙、太山庙。生于林缘草地、向阳山坡。

长柄山蚂蝗属 *Hylodesmum*

羽叶长柄山蚂蝗 *Hylodesmum oldhamii* 产于宽坪、大木场。生于山坡杂木林。

长柄山蚂蝗 *Hylodesmum podocarpum* 产于寺山庙、三官庙、花山。生于山坡杂木林。

宽卵叶长柄山蚂蝗 *Hylodesmum podocarpum* subsp. *fallax* 产于保护区各保护站。生于

山坡杂木林。

东北长柄山蚂蝗 *Hylodesmum podocarpum* var. *mandshuricum* 产于保护区各保护站。生于山坡杂木林。

木蓝属 *Indigofera*

多花木蓝 *Indigofera amblyantha* 产于保护区各保护站。生于沟谷、溪边、灌木丛。

河北木蓝 *Indigofera bungeana* 产于保护区各保护站。生于沟谷、溪边、灌木丛。

苏木蓝 *Indigofera carlesii* 产于宽坪、七里坪、料凹。生于沟谷、溪边、灌木丛。

花木蓝 *Indigofera kirilowii* 产于保护区各保护站。生于沟谷、溪边、灌木丛。

木蓝 *Indigofera tinctoria* 产于保护区各保护站。生于沟谷、溪边、灌木丛。

鸡眼草属 *Kummerowia*

长萼鸡眼草 *Kummerowia stipulacea* 产于保护区各保护站。生于向阳山坡、旷野、农田、河滩、荒地。

鸡眼草 *Kummerowia striata* 产于保护区各保护站。生于向阳山坡、旷野、农田、河滩、荒地。

山黧豆属 *Lathyrus*

茳芒香豌豆 *Lathyrus davidii* 产于保护区各保护站。生于向阳山坡、旷野、农田、河滩、荒地。

大山黧豆 *Lathyrus davidii* 产于保护区各保护站。生于灌木丛、林缘草地。

中华山黧豆 *Lathyrus dielsianus* 产于保护区各保护站。生于灌木丛、林缘草地。

山黧豆 *Lathyrus quinquenerviusa* 产于保护区各保护站。生于灌木丛、林缘草地。

胡枝子属 *Lespedeza*

胡枝子 *Lespedeza bicolor* 产于保护区各保护站。生于山坡杂木林、灌木丛。

绿叶胡枝子 *Lespedeza buergeri* 产于保护区各保护站。生于山坡杂木林、灌木丛。

长叶胡枝子 *Lespedeza caraganae* 产于保护区各保护站。生于山坡杂木林、灌木丛。

中华胡枝子 *Lespedeza chinensis* 产于保护区各保护站。生于山坡杂木林、林缘草地、灌木丛。

截叶铁扫帚 *Lespedeza cuneata* 产于保护区各保护站。生于山坡杂木林、林缘草地、灌木丛。

短梗胡枝子 *Lespedeza cyrtobotrya* 产于保护区各保护站。生于沟谷、溪边、灌木丛。

兴安胡枝子 *Lespedeza davurica* 产于保护区各保护站。生于向阳山坡、旷野、农田、河滩、荒地。

多花胡枝子 *Lespedeza floribunda* 产于保护区各保护站。生于山坡杂木林、林缘草地、灌木丛。

美丽胡枝子 *Lespedeza formosa* 产于保护区各保护站。生于山坡杂木林、林缘草地、灌木丛。

阴山胡枝子 *Lespedeza inschanica* 产于保护区各保护站。生于山坡杂木林、林缘草地、灌木丛。

牛枝子 *Lespedeza potaninii* 产于保护区各保护站。生于山坡杂木林、林缘草地、灌木丛。

绒毛胡枝子 *Lespedeza tomentosa* 产于保护区各保护站。生于山坡杂木林、林缘草地、灌木丛。

细梗胡枝子 *Lespedeza virgata* 产于保护区各保护站。生于山坡杂木林、林缘草地、灌木丛。

马鞍树属 *Maackia*

朝鲜槐 *Maackia amurensis* 产于宽坪、七里坪、栗子园。生于山坡杂木林。

华山马鞍树 *Maackia hwashanensis* 产于宽坪、三官庙、花山。生于山坡杂木林。

苜蓿属 *Medicago*

黄花苜蓿 *Medicago falcata* 产于保护区各保护站。生于向阳山坡、旷野、农田、河滩、荒地。

天蓝苜蓿 *Medicago lupulina* 产于保护区各保护站。生于向阳山坡、旷野、农田、河滩、荒地。

小苜蓿 *Medicago minima* 产于保护区各保护站。生于向阳山坡、旷野、农田、河滩、荒地。

紫苜蓿 *Medicago sativa* 产于保护区各保护站。生于向阳山坡、旷野、农田、河滩、荒地。

草木犀属 *Melilotus*

白花草木犀 *Melilotus albus* 产于保护区各保护站。生于向阳山坡、旷野、农田、河滩、荒地。

细齿草木犀 *Melilotus dentatus* 产于保护区各保护站。生于向阳山坡、旷野、农田、河滩、荒地。

印度草木犀 *Melilotus indicus* 产于保护区各保护站。生于向阳山坡、旷野、农田、河滩、荒地。

黄香草木犀 *Melilotus officinalis* 产于保护区各保护站。生于向阳山坡、旷野、农田、河滩、荒地。

驴食草属 *Onobrychis*

驴食草 *Onobrychis viciifolia* 产于寺山庙、料凹、阳坡园。生于林缘草地、向阳山坡。

棘豆属 *Oxytropis*

蓝花棘豆 *Oxytropis caerulea* 产于保护区各保护站。生于向阳山坡、旷野、农田、河滩、荒地。

小花棘豆 *Oxytropis glabra* 产于保护区各保护站。生于向阳山坡、旷野、农田、河滩、荒地。

硬毛棘豆 *Oxytropis hirta* 产于保护区各保护站。生于向阳山坡、旷野、农田。

黄毛棘豆 *Oxytropis ochrantha* 产于保护区各保护站。生于向阳山坡、旷野、农田、河滩、荒地。

葛属 *Pueraria*

葛 *Pueraria lobata* 产于保护区各保护站。生于沟谷、溪边、灌木丛。

鹿藿属 *Rhynchosia*

菱叶鹿藿 *Rhynchosia dielsii* 产于宽坪、三官庙、王莽寨。生于阴坡林下、林缘草地。

刺槐属 *Robinia*

洋槐 *Robinia pseudoacacia* 保护区有栽培或逸生。

田菁属 *Sesbania*

田菁 *Sesbania cannabina* 产于保护区各保护站。生于河滩、荒地、水库、池塘、沟渠、积水沼泽湿地。

槐属 *Sophora*

苦豆子 *Sophora alopecuroides* 产于保护区各保护站。生于旷野、农田、河滩、荒地、水库、池塘、沟渠。

白刺花 *Sophora davidii* 产于保护区各保护站。生于灌木丛、向阳山坡。

苦参 *Sophora flavescens* 产于保护区各保护站。生于灌木丛、林缘草地、向阳山坡。

毛苦参 *Sophora flavescens* var. *kronei* 产于保护区各保护站。生于灌木丛、林缘草地、向阳山坡。

槐 *Sophora japonica* 产于保护区各保护站。生于山坡杂木林。

苦马豆属 *Sphaerophysa*

苦马豆 *Sphaerophysa salsula* 产于保护区各保护站。生于向阳山坡、旷野、农田、河滩、荒地。

披针叶黄花属 *Thermopsis*

披针叶黄花 *Thermopsis lanceolata* 产于保护区各保护站。生于向阳山坡、旷野、农田、河滩、荒地。

野豌豆属 *Vicia*

山野豌豆 *Vicia amoena* 产于段沟、七里坪、料凹。生于林缘草地、向阳山坡。

大花野豌豆 *Vicia bungei* 产于保护区各保护站。生于林缘草地、向阳山坡。

广布野豌豆 *Vicia cracca* 产于保护区各保护站。生于向阳山坡、旷野、农田、河滩、荒地。

大野豌豆 *Vicia gigantea* 产于寺山庙、三官庙、栗子园。生于林缘草地、向阳山坡。

确山野豌豆 *Vicia kioshanicab* 产于保护区各保护站。生于向阳山坡、旷野、农田、河滩、荒地。

窄叶野豌豆 *Vicia pilosa* 产于保护区各保护站。生于向阳山坡、旷野、农田、河滩、荒地。

大叶野豌豆 *Vicia pseudorobus* 产于宽坪、花山、王莽寨。生于林缘草地、向阳山坡。

救荒野豌豆 *Vicia sativa* 产于保护区各保护站。生于向阳山坡、旷野、农田、河滩、荒地。

四籽野豌豆 *Vicia tetrasperma* 产于保护区各保护站。生于向阳山坡、旷野、农田、河滩、荒地。

歪头菜 *Vicia unijuga* 产于保护区各保护站。生于林缘草地、向阳山坡。

紫藤属 *Wisteria*

多花紫藤 *Wisteria floribunda* 产于杜沟口、大木场、花山。生于山坡杂木林。

紫藤 *Wisteria sinensis* 产于宽坪、三官庙、王莽寨。生于山坡杂木林。

酢浆草科 Oxalidaceae

酢浆草属 *Oxalis*

酢浆草 *Oxalis corniculata* 产于保护区各保护站。生于向阳山坡、旷野、农田、河滩、荒地。

山酢浆草 *Oxalis griffithii* 产于保护区各保护站。生于林缘草地、向阳山坡。

直酢浆草 *Oxalis stricta* 产于保护区各保护站。生于林缘草地、向阳山坡。

红花酢浆草 *Oxalis corymbosa* 保护区有栽培或逸生。

牻牛儿苗科 Geraniaceae

牻牛儿苗属 *Erodium*

芹叶牻牛儿苗 *Erodium cicutarium* 产于保护区各保护站。生于向阳山坡、旷野、农田、河滩、荒地。

牻牛儿苗 *Erodium stephanianum* 产于保护区各保护站。生于向阳山坡、旷野、农田、河滩、荒地。

老鹳草属 *Geranium*

野老鹳草 *Geranium carolinianum* 产于保护区各保护站。生于向阳山坡、旷野、农田、河滩、荒地。

粗根老鹳草 *Geranium dahuricum* 产于保护区各保护站。生于林缘草地、向阳山坡。

鼠掌老鹳草 *Geranium sibiricum* 产于保护区各保护站。生于向阳山坡、旷野、农田、河滩、荒地。

老鹳草 *Geranium wilfordii* 产于保护区各保护站。生于林缘草地、向阳山坡。

灰背老鹳草 *Geranium wlassowianum* 产于保护区各保护站。生于林缘草地、向阳山坡。

毛蕊老鹳草 *Geranium platyanthum* 产于保护区各保护站。生于林缘草地、向阳山坡。

亚麻科 Linaceae

亚麻属 *Linum*

野亚麻 *Linum stelleroides* 产于宽坪、大木场、王莽寨。生于林缘草地、向阳山坡。

蒺藜科 Zygophyllaceae

蒺藜属 *Tribulus*

蒺藜 *Tribulus terrestris* 产于保护区各保护站。生于向阳山坡、旷野、农田、河滩、荒地。

芸香科 Rutaceae

白鲜属 *Dictamnus*

白鲜 *Dictamnus dasycarpus* 产于寺山庙、三官庙、西沟。生于林缘草地、向阳山坡。

枳属 *Poncirus*

枳 *Poncirus trifoliata* 保护区有栽培或逸生。

吴茱萸属 *Tetradium*

臭檀吴萸 *Tetradium daniellii* 产于保护区各保护站。生于山坡杂木林、沟谷、溪边。

密果吴萸 *Tetradium ruticarpum* 产于保护区各保护站。生于山坡杂木林、沟谷、溪边。

花椒属 *Zanthoxylum*

竹叶花椒 *Zanthoxylum armatum* 产于保护区各保护站。生于灌木丛、沟谷、溪边。

花椒 *Zanthoxylum bungeanum* 保护区有栽培或逸生。

青花椒 *Zanthoxylum schinifolium* 产于保护区各保护站。生于灌木丛、沟谷、溪边。

野花椒 *Zanthoxylum simulans* 产于宽坪、三官庙。生于山坡杂木林。

苦木科 Simaroubaceae

臭椿属 *Ailanthus*

臭椿 *Ailanthus altissima* 产于保护区各保护站。生于山坡杂木林、沟谷、溪边。

苦树属 *Picrasma*

苦树 *Picrasma quassioides* 产于保护区各保护站。生于山坡杂木林、沟谷、溪边。

楝科 Medliaceae

楝属 *Melia*

楝 *Melia azedarach* 产于保护区各保护站。生于山坡杂木林、旷野、农田。

香椿属 *Toona*

香椿 *Toona sinensis* 产于保护区各保护站。生于山坡杂木林、沟谷、溪边。

远志科 Polygalaceae

远志属 *Polygala*

瓜子金 *Polygala japonica* 产于保护区各保护站。生于林缘草地、向阳山坡。

西伯利亚远志 *Polygala sibirica* 产于保护区各保护站。生于林缘草地、向阳山坡。

小扁豆 *Polygala tatarinowii* 产于保护区各保护站。生于林缘草地、向阳山坡。

远志 *Polygala tenuifolia* 产于保护区各保护站。生于林缘草地、向阳山坡。

大戟科 Euphorbiaceae

铁苋菜属 *Acalypha*

铁苋菜 *Acalypha australis* 产于保护区各保护站。生于向阳山坡、旷野、农田、河滩、荒地。

山麻杆属 *Alchornea*

山麻杆 *Alchornea davidii* 产于宽坪、大木场、花山。生于灌木丛、林缘草地、向阳山坡。

丹麻杆属 *Discocleidion*

毛丹麻杆 *Discocleidion rufescens* 产于保护区各保护站。生于沟谷、溪边、灌木丛。

大戟属 *Euphorbia*

乳浆大戟 *Euphorbia esula* 产于保护区各保护站。生于向阳山坡、旷野、农田、河滩、荒地。

泽漆 *Euphorbia helioscopia* 产于保护区各保护站。生于向阳山坡、旷野、农田、河滩、荒地。

地锦 *Euphorbia humifusa* 产于保护区各保护站。生于向阳山坡、旷野、农田、河滩、荒地。

湖北大戟 *Euphorbia hylonoma* 产于马营、三官庙、料凹。生于山坡杂木林、林缘草地、向阳山坡。

通奶草 *Euphorbia hypericifolia* 产于保护区各保护站。生于向阳山坡、旷野、农田、河滩、荒地。

甘遂 *Euphorbia kansui* 产于保护区各保护站。生于林缘草地、向阳山坡。

续随子 *Euphorbia lathyris* 产于保护区各保护站。生于林缘草地、向阳山坡。

斑地锦 *Euphorbia maculata* 产于保护区各保护站。生于向阳山坡、旷野、农田。

甘青大戟 *Euphorbia micractina* 产于保护区各保护站。生于林缘草地、向阳山坡。

大戟 *Euphorbia pekinensis* 产于寺山庙。生于林缘草地、向阳山坡。

钩腺大戟 *Euphorbia sieboldiana* 产于寺山庙。生于林缘草地、向阳山坡。

一叶萩属 *Flueggea*

一叶萩 *Flueggea suffruticosa* 产于寺山庙。生于沟谷、溪边、灌木丛。

雀儿舌头属 *Leptopus*

雀儿舌头 *Leptopus chinensis* 产于保护区各保护站。生于灌木丛、林缘草地、向阳山坡。

叶下珠属 *Phyllanthus*

叶下珠 *Phyllanthus urinaria* 产于保护区各保护站。生于林缘草地、向阳山坡。

黄珠子草 *Phyllanthus virgatus* 产于保护区各保护站。生于林缘草地、向阳山坡。

蓖麻属 *Ricinus*

蓖麻 *Ricinus communis* 保护区有栽培或逸生。

乌桕属 *Sapium*

乌桕 *Sapium sebiferum* 产于宽坪、三官庙、王莽寨。生于山坡杂木林、沟谷、溪边。

地构叶属 *Speranskia*

地构叶 *Speranskia tuberculata* 产于保护区各保护站。生于向阳山坡、旷野、农田、河滩、荒地。

油桐属 *Vernicia*

油桐 *Vernicia fordii* 产于宽坪、大木场、西沟。生于沟谷、溪边、向阳山坡。

黄杨科 Buxaceae

黄杨属 *Buxus*

黄杨 *Buxus microphylla* subsp. *sinica* 保护区有栽培或逸生。

尖叶黄杨 *Buxus microphylla* var. *aemulans* 保护区有栽培或逸生。

漆树科 Anacardiaceae

黄栌属 *Cotinus*

黄栌 *Cotinus coggygria* 产于保护区各保护站。生丁山坡杂木林、灌木丛、向阳山坡。

红叶 *Cotinus coggygria* var. *cinerea* 产于保护区各保护站。生于山坡杂木林、灌木丛、向阳山坡。

毛黄栌（变种）*Cotinus coggygria* var. *pubescens* 产于保护区各保护站。生于山坡杂木林、灌木丛、向阳山坡。

黄连木属 *Pistacia*

黄连木 *Pistacia chinensis* 产于保护区各保护站。生于山坡杂木林、向阳山坡。

盐肤木属 *Rhus*

盐肤木 *Rhus chinensis* 产于保护区各保护站。生于沟谷、溪边、灌木丛。

青麸杨 *Rhus potaninii* 产于宽坪、三官庙、王莽寨。生于山坡杂木林。

红麸杨 *Rhus punjabensis* var. *sinica* 产于马营、太山庙、西沟。生于山坡杂木林。

火炬树 *Rhus typhina* 保护区有栽培或逸生。

漆属 *Toxicodendron*

漆树 *Toxicodendron vernicifluum* 产于保护区各保护站。生于山坡杂木林。

卫矛科 Celastraceae

南蛇藤属 *Celastrus*

苦皮藤 *Celastrus angulatus* 产于保护区各保护站。生于沟谷、溪边、向阳山坡。

粉背南蛇藤 *Celastrus hypoleucus* 产于保护区各保护站。生于山坡杂木林、沟谷、溪边。

南蛇藤 *Celastrus orbiculatus* 产于保护区各保护站。生于山坡杂木林、沟谷、溪边。

短梗南蛇藤 *Celastrus rosthornianus* 产于保护区各保护站。生于山坡杂木林、沟谷、溪边。

卫矛属 *Euonymus*

卫矛 *Euonymus alatus* 产于保护区各保护站。生于山坡杂木林。

扶芳藤 *Euonymus fortunei* 产于保护区各保护站。生于山坡杂木林。

西南卫矛 *Euonymus hamiltonianus* 产于宽坪、七里坪、西沟。生于山坡杂木林。

冬青卫矛 *Euonymus japonicus* 保护区有栽培或逸生。

白杜 *Euonymus maackii* 产于保护区各保护站。生于山坡杂木林、沟谷、溪边。

小果卫矛 *Euonymus microcarpus* 产于宽坪、大木场、太山庙。生于山坡杂木林、沟谷、溪边、灌木丛。

小卫矛 *Euonymus nanoides* 产于保护区各保护站。生于山坡杂木林。

垂丝卫矛 *Euonymus oxyphyllus* 产于寺山庙、三官庙、西沟。生于山坡杂木林。

栓翅卫矛 *Euonymus phellomanus* 产于马营、三官庙、王莽寨。生于山坡杂木林。

石枣子 *Euonymus sanguineus* 产于七里坪、花山、阳坡园。生于山坡杂木林。

陕西卫矛 *Euonymus schensianus* 产于杜沟口、大木场、王莽寨。生于山坡杂木林。

八宝茶 *Euonymus semenovii* 产于宽坪、大木场、杜沟口。生于山坡杂木林。

疣点卫矛 *Euonymus verrucosoides* 产于保护区各保护站。生于山坡杂木林、沟谷、溪边、灌木丛。

省沽油科 Staphyleaceae

省沽油属 *Staphylea*

省沽油 *Staphylea bumalda* 产于保护区各保护站。生于阴坡林下、沟谷、溪边。

膀胱果 *Staphylea holocarpa* 产于保护区各保护站。生于阴坡林下、沟谷、溪边。

槭树科 Aceraceae

槭属 *Acer*

三角槭 *Acer buergerianum* 产于宽坪、大木场、西沟。生于山坡杂木林。

青榨槭 *Acer davidii* 产于保护区各保护站。生于山坡杂木林。

葛萝槭 *Acer davidii* subsp. *grosseri* 产于保护区各保护站。生于山坡杂木林。

茶条槭 *Acer ginnala* 产于段沟、七里坪、料凹、栗子园、西沟。生于山坡杂木林。

血皮槭 *Acer griseum* 产于宽坪、太山庙、阳坡园。生于山坡杂木林。

建始槭 *Acer henryi* 产于寺山庙、三官庙、岳山。生于山坡杂木林。

五尖槭 *Acer maximowiczii* 产于杜沟口、七里坪、花山。生于山坡杂木林。

庙台槭 *Acer miaotaiense* 产于西沟、大木场。生于山坡杂木林。

五裂槭 *Acer oliverianum* 产于保护区各保护站。生于山坡杂木林。

鸡爪槭 *Acer palmatum* 产于宽坪、大木场。生于山坡杂木林。

色木枫 *Acer pictum* 产于保护区各保护站。生于山坡杂木林。

五角枫 *Acer pictum* subsp. *mono* 产于保护区各保护站。生于山坡杂木林。

杈叶槭 *Acer robustum* 产于宽坪、大木场、王莽寨。生于山坡杂木林。

毛叶槭 *Acer stachyophyllum* 产于马营、大木场、太山庙。生于山坡杂木林。

四蕊槭 *Acer tetramerum* 产于寺山庙、太山庙、栗子园。生于山坡杂木林。

元宝槭 *Acer truncatum* 产于保护区各保护站。生于山坡杂木林。

金钱槭属 *Dipteronia*

金钱槭 *Dipteronia sinensis* 产于宽坪、太山庙。生于山坡杂木林。

七叶树科 Hippocastanaceae

七叶树属 *Aesculus*

七叶树 *Aesculus chinensis* 产于宽坪、七里坪。生于山坡杂木林。

天师栗 *Aesculus chinensis* var. *wilsonii* 产于杜沟口、太山庙、大木场。生于山坡杂木林。

无患子科 Sapindaceae

栾树属 *Koelreuteria*

栾树 *Koelreuteria paniculata* 产于保护区各保护站。生于山坡杂木林、沟谷、溪边。

文冠果属 *Xanthoceras*

文冠果 *Xanthoceras sorbifolia* 产于宽坪、七里坪。生于山坡杂木林、向阳山坡。

清风藤科 Sabiaceae

泡花树属 *Meliosma*

泡花树 *Meliosma cuneifolia* 产于宽坪、大木场。生于沟谷、溪边、灌木丛。

垂枝泡花树 *Meliosma flexuosa* 产于西沟、太山庙。生于沟谷、溪边、灌木丛。

暖木 *Meliosma veitchiorum* 产于宽坪、七里坪、王莽寨。生于山坡杂木林。

清风藤属 *Sabia*

四川清风藤 *Sabia schumanniana* 产于宽坪、杜沟口。生于沟谷、溪边、灌木丛。

凤仙花科 Balsaminaceae

凤仙花属 *Impatiens*

凤仙花 *Impatiens balsamina* 保护区有栽培或逸生。

水金凤 *Impatiens noli-tangere* 产于保护区各保护站。生于阴坡林下。

窄萼凤仙花 *Impatiens stenosepala* 产于保护区各保护站。生于阴坡林下。

鼠李科 Rhamnaceae

勾儿茶属 *Berchemia*

多花勾儿茶 *Berchemia floribunda* 产于保护区各保护站。生于沟谷、溪边、灌木丛。

勾儿茶 *Berchemia sinica* 产于保护区各保护站。生于沟谷、溪边、灌木丛。

枳椇属 *Hovenia*

枳椇 *Hovenia acerba* 产于保护区各保护站。生于山坡杂木林、沟谷、溪边。

北枳椇 *Hovenia dulcis* 产于保护区各保护站。生于山坡杂木林、沟谷、溪边。

猫乳属 *Rhamnella*

猫乳 *Rhamnella franguloides* 产于保护区各保护站。生于灌木丛、沟谷、溪边。

鼠李属 *Rhamnus*

锐齿鼠李 *Rhamnus arguta* 产于保护区各保护站。生于沟谷、溪边、灌木丛、向阳山坡。

卵叶鼠李 *Rhamnus bungeana* 产于保护区各保护站。生于沟谷、溪边、灌木丛、向阳山坡。

长叶冻绿 *Rhamnus crenata* 产于保护区各保护站。生于沟谷、溪边、灌木丛、向阳山坡。

鼠李 *Rhamnus davurica* 产于保护区各保护站。生于沟谷、溪边、灌木丛、向阳山坡。

柳叶鼠李 *Rhamnus erythroxylon* 产于宽坪、大木场。生于山坡杂木林。

圆叶鼠李 *Rhamnus globosa* 产于保护区各保护站。生于沟谷、溪边、灌木丛、向阳山坡。

薄叶鼠李 *Rhamnus leptophylla* 产于保护区各保护站。生于沟谷、溪边、灌木丛、向阳山坡。

小叶鼠李 *Rhamnus parvifolia* 产于保护区各保护站。生于沟谷、溪边、灌木丛、向阳山坡。

皱叶鼠李 *Rhamnus rugulosa* 产于保护区各保护站。生于沟谷、溪边、灌木丛、向阳山坡。

冻绿 *Rhamnus utilis* 产于保护区各保护站。生于沟谷、溪边、灌木丛、向阳山坡。

雀梅藤属 *Sageretia*

少脉雀梅藤 *Sageretia paucicostata* 产于保护区各保护站。生于沟谷、溪边、灌木丛、向阳山坡。

尾叶雀梅藤 *Sageretia subcaudata* 产于保护区各保护站。生于沟谷、溪边、灌木丛、向阳山坡。

雀梅藤 *Sageretia thea* 产于保护区各保护站。生于沟谷、溪边、灌木丛、向阳山坡。

枣属 *Ziziphus*

枣 *Ziziphus jujuba* 保护区有栽培或逸生。

酸枣 *Ziziphus jujuba* var. *spinosa* 产于保护区各保护站。生于向阳山坡、灌木丛、河滩、荒地。

葡萄科 Vitaceae

蛇葡萄属 *Ampelopsis*

乌头叶蛇葡萄 *Ampelopsis aconitifolia* 产于保护区各保护站。生于向阳山坡、旷野、农田、河滩、荒地。

蓝果蛇葡萄 *Ampelopsis bodinieri* 产于马营、岳山、阳坡园。生于沟谷、溪边、灌木丛。

三裂蛇葡萄 *Ampelopsis delavayana* 产于保护区各保护站。生于沟谷、溪边、灌木丛。

掌裂蛇葡萄 *Ampelopsis delavayana* var. *glabra* 产于保护区各保护站。生于林缘草地、灌木丛。

毛三裂蛇葡萄 *Ampelopsis delavayana* var. *setulosa* 产于保护区各保护站。生于林缘草地、灌木丛。

异叶蛇葡萄 *Ampelopsis glandulosa* var. *heterophylla* 产于保护区各保护站。生于林缘草地、灌木丛。

葎叶蛇葡萄 *Ampelopsis humulifolia* 产于保护区各保护站。生于向阳山坡、旷野、农田、河滩、荒地。

白蔹 *Ampelopsis japonica* 产于保护区各保护站。生于向阳山坡、旷野、农田、河滩、荒地。

乌蔹莓属 *Cayratia*

乌蔹莓 *Cayratia japonica* 产于保护区各保护站。生于向阳山坡、旷野、农田、河滩、荒地。

地锦属 *Parthenocissus*

花叶地锦 *Parthenocissus henryana* 产于宽坪、七里坪、料凹。生于阴坡林下、沟谷、溪边。

三叶地锦 *Parthenocissus semicordata* 产于段沟、七里坪、太山庙。生于阴坡林下、沟谷、溪边。

地锦 *Parthenocissus tricuspidata* 保护区有栽培或逸生。

葡萄属 *Vitis*

山葡萄 *Vitis amurensis* 产于保护区各保护站。生于山坡杂木林。

桦叶葡萄 *Vitis betulifolia* 产于保护区各保护站。生于山坡杂木林。

蘡薁 *Vitis bryoniifolia* 产于宽坪、七里坪、西沟。生于沟谷、溪边、灌木丛、向阳山坡。

刺葡萄 *Vitis davidii* 产于大木场、料凹。生于阴坡林下、沟谷、溪边、灌木丛。

毛葡萄 *Vitis heyneana* 产于保护区各保护站。生于山坡杂木林。

桑叶葡萄 *Vitis heyneana* subsp. *ficifolia* 产于保护区各保护站。生于山坡杂木林。

变叶葡萄 *Vitis piasezkii* 产于保护区各保护站。生于山坡杂木林。

华东葡萄 *Vitis pseudoreticulata* 产于保护区各保护站。生于山坡杂木林。

秋葡萄 *Vitis romaneti* 产于保护区各保护站。生于林缘草地、旷野、农田、向阳山坡。

葡萄 *Vitis vinifera* 保护区有栽培或逸生。

网脉葡萄 *Vitis wilsonae* 产于保护区各保护站。生于山坡杂木林。

椴树科 Tiliaceae

田麻属 *Corchoropsis*

田麻 *Corchoropsis crenata* 产于保护区各保护站。生于林缘草地、向阳山坡。

光果田麻 *Corchoropsis crenata* var. *hupehensis* 产于保护区各保护站。生于林缘草地、向阳山坡。

扁担杆属 *Grewia*

扁担杆 *Grewia biloba* 产于保护区各保护站。生于沟谷、溪边、灌木丛、向阳山坡。

小花扁担杆 *Grewia biloba* var. *parviflora* 产于保护区各保护站。生于沟谷、溪边、灌木丛、向阳山坡。

椴属 *Tilia*

华椴 *Tilia chinensis* 产于宽坪、大木场、阳坡园。生于山坡杂木林。

糠椴 *Tilia mandshurica* 产于保护区各保护站。生于山坡杂木林。

蒙椴 *Tilia mongolica* 产于保护区各保护站。生于山坡杂木林。

少脉椴 *Tilia paucicostata* 产于保护区各保护站。生于山坡杂木林。

锦葵科 Malvaceae

苘麻属 *Abutilon*

苘麻 *Abutilon theophrasti* 产于保护区各保护站。生于向阳山坡、旷野、农田、河滩、荒地。

蜀葵属 *Althaea*

蜀葵 *Althaea rosea* 保护区有栽培或逸生。

木槿属 *Hibiscus*

木槿 *Hibiscus syriacus* 保护区有栽培或逸生。

野西瓜苗 *Hibiscus trionum* 产于保护区各保护站。生于向阳山坡、旷野、农田、河滩、荒地。

锦葵属 *Malva*

锦葵 *Malva cathayensis* 产于保护区各保护站。生于向阳山坡、旷野、农田、河滩、荒地。

圆叶锦葵 *Malva pusilla* 产于保护区各保护站。生于向阳山坡、旷野、农田、河滩、荒地。

野葵 *Malva verticillata* 产于保护区各保护站。生于向阳山坡、旷野、农田、河滩、荒地。

梧桐科 Sterculiaceae

梧桐属 *Firmiana*

梧桐 *Firmiana simplex* 保护区有栽培或逸生。

猕猴桃科 Actinidiaceae

猕猴桃属 *Actinidia*

软枣猕猴桃 *Actinidia arguta* 产于宽坪、七里坪、王莽寨。生于山坡杂木林。

陕西猕猴桃 *Actinidia arguta* var. *giraldii* 产于西沟。生于山坡杂木林。

中华猕猴桃 *Actinidia chinensis* 产于保护区各保护站。生于山坡杂木林、沟谷、溪边。

狗枣猕猴桃 *Actinidia kolomikta* 产于宽坪、大木场、王莽寨。生于山坡杂木林。

葛枣猕猴桃 *Actinidia polygama* 产于杜沟口、料凹、王莽寨。生于山坡杂木林。

藤山柳属 *Clematoclethra*

猕猴桃藤山柳 *Clematoclethra scandens* subsp. *actinidioides* 产于王莽寨、西沟、宽坪。生于沟谷、溪边、灌木丛。

藤黄科 Clusiaceae

金丝桃属 *Hypericum*

湖南连翘 *Hypericum ascyron* 产于保护区各保护站。生于林缘草地、向阳山坡。

野金丝桃 *Hypericum attenuatum* 产于保护区各保护站。生于林缘草地、向阳山坡。

金丝桃 *Hypericum monogynum* 产于保护区各保护站。生于林缘草地、向阳山坡。

贯叶连翘 *Hypericum perforatum* 产于保护区各保护站。生于林缘草地、向阳山坡。

中国金丝桃 *Hypericum perforatum* subsp. *chinense* 产于保护区各保护站。生于林缘草地、向阳山坡。

突脉金丝桃 *Hypericum przewalskii* 产于保护区各保护站。生于林缘草地、向阳山坡。

元宝草 *Hypericum sampsonii* 产于保护区各保护站。生于林缘草地、向阳山坡。

芍药科 Paeoniaceae

芍药属 *Paeonia*

川赤芍 *Paeonia anomala* subsp. *veitchii* 产于宽坪、七里坪、西沟。生于阴坡林下。

矮牡丹 *Paeonia jishanensis* 产于宽坪、大木场。生于山坡杂木林。

草芍药 *Paeonia obovata* 产于段沟、栗子园、西沟。生于山坡杂木林。

毛叶草芍药 *Paeonia obovata* subsp. *willmottiae* 产于马营、七里坪。生于山坡杂木林。

凤丹 *Paeonia ostii* 产于栗子园、西沟。生于山坡杂木林。

紫斑牡丹 *Paeonia rockii* 产于宽坪、大木场。生于山坡杂木林。

牡丹 *Paeonia suffruticosa* 保护区有栽培或逸生。

柽柳科 Tamaricaceae

水柏枝属 *Myricaria*

水柏枝 *Myricaria paniculata* 产于保护区各保护站。生于河滩、荒地、积水沼泽湿地。

柽柳属 *Tamarix*

甘蒙柽柳 *Tamarix austromongolica* 产于保护区各保护站。生于沟谷、溪边、河滩、荒地、积水沼泽湿地。

柽柳 *Tamarix chinensis* 产于保护区各保护站。生于沟谷、溪边、河滩、荒地、积水沼泽湿地。

堇菜科 Violaceae

堇菜属 *Viola*

鸡腿堇菜 *Viola acuminata* 产于保护区各保护站。生于向阳山坡、旷野、农田、河滩、荒地。

如意草 *Viola arcuata* 保护区有栽培或逸生。

戟叶堇菜 *Viola betonicifolia* 产于保护区各保护站。生于向阳山坡、旷野、农田、河滩、荒地。

双花堇菜 *Viola biflora* 产于保护区各保护站。生于向阳山坡、旷野、农田、河滩、荒地。

球果堇菜 *Viola collina* 产于保护区各保护站。生于林缘草地、向阳山坡。

心叶堇菜 *Viola concordifolia* 产于保护区各保护站。生于林缘草地、向阳山坡。

伏堇菜 *Viola diffusa* 产于保护区各保护站。生于向阳山坡、旷野、农田。

裂叶堇菜 *Viola dissecta* 产于保护区各保护站。生于向阳山坡、旷野、农田。

西山堇菜 *Viola hancockii* 产于保护区各保护站。生于向阳山坡、旷野、农田。

东北堇菜 *Viola mandshurica* 产于保护区各保护站。生于向阳山坡、旷野、农田、河滩、荒地。

萱 *Viola moupinensis* 保护区有栽培或逸生。

白果堇菜 *Viola phalacrocarpa* 产于保护区各保护站。生于林缘草地、向阳山坡。

紫花地丁 *Viola philippica* 产于保护区各保护站。生于向阳山坡、旷野、农田、河滩、荒地。

早开堇菜 *Viola prionantha* 产于保护区各保护站。生于向阳山坡、旷野、农田、河滩、荒地。

辽宁堇菜 *Viola rossii* 产于保护区各保护站。生于向阳山坡、旷野、农田、河滩、荒地。

深山堇菜 *Viola selkirkii* 产于保护区各保护站。生于林缘草地、向阳山坡。

圆叶堇菜 *Viola striatella* 产于保护区各保护站。生于林缘草地、向阳山坡。

斑叶堇菜 *Viola variegata* 产于保护区各保护站。生于阴坡林下、林缘草地。

大风子科 Flacourtiaceae

山桐子属 *Idesia*

山桐子 *Idesia polycarpa* 产于宽坪、大木场。生于山坡杂木林。

旌节花科 Stachyuraceae

旌节花属 *Stachyurus*

中国旌节花 *Stachyurus chinensis* 产于保护区各保护站。生于沟谷、溪边、灌木丛。

秋海棠科 Begoniaceae

秋海棠属 *Begonia*

秋海棠 *Begonia grandis* 产于保护区各保护站。生于阴坡林下、崖壁。

中华秋海棠 *Begonia grandis* var. *sinensis* 产于保护区各保护站。生于阴坡林下、崖壁。

瑞香科 Thymelaeaceae

瑞香属 *Daphne*

芫花 *Daphne genkwa* 产于保护区各保护站。生于灌木丛、向阳山坡。

黄瑞香 *Daphne giraldii* 产于马营、大木场、西沟。生于灌木丛、向阳山坡。

草瑞香属 *Diarthron*

草瑞香 *Diarthron linifolium* 产于保护区各保护站。生于向阳山坡。

结香属 *Edgeworthia*

结香 *Edgeworthia chrysantha* 产于寺山庙、七里坪、栗子园。生于山坡杂木林。

狼毒属 *Stellera*

狼毒 *Stellera chamaejasme* 产于段沟、花山。生于林缘草地、向阳山坡。

荛花属 *Wikstroemia*

狭叶荛花 *Wikstroemia angustifolia* 产于寺山庙、七里坪。生于沟谷、溪边、灌木丛、向阳山坡。

河朔荛花 *Wikstroemia chamaedaphne* 产于保护区各保护站。生于河滩、荒地、向阳山坡。

鄂北荛花 *Wikstroemia pampaninii* 生于向阳山坡。

胡颓子科 Elaeagnaceae

胡颓子属 *Elaeagnus*

沙枣 *Elaeagnus angustifolia* 产于保护区各保护站。生于沟谷、溪边、灌木丛、向阳山坡。

木半夏 *Elaeagnus multiflora* 产于保护区各保护站。生于沟谷、溪边、灌木丛、向阳山坡。

胡颓子 *Elaeagnus pungens* 产于杜沟口。生于山坡杂木林、沟谷、溪边。

牛奶子 *Elaeagnus umbellata* 产于保护区各保护站。生于沟谷、溪边、灌木丛、向阳山坡。

沙棘属 *Hippophae*

沙棘 *Hippophae rhamnoides* 产于宽坪。生于沟谷、溪边、灌木丛、向阳山坡。

千屈菜科 Lythraceae

水苋菜属 *Ammannia*

耳叶苋菜 *Ammannia auriculata* 产于保护区各保护站。生于向阳山坡、旷野、农田、河滩、荒地、积水沼泽湿地。

水苋菜 *Ammannia baccifera* 产于保护区各保护站。生于向阳山坡、旷野、农田、河滩、荒地、积水沼泽湿地。

多花水苋菜 *Ammannia multiflora* 产于保护区各保护站。生于向阳山坡、旷野、农田、河滩、荒地、积水沼泽湿地。

紫薇属 *Lagerstroemia*

紫薇 *Lagerstroemia indica* 保护区有栽培或逸生。

千屈菜属 *Lythrum*

千屈菜 *Lythrum salicaria* 产于保护区各保护站。生于沟谷、溪边、旷野、农田、河滩、荒地、积水沼泽湿地。

节节菜属 *Rotala*

节节菜 *Rotala indica* 产于保护区各保护站。生于向阳山坡、旷野、农田、河滩、荒地、积水沼泽湿地。

轮叶节节菜 *Rotala mexicana* 产于保护区各保护站。生于向阳山坡、旷野、农田、河滩、荒地、积水沼泽湿地。

菱科 Trapaceae

菱属 *Trapa*

细果野菱 *Trapa incisa* 产于保护区各保护站。生于水库、池塘、沟渠、积水沼泽湿地。

柳叶菜科 Onagraceae

柳兰属 *Chamerion*

柳兰 *Chamerion angustifolium* 产于宽坪、大木场、王莽寨。生于林缘草地。

露珠草属 *Circaea*

高山露珠草 *Circaea alpina* 产于保护区各保护站。生于山坡杂木林。

露珠草 *Circaea cordata* 产于保护区各保护站。生于山坡杂木林。

谷蓼 *Circaea erubescens* 产于保护区各保护站。生于山坡杂木林。

柳叶菜属 *Epilobium*

毛脉柳叶菜 *Epilobium amurense* 产于宽坪、三官庙、花山。生于沟谷、溪边、积水沼泽湿地。

光滑柳叶菜 *Epilobium amurense* subsp. *cephalostigma* 产于保护区各保护站。生于沟谷、溪边、积水沼泽湿地。

柳叶菜 *Epilobium hirsutum* 产于保护区各保护站。生于沟谷、溪边、积水沼泽湿地。

沼生柳叶菜 *Epilobium palustre* 产于保护区各保护站。生于沟谷、溪边、积水沼泽湿地。

小花柳叶菜 *Epilobium parviflorum* 产于保护区各保护站。生于沟谷、溪边、积水沼泽湿地。

长籽柳叶菜 *Epilobium pyrricholophum* 产于保护区各保护站。生于沟谷、溪边、积水沼泽湿地。

山桃草属 *Gaura*

小花山桃草 *Gaura parviflora* 产于保护区各保护站。生于旷野、农田、河滩、荒地、向阳山坡。

小二仙草科 Haloragidaceae

小二仙草属 *Gonocarpus*

小二仙草 *Gonocarpus micrantha* 产于保护区各保护站。生于水库、池塘、沟渠、积水沼泽湿地。

狐尾藻属 *Myriophyllum*

穗状狐尾藻 *Myriophyllum spicatum* 产于保护区各保护站。生于水库、池塘、沟渠、积水沼泽湿地。

三裂狐尾藻 *Myriophyllum ussuriense* 产于保护区各保护站。生于水库、池塘、沟渠、积水沼泽湿地。

狐尾藻 *Myriophyllum verticillatum* 产于保护区各保护站。生于水库、池塘、沟渠、积水沼泽湿地。

杉叶藻科 Hippuridaceae

杉叶藻属 *Hippuris*

杉叶藻 *Hippuris vulgaris* 产于保护区各保护站。生于水库、池塘、沟渠、积水沼泽湿地。

八角枫科 Alangiaceae

八角枫属 *Alangium*

八角枫 *Alangium chinense* 产于保护区各保护站。生于山坡杂木林、沟谷、溪边。

瓜木 *Alangium platanifolium* 产于保护区各保护站。生于山坡杂木林、沟谷、溪边。

三裂瓜木 *Alangium platanifolium* var. *trilobum* 产于保护区各保护站。生于山坡杂木林、沟谷、溪边。

五加科 Araliaceae

楤木属 *Aralia*

东北土当归 *Aralia continentalis* 产于宽坪、大木场、王莽寨。生于山坡杂木林。

楤木 *Aralia elata* 产于保护区各保护站。生于山坡杂木林。

五加属 *Eleutherococcus*

红毛五加 *Eleutherococcus giraldii* 产于宽坪、三官庙、王莽寨。生于阴坡林下、沟谷、溪边。

糙叶五加 *Eleutherococcus henryi* 产于保护区各保护站。生于山坡杂木林、沟谷、溪边。

细柱五加 *Eleutherococcus nodiflorus* 产于宽坪、大木场、杜沟口。生于阴坡林下、沟谷、溪边。

刺五加 *Eleutherococcus senticosus* 产于保护区各保护站。生于山坡杂木林。

常春藤属 *Hedera*

常春藤 *Hedera nepalensis* 产于保护区各保护站。生于阴坡林下。

通脱木属 *Tetrapanax*

通脱木 *Tetrapanax papyrifer* 产于宽坪、人木场、杜沟口。生于林缘草地、沟谷、溪边。

刺楸属 *Kalopanax*

刺楸 *Kalopanax septemlobus* 产于保护区各保护站。生于山坡杂木林。

伞形科 Umbelliferae

当归属 *Angelica*

白芷 *Angelica dahurica* 产于保护区各保护站。生于山坡杂木林、林缘草地。

紫花前胡 *Angelica decursiva* 产于宽坪、七里坪、料凹。生于山坡杂木林、林缘草地。

拐芹 *Angelica polymorpha* 产于段沟、王莽寨、西沟。生于山坡杂木林、林缘草地。

当归 *Angelica sinensis* 产于宽坪、三官庙、杜沟口。生于山坡杂木林、林缘草地。

峨参属 *Anthriscus*

峨参 *Anthriscus sylvestris* 产于保护区各保护站。生于山坡杂木林、林缘草地。

刺果峨参 *Anthriscus sylvestris* subsp. *nemorosa* 产于宽坪、七里坪。生于山坡杂木林、林缘草地。

柴胡属 *Bupleurum*

北柴胡 *Bupleurum chinense* 产于保护区各保护站。生于山坡杂木林、林缘草地。

红柴胡 *Bupleurum scorzonerifolium* 产于保护区各保护站。生于山坡杂木林、林缘草地。

狭叶柴胡 *Bupleurum scorzonerifolium* 产于保护区各保护站。生于山坡杂木林、林缘草地。

黑柴胡 *Bupleurum smithii* 产于保护区各保护站。生于山坡杂木林、林缘草地。

葛缕子属 *Carum*

田葛缕子 *Carum buriaticum* 产于保护区各保护站。生于灌木丛、林缘草地。

葛缕子 *Carum carvi* 产于保护区各保护站。生于灌木丛、林缘草地。

积雪草属 *Centella*

积雪草 *Centella asiatica* 产于保护区各保护站。生于灌木丛、林缘草地。

毒芹属 *Cicuta*

毒芹 *Cicuta virosa* 产于保护区各保护站。生于沟谷、溪边、林缘草地。

蛇床属 *Cnidium*

蛇床 *Cnidium monnieri* 产于保护区各保护站。生于林缘草地、旷野、农田。

芫荽属 *Coriandrum*

芫荽 *Coriandrum sativum* 保护区有栽培或逸生。

鸭儿芹属 *Cryptotaenia*

鸭儿芹 *Cryptotaenia japonica* 产于保护区各保护站。生于山坡杂木林、沟谷、溪边、灌木丛、林缘草地。

胡萝卜属 *Daucus*

野胡萝卜 *Daucus carota* 产于保护区各保护站。生于向阳山坡、旷野、农田、河滩、荒地。

胡萝卜 *Daucus carota* var. *sativa* 保护区有栽培或逸生。

阿魏属 *Ferula*

硬阿魏 *Ferula bungeana* 产于宽坪、大木场、岳山。生于林缘草地、向阳山坡。

茴香属 *Foeniculum*

茴香 *Foeniculum vulgare* 保护区有栽培或逸生。

独活属 *Heracleum*

短毛独活 *Heracleum moellendorffii* 产于保护区各保护站。生于山坡杂木林、林缘草地。

欧当归属 *Levisticum*

欧当归 *Levisticum officinale* 产于宽坪、七里坪。生于山坡杂木林、林缘草地。

岩风属 *Libanotis*

条叶岩风 *Libanotis lancifolia* 产于保护区各保护站。生于向阳山坡、崖壁。

香芹 *Libanotis seseloides* 产于保护区各保护站。生于山坡杂木林、林缘草地。

藁本属 *Ligusticum*

尖叶藁本 *Ligusticum acuminatum* 产于马营、三官庙、西沟。生于山坡杂木林、林缘草地。

藁本 *Ligusticum sinense* 产于保护区各保护站。生于山坡杂木林、林缘草地。

川芎 *Ligusticum sinense* cv. *Chuanxiong* 产于寺山庙、料凹、王莽寨。生于山坡杂木林、林缘草地。

岩茴香 *Ligusticum tachiroei* 产于保护区各保护站。生于向阳山坡、崖壁。

白苞芹属 *Nothosmyrnium*

白苞芹 *Nothosmyrnium japonicum* 产于宽坪、岳山、鳔池。生于山坡杂木林、林缘草地。

水芹属 *Oenanthe*

水芹 *Oenanthe javanica* 产于保护区各保护站。生于沟谷、溪边、积水沼泽湿地。

香根芹属 *Osmorhiza*

香根芹 *Osmorhiza aristata* 产于宽坪、大木场、太山庙。生于山坡杂木林、林缘草地。

山芹属 *Ostericum*

大齿山芹 *Ostericum grosseserratum* 产于杜沟口、阳坡园。生于山坡杂木林、林缘草地。

山芹 *Ostericum sieboldii* 产于保护区各保护站。生于山坡杂木林、林缘草地。

前胡属 *Peucedanum*

华北前胡 *Peucedanum harry-smithii* 产于保护区各保护站。生于山坡杂木林、林缘草地。

广序北前胡 *Peucedanum harry-smithii* var. *grande* 产于保护区各保护站。生于山坡杂木林、林缘草地。

少毛北前胡 *Peucedanum harry-smithii* var. *subglabrum* 产于保护区各保护站。生于山坡杂木林、林缘草地。

华山前胡 *Peucedanum ledebourielloides* 产于保护区各保护站。生于山坡杂木林、林缘草地。

前胡 *Peucedanum praeruptorum* 产于保护区各保护站。生于山坡杂木林、林缘草地。

石防风 *Peucedanum terebinthaceum* 产于保护区各保护站。生于山坡杂木林、林缘草地。

茴芹属 *Pimpinella*

锐叶茴芹 *Pimpinella arguta* 产于保护区各保护站。生于山坡杂木林、林缘草地。

异叶茴芹 *Pimpinella diversifolia* 产于保护区各保护站。生于山坡杂木林、林缘草地。

菱叶茴芹 *Pimpinella rhomboidea* 产于保护区各保护站。生于山坡杂木林、林缘草地。

直立茴芹 *Pimpinella smithii* 产于保护区各保护站。生于山坡杂木林、林缘草地。

羊红膻 *Pimpinella thellungiana* 产于保护区各保护站。生于山坡杂木林、林缘草地。

棱子芹属 *Pleurospermum*

鸡冠棱子芹 *Pleurospermum cristatum* 产于宽坪、大木场。生于山坡杂木林、林缘草地。

棱子芹 *Pleurospermum uralense* 产于寺山庙、三官庙、西沟。

变豆菜属 *Sanicula*

变豆菜 *Sanicula chinensis* 产于保护区各保护站。生于山坡杂木林、沟谷、溪边、林缘草地。

首阳变豆菜 *Sanicula giraldii* 产于宽坪、大木场、王莽寨。生于山坡杂木林、林缘草地。

防风属 *Saposhnikovia*

防风 *Saposhnikovia divaricata* 产于保护区各保护站。生于山坡杂木林。

泽芹属 *Sium*

泽芹 *Sium suave* 产于保护区各保护站。生于沟谷、溪边、积水沼泽湿地。

窃衣属 *Torilis*

小窃衣 *Torilis japonica* 产于保护区各保护站。生于林缘草地、旷野、农田。

破子草 *Torilis scabra* 产于保护区各保护站。生于林缘草地、旷野、农田。

山茱萸科 Cornaceae

山茱萸属 *Cornus*

红瑞木 *Cornus alba* 产于宽坪、王莽寨。生于山坡杂木林。

沙梾 *Cornus bretschneideri* 产于寺山庙、大木场。生于山坡杂木林。

卷毛沙梾 *Cornus bretschneideri* var. *crispa* 产于寺山庙、七里坪。生于山坡杂木林。

灯台树 *Cornus controversa* 产于保护区各保护站。生于山坡杂木林。

红椋子 *Cornus hemsleyi* 产于保护区各保护站。生于山坡杂木林。

四照花 *Cornus kousa* subsp. *chinensis* 产于保护区各保护站。生于山坡杂木林。

梾木 *Cornus macrophylla* 产于保护区各保护站。生于山坡杂木林。

山茱萸 *Cornus officinalis* 产于保护区各保护站。生于沟谷、溪边、灌木丛。

毛梾 *Cornus walteri* 产于保护区各保护站。生于山坡杂木林。

青荚叶科 Helwingiaceae

青荚叶属 *Helwingia*

青荚叶 *Helwingia japonica* 产于宽坪、王莽寨。生于阴坡林下。

杜鹃花科 Ericaceae

喜冬草属 *Chimaphila*

喜冬草 *Chimaphila japonica* 产于宽坪、大木场。生于阴坡林下。

水晶兰属 *Monotropa*

水晶兰 *Monotropa uniflora* 产于七里坪、王莽寨。生于阴坡林下。

鹿蹄草属 *Pyrola*

紫背鹿蹄草 *Pyrola atropurpurea* 产于保护区各保护站。生于山坡杂木林。

鹿蹄草 *Pyrola calliantha* 产于保护区各保护站。生于山坡杂木林。

普通鹿蹄草 *Pyrola decorata* 产于保护区各保护站。生于山坡杂木林。

日本鹿蹄草 *Pyrola japonica* 产于保护区各保护站。生于山坡杂木林。

杜鹃花属 *Rhododendron*

秀雅杜鹃 *Rhododendron concinnum* 产于宽坪、大木场。生于山坡杂木林。

满山红 *Rhododendron mariesii* 产于保护区各保护站。生于灌木丛、向阳山坡。

照山白 *Rhododendron micranthum* 产于保护区各保护站。生于山坡杂木林。

太白杜鹃 *Rhododendron purdomii* 产于宽坪、花山。生于灌木丛。

杜鹃 *Rhododendron simsii* 产于保护区各保护站。生于山坡杂木林、灌木丛。

河南杜鹃 *Rhododendron henanense* 产于宽坪、大木场、王莽寨。生于山坡杂木林、灌木丛。

报春花科 Primulaceae

点地梅属 *Androsace*

点地梅 *Androsace umbellata* 产于保护区各保护站。生于向阳山坡、旷野、农田、河滩、荒地。

海乳草属 *Glaux*

海乳草 *Glaux maritima* 产于保护区各保护站。生于向阳山坡、旷野、农田、河滩、荒地。

珍珠菜属 *Lysimachia*

虎尾草 *Lysimachia barystachys* 产于保护区各保护站。生于山坡杂木林、林缘草地。

泽珍珠菜 *Lysimachia candida* 产于保护区各保护站。生于林缘草地、河滩、荒地。

长穗珍珠菜 *Lysimachia chikungensis* 产于保护区各保护站。生于山坡杂木林。

过路黄 *Lysimachia christiniae* 产于保护区各保护站。生于山坡杂木林、林缘草地。

珍珠菜 *Lysimachia clethroides* 产于保护区各保护站。生于山坡杂木林、林缘草地。

黄连花 *Lysimachia davurica* 产于寺山庙、花山。生于山坡杂木林、林缘草地。

红根草 *Lysimachia fortunei* 产于保护区各保护站。生于山坡杂木林、河滩、荒地。

金爪儿 *Lysimachia grammica* 产于杜沟口、段沟。生于山坡杂木林。

轮叶过路黄 *Lysimachia klattiana* 产于寺山庙、三官庙。生于山坡杂木林、林缘草地。

狭叶珍珠菜 *Lysimachia pentapetala* 产于保护区各保护站。生于林缘草地、向阳山坡。

报春花属 *Primula*

散布报春 *Primula conspersa* 产于宽坪、大木场。生于高山林缘草地。

胭脂花 *Primula maximowiczii* 产于大木场、花山。生于高山林缘草地。

齿萼报春 *Primula odontocalyx* 产于宽坪、西沟。生于高山林缘草地。

白花丹科 Plumbaginaceae

蓝雪花属 *Ceratostigma*

蓝雪花 *Ceratostigma plumbaginoides* 产于保护区各保护站。生于山坡杂木林、向阳山坡。

补血草属 *Limonium*

二色补血草 *Limonium bicolor* 产于保护区各保护站。生于河滩、荒地、向阳山坡。

柿树科 Ebenaceae

柿属 *Diospyros*

柿 *Diospyros kaki* 保护区有栽培或逸生。

软枣 *Diospyros lotus* 产于保护区各保护站。生于山坡杂木林。

山矾科 Symplocaceae

山矾属 *Symplocos*

白檀 *Symplocos paniculata* 产于保护区各保护站。生于山坡杂木林、灌木丛。

安息香科 Styracaceae

安息香属 *Styrax*

垂珠花 *Styrax dasyanthus* 产于宽坪、大木场、花山。生于山坡杂木林、沟谷、溪边。

老鸹铃 *Styrax hemsleyanus* 产于保护区各保护站。生于山坡杂木林。

野茉莉 *Styrax japonicus* 产于保护区各保护站。生于沟谷、溪边、灌木丛。

玉铃花 *Styrax obassis* 产于宽坪、三官庙、花山。生于山坡杂木林。

木犀科 Oleaceae

流苏树属 *Chionanthus*

流苏树 *Chionanthus retusus* 产于保护区各保护站。生于山坡杂木林。

连翘属 *Forsythia*

秦连翘 *Forsythia giraldiana* 产于宽坪、花山。生于山坡杂木林、灌木丛。

连翘 *Forsythia suspensa* 产于保护区各保护站。生于沟谷、溪边、灌木丛。

金钟花 *Forsythia viridissima* 保护区有栽培或逸生。

雪柳属 *Fontanesia*

雪柳 *Fontanesia phillyreoides* subsp. *fortunei* 产于保护区各保护站。生于沟谷、溪边、灌木丛。

梣属 *Fraxinus*

花曲柳 *Fraxinus chinensis* subsp. *rhynchophylla* 产于寺山庙、三官庙、西沟。生于山坡杂木林。

小叶梣 *Fraxinus bungeana* 产于保护区各保护站。生于山坡杂木林、向阳山坡。

水曲柳 *Fraxinus mandshurica* 产于寺山庙、大木场、王莽寨。生于山坡杂木林。

秦岭梣 *Fraxinus paxiana* 产于马营、段沟。生于山坡杂木林。

白蜡树 *Fraxinus chinensis* 产于保护区各保护站。生于山坡杂木林。

苦枥木 *Fraxinus insularis* 产于西沟、七里坪。生于山坡杂木林。

宿柱梣 *Fraxinus stylosa* 产于宽坪、三官庙、王莽寨。生于山坡杂木林。

素馨属 *Jasminum*

探春花 *Jasminum floridum* 保护区有栽培或逸生。

迎春花 *Jasminum nudiflorum* 产于保护区各保护站。生于沟谷、溪边、灌木丛、向阳山坡。

女贞属 *Ligustrum*

女贞 *Ligustrum lucidum* 保护区有栽培或逸生。

水蜡树 *Ligustrum obtusifolium* 产于保护区各保护站。生于沟谷、溪边、灌木丛。

小叶女贞 *Ligustrum quihoui* 产于保护区各保护站。生于沟谷、溪边、灌木丛。

小蜡树 *Ligustrum sinense* 产于保护区各保护站。生于沟谷、溪边、灌木丛。

丁香属 *Syringa*

华北丁香 *Syringa oblata* 产于马营、栗子园、花山。生于灌木丛、向阳山坡。

巧玲花 *Syringa pubescens* 产于保护区各保护站。生于灌木丛、向阳山坡。

小叶巧玲花 *Syringa pubescens* subsp. *microphylla* 产于保护区各保护站。生于灌木丛、向阳山坡。

北京丁香 *Syringa reticulata* subsp. *pekinensis* 产于七里坪、料凹。生于灌木丛、向阳山坡。

暴马丁香 *Syringa reticulata* 产于宽坪、王莽寨。生于沟谷、溪边、灌木丛、向阳山坡。

马钱科 Loganiaceae

醉鱼草属 *Buddleja*

大叶醉鱼草 *Buddleja davidii* 产于保护区各保护站。生于沟谷、溪边、灌木丛。

醉鱼草 *Buddleja lindleyana* 产于保护区各保护站。生于沟谷、溪边、灌木丛。

密蒙花 *Buddleja officinalis* 产于保护区各保护站。生于沟谷、溪边、灌木丛。

龙胆科 Gentianaceae

莕菜属 *Nymphoides*

荇菜 *Nymphoides peltatum* 产于保护区各保护站。生于水库、池塘、沟渠、积水沼泽湿地。

百金花属 *Centaurium*

百金花 *Centaurium pulchellum* var. *altaicum* 产于保护区各保护站。生于向阳山坡、旷

野、农田、河滩、荒地。

龙胆属 *Gentiana*

肾叶龙胆 *Gentiana crassuloides* 产于保护区各保护站。生于林缘草地、向阳山坡。

达乌里秦艽 *Gentiana dahurica* 产于保护区各保护站。生于林缘草地、向阳山坡。

秦艽 *Gentiana macrophylla* 产于宽坪、三官庙、杜沟口。生于林缘草地。

条叶龙胆 *Gentiana manshurica* 产于保护区各保护站。生于林缘草地、旷野、农田。

假水生龙胆 *Gentiana pseudoaquatica* 产于保护区各保护站。生于沟谷、溪边、林缘草地。

龙胆 *Gentiana scabra* 产于保护区各保护站。生于林缘草地。

鳞叶龙胆 *Gentiana squarrosa* 产于保护区各保护站。生于沟谷、溪边、林缘草地。

灰绿龙胆 *Gentiana yokusai* 产于寺山庙、料凹。生于林缘草地、向阳山坡。

笔龙胆 *Gentiana zollingeri* 产于马营、七里坪。生于沟谷、溪边、林缘草地。

扁蕾属 *Gentianopsis*

扁蕾 *Gentianopsis barbata* 产于保护区各保护站。生于林缘草地、旷野、农田。

湿生扁蕾 *Gentianopsis paludosa* 产于保护区各保护站。生于林缘草地、旷野、农田。

花锚属 *Halenia*

花锚 *Halenia corniculata* 产于保护区各保护站。生于林缘草地、旷野、农田。

椭圆叶花锚 *Halenia elliptica* 产于保护区各保护站。生于林缘草地、旷野、农田。

翼萼蔓属 *Pterygocalyx*

翼萼蔓 *Pterygocalyx volubilis* 产于保护区各保护站。生于林缘草地、旷野、农田。

獐牙菜属 *Swertia*

獐牙菜 *Swertia bimaculata* 产于保护区各保护站。生于林缘草地、旷野、农田。

歧伞獐牙菜 *Swertia dichotoma* 产于保护区各保护站。生于林缘草地、旷野、农田。

北方獐牙菜 *Swertia diluta* 产于保护区各保护站。生于林缘草地、旷野、农田。

华北獐牙菜 *Swertia wolfgangiana* 产于保护区各保护站。生于林缘草地、旷野、农田。

夹竹桃科 Apocynaceae

罗布麻属 *Apocynum*

罗布麻 *Apocynum venetum* 产于保护区各保护站。生于河滩、荒地、积水沼泽湿地。

夹竹桃属 *Nerium*

夹竹桃 *Nerium oleander* 保护区有栽培或逸生。

络石属 *Trachelospermum*

络石 *Trachelospermum jasminoides* 产于保护区各保护站。生于山坡杂木林、崖壁。

萝藦科 Asclepiadaceae

鹅绒藤属 *Cynanchum*

潮风草 *Cynanchum ascyrifolium* 产于保护区各保护站。生于林缘草地、向阳山坡。

紫花合掌消 *Cynanchum amplexicaule* 产于保护区各保护站。生于林缘草地、向阳山坡。

白薇 *Cynanchum atratum* 产于宽坪、七里坪、料凹。生于山坡杂木林。

牛皮消 *Cynanchum auriculatum* 产于保护区各保护站。生于林缘草地、旷野、农田、向阳山坡。

白首乌 *Cynanchum bungei* 产于保护区各保护站。生于林缘草地、向阳山坡。

鹅绒藤 *Cynanchum chinense* 产于保护区各保护站。生于林缘草地、向阳山坡。

白前 *Cynanchum glaucescens* 产于保护区各保护站。生于林缘草地、向阳山坡。

竹灵消 *Cynanchum inamoenum* 产于保护区各保护站。生于林缘草地、向阳山坡。

华北白前 *Cynanchum mongolicum* 产于保护区各保护站。生于林缘草地、向阳山坡。

徐长卿 *Cynanchum paniculatum* 产于保护区各保护站。生于林缘草地、向阳山坡。

荷花柳 *Cynanchum riparium* 产于太山庙、大木场。生于林缘草地、向阳山坡。

地梢瓜 *Cynanchum thesioides* 产于保护区各保护站。生于林缘草地、旷野、农田、向阳山坡。

变色白前 *Cynanchum versicolor* 产于宽坪、三官庙、花山。生于山坡杂木林、林缘草地、向阳山坡。

隔山消 *Cynanchum wilfordii* 产于大木场、岳山、西沟。生于山坡杂木林、沟谷、溪边、林缘草地。

萝藦属 *Metaplexis*

华萝藦 *Metaplexis hemsleyana* 产于保护区各保护站。生于林缘草地、旷野、农田、向阳山坡。

萝藦 *Metaplexis japonica* 产于保护区各保护站。生于林缘草地、旷野、农田、向阳山坡。

杠柳属 *Periploca*

杠柳 *Periploca sepium* 产于保护区各保护站。生于林缘草地、旷野、农田、向阳山坡。

旋花科 Convolvulaceae

打碗花属 *Calystegia*

打碗花 *Calystegia hederacea* 产于保护区各保护站。生于向阳山坡、旷野、农田、河滩、荒地。

藤长苗 *Calystegia pellita* 产于保护区各保护站。生于向阳山坡、旷野、农田、河滩、荒地。

篱天剑 *Calystegia sepium* 产于保护区各保护站。生于向阳山坡、旷野、农田、河滩、荒地。

旋花属 *Convolvulus*

银灰旋花 *Convolvulus ammannii* 产于保护区各保护站。生于向阳山坡、旷野、农田、河滩、荒地。

田旋花 *Convolvulus arvensis* 产于保护区各保护站。生于向阳山坡、旷野、农田、河滩、荒地。

菟丝子属 *Cuscuta*

南方菟丝子 *Cuscuta australis* 产于保护区各保护站。生于向阳山坡、旷野、农田、河滩、荒地。

菟丝子 *Cuscuta chinensis* 产于保护区各保护站。生于向阳山坡、旷野、农田、河滩、荒地。

大菟丝子 *Cuscuta europaea* 产于保护区各保护站。生于向阳山坡、旷野、农田、河滩、荒地。

金灯藤 *Cuscuta japonica* 产于宽坪、七里坪、料凹。生于灌木丛、林缘草地。

牵牛属 *Pharbitis*

牵牛 *Pharbitis nil* 产于保护区各保护站。生于向阳山坡、旷野、农田、河滩、荒地。

圆叶牵牛 *Pharbitis purpurea* 产于保护区各保护站。生于向阳山坡、旷野、农田、河滩、荒地。

花荵科 Polemoniaceae

花荵属 *Polemonium*

中华花荵 *Polemonium chinense* 产于段沟、王莽寨。生于林缘草地、向阳山坡。

紫草科 Boraginaceae

狼紫草属 *Anchusa*

狼紫草 *Anchusa ovata* 产于保护区各保护站。生于向阳山坡、旷野、农田、河滩、荒地。

斑种草属 *Bothriospermum*

斑种草 *Bothriospermum chinense* 产于保护区各保护站。生于山坡杂木林。

狭苞斑种草 *Bothriospermum kusnezowii* 产于宽坪、七里坪、西沟。生于山坡杂木林、向阳山坡。

多苞斑种草 *Bothriospermum secundum* 产于马营、三官庙、岳山。生于山坡杂木林。

柔弱斑种草 *Bothriospermum zeylanicum* 产于宽坪、大木场、王莽寨。生于山坡杂木林。

琉璃草属 *Cynoglossum*

美丽琉璃草 *Cynoglossum amabile* 产于宽坪、大木场。生于林缘草地、向阳山坡。

小花琉璃草 *Cynoglossum lanceolatum* 产于保护区各保护站。生于林缘草地、向阳山坡。

大果琉璃草 *Cynoglossum divaricatum* 产于保护区各保护站。生于林缘草地、向阳山坡。

天芥菜属 *Heliotropium*

毛果天芥菜 *Heliotropium lasiocarpum* 产于寺山庙、三官庙、花山。生于灌木丛、林缘草地、向阳山坡。

鹤虱属 *Lappula*

鹤虱 *Lappula myosotis* 产于保护区各保护站。生于林缘草地、向阳山坡。

紫草属 *Lithospermum*

田紫草 *Lithospermum arvense* 产于保护区各保护站。生于向阳山坡、旷野、农田、河滩、荒地。

紫草 *Lithospermum erythrorhizon* 产于保护区各保护站。生于林缘草地、向阳山坡。

梓木草 *Lithospermum zollingeri* 产于保护区各保护站。生于林缘草地、向阳山坡、旷野、农田。

勿忘草属 *Myosotis*

勿忘草 *Myosotis sylvatica* 产于保护区各保护站。生于林缘草地、向阳山坡。

车前紫草属 *Sinojohnstonia*

短蕊车前紫草 *Sinojohnstonia moupinensis* 产于保护区各保护站。生于山坡杂木林。

紫筒草属 *Stenosolenium*

紫筒草 *Stenosolenium saxatile* 产于寺山庙。生于林缘草地、向阳山坡。

盾果草属 *Thyrocarpus*

弯齿盾果草 *Thyrocarpus glochidiatus* 产于保护区各保护站。生于林缘草地、向阳山坡。

盾果草 *Thyrocarpus sampsonii* 产于保护区各保护站。生于林缘草地、向阳山坡。

紫丹属 *Tournefortia*

西伯利亚紫丹 *Tournefortia sibirica* 产于保护区各保护站。生于林缘草地、向阳山坡。

细叶西伯利亚紫丹 *Tournefortia sibirica* var. *angustior* 产于保护区各保护站。生于林缘草地、向阳山坡。

附地菜属 *Trigonotis*

附地菜 *Trigonotis peduncularis* 产于保护区各保护站。生于向阳山坡、旷野、农田、河滩、荒地。

钝萼附地菜 *Trigonotis peduncularis* var. *amblyosepala* 产于保护区各保护站。生于向阳山坡、旷野、农田、河滩、荒地。

马鞭草科 Verbenaceae

紫珠属 *Callicarpa*

老鸦糊 *Callicarpa giraldii* 产于保护区各保护站。生于沟谷、溪边、灌木丛。

窄叶紫珠 *Callicarpa membranacea* 产于西沟、大木场。生于沟谷、溪边、灌木丛。

莸属 *Caryopteris*

叉枝莸 *Caryopteris divaricata* 产于保护区各保护站。生于林缘草地。

光果莸 *Caryopteris tangutica* 产于保护区各保护站。生于林缘草地、向阳山坡。

三花莸 *Caryopteris terniflora* 产于保护区各保护站。生于林缘草地、向阳山坡。

大青属 *Clerodendrum*

臭牡丹 *Clerodendrum bungei* 产于保护区各保护站。生于山坡杂木林。

海州常山 *Clerodendrum trichotomum* 产于保护区各保护站。生于山坡杂木林、沟谷、溪边。

马鞭草属 *Verbena*

马鞭草 *Verbena officinalis* 产于保护区各保护站。生于向阳山坡、旷野、农田、河滩、荒地。

牡荆属 *Vitex*

黄荆 *Vitex negundo* 产于保护区各保护站。生于向阳山坡、旷野、农田、河滩、荒地。

牡荆 *Vitex negundo* var. *cannabifolia* 产于保护区各保护站。生于向阳山坡、旷野、农田、河滩、荒地。

荆条 *Vitex negundo* var. *heterophylla* 产于保护区各保护站。生于向阳山坡、旷野、农田、河滩、荒地。

唇形科 Labiatae

藿香属 *Agastache*

藿香 *Agastache rugosa* 产于保护区各保护站。生于林缘草地。

筋骨草属 *Ajuga*

筋骨草 *Ajuga ciliata* 产于保护区各保护站。生于林缘草地。

线叶筋骨草 *Ajuga linearifolia* 产于保护区各保护站。生于林缘草地。

白苞筋骨草 *Ajuga lupulina* 产于保护区各保护站。生于林缘草地。

多花筋骨草 *Ajuga multiflora* 产于保护区各保护站。生于林缘草地。

紫背金盘 *Ajuga nipponensis* 产于保护区各保护站。生于林缘草地。

水棘针属 *Amethystea*

水棘针 *Amethystea caerulea* 产于保护区各保护站。生于林缘草地、旷野、农田。

风轮菜属 *Clinopodium*

灯笼草 *Clinopodium polycephalum* 产于保护区各保护站。生于向阳山坡、旷野、农田、河滩、荒地。

麻叶风轮菜 *Clinopodium urticifolium* 产于保护区各保护站。生于向阳山坡、旷野、农田、河滩、荒地。

风车草 *Clinopodium urticifolium* 产于保护区各保护站。生于向阳山坡、旷野、农田、河滩、荒地。

青兰属 *Dracocephalum*

香青兰 *Dracocephalum moldavica* 产于保护区各保护站。生于林缘草地。

毛建草 *Dracocephalum rupestre* 产于保护区各保护站。生于林缘草地。

香薷属 *Elsholtzia*

香薷 *Elsholtzia ciliata* 产于保护区各保护站。生于林缘草地。

野草香 *Elsholtzia cyprianii* 产于保护区各保护站。生于林缘草地。

密花香薷 *Elsholtzia densa* 产于保护区各保护站。生于林缘草地。

海洲香薷 *Elsholtzia splendens* 产于保护区各保护站。生于林缘草地。

穗状香薷 *Elsholtzia stachyodes* 产于保护区各保护站。生于林缘草地。

木香薷 *Elsholtzia stauntonii* 产于保护区各保护站。生于沟谷、溪边、林缘草地。

活血丹属 *Glechoma*

白透骨消 *Glechoma biondiana* 产于保护区各保护站。生于林缘草地。

白透骨消无毛变种 *Glechoma biondiana* var. *glabrescens* 产于保护区各保护站。生于林缘草地。

活血丹 *Glechoma longituba* 产于保护区各保护站。生于林缘草地。

香茶菜属 *Isodon*

香茶菜 *Isodon amethystoides* 产于保护区各保护站。生于山坡杂木林、林缘草地。

鄂西香茶菜 *Isodon henryi* 产于保护区各保护站。生于山坡杂木林、林缘草地。

内折香茶菜 *Isodon inflexus* 产于保护区各保护站。生于山坡杂木林、林缘草地。

毛叶香茶菜 *Isodon japonicus* 产于保护区各保护站。生于山坡杂木林、林缘草地。

显脉香茶菜 *Isodon nervosus* 产于保护区各保护站。生于山坡杂木林、林缘草地。

碎米桠 *Isodon rubescens* 产于保护区各保护站。生于山坡杂木林、林缘草地。

溪黄草 *Isodon serra* 产于保护区各保护站。生于山坡杂木林、林缘草地。

夏至草属 *Lagopsis*

夏至草 *Lagopsis supina* 产于保护区各保护站。生于向阳山坡、旷野、农田、河滩、荒地。

野芝麻属 *Lamium*

宝盖草 *Lamium amplexicaule* 产于保护区各保护站。生于向阳山坡、旷野、农田、河滩、荒地。

野芝麻 *Lamium barbatum* 产于保护区各保护站。生于向阳山坡、旷野、农田、河滩、荒地。

益母草属 *Leonurus*

益母草 *Leonurus japonicus* 产于保护区各保护站。生于向阳山坡、旷野、农田。

錾菜 *Leonurus pseudomacranthus* 产于保护区各保护站。生于向阳山坡、旷野、农田、河滩、荒地。

细叶益母草 *Leonurus sibiricus* 产于保护区各保护站。生于向阳山坡、旷野、农田、河滩、荒地。

斜萼草属 *Loxocalyx*

斜萼草 *Loxocalyx urticifolius* 产于保护区各保护站。生于山坡杂木林、林缘草地。

地笋属 *Lycopus*

地笋 *Lycopus lucidus* 产于保护区各保护站。生于向阳山坡、旷野、农田、河滩、荒地。

薄荷属 *Mentha*

薄荷 *Mentha canadensis* 产于保护区各保护站。生于向阳山坡、旷野、农田、河滩、荒地。

石荠苎属 *Mosla*

石香薷 *Mosla chinensis* 产于宽坪、大木场。生于山坡杂木林、阴坡林下、沟谷、溪边、灌木丛。

石荠苎 *Mosla scabra* 产于保护区各保护站。生于林缘草地、向阳山坡。

荆芥属 *Nepeta*

小裂叶荆芥 *Nepeta annua* 产于保护区各保护站。生于向阳山坡、旷野、农田、河滩、荒地。

荆芥 *Nepeta cataria* 产于保护区各保护站。生于向阳山坡、旷野、农田、河滩、荒地。

牛至属 *Origanum*

牛至 *Origanum vulgare* 产于保护区各保护站。生于林缘草地、向阳山坡。

紫苏属 *Perilla*

紫苏 *Perilla frutescens* 产于保护区各保护站。生于向阳山坡、旷野、农田、河滩、荒地。

野生紫苏 *Perilla frutescens* var. *purpurascens* 产于保护区各保护站。生于向阳山坡、旷野、农田、河滩、荒地。

糙苏属 *Phlomis*

大花糙苏 *Phlomis megalantha* 产于保护区各保护站。生于山坡杂木林。

串铃草 *Phlomis mongolica* 产于保护区各保护站。生于山坡杂木林。

糙苏 *Phlomis umbrosa* 产于保护区各保护站。生于山坡杂木林。

宽苞糙苏 *Phlomis umbrosa* var. *latibracteata* 产于保护区各保护站。生于山坡杂木林。

夏枯草属 *Prunella*

山菠菜 *Prunella asiatica* 产于保护区各保护站。生于林缘草地。

夏枯草 *Prunella vulgaris* 产于保护区各保护站。生于林缘草地、向阳山坡。

掌叶石蚕属 *Rubiteucris*

掌叶石蚕 *Rubiteucris palmata* 产于保护区各保护站。生于沟谷、溪边、林缘草地、旷野、农田。

鼠尾草属 *Salvia*

鄂西鼠尾草 *Salvia maximowicziana* 产于保护区各保护站。生于山坡杂木林、林缘草地。

丹参 *Salvia miltiorrhiza* 产于保护区各保护站。生于山坡杂木林。

荔枝草 *Salvia plebeia* 产于保护区各保护站。生于向阳山坡、旷野、农田、河滩、荒地。

黄鼠狼花 *Salvia tricuspis* 产于保护区各保护站。生于林缘草地、向阳山坡。

荫生鼠尾草 *Salvia umbratica* 产于保护区各保护站。生于山坡杂木林。

黄芩属 *Scutellaria*

黄芩 *Scutellaria baicalensis* 产于保护区各保护站。生于林缘草地、向阳山坡。

半枝莲 *Scutellaria barbata* 产于保护区各保护站。生于林缘草地、向阳山坡。

莸状黄芩 *Scutellaria caryopteroides* 产于保护区各保护站。生于林缘草地、向阳山坡。

河南黄芩 *Scutellaria honanensis* 产于保护区各保护站。生于林缘草地、向阳山坡。

韩信草 *Scutellaria indica* 生于林缘草地、向阳山坡。

京黄芩 *Scutellaria pekinensis* 生于林缘草地、向阳山坡。

水苏属 *Stachys*

蜗儿菜 *Stachys arrecta* 产于保护区各保护站。生于旷野、农田、河滩、荒地、积水沼泽湿地。

毛水苏 *Stachys baicalensis* 产于保护区各保护站。生于旷野、农田、河滩、荒地、积水沼泽湿地。

华水苏 *Stachys chinensis* 产于保护区各保护站。生于旷野、农田、河滩、荒地、积水沼泽湿地。

水苏 *Stachys japonica* 产于保护区各保护站。生于旷野、农田、河滩、荒地、积水沼泽湿地。

甘露子 *Stachys sieboldii* 产于保护区各保护站。生于旷野、农田、河滩、荒地、积水沼泽湿地。

香科科属 *Teucrium*

小叶穗花香科科 *Teucrium japonicum* var. *microphyllum* 产于宽坪、七里坪、料凹。生于林缘草地、向阳山坡。

百里香属 *Thymus*

百里香 *Thymus mongolicus* 产于保护区各保护站。生于林缘草地、向阳山坡。

地椒 *Thymus quinquecostatus* 产于保护区各保护站。生于林缘草地、向阳山坡。

地椒展毛变种 *Thymus quinquecostatus* var. *przewalskii* 产于保护区各保护站。生于林缘草地、向阳山坡。

茄科 Solanaceae

颠茄属 *Atropa*

颠茄 *Atropa belladonna* 产于保护区各保护站。生于向阳山坡、旷野、农田、河滩、荒地。

辣椒属 *Capsicum*

辣椒 *Capsicum annuum* 保护区有栽培或逸生。

曼陀罗属 *Datura*

毛曼陀罗 *Datura inoxia* 产于保护区各保护站。生于向阳山坡、旷野、农田、河滩、荒地。

洋金花 *Datura metel* 保护区有栽培或逸生。

曼陀罗 *Datura stramonium* 产于保护区各保护站。生于向阳山坡、旷野、农田、河滩、荒地。

天仙子属 *Hyoscyamus*

天仙子 *Hyoscyamus niger* 产于宽坪、大木场、花山。生于山坡杂木林。

枸杞属 *Lycium*

宁夏枸杞 *Lycium barbarum* 保护区有栽培或逸生。

枸杞 *Lycium chinense* 产于保护区各保护站。生于向阳山坡、旷野、农田、河滩、荒地。

假酸浆属 *Nicandra*

假酸浆 *Nicandra physalodes* 产于保护区各保护站。生于林缘草地、旷野、农田。

散血丹属 *Physaliastrum*

日本散血丹 *Physaliastrum echinatum* 产于马营、岳山。生于山坡杂木林、林缘草地。

酸浆属 *Physalis*

酸浆 *Physalis alkekengi* 产于保护区各保护站。生于向阳山坡、旷野、农田、河滩、荒地。

挂金灯 *Physalis alkekengi* var. *francheti* 产于保护区各保护站。生于山坡杂木林、林缘草地。

苦蘵 *Physalis angulata* 产于保护区各保护站。生于向阳山坡、旷野、农田、河滩、荒地。

毛酸浆 *Physalis philadelphica* 产于保护区各保护站。生于向阳山坡、旷野、农田。

泡囊草属 *Physochlaina*

漏斗泡囊草 *Physochlaina infundibularis* 产于七里坪、花山、王莽寨。生于山坡杂木林、林缘草地。

茄属 *Solanum*

野海茄 *Solanum japonense* 产于保护区各保护站。生于灌木丛、林缘草地。

光白英 *Solanum kitagawae* 产于保护区各保护站。生于灌木丛、林缘草地。

白英 *Solanum lyratum* 产于保护区各保护站。生于灌木丛、林缘草地。

龙葵 *Solanum nigrum* 产于保护区各保护站。生于向阳山坡、旷野、农田、河滩、荒地。

青杞 *Solanum septemlobum* 产于保护区各保护站。生于向阳山坡、旷野、农田、河滩、荒地。

玄参科 Scrophulariaceae

芯芭属 *Cymbaria*

达乌里芯芭 *Cymbaria daurica* 产于保护区各保护站。生于向阳山坡、旷野、农田、河滩、荒地。

蒙古芯芭 *Cymbaria mongolica* 产于保护区各保护站。生于向阳山坡、旷野、农田、河滩、荒地。

石龙尾属 *Limnophila*

石龙尾 *Limnophila sessiliflora* 产于保护区各保护站。生于河滩、荒地、水库、池塘、沟渠、积水沼泽湿地。

柳穿鱼属 *Linaria*

柳穿鱼 *Linaria vulgaris* 产于保护区各保护站。生于向阳山坡、旷野、农田、河滩、荒地。

母草属 *Lindernia*

母草 *Lindernia crustacea* 产于保护区各保护站。生于旷野、农田、河滩、荒地、积水沼泽湿地。

狭叶母草 *Lindernia micrantha* 产于保护区各保护站。生于旷野、农田、河滩、荒地、积水沼泽湿地。

通泉草属 *Mazus*

通泉草 *Mazus pumilus* 产于保护区各保护站。生于向阳山坡、旷野、农田、河滩、荒地。

弹刀子菜 *Mazus stachydifolius* 产于保护区各保护站。生于向阳山坡、旷野、农田。

山罗花属 *Melampyrum*

山罗花 *Melampyrum roseum* 产于保护区各保护站。生于阴坡林下、林缘草地。

沟酸浆属 *Mimulus*

沟酸浆 *Mimulus tenellus* 产于保护区各保护站。生于旷野、农田、河滩、荒地。

脐草属 *Omphalothrix*

脐草 *Omphalotrix longipes* 产于保护区各保护站。生于林缘草地。

泡桐属 *Paulownia*

楸叶泡桐 *Paulownia catalpifolia* 产于保护区各保护站。生于山坡杂木林。

兰考泡桐 *Paulownia elongata* 保护区有栽培或逸生。

毛泡桐 *Paulownia tomentosa* 保护区有栽培或逸生。

马先蒿属 *Pedicularis*

河南马先蒿 *Pedicularis honanensis* 产于保护区各保护站。生于山坡杂木林、林缘草地。

藓生马先蒿 *Pedicularis muscicola* 产于保护区各保护站。生于山坡杂木林、林缘草地。

返顾马先蒿 *Pedicularis resupinata* 产于保护区各保护站。生于山坡杂木林、林缘草地。

大唇拟鼻花马先蒿 *Pedicularis rhinanthoides* subsp. *labellata* 产于保护区各保护站。生于山坡杂木林、林缘草地。

山西马先蒿 *Pedicularis shansiensis* 产于保护区各保护站。生于山坡杂木林、林缘草地。

穗花马先蒿 *Pedicularis spicata* 产于保护区各保护站。生于山坡杂木林、林缘草地。

红纹马先蒿 *Pedicularis striata* 产于保护区各保护站。生于山坡杂木林、林缘草地。

轮叶马先蒿 *Pedicularis verticillata* 产于保护区各保护站。生于山坡杂木林、林缘草地。

松蒿属 *Phtheirospermum*

松蒿 *Phtheirospermum japonicum* 产于保护区各保护站。生于山坡杂木林、林缘草地。

水蔓菁属 *Pseudolysimachion*

水蔓菁 *Pseudolysimachion linariifolium* subsp. *dilatatuma* 产于保护区各保护站。生于山坡杂木林、林缘草地。

地黄属 *Rehmannia*

地黄 *Rehmannia glutinosa* 产于保护区各保护站。生于向阳山坡、旷野、农田、河滩、荒地。

玄参属 *Scrophularia*

北玄参 *Scrophularia buergeriana* 产于保护区各保护站。生于山坡杂木林、林缘草地。

玄参 *Scrophularia ningpoensis* 产于保护区各保护站。生于山坡杂木林、林缘草地。

阴行草属 *Siphonostegia*

阴行草 *Siphonostegia chinensis* 产于保护区各保护站。生于山坡杂木林、林缘草地。

婆婆纳属 *Veronica*

北水苦荬 *Veronica anagallis-aquatica* 产于保护区各保护站。生于向阳山坡、旷野、农田、河滩、荒地。

直立婆婆纳 *Veronica arvensis* 产于寺山庙、栗子园、西沟。生于林缘草地、向阳山坡。

蚊母草 *Veronica peregrina* 产于保护区各保护站。生于林缘草地、向阳山坡。

阿拉伯婆婆纳 *Veronica persica* 产于保护区各保护站。生于向阳山坡、旷野、农田、河滩、荒地。

婆婆纳 *Veronica polita* 产于保护区各保护站。生于向阳山坡、旷野、农田、河滩、荒地。

光果婆婆纳 *Veronica rockii* 产于保护区各保护站。生于向阳山坡、旷野、农田、河滩、荒地。

小婆婆纳 *Veronica serpyllifolia* 产于保护区各保护站。生于向阳山坡、旷野、农田、河滩、荒地。

水苦荬 *Veronica undulata* 产于保护区各保护站。生于向阳山坡、旷野、农田、河滩、荒地。

腹水草属 *Veronicastrum*

草本威灵仙 *Veronicastrum sibiricum* 产于马营、大木场、王莽寨。生于林缘草地、旷野、农田。

紫葳科 Bignoniaceae

凌霄属 *Campsis*

凌霄 *Campsis grandiflora* 保护区有栽培或逸生。

楸属 *Catalpa*

黄金树 *Catalpa speciosa* 保护区有栽培或逸生。

楸 *Catalpa bungei* 产于保护区各保护站。生于山坡杂木林。

灰楸 *Catalpa fargesii* 产于保护区各保护站。生于山坡杂木林。

梓 *Catalpa ovata* 产于保护区各保护站。生于山坡杂木林。

角蒿属 *Incarvillea*

角蒿 *Incarvillea sinensis* 产于保护区各保护站。生于向阳山坡、旷野、农田、河滩、荒地。

胡麻科 Pedaliaceae

胡麻属 *Sesamum*

芝麻 *Sesamum indicum* 保护区有栽培或逸生。

茶菱属 *Trapella*

茶菱 *Trapella sinensis* 产于保护区各保护站。生于旷野、农田、河滩、荒地、积水沼泽湿地。

列当科 Orobanchaceae

列当属 *Orobanche*

列当 *Orobanche coerulescens* 产于保护区各保护站。生于向阳山坡、旷野、农田、河滩、荒地。

黄花列当 *Orobanche pycnostachya* 产于保护区各保护站。生于向阳山坡、旷野、农田、河滩、荒地。

苦苣苔科 Gesneriaceae

旋蒴苣苔属 *Boea*

旋蒴苣苔 *Boea hygrometrica* 产于保护区各保护站。生于崖壁、向阳山坡。

珊瑚苣苔属 *Corallodiscus*

珊瑚苣苔 *Corallodiscus lanuginosus* 产于宽坪、大木场、花山。生于沟谷、溪边、崖壁。

透骨草科 Phrymaceae

透骨草属 *Phryma*

透骨草 *Phryma leptostachya* subsp. *asiatica* 产于保护区各保护站。生于阴坡林下、林缘草地。

车前科 Plantaginaceae

车前属 *Plantago*

车前 *Plantago asiatica* 产于保护区各保护站。生于向阳山坡、旷野、农田、河滩、荒地。

平车前 *Plantago depressa* 产于保护区各保护站。生于向阳山坡、旷野、农田、河滩、荒地。

长叶车前 *Plantago lanceolata* 产于保护区各保护站。生于向阳山坡、旷野、农田、河滩、荒地。

大车前 *Plantago major* 产于保护区各保护站。生于向阳山坡、旷野、农田、河滩、荒地。

茜草科 Rubiaceae

香果树属 *Emmenopterys*

香果树 *Emmenopterys henryi* 产于宽坪、大木场。生于山坡杂木林、沟谷、溪边。

拉拉藤属 *Galium*

车叶葎 *Galium asperuloides* 产于保护区各保护站。生于阴坡林下、林缘草地。

北方拉拉藤 *Galium boreale* 产于保护区各保护站。生于林缘草地、旷野、农田。

拉拉藤 *Galium aparine* var. *echinospermum* 产于保护区各保护站。生于林缘草地、旷野、农田。

四叶葎 *Galium bungei* 产于保护区各保护站。生于阴坡林下、林缘草地。

显脉拉拉藤 *Galium kinuta* 产于保护区各保护站。生于林缘草地、旷野、农田。

蓬子菜 *Galium verum* 产于保护区各保护站。生于阴坡林下、林缘草地。

山猪殃殃 *Galium pseudoasprellum* 产于保护区各保护站。生于林缘草地、旷野、农田。

林地猪殃殃 *Galium paradoxum* 产于保护区各保护站。生于阴坡林下、林缘草地。

麦仁珠 *Galium tricorne* 产于保护区各保护站。生于向阳山坡、旷野、农田、河滩、荒地。

异叶轮草 *Galium maximowiczii* 产于保护区各保护站。生于林缘草地、旷野、农田。

猪殃殃 *Galium aparine* var. *tenerum* 产于保护区各保护站。生于向阳山坡、旷野、农田。

六叶葎 *Galium asperuloides* subsp. *hoffmeisteri* 产于保护区各保护站。生于阴坡林下、林缘草地。

鸡矢藤属 *Paederia*

鸡矢藤 *Paederia scandens* 产于保护区各保护站。生于沟谷、溪边、灌木丛。

茜草属 *Rubia*

茜草 *Rubia cordifolia* 产于保护区各保护站。生于向阳山坡、旷野、农田。

中国茜草 *Rubia chinensis* 产于保护区各保护站。生于阴坡林下、林缘草地。

忍冬科 Caprifoliaceae

六道木属 *Abelia*

六道木 *Abelia biflora* 产于保护区各保护站。生于山坡杂木林、灌木丛。

锦带花属 *Weigela*

锦带花 *Weigela florida* 保护区有栽培或逸生。

蝟实属 *Kolkwitzia*

蝟实 *Kolkwitzia amabilis* 产于宽坪、七里坪、料凹。生于沟谷、溪边、灌木丛。

忍冬属 *Lonicera*

金花忍冬 *Lonicera chrysantha* 产于保护区各保护站。生于沟谷、溪边、灌木丛。

北京忍冬 *Lonicera elisae* 产于三官庙、太山庙、西沟。生于阴坡林下、沟谷、溪边、灌木丛。

粘毛忍冬 *Lonicera fargesii* 产于寺山庙、花山、王莽寨。生于阴坡林下、沟谷、溪边、灌木丛。

葱皮忍冬 *Lonicera ferdinandii* 产于宽坪、三官庙、料凹。生于阴坡林下、沟谷、溪边、灌木丛。

郁香忍冬 *Lonicera fragrantissima* 产于保护区各保护站。生于阴坡林下、沟谷、溪边、灌木丛。

短梗忍冬 *Lonicera graebneri* 产于寺山庙、三官庙、阳坡园。生于阴坡林下、沟谷、溪边、灌木丛。

刚毛忍冬 *Lonicera hispida* 产于保护区各保护站。生于阴坡林下、沟谷、溪边、灌木丛。

忍冬 *Lonicera japonica* 产于保护区各保护站。生于阴坡林下、沟谷、溪边、灌木丛。

金银忍冬 *Lonicera maackii* 产于保护区各保护站。生于阴坡林下、沟谷、溪边、灌木丛。

红脉忍冬 *Lonicera nervosa* 产于宽坪、大木场、阳坡园。生于阴坡林下、沟谷、溪边、灌木丛。

毛药忍冬 *Lonicera serreana* 产于寺山庙、太山庙、鳔池。生于阴坡林下、沟谷、溪边、灌木丛。

唐古特忍冬 *Lonicera tangutica* 产于保护区各保护站。生于灌木丛、林缘草地、向阳山坡。

盘叶忍冬 *Lonicera tragophylla* 产于宽坪、大木场。生于阴坡林下、沟谷、溪边、灌木丛。

华西忍冬 *Lonicera webbiana* 产于段沟、花山、阳坡园。生于沟谷、溪边、灌木丛。

蓝靛果 *Lonicera caerulea* var. *edulis* 产于宽坪、岳山、王莽寨。生于阴坡林下、沟谷、溪边、灌木丛。

苦糖果 *Lonicera fragrantissima* subsp. *standishii* 产于保护区各保护站。生于沟谷、溪边、灌木丛。

接骨木属 *Sambucus*

接骨木 *Sambucus williamsii* 产于保护区各保护站。生于阴坡林下、沟谷、溪边、灌木丛。

莛子藨属 *Triosteum*

莛子藨 *Triosteum pinnatifidum* 产于宽坪、王莽寨。生于阴坡林下。

荚蒾属 *Viburnum*

桦叶荚蒾 *Viburnum betulifolium* 产于保护区各保护站。生于山坡杂木林、灌木丛。

荚蒾 *Viburnum dilatatum* 产于保护区各保护站。生于山坡杂木林、灌木丛。

宜昌荚蒾 *Viburnum erosum* 产于杜沟口、大木场、花山。生于山坡杂木林、灌木丛。

聚花荚蒾 *Viburnum glomeratum* 产于宽坪、三官庙、太山庙。生于山坡杂木林、灌木丛。

蒙古荚蒾 *Viburnum mongolicum* 产于保护区各保护站。生于山坡杂木林、灌木丛。

珊瑚树 *Viburnum odoratissimum* 保护区有栽培或逸生。

陕西荚蒾 *Viburnum schensianum* 产于保护区各保护站。生于山坡杂木林、灌木丛。

鸡树条 *Viburnum opulus* var. *sargentii* 产于保护区各保护站。生于山坡杂木林、灌木丛。

败酱科 Valerianaceae

败酱属 *Patrinia*

异叶败酱 *Patrinia heterophylla* 产于保护区各保护站。生于林缘草地、向阳山坡。

少蕊败酱 *Patrinia monandra* 产于保护区各保护站。生于林缘草地、向阳山坡。

岩败酱 *Patrinia rupestris* 产于保护区各保护站。生于林缘草地、向阳山坡。

败酱 *Patrinia scabiosifolia* 产于保护区各保护站。生于林缘草地、向阳山坡。

白花败酱 *Patrinia villosa* 产于保护区各保护站。生于林缘草地、向阳山坡。

糙叶败酱 *Patrinia scabra* 产于保护区各保护站。生于林缘草地、向阳山坡。

缬草属 *Valeriana*

缬草 *Valeriana officinalis* 产于保护区各保护站。生于林缘草地、向阳山坡。

川续断科 Dipsacaceae

川续断属 *Dipsacus*

日本续断 *Dipsacus japonicus* 产于保护区各保护站。生于林缘草地、向阳山坡。

蓝盆花属 *Scabiosa*

华北蓝盆花 *Scabiosa comosa* 产于宽坪、七里坪、王莽寨。生于崖壁、林缘草地、向阳山坡。

葫芦科 Cucurbitaceae

盒子草属 *Actinostemma*

盒子草 *Actinostemma tenerum* 产于保护区各保护站。生于林缘草地、旷野、农田。

假贝母属 *Bolbostemma*

假贝母 *Bolbostemma paniculatum* 产于保护区各保护站。生于林缘草地、旷野、农田。

赤瓟属 *Thladiantha*

山西赤瓟 *Thladiantha dimorphantha* 产于保护区各保护站。生于林缘草地、旷野、农田。

赤瓟 *Thladiantha dubia* 产于保护区各保护站。生于林缘草地、旷野、农田。

栝楼属 *Trichosanthes*

栝楼 *Trichosanthes kirilowii* 产于保护区各保护站。生于向阳山坡、旷野、农田、河滩、荒地。

马交儿属 *Zehneria*

马交儿 *Zehneria indica* 产于保护区各保护站。生于向阳山坡、旷野、农田、河滩、荒地。

桔梗科 Campanulaceae

沙参属 *Adenophora*

细叶沙参 *Adenophora capillaria* subsp. *paniculata* 产于保护区各保护站。生于阴坡林下。

丝裂沙参 *Adenophora capillaris* 产于保护区各保护站。生于阴坡林下。

心叶沙参 *Adenophora cordifolia* 产于保护区各保护站。生于阴坡林下。

秦岭沙参 *Adenophora petiolata* 产于保护区各保护站。生于阴坡林下。

石沙参 *Adenophora polyantha* 产于保护区各保护站。生于阴坡林下。

轮叶沙参 *Adenophora tetraphylla* 产于保护区各保护站。生于阴坡林下。

荠苨 *Adenophora trachelioides* 产于保护区各保护站。生于阴坡林下。

杏叶沙参 *Adenophora petiolata* subsp. *hunanensis* 产于保护区各保护站。生于阴坡林下。

泡沙参 *Adenophora potaninii* 产于保护区各保护站。生于阴坡林下。

多歧沙参 *Adenophora potaninii* subsp. *wawreana* 产于保护区各保护站。生于阴坡林下。

风铃草属 *Campanula*

紫斑风铃草 *Campanula punctata* 产于保护区各保护站。生于阴坡林下。

党参属 *Codonopsis*

光叶党参 *Codonopsis cardiophylla* 产于保护区各保护站。生于阴坡林下。

羊乳 *Codonopsis lanceolata* 产于保护区各保护站。生于阴坡林下。

党参 *Codonopsis pilosula* 产于保护区各保护站。生于阴坡林下。

山梗菜属 *Lobelia*

山梗菜 *Lobelia sessilifolia* 产于保护区各保护站。生于林缘草地、向阳山坡。

桔梗属 *Platycodon*

桔梗 *Platycodon grandiflorus* 产于保护区各保护站。生于阴坡林下、林缘草地。

菊科 Asteraceae

蓍属 *Achillea*

蓍 *Achillea millefolium* 保护区有栽培或逸生。

和尚菜属 *Adenocaulon*

和尚菜 *Adenocaulon himalaicum* 产于保护区各保护站。生于林缘草地。

香青属 *Anaphalis*

黄腺香青 *Anaphalis aureopunctata* 产于保护区各保护站。生于林缘草地、向阳山坡。

铃铃香青 *Anaphalis hancockii* 产于保护区各保护站。生于林缘草地、向阳山坡。

珠光香青 *Anaphalis margaritacea* 产于保护区各保护站。生于林缘草地、向阳山坡。

香青 *Anaphalis sinica* 产于保护区各保护站。生于林缘草地、向阳山坡。

牛蒡属 *Arctium*

牛蒡 *Arctium lappa* 产于保护区各保护站。生于林缘草地、向阳山坡。

蒿属 *Artemisia*

莳萝蒿 *Artemisia anethoides* 产于保护区各保护站。生于向阳山坡、旷野、农田、河滩、荒地。

狭叶牡蒿 *Artemisia angustissima* 产于保护区各保护站。生于林缘草地、向阳山坡。

黄花蒿 *Artemisia annua* 产于保护区各保护站。生于向阳山坡、旷野、农田、河滩、荒地。

艾 *Artemisia argyi* 产于保护区各保护站。生于向阳山坡、旷野、农田、河滩、荒地。

茵陈蒿 *Artemisia capillaris* 产于保护区各保护站。生于向阳山坡、旷野、农田。

青蒿 *Artemisia carvifolia* 产于保护区各保护站。生于向阳山坡、旷野、农田、河滩、荒地。

无毛牛尾蒿 *Artemisia dubia* var. *subdigitata* 产于保护区各保护站。生于向阳山坡、旷野、农田、河滩、荒地。

南牡蒿 *Artemisia eriopoda* 产于保护区各保护站。生于林缘草地、向阳山坡。

细裂叶莲蒿 *Artemisia gmelinii* 产于保护区各保护站。生于林缘草地、向阳山坡。

歧茎蒿 *Artemisia igniaria* 产于保护区各保护站。生于林缘草地、向阳山坡。

五月艾 *Artemisia indica* 产于保护区各保护站。生于林缘草地、向阳山坡。

牡蒿 *Artemisia japonica* 产于保护区各保护站。生于林缘草地、向阳山坡。

白苞蒿 *Artemisia lactiflora* 产于保护区各保护站。生于林缘草地、向阳山坡。

矮蒿 *Artemisia lancea* 产于保护区各保护站。生于林缘草地、向阳山坡。

野艾蒿 *Artemisia lavandulifolia* 产于保护区各保护站。生于向阳山坡、旷野、农田、河滩、荒地。

白叶蒿 *Artemisia leucophylla* 产于保护区各保护站。生于林缘草地、向阳山坡。

蒙古蒿 *Artemisia mongolica* 产于保护区各保护站。生于林缘草地、向阳山坡。

褐苞蒿 *Artemisia phaeolepis* 产于保护区各保护站。生于林缘草地、向阳山坡。

魁蒿 *Artemisia princeps* 产于保护区各保护站。生于林缘草地、向阳山坡。

红足蒿 *Artemisia rubripes* 产于保护区各保护站。生于林缘草地、向阳山坡。

白莲蒿 *Artemisia sacrorum* 产于保护区各保护站。生于林缘草地、向阳山坡。

密毛白莲蒿 *Artemisia sacrorum* var. *messerschmidtiana* 产于保护区各保护站。生于林缘草地、向阳山坡。

猪毛蒿 *Artemisia scoparia* 产于保护区各保护站。生于向阳山坡、旷野、农田、河滩、荒地。

蒌蒿 *Artemisia selengensis* 产于保护区各保护站。生于向阳山坡、旷野、农田、河滩、荒地。

无齿蒌蒿 *Artemisia selengensis* var. *shansiensis* 产于保护区各保护站。生于向阳山坡、旷野、农田、河滩、荒地。

大籽蒿 *Artemisia sieversiana* 产于保护区各保护站。生于向阳山坡、旷野、农田、河滩、荒地。

阴地蒿 *Artemisia sylvatica* 产于保护区各保护站。生于向阳山坡、旷野、农田、河滩、荒地。

南艾蒿 *Artemisia verlotorum* 产于保护区各保护站。生于林缘草地、向阳山坡。

毛莲蒿 *Artemisia vestita* 产于保护区各保护站。生于林缘草地、向阳山坡。

紫菀属 *Aster*

三脉紫菀 *Aster ageratoides* 产于保护区各保护站。生于山坡杂木林、林缘草地。

异叶三脉紫菀 *Aster ageratoides* var. *heterophyllus* 产于保护区各保护站。生于山坡杂木林、林缘草地。

紫菀 *Aster tataricus* 产于保护区各保护站。生于山坡杂木林、林缘草地。

苍术属 *Atractylodes*

苍术 *Atractylodes lancea* 产于保护区各保护站。生于山坡杂木林、林缘草地、向阳山坡。

鬼针草属 *Bidens*

婆婆针 *Bidens bipinnata* 产于保护区各保护站。生于向阳山坡、旷野、农田、河滩、荒地。

金盏银盘 *Bidens biternata* 产于保护区各保护站。生于向阳山坡、旷野、农田、河滩、荒地。

小花鬼针草 *Bidens parviflora* 产于保护区各保护站。生于向阳山坡、旷野、农田、河滩、荒地。

鬼针草 *Bidens pilosa* 产于保护区各保护站。生于向阳山坡、旷野、农田、河滩、荒地。

白花鬼针草 *Bidens pilosa* var. *radiata* 产于保护区各保护站。生于向阳山坡、旷野、农田、河滩、荒地。

狼杷草 *Bidens tripartita* 产于保护区各保护站。生于向阳山坡、旷野、农田、河滩、荒地。

短星菊属 *Brachyactis*

短星菊 *Brachyactis ciliata* 产于保护区各保护站。生于向阳山坡、旷野、农田、河滩、荒地。

飞廉属 *Carduus*

节毛飞廉 *Carduus acanthoides* 产于保护区各保护站。生于向阳山坡、旷野、农田、河滩、荒地。

丝飞廉 *Carduus crispus* 产于保护区各保护站。生于向阳山坡、旷野、农田、河滩、荒地。

天名精属 *Carpesium*

天名精 *Carpesium abrotanoides* 产于保护区各保护站。生于向阳山坡、旷野、农田、河滩、荒地。

烟管头草 *Carpesium cernuum* 产于保护区各保护站。生于河滩、荒地、旷野、农田。

金挖耳 *Carpesium divaricatum* 产于保护区各保护站。生于河滩、荒地、旷野、农田。

大花金挖耳 *Carpesium macrocephalum* 产于保护区各保护站。生于河滩、荒地、旷野、农田。

暗花金挖耳 *Carpesium triste* 产于保护区各保护站。生于河滩、荒地、旷野、农田。

石胡荽属 *Centipeda*

石胡荽 *Centipeda minima* 产于保护区各保护站。生于向阳山坡、旷野、农田、河滩、荒地。

菊属 *Dendranthema*

野菊 *Dendranthema indicum* 产于保护区各保护站。生于向阳山坡、旷野、农田、河滩、荒地。

甘菊 *Dendranthema lavandulifolium* 产于保护区各保护站。生于向阳山坡、旷野、农田、河滩、荒地。

菊花 *Dendranthema morifolium* 保护区有栽培或逸生。

毛华菊 *Dendranthema vestitum* 产于保护区各保护站。生于河滩、荒地、向阳山坡。

紫花野菊 *Dendranthema umzawadskii* 产于保护区各保护站。生于河滩、荒地、向阳山坡。

菊苣属 *Cichorium*

菊苣 *Cichorium intybus* 保护区有栽培或逸生。

蓟属 *Cirsium*

绿蓟 *Cirsium chinense* 产于保护区各保护站。生于河滩、荒地、向阳山坡。

蓟 *Cirsium japonicum* 产于保护区各保护站。生于河滩、荒地、向阳山坡。

魁蓟 *Cirsium leo* 产于保护区各保护站。生于河滩、荒地、向阳山坡。

线叶蓟 *Cirsium lineare* 产于保护区各保护站。生于河滩、荒地、向阳山坡。

烟管蓟 *Cirsium pendulum* 产于保护区各保护站。生于河滩、荒地、向阳山坡。

刺儿菜 *Cirsium setosum* 产于保护区各保护站。生于向阳山坡、旷野、农田、河滩、荒地。

牛口蓟 *Cirsium shansiense* 产于保护区各保护站。生于河滩、荒地、向阳山坡。

绒背蓟 *Cirsium vlassovianum* 产于保护区各保护站。生于河滩、荒地、向阳山坡。

白酒草属 *Conyza*

香丝草 *Conyza bonariensis* 产于保护区各保护站。生于向阳山坡、旷野、农田、河滩、荒地。

小蓬草 *Conyza canadensis* 产于保护区各保护站。生于向阳山坡、旷野、农田、河滩、荒地。

还阳参属 *Crepis*

北方还阳参 *Crepis crocea* 产于保护区各保护站。生于河滩、荒地、向阳山坡。

大丽花属 *Dahlia*

大丽花 *Dahlia pinnata* 保护区有栽培或逸生。

东风菜属 *Doellingeria*

东风菜 *Doellingeria scabra* 产于保护区各保护站。生于河滩、荒地、阴坡林下。

蓝刺头属 *Echinops*

砂蓝刺头 *Echinops gmelinii* 产于保护区各保护站。生于河滩、荒地、向阳山坡。

驴欺口 *Echinops latifolius* 产于保护区各保护站。生于河滩、荒地、向阳山坡。

鳢肠属 *Eclipta*

鳢肠 *Eclipta prostrata* 产于保护区各保护站。生于向阳山坡、旷野、农田、河滩、荒地。

飞蓬属 *Erigeron*

飞蓬 *Erigeron acer* 产于保护区各保护站。生于向阳山坡、旷野、农田、河滩、荒地。

一年蓬 *Erigeron annuus* 产于保护区各保护站。生于向阳山坡、旷野、农田、河滩、荒地。

堪察加飞蓬 *Erigeron kamtschaticus* 产于保护区各保护站。生于河滩、荒地、向阳山坡。

泽兰属 *Eupatorium*

白头婆 *Eupatorium japonicum* 产于保护区各保护站。生于河滩、荒地、阴坡林下。

林泽兰 *Eupatorium lindleyanum* 产于保护区各保护站。生于河滩、荒地、阴坡林下。

牛膝菊属 *Galinsoga*

牛膝菊 *Galinsoga parviflora* 产于保护区各保护站。生于向阳山坡、旷野、农田、河滩、荒地。

大丁草属 *Gerbera*

大丁草 *Gerbera anandria* 产于保护区各保护站。生于河滩、荒地、阴坡林下。

鼠麴草属 *Gnaphalium*

鼠麴草 *Gnaphalium affine* 产于保护区各保护站。生于河滩、荒地、旷野、农田。

秋鼠麴草 *Gnaphalium hypoleucum* 产于保护区各保护站。生于河滩、荒地、旷野、农田。

裸菀属 *Gymnaster*

卢氏裸菀 *Gymnaster lushiensis* 产于保护区各保护站。生于河滩、荒地、旷野、农田。

裸菀 *Gymnaster picolii* 产于保护区各保护站。生于林缘草地、向阳山坡。

向日葵属 *Helianthus*

向日葵 *Helianthus annuus* 保护区有栽培或逸生。

菊芋 *Helianthus tuberosus* 保护区有栽培或逸生。

泥胡菜属 *Hemisteptia*

泥胡菜 *Hemisteptia lyrata* 产于保护区各保护站。生于向阳山坡、旷野、农田、河滩、荒地。

狗娃花属 *Heteropappus*

阿尔泰狗娃花 *Heteropappus altaicus* 产于保护区各保护站。生于向阳山坡、旷野、农田、河滩、荒地。

狗娃花 *Heteropappus hispidus* 产于保护区各保护站。生于向阳山坡、旷野、农田、河滩、荒地。

山柳菊属 *Hieracium*

山柳菊 *Hieracium umbellatum* 产于保护区各保护站。生于河滩、荒地、旷野、农田。

猫儿菊属 *Hypochaeris*

猫儿菊 *Hypochaeris ciliata* 产于保护区各保护站。生于河滩、荒地、旷野、农田。

旋覆花属 *Inula*

旋覆花 *Inula japonica* 产于保护区各保护站。生于向阳山坡、旷野、农田、河滩、荒地。

线叶旋覆花 *Inula lineariifolia* 产于保护区各保护站。生于向阳山坡、旷野、农田。

柳叶旋覆花 *Inula salicina* 产于保护区各保护站。生于向阳山坡、旷野、农田、河滩、荒地。

蓼子朴 *Inula salsoloides* 产于保护区各保护站。生于向阳山坡、旷野、农田。

小苦荬属 *Ixeridium*

中华小苦荬 *Ixeridium chinense* 产于保护区各保护站。生于向阳山坡、旷野、农田、河滩、荒地。

细叶小苦荬 *Ixeridium gracile* 产于保护区各保护站。生于向阳山坡、旷野、农田、河滩、荒地。

窄叶小苦荬 *Ixeridium gramineum* 产于保护区各保护站。生于向阳山坡、旷野、农田、河滩、荒地。

抱茎小苦荬 *Ixeridium sonchifolium* 产于保护区各保护站。生于向阳山坡、旷野、农田、河滩、荒地。

苦荬菜属 *Ixeris*

深裂苦荬菜 *Ixeris dissecta* 产于保护区各保护站。生于向阳山坡、旷野、农田、河滩、荒地。

剪刀股 *Ixeris japonica* 产于保护区各保护站。生于向阳山坡、旷野、农田、河滩、荒地。

苦荬菜 *Ixeris polycephala* 产于保护区各保护站。生于向阳山坡、旷野、农田、河滩、荒地。

马兰属 *Kalimeris*

马兰 *Kalimeris indica* 产于保护区各保护站。生于向阳山坡、旷野、农田、河滩、荒地。

全叶马兰 *Kalimeris integrifolia* 产于保护区各保护站。生于向阳山坡、旷野、农田、河滩、荒地。

山马兰 *Kalimeris lautureana* 产于保护区各保护站。生于河滩、荒地、旷野、农田。

蒙古马兰 *Kalimeris mongolica* 产于保护区各保护站。生于河滩、荒地、旷野、农田。

莴苣属 *Lactuca*

莴苣 *Lactuca sativa* 保护区有栽培或逸生。

山莴苣属 *Lagedium*

山莴苣 *Lagedium sibiricum* 产于保护区各保护站。生于河滩、荒地、旷野、农田。

火绒草属 *Leontopodium*

薄雪火绒草小头变种 *Leontopodium japonicum* var. *microcephalum* 产于保护区各保护站。生于河滩、荒地、旷野、农田。

火绒草 *Leontopodium leontopodioides* 产于保护区各保护站。生于河滩、荒地、旷野、农田。

长叶火绒草 *Leontopodium longifolium* 产于保护区各保护站。生于河滩、荒地、旷野、农田。

橐吾属 *Ligularia*

齿叶橐吾 *Ligularia dentata* 产于寺山庙、三官庙、西沟。生于阴坡林下、沟谷、溪边。

蹄叶橐吾 *Ligularia fischeri* 产于段沟、料凹、王莽寨。保护区有栽培或逸生。生于阴坡林下、沟谷、溪边。

鹿蹄橐吾 *Ligularia hodgsonii* 产于宽坪、大木场、花山。生于阴坡林下、沟谷、溪边。

狭苞橐吾 *Ligularia intermedia* 产于马营、七里坪、栗子园。生于阴坡林下、沟谷、溪边。

掌叶橐吾 *Ligularia przewalskii* 产于七里坪、岳山、杜沟口。生于阴坡林下、沟谷、溪边。

橐吾 *Ligularia sibirica* 产于宽坪、大木场、料凹。生于阴坡林下、沟谷、溪边。

窄头橐吾 *Ligularia stenocephala* 产于寺山庙、三官庙、杜沟口。生于阴坡林下、沟谷、溪边。

离舌橐吾 *Ligularia veitchiana* 产于马营、大木场、岳山。生于阴坡林下、沟谷、溪边。

乳苣属 *Mulgedium*

乳苣 *Mulgedium tataricum* 产于保护区各保护站。生于向阳山坡、旷野、农田、河滩、荒地。

蚂蚱腿子属 *Myripnois*

蚂蚱腿子 *Myripnois dioica* 产于七里坪、太山庙。生于林缘草地、向阳山坡。

火媒草属 *Olgaea*

火媒草 *Olgaea leucophylla* 产于宽坪、大木场。生于林缘草地、向阳山坡。

黄瓜菜属 *Paraixeris*

黄瓜菜 *Paraixeris denticulata* 产于保护区各保护站。生于林缘草地、向阳山坡。

羽裂黄瓜菜 *Paraixeris pinnatipartita* 产于保护区各保护站。生于林缘草地、阴坡林下。

尖裂黄瓜菜 *Paraixeris serotina* 产于保护区各保护站。生于阴坡林下、林缘草地。

蟹甲草属 *Parasenecio*

两似蟹甲草 *Parasenecio ambiguus* 产于保护区各保护站。生于阴坡林下。

耳叶蟹甲草 *Parasenecio auriculatus* 产于保护区各保护站。生于阴坡林下。

山尖子 *Parasenecio hastatus* 产于保护区各保护站。生于阴坡林下。

耳翼蟹甲草 *Parasenecio otopteryx* 产于保护区各保护站。生于阴坡林下。

红毛蟹甲草 *Parasenecio rufipilis* 产于保护区各保护站。生于阴坡林下。

中华蟹甲草 *Parasenecio sinicus* 产于保护区各保护站。生于阴坡林下。

帚菊属 *Pertya*

瓜叶帚菊 *Pertya henanensis* 产于保护区各保护站。生于阴坡林下。

华帚菊 *Pertya sinensis* 产于保护区各保护站。生于阴坡林下。

毛连菜属 *Picris*

毛连菜 *Picris hieracioides* 产于保护区各保护站。生于旷野、农田、林缘草地、向阳山坡。

日本毛连菜 *Picris japonica* 产于保护区各保护站。生于旷野、农田、林缘草地、向阳山坡。

福王草属 *Prenanthes*

多裂福王草 *Prenanthes macrophylla* 产于保护区各保护站。生于阴坡林下。

福王草 *Prenanthes tatarinowii* 产于保护区各保护站。生于阴坡林下。

翅果菊属 *Pterocypsela*

高大翅果菊 *Pterocypsela elata* 产于保护区各保护站。生于阴坡林下、林缘草地。

台湾翅果菊 *Pterocypsela formosana* 产于保护区各保护站。生于阴坡林下、林缘草地。

翅果菊 *Pterocypsela indica* 产于保护区各保护站。生于阴坡林下、林缘草地。

多裂翅果菊 *Pterocypsela laciniata* 产于保护区各保护站。生于阴坡林下、林缘草地。

毛脉翅果菊 *Pterocypsela raddeana* 产于保护区各保护站。生于阴坡林下、林缘草地。

风毛菊属 *Saussurea*

风毛菊 *Saussurea japonica* 产于保护区各保护站。生于旷野、农田、林缘草地、向阳山坡。

钝苞雪莲 *Saussurea nigrescens* 产于宽坪、大木场。生于林缘草地、向阳山坡。

银背风毛菊 *Saussurea nivea* 产于保护区各保护站。生于林缘草地、向阳山坡。

篦苞风毛菊 *Saussurea pectinata* 产于保护区各保护站。生于林缘草地、向阳山坡。

杨叶风毛菊 *Saussurea populifolia* 产于保护区各保护站。生于阴坡林下、林缘草地。

昂头风毛菊 *Saussurea sobarocephala* 产于保护区各保护站。生于阴坡林下、林缘草地。

喜林风毛菊 *Saussurea stricta* 产于保护区各保护站。生于阴坡林下、林缘草地。

乌苏里风毛菊 *Saussurea ussuriensis* 产于保护区各保护站。生于阴坡林下、林缘草地。

鸦葱属 *Scorzonera*

华北鸦葱 *Scorzonera albicaulis* 产于保护区各保护站。生于林缘草地、向阳山坡。

鸦葱 *Scorzonera austriaca* 产于保护区各保护站。生于林缘草地、向阳山坡。

蒙古鸦葱 *Scorzonera mongolica* 产于保护区各保护站。生于林缘草地、向阳山坡。

桃叶鸦葱 *Scorzonera sinensis* 产于保护区各保护站。生于林缘草地、向阳山坡。

千里光属 *Senecio*

琥珀千里光 *Senecio ambraceus* 产于保护区各保护站。生于林缘草地、向阳山坡。

额河千里光 *Senecio argunensis* 产于保护区各保护站。生于林缘草地、向阳山坡。

林荫千里光 *Senecio nemorensis* 产于保护区各保护站。生于阴坡林下、林缘草地。

千里光 *Senecio scandens* 产于保护区各保护站。生于林缘草地、向阳山坡。

麻花头属 *Serratula*

麻花头 *Serratula centauroides* 产于保护区各保护站。生于林缘草地、向阳山坡。

伪泥胡菜 *Serratula coronata* 产于保护区各保护站。生于林缘草地、向阳山坡。

豨莶属 *Siegesbeckia*

腺梗豨莶 *Siegesbeckia pubescens* 产于保护区各保护站。生于林缘草地、向阳山坡。

水飞蓟属 *Silybum*

水飞蓟 *Silybum marianum* 产于保护区各保护站。生于林缘草地、向阳山坡。

华蟹甲属 *Sinacalia*

华蟹甲 *Sinacalia tangutica* 产于保护区各保护站。生于林缘草地、阴坡林下。

蒲儿根属 *Sinosenecio*

蒲儿根 *Sinosenecio oldhamianus* 产于保护区各保护站。生于林缘草地、向阳山坡。

苦苣菜属 *Sonchus*

苣荬菜 *Sonchus arvensis* 产于保护区各保护站。生于向阳山坡、旷野、农田、河滩、荒地。

花叶滇苦菜 *Sonchus asper* 产于保护区各保护站。生于向阳山坡、旷野、农田、河滩、荒地。

苦苣菜 *Sonchus oleraceus* 产于保护区各保护站。生于向阳山坡、旷野、农田、河滩、荒地。

全叶苦苣菜 *Sonchus transcaspicus* 产于保护区各保护站。生于向阳山坡、旷野、农田、河滩、荒地。

漏芦属 *Stemmacantha*

漏芦 *Stemmacantha uniflora* 产于保护区各保护站。生于林缘草地、向阳山坡。

兔儿伞属 *Syneilesis*

兔儿伞 *Syneilesis aconitifolia* 产于保护区各保护站。生于阴坡林下。

山牛蒡属 *Synurus*

山牛蒡 *Synurus deltoides* 产于保护区各保护站。生于林缘草地、向阳山坡。

蒲公英属 *Taraxacum*

华蒲公英 *Taraxacum borealisinense* 产于保护区各保护站。生于向阳山坡、旷野、农田、河滩、荒地。

蒲公英 *Taraxacum mongolicum* 产于保护区各保护站。生于向阳山坡、旷野、农田、河滩、荒地。

白缘蒲公英 *Taraxacum platypecidum* 产于保护区各保护站。生于向阳山坡、旷野、农田、河滩、荒地。

狗舌草属 *Tephroseris*

狗舌草 *Tephroseris kirilowii* 产于保护区各保护站。生于林缘草地、向阳山坡。

碱菀属 *Tripolium*

碱菀 *Tripolium vulgare* 产于保护区各保护站。生于向阳山坡、旷野、农田、河滩、荒地。

女菀属 *Turczaninovia*

女菀 *Turczaninovia fastigiata* 产于保护区各保护站。生于林缘草地、向阳山坡。

款冬属 *Tussilago*

款冬 *Tussilago farfara* 产于保护区各保护站。生于林缘草地、向阳山坡。

苍耳属 *Xanthium*

苍耳 *Xanthium sibiricum* 产于保护区各保护站。生于向阳山坡、旷野、农田、河滩、荒地。

黄鹌菜属 *Youngia*

黄鹌菜 *Youngia japonica* 产于保护区各保护站。生于向阳山坡、旷野、农田、河滩、荒地。

香蒲科 Typhaceae

香蒲属 *Typha*

水烛 *Typha angustifolia* 产于保护区各保护站。生于水库、池塘、沟渠、积水沼泽湿地。

小香蒲 *Typha minima* 产于保护区各保护站。生于水库、池塘、沟渠、积水沼泽湿地。

香蒲 *Typha orientalis* 产于保护区各保护站。生于水库、池塘、沟渠、积水沼泽湿地。

宽叶香蒲 *Typha latifolia* 产于保护区各保护站。生于水库、池塘、沟渠、积水沼泽湿地。

黑三棱科 Sparganiaceae

黑三棱属 *Sparganium*

小黑三棱 *Sparganium simplex* 产于保护区各保护站。生于水库、池塘、沟渠、积水沼泽湿地。

黑三棱 *Sparganium stoloniferum* 产于保护区各保护站。生于水库、池塘、沟渠、积水沼泽湿地。

眼子菜科 Potamogetonaceae

眼子菜属 *Potamogeton*

菹草 *Potamogeton crispus* 产于保护区各保护站。生于水库、池塘、沟渠、积水沼泽湿地。

小叶眼子菜 *Potamogeton cristatus* 产于保护区各保护站。生于水库、池塘、沟渠、积水沼泽湿地。

眼子菜 *Potamogeton distinctus* 产于保护区各保护站。生于水库、池塘、沟渠、积水沼泽湿地。

光叶眼子菜 *Potamogeton lucens* 产于保护区各保护站。生于水库、池塘、沟渠、积水沼泽湿地。

微齿眼子菜 *Potamogeton maackianus* 产于保护区各保护站。生于水库、池塘、沟渠、积水沼泽湿地。

浮叶眼子菜 *Potamogeton natans* 产于保护区各保护站。生于水库、池塘、沟渠、积水沼泽湿地。

篦齿眼子菜 *Potamogeton pectinatus* 产于保护区各保护站。生于水库、池塘、沟渠、积水沼泽湿地。

穿叶眼子菜 *Potamogeton perfoliatus* 产于保护区各保护站。生于水库、池塘、沟渠、积水沼泽湿地。

小眼子菜 *Potamogeton pusillus* 产于保护区各保护站。生于水库、池塘、沟渠、积水沼泽湿地。

禾叶眼子菜 *Potamogeton gramineus* 产于保护区各保护站。生于水库、池塘、沟渠、积水沼泽湿地。

异叶眼子菜 *Potamogeton heterophyllus* 产于保护区各保护站。生于水库、池塘、沟渠、积水沼泽湿地。

钝脊眼子菜 *Potamogeton octandrus* var. *miduhikimo* 产于保护区各保护站。生于水库、池塘、沟渠、积水沼泽湿地。

竹叶眼子菜 *Potamogeton wrightii* 产于保护区各保护站。生于水库、池塘、沟渠、积水沼泽湿地。

茨藻科 Najadaceae

茨藻属 *Najas*

茨藻 *Najas marina* 产于保护区各保护站。生于水库、池塘、沟渠、积水沼泽湿地。

小茨藻 *Najas minor* 产于保护区各保护站。生于水库、池塘、沟渠、积水沼泽湿地。

角果藻属 *Zannichellia*

角果藻 *Zannichellia palustris* 产于保护区各保护站。生于水库、池塘、沟渠、积水沼泽湿地。

柄果角果藻 *Zannichellia palustris* var. *pedicellata* 产于保护区各保护站。生于水库、池塘、沟渠、积水沼泽湿地。

泽泻科 Alismataceae

泽泻属 *Alisma*

草泽泻 *Alisma gramineum* 产于保护区各保护站。生于水库、池塘、沟渠、积水沼泽湿地。

东方泽泻 *Alisma orientale* 产于保护区各保护站。生于水库、池塘、沟渠、积水沼泽湿地。

泽泻 *Alisma plantago-aquatica* 产于保护区各保护站。生于水库、池塘、沟渠、积水沼泽湿地。

慈姑属 *Sagittaria*

矮慈姑 *Sagittaria pygmaea* 产于保护区各保护站。生于水库、池塘、沟渠、积水沼泽湿地。

野慈姑 *Sagittaria trifolia* 产于保护区各保护站。生于水库、池塘、沟渠、积水沼泽湿地。

花蔺科 Butomaceae

花蔺属 *Butomus*

花蔺 *Butomus umbellatus* 产于保护区各保护站。生于水库、池塘、沟渠、积水沼泽湿地。

水鳖科 Hydrocharitaceae

黑藻属 *Hydrilla*

黑藻 *Hydrilla verticillata* 产于保护区各保护站。生于水库、池塘、沟渠、积水沼泽湿地。

水鳖属 *Hydrocharis*

水鳖 *Hydrocharis dubia* 产于保护区各保护站。生于水库、池塘、沟渠、积水沼泽湿地。

禾本科 Gramineae

芨芨草属 *Achnatherum*

中华芨芨草 *Achnatherum chinense* 产于保护区各保护站。生于向阳山坡、旷野、农田、河滩、荒地。

京芒草 *Achnatherum pekinense* 产于保护区各保护站。生于向阳山坡、旷野、农田、河滩、荒地。

羽茅 *Achnatherum sibiricum* 产于保护区各保护站。生于向阳山坡、旷野、农田、河滩、荒地。

芨芨草 *Achnatherum splendens* 产于保护区各保护站。生于向阳山坡、旷野、农田、河滩、荒地。

獐毛属 *Aeluropus*

獐毛 *Aeluropus sinensis* 产于保护区各保护站。生于向阳山坡、旷野、农田、河滩、荒地。

剪股颖属 *Agrostis*

细弱剪股颖 *Agrostis capillaris* 产于保护区各保护站。生于向阳山坡、旷野、农田、河滩、荒地。

华北剪股颖 *Agrostis clavata* 产于保护区各保护站。生于向阳山坡、旷野、农田、河滩、荒地。

小糠草 *Agrostis gigantea* 产于保护区各保护站。生于向阳山坡、旷野、农田、河滩、荒地。

看麦娘属 *Alopecurus*

看麦娘 *Alopecurus aequalis* 产于保护区各保护站。生于旷野、农田、河滩、荒地、积水沼泽湿地。

日本看麦娘 *Alopecurus japonicus* 产于保护区各保护站。生于旷野、农田、河滩、荒地、积水沼泽湿地。

茅香属 *Hierochloe*

茅香 *Hierochloe odorata* 产于寺山庙、大木场、花山。生于林缘草地。

三芒草属 *Aristida*

三芒草 *Aristida adscensionis* 产于保护区各保护站。生于阴坡林下、林缘草地。

荩草属 *Arthraxon*

荩草 *Arthraxon hispidus* 产于保护区各保护站。生于向阳山坡、旷野、农田、河滩、荒地。

中亚荩草 *Arthraxon hispidus* var. *centrasiaticus* 产于保护区各保护站。生于向阳山坡、旷野、农田、河滩、荒地。

野古草属 *Arundinella*

毛秆野古草 *Arundinella hirta* 产于保护区各保护站。生于林缘草地、向阳山坡。

燕麦属 *Avena*

野燕麦 *Avena fatua* 产于保护区各保护站。生于向阳山坡、旷野、农田、河滩、荒地。

燕麦 *Avena sativa* 产于保护区各保护站。生于向阳山坡、旷野、农田、河滩、荒地。

茵草属 *Beckmannia*

茵草 *Beckmannia syzigachne* 产于保护区各保护站。生于向阳山坡、旷野、农田、河滩、荒地。

孔颖草属 *Bothriochloa*

白羊草 *Bothriochloa ischaemum* 产于保护区各保护站。生于向阳山坡、旷野、农田、河滩、荒地。

短颖草属 *Brachyelytrum*

日本短颖草 *Brachyelytrum japonicum* 产于宽坪、大木场、西沟。生于林缘草地。

短柄草属 *Brachypodium*

短柄草 *Brachypodium sylvaticum* 产于保护区各保护站。生于林缘草地、河滩、荒地。

雀麦属 *Bromus*

无芒雀麦 *Bromus inermis* 产于保护区各保护站。生于向阳山坡、旷野、农田、河滩、荒地。

雀麦 *Bromus japonicus* 产于保护区各保护站。生于向阳山坡、旷野、农田、河滩、荒地。

拂子茅属 *Calamagrostis*

拂子茅 *Calamagrostis epigeios* 产于保护区各保护站。生于向阳山坡、旷野、农田、河滩、荒地、积水沼泽湿地。

假苇拂子茅 *Calamagrostis pseudophragmites* 产于保护区各保护站。生于向阳山坡、旷野、农田、河滩、荒地、积水沼泽湿地。

虎尾草属 *Chloris*

虎尾草 *Chloris virgata* 产于保护区各保护站。生于向阳山坡、旷野、农田、河滩、荒地。

隐子草属 *Cleistogenes*

丛生隐子草 *Cleistogenes caespitosa* 产于保护区各保护站。生于向阳山坡、旷野、农田。

朝阳隐子草 *Cleistogenes hackelii* 产于保护区各保护站。生于向阳山坡、旷野、农田、河滩、荒地。

北京隐子草 *Cleistogenes hancei* 产于保护区各保护站。生于向阳山坡、旷野、农田、河滩、荒地。

多叶隐子草 *Cleistogenes polyphylla* 产于保护区各保护站。生于向阳山坡、旷野、农田、河滩、荒地。

糙隐子草 *Cleistogenes squarrosa* 产于保护区各保护站。生于林缘草地、向阳山坡。

薏苡属 *Coix*

薏苡 *Coix lacryma-jobi* 保护区有栽培或逸生。

隐花草属 *Crypsis*

隐花草 *Crypsis aculeata* 产于保护区各保护站。生于向阳山坡、旷野、农田、河滩、荒地。

蔺状隐花草 *Crypsis schoenoides* 产于保护区各保护站。生于向阳山坡、旷野、农田、河滩、荒地。

橘草属 *Cymbopogon*

橘草 *Cymbopogon goeringii* 产于宽坪、大木场、花山。生于林缘草地、向阳山坡。

狗牙根属 *Cynodon*

狗牙根 *Cynodon dactylon* 产于保护区各保护站。生于向阳山坡、旷野、农田、河滩、荒地。

鸭茅属 *Dactylis*

鸭茅 *Dactylis glomerata* 产于保护区各保护站。生于向阳山坡、旷野、农田、河滩、荒地。

发草属 *Deschampsia*

发草 *Deschampsia cespitosa* 产于保护区各保护站。生于向阳山坡、旷野、农田、河滩、荒地。

野青茅属 *Deyeuxia*

疏穗野青茅 *Deyeuxia effusiflora* 产于保护区各保护站。生于林缘草地、向阳山坡。

野青茅 *Deyeuxia pyramidalis* 产于保护区各保护站。生于林缘草地、向阳山坡。

华高野青茅 *Deyeuxia sinelatior* 产于保护区各保护站。生于林缘草地、向阳山坡。

龙常草属 *Diarrhena*

龙常草 *Diarrhena mandshurica* 产于保护区各保护站。生于林缘草地、向阳山坡。

马唐属 *Digitaria*

升马唐 *Digitaria ciliaris* 产于保护区各保护站。生于向阳山坡、旷野、农田、河滩、荒地。

毛马唐 *Digitaria ciliaris* var. *chrysoblephara* 产于保护区各保护站。生于向阳山坡、旷野、农田、河滩、荒地。

止血马唐 *Digitaria ischaemum* 产于保护区各保护站。生于向阳山坡、旷野、农田、河滩、荒地。

马唐 *Digitaria sanguinalis* 产于保护区各保护站。生于向阳山坡、旷野、农田、河滩、荒地。

紫马唐 *Digitaria violascens* 产于保护区各保护站。生于向阳山坡、旷野、农田、河滩、荒地。

稗属 *Echinochloa*

长芒稗 *Echinochloa caudata* 产于保护区各保护站。生于向阳山坡、旷野、农田、河滩、荒地。

无芒稗 *Echinochloa crusgalli* var. *mitis* 产于保护区各保护站。生于向阳山坡、旷野、农田、河滩、荒地。

光头稗 *Echinochloa colona* 产于保护区各保护站。生于向阳山坡、旷野、农田、河滩、荒地。

稗 *Echinochloa colounm* 产于保护区各保护站。生于向阳山坡、旷野、农田、河滩、荒地。

小旱稗 *Echinochloa crusgalli* var. *austrojaponensis* 产于保护区各保护站。生于向阳山坡、旷野、农田、河滩、荒地。

无芒稗 *Echinochloa crusgalli* var. *mitis* 产于保护区各保护站。生于向阳山坡、旷野、农田、河滩、荒地。

西来稗 *Echinochloa crusgalli* var. *zelayensis* 产于保护区各保护站。生于向阳山坡、旷野、农田、河滩、荒地。

水田稗 *Echinochloa oryzoides* 产于保护区各保护站。生于向阳山坡、旷野、农田、河滩、荒地。

穇属 *Eleusine*

牛筋草 *Eleusine indica* 产于保护区各保护站。生于向阳山坡、旷野、农田、河滩、荒地。

披碱草属 *Elymus*

涞源披碱草 *Elymus alienus* 产于保护区各保护站。生于林缘草地、向阳山坡。

纤毛披碱草 *Elymus ciliaris* 产于保护区各保护站。生于向阳山坡、旷野、农田、河滩、荒地。

日本纤毛草 *Elymus ciliaris* var. *tzvelev* var. *hackelianu* 产于保护区各保护站。生于向阳山坡、旷野、农田、河滩、荒地。

毛叶纤毛草 *Elymus ciliaris* var. *lasiophyllus* 产于保护区各保护站。生于林缘草地、向阳山坡。

披碱草 *Elymus dahuricus* 产于保护区各保护站。生于林缘草地、向阳山坡。

圆柱披碱草 *Elymus dahuricus* var. *cylindricus* 产于保护区各保护站。生于林缘草地、向阳山坡。

肥披碱草 *Elymus excelsus* 产于保护区各保护站。生于林缘草地、向阳山坡。

直穗披碱草 *Elymus gmelinii* 产于保护区各保护站。生于林缘草地、向阳山坡。

大披碱草 *Elymus grandis* 产于保护区各保护站。生于林缘草地、向阳山坡。

缘毛披碱草 *Elymus pendulinus* 产于保护区各保护站。生于向阳山坡、旷野、农田、河滩、荒地。

秋披碱草 *Elymus serotinus* 产于保护区各保护站。生于林缘草地、向阳山坡。

老芒麦 *Elymus sibiricus* 产于保护区各保护站。生于向阳山坡、旷野、农田、河滩、荒地。

中华披碱草 *Elymus sinicus* 产于保护区各保护站。生于林缘草地、向阳山坡。

肃草 *Elymus strictus* 产于保护区各保护站。生于林缘草地、向阳山坡。

九顶草属 *Enneapogon*

九顶草 *Enneapogon desvauxii* 产于保护区各保护站。生于林缘草地、向阳山坡。

画眉草属 *Eragrostis*

秋画眉草 *Eragrostis autumnalis* 产于保护区各保护站。生于向阳山坡、旷野、农田、河滩、荒地。

大画眉草 *Eragrostis cilianensis* 产于保护区各保护站。生于向阳山坡、旷野、农田、河滩、荒地。

知风草 *Eragrostis ferruginea* 产于保护区各保护站。生于林缘草地、向阳山坡。

乱草 *Eragrostis japonica* 产于保护区各保护站。生于林缘草地、向阳山坡。

小画眉草 *Eragrostis minor* 产于保护区各保护站。生于向阳山坡、旷野、农田、河滩、荒地。

黑穗画眉草 *Eragrostis nigra* 产于保护区各保护站。生于向阳山坡、旷野、农田、河滩、荒地。

画眉草 *Eragrostis pilosa* 产于保护区各保护站。生于向阳山坡、旷野、农田、河滩、荒地。

野黍属 *Eriochloa*

野黍 *Eriochloa villosa* 产于保护区各保护站。生于向阳山坡、旷野、农田、河滩、荒地。

金茅属 *Eulalia*

金茅 *Eulalia speciosa* 产于保护区各保护站。生于林缘草地、向阳山坡。

箭竹属 *Fargesia*

箭竹 *Fargesia spathacea* 产于保护区各保护站。生于林缘草地、向阳山坡。

羊茅属 *Festuca*

远东羊茅 *Festuca extremiorientalis* 产于保护区各保护站。生于林缘草地、向阳山坡。

羊茅 *Festuca ovina* 产于保护区各保护站。生于林缘草地、向阳山坡。

紫羊茅 *Festuca rubra* 产于保护区各保护站。生于林缘草地、向阳山坡。

甜茅属 *Glyceria*

假鼠妇草 *Glyceria leptolepis* 产于保护区各保护站。生于林缘草地、向阳山坡。

东北甜茅 *Glyceria triflora* 产于保护区各保护站。生于林缘草地、向阳山坡。

牛鞭草属 *Hemarthria*

牛鞭草 *Hemarthria sibirica* 产于保护区各保护站。生于林缘草地、向阳山坡。

黄茅属 *Heteropogon*

黄茅 *Heteropogon contortus* 产于保护区各保护站。生于林缘草地、向阳山坡。

大麦属 *Hordeum*

大麦 *Hordeum vulgare* 保护区有栽培或逸生。

猬草属 *Hystrix*

东北猬草 *Hystrix komarovii* 产于保护区各保护站。生于林缘草地、向阳山坡。

白茅属 *Imperata*

白茅 *Imperata cylindrica* 产于保护区各保护站。生于向阳山坡、旷野、农田、河滩、荒地。

箬竹属 *Indocalamus*

阔叶箬竹 *Indocalamus latifolius* 产于保护区各保护站。生于林缘草地、向阳山坡。

箬叶竹 *Indocalamus longiauritus* 产于保护区各保护站。生于林缘草地、向阳山坡。

柳叶箬属 *Isachne*

柳叶箬 *Isachne globosa* 产于保护区各保护站。生于林缘草地、向阳山坡。

洽草属 *Koeleria*

洽草 *Koeleria macrantha* 产于保护区各保护站。生于林缘草地、向阳山坡。

千金子属 *Leptochloa*

千金子 *Leptochloa chinensis* 产于保护区各保护站。生于向阳山坡、旷野、农田、河滩、荒地。

双稃草 *Leptochloa fusca* 产于保护区各保护站。生于向阳山坡、旷野、农田、河滩、荒地。

赖草属 *Leymus*

羊草 *Leymus chinensis* 产于保护区各保护站。生于林缘草地、向阳山坡。

赖草 *Leymus secalinus* 产于保护区各保护站。生于林缘草地、向阳山坡。

黑麦草属 *Lolium*

多花黑麦草 *Lolium multiflorum* 产于保护区各保护站。生于向阳山坡、旷野、农田、河滩、荒地。

毒麦 *Lolium temulentum* 产于保护区各保护站。生于向阳山坡、旷野、农田、河滩、荒地。

淡竹叶属 *Lophatherum*

淡竹叶 *Lophatherum gracile* 产于保护区各保护站。生于林缘草地、向阳山坡。

臭草属 *Melica*

大花臭草 *Melica grandiflora* 产于保护区各保护站。生于林缘草地、向阳山坡。

细叶臭草 *Melica radula* 产于保护区各保护站。生于林缘草地、向阳山坡。

臭草 *Melica scabrosa* 产于保护区各保护站。生于林缘草地、向阳山坡。

大臭草 *Melica turczaninowiana* 产于保护区各保护站。生于林缘草地、向阳山坡。

莠竹属 *Microstegium*

竹叶茅 *Microstegium nudum* 产于保护区各保护站。生于林缘草地、向阳山坡。

柔枝莠竹 *Microstegium vimineum* 产于保护区各保护站。生于林缘草地、向阳山坡。

粟草属 *Milium*

粟草 *Milium effusum* 产于保护区各保护站。生于林缘草地、向阳山坡。

芒属 *Miscanthus*

荻 *Miscanthus sacchariflorus* 产于保护区各保护站。生于向阳山坡、旷野、农田、河滩、荒地。

芒 *Miscanthus sinensis* 产于保护区各保护站。生于向阳山坡、旷野、农田、河滩、荒地。

乱子草属 *Muhlenbergia*

乱子草 *Muhlenbergia huegelii* 产于保护区各保护站。生于林缘草地、向阳山坡。

日本乱子草 *Muhlenbergia japonica* 产于保护区各保护站。生于林缘草地、向阳山坡。

求米草属 *Oplismenus*

求米草 *Oplismenus undulatifolius* 产于保护区各保护站。生于林缘草地、向阳山坡。

黍属 *Panicum*

糠稷 *Panicum bisulcatum* 产于保护区各保护站。生于林缘草地、向阳山坡。

稷 *Panicum miliaceum* 产于保护区各保护站。生于林缘草地、向阳山坡。

雀稗属 *Paspalum*

双穗雀稗 *Paspalum distichum* 产于保护区各保护站。生于向阳山坡、旷野、农田、河滩、荒地。

雀稗 *Paspalum thunbergii* 产于保护区各保护站。生于向阳山坡、旷野、农田、河滩、荒地。

狼尾草属 *Pennisetum*

狼尾草 *Pennisetum alopecuroides* 产于保护区各保护站。生于林缘草地、向阳山坡。

白草 *Pennisetum flaccidum* 产于保护区各保护站。生于林缘草地、向阳山坡。

御谷 *Pennisetum glaucum* 保护区有栽培或逸生。

显子草属 *Phaenosperma*

显子草 *Phaenosperma globosa* 产于保护区各保护站。生于林缘草地、向阳山坡。

虉草属 *Phalaris*

虉草 *Phalaris arundinacea* 产于保护区各保护站。生于林缘草地、向阳山坡。

梯牧草属 *Phleum*

高山梯牧草 *Phleum alpinum* 产于保护区各保护站。生于林缘草地、向阳山坡。

鬼蜡烛 *Phleum paniculatum* 产于保护区各保护站。生于林缘草地、向阳山坡。

芦苇属 *Phragmites*

芦苇 *Phragmites australis* 产于保护区各保护站。生于向阳山坡、旷野、农田、河滩、荒地。

刚竹属 *Phyllostachys*

淡竹 *Phyllostachys glauca* 保护区有栽培或逸生。

紫竹 *Phyllostachys nigra* 保护区有栽培或逸生。

刚竹 *Phyllostachys sulphurea* var. *viridis* 保护区有栽培或逸生。

早熟禾属 *Poa*

早熟禾 *Poa annua* 产于保护区各保护站。生于向阳山坡、旷野、农田、河滩、荒地。

贫叶早熟禾 *Poa araratica* subsp. *oligophylla* 产于保护区各保护站。生于林缘草地、向阳山坡。

法氏早熟禾 *Poa faberi* 产于保护区各保护站。生于林缘草地、向阳山坡。

林地早熟禾 *Poa nemoralis* 产于保护区各保护站。生于向阳山坡、旷野、农田、河滩、荒地。

尼泊尔早熟禾 *Poa nepalensis* 产于保护区各保护站。生于向阳山坡、旷野、农田、河滩、荒地。

草地早熟禾 *Poa pratensis* 产于保护区各保护站。生于向阳山坡、旷野、农田、河滩、荒地。

细叶早熟禾 *Poa pratensis* subsp. *angustifolia* 产于保护区各保护站。生于林缘草地、向阳山坡。

硬质早熟禾 *Poa sphondylodes* 产于保护区各保护站。生于林缘草地、向阳山坡。

多叶早熟禾 *Poa sphondylodes* var. *erikssonii* 产于保护区各保护站。生于林缘草地、向阳山坡。

山地早熟禾 *Poa versicolor* subsp. *orinosa* 产于保护区各保护站。生于林缘草地、向阳山坡。

棒头草属 *Polypogon*

棒头草 *Polypogon fugax* 产于保护区各保护站。生于向阳山坡、旷野、农田、河滩、荒地。

长芒棒头草 *Polypogon monspeliensis* 产于保护区各保护站。生于向阳山坡、旷野、农田、河滩、荒地。

细柄茅属 *Ptilagrostis*

细柄茅 *Ptilagrostis mongholica* 产于保护区各保护站。生于林缘草地、向阳山坡。

碱茅属 *Puccinellia*

碱茅 *Puccinellia distans* 产于保护区各保护站。生于向阳山坡、旷野、农田、河滩、荒地。

星星草 *Puccinellia tenuiflora* 产于保护区各保护站。生于向阳山坡、旷野、农田、河滩、荒地。

囊颖草属 *Sacciolepis*

囊颖草 *Sacciolepis indica* 产于保护区各保护站。生于林缘草地、向阳山坡。

裂稃茅属 *Schizachne*

裂稃茅 *Schizachne purpurascens* subsp. *callosa* 产于保护区各保护站。生于林缘草地、向阳山坡。

狗尾草属 *Setaria*

大狗尾草 *Setaria faberi* 产于保护区各保护站。生于向阳山坡、旷野、农田、河滩、荒地。

谷子 *Setaria italica* 保护区有栽培或逸生。

金色狗尾草 *Setaria pumila* 产于保护区各保护站。生于向阳山坡、旷野、农田、河滩、荒地。

狗尾草 *Setaria viridis* 产于保护区各保护站。生于向阳山坡、旷野、农田、河滩、荒地。

高粱属 *Sorghum*

高粱 *Sorghum bicolor* 保护区有栽培或逸生。

大油芒属 *Spodiopogon*

大油芒 *Spodiopogon sibiricus* 产于保护区各保护站。生于林缘草地、向阳山坡。

针茅属 *Stipa*

长芒草 *Stipa bungeana* 产于保护区各保护站。生于林缘草地、向阳山坡。

菅属 *Themeda*

黄背草 *Themeda triandra* 产于保护区各保护站。生于林缘草地、向阳山坡。

菅 *Themeda villosa* 产于保护区各保护站。生于林缘草地、向阳山坡。

虱子草属 *Tragus*

虱子草 *Tragus berteronianus* 产于保护区各保护站。生于林缘草地、向阳山坡。

草沙蚕属 *Tripogon*

中华草沙蚕 *Tripogon chinensis* 产于保护区各保护站。生于林缘草地、向阳山坡。

三毛草属 *Trisetum*

三毛草 *Trisetum bifidum* 产于保护区各保护站。生于林缘草地、向阳山坡。

湖北三毛草 *Trisetum henryi* 产于保护区各保护站。生于林缘草地、向阳山坡。

贫花三毛草 *Trisetum pauciflorum* 产于保护区各保护站。生于林缘草地、向阳山坡。

西伯利亚三毛草 *Trisetum sibiricum* 产于保护区各保护站。生于林缘草地、向阳山坡。

菰属 *Zizania*

菰 *Zizania latifolia* 保护区有栽培或逸生。

结缕草属 *Zoysia*

结缕草 *Zoysia japonica* 产于保护区各保护站。生于向阳山坡、旷野、农田、河滩、荒地。

玉蜀黍属 *Zea*

玉米 *Zea mays* 保护区有栽培或逸生。

莎草科 Cyperaceae

扁穗草属 *Blysmus*

华扁穗草 *Blysmus sinocompressus* 产于保护区各保护站。生于向阳山坡、旷野、农田、河滩、荒地。

球柱草属 *Bulbostylis*

球柱草 *Bulbostylis barbata* 产于保护区各保护站。生于向阳山坡、旷野、农田、河滩、荒地。

丝叶球柱草 *Bulbostylis densa* 产于保护区各保护站。生于向阳山坡、旷野、农田、河滩、荒地。

薹草属 *Carex*

青菅 *Carex breviculmis* 产于保护区各保护站。生于阴坡林下、林缘草地。

褐果薹草 *Carex brunnea* 产于保护区各保护站。生于阴坡林下、林缘草地。

发秆薹草 *Carex capillacea* 产于保护区各保护站。生于阴坡林下、林缘草地。

弓喙薹草 *Carex capricornis* 产于保护区各保护站。生于阴坡林下、林缘草地。

垂穗薹草 *Carex dimorpholepis* 产于保护区各保护站。生于阴坡林下、林缘草地。

二形鳞薹草 *Carex dimorpholepis* 产于保护区各保护站。生于阴坡林下、林缘草地。

弯囊薹草 *Carex dispalata* 产于保护区各保护站。生于阴坡林下、林缘草地。

签草 *Carex doniana* 产于保护区各保护站。生于阴坡林下、林缘草地。

穹隆薹草 *Carex gibba* 产于保护区各保护站。生于阴坡林下、林缘草地。

叉齿薹草 *Carex gotoi* 产于保护区各保护站。生于阴坡林下、林缘草地。

点叶薹草 *Carex hancockiana* 产于保护区各保护站。生于阴坡林下、林缘草地。

异鳞薹草 *Carex heterolepis* 产于保护区各保护站。生于阴坡林下、林缘草地。

异穗薹草 *Carex heterostachya* 产于保护区各保护站。生于阴坡林下、林缘草地。

日本薹草 *Carex japonica* 产于保护区各保护站。生于阴坡林下、林缘草地。

筛草 *Carex kobomugi* 产于保护区各保护站。生于阴坡林下、林缘草地。

披针薹草 *Carex lancifolia* 产于保护区各保护站。生于阴坡林下、林缘草地。

大披针薹草 *Carex lanceolata* 产于保护区各保护站。生于阴坡林下、林缘草地。

膨囊薹草 *Carex lehmanii* 产于保护区各保护站。生于阴坡林下、林缘草地。

尖嘴薹草 *Carex leiorhyncha* 产于保护区各保护站。生于阴坡林下、林缘草地。

舌叶薹草 *Carex ligulata* 产于保护区各保护站。生于阴坡林下、林缘草地。

二柱薹草 *Carex lithophila* 产于保护区各保护站。生于阴坡林下、林缘草地。

卵果薹草 *Carex maackii* 产于保护区各保护站。生于阴坡林下、林缘草地。

翼果薹草 *Carex neurocarpa* 产于保护区各保护站。生于阴坡林下、林缘草地。

云雾薹草 *Carex nubigena* 产于保护区各保护站。生于阴坡林下、林缘草地。

针叶薹草 *Carex onoei* 产于保护区各保护站。生于阴坡林下、林缘草地。

扁秆薹草 *Carex planiculmis* 产于保护区各保护站。生于阴坡林下、林缘草地。

疏穗薹草 *Carex remotiuscula* 产于保护区各保护站。生于阴坡林下、林缘草地。

宽叶薹草 *Carex siderosticta* 产于保护区各保护站。生于阴坡林下、林缘草地。

东陵薹草 *Carex tangiana* 产于保护区各保护站。生于林缘草地、向阳山坡。

莎草属 Cyperus

风车草 *Cyperus alternifolius* subsp. *flabelliformisa* 产于保护区各保护站。生于向阳山坡、旷野、农田、河滩、荒地。

扁穗莎草 *Cyperus compressus* 产于保护区各保护站。生于向阳山坡、旷野、农田、河滩、荒地。

异型莎草 *Cyperus difformis* 产于保护区各保护站。生于向阳山坡、旷野、农田、河滩、荒地。

褐穗莎草 *Cyperus fuscus* 产于保护区各保护站。生于向阳山坡、旷野、农田、河滩、荒地。

头状穗莎草 *Cyperus glomeratus* 产于保护区各保护站。生于向阳山坡、旷野、农田、河滩、荒地。

畦畔莎草 *Cyperus haspan* 产于保护区各保护站。生于向阳山坡、旷野、农田、河滩、荒地。

碎米莎草 *Cyperus iria* 产于保护区各保护站。生于向阳山坡、旷野、农田、河滩、荒地。

旋鳞莎草 *Cyperus michelianus* 产于保护区各保护站。生于向阳山坡、旷野、农田、河滩、荒地。

具芒碎米莎草 *Cyperus microiria* 产于保护区各保护站。生于向阳山坡、旷野、农田、河滩、荒地。

白鳞莎草 *Cyperus nipponicus* 产于保护区各保护站。生于向阳山坡、旷野、农田、河滩、荒地。

三轮草 *Cyperus orthostachyus* 产于保护区各保护站。生于向阳山坡、旷野、农田、河滩、荒地。

香附子 *Cyperus rotundus* 产于保护区各保护站。生于向阳山坡、旷野、农田、河滩、荒地。

荸荠属 *Eleocharis*

荸荠 *Eleocharis dulcis* 产于保护区各保护站。生于向阳山坡、旷野、农田、河滩、荒地。

透明鳞荸荠 *Eleocharis pellucida* 产于保护区各保护站。生于向阳山坡、旷野、农田、河滩、荒地。

具刚毛荸荠 *Eleocharis valleculosa* var. *setosab* 产于保护区各保护站。生于向阳山坡、旷野、农田、河滩、荒地。

羽毛荸荠 *Eleocharis wichurai* 产于保护区各保护站。生于向阳山坡、旷野、农田、河滩、荒地。

牛毛毡 *Eleocharis yokoscensis* 产于保护区各保护站。生于向阳山坡、旷野、农田、河滩、荒地。

飘拂草属 *Fimbristylis*

复序飘拂草 *Fimbristylis bisumbellata* 产于保护区各保护站。生于向阳山坡、旷野、农田、河滩、荒地。

两歧飘拂草 *Fimbristylis dichotoma* 产于保护区各保护站。生于向阳山坡、旷野、农田、河滩、荒地。

长穗飘拂草 *Fimbristylis longispica* 产于保护区各保护站。生于向阳山坡、旷野、农田、河滩、荒地。

水虱草 *Fimbristylis miliacea* 产于保护区各保护站。生于向阳山坡、旷野、农田、河滩、荒地。

烟台飘拂草 *Fimbristylis stauntoni* 产于保护区各保护站。生于向阳山坡、旷野、农田、河滩、荒地。

双穗飘拂草 *Fimbristylis subbispicata* 产于保护区各保护站。生于向阳山坡、旷野、农田、河滩、荒地。

水莎草属 *Juncellus*

花穗水莎草 *Juncellus pannonicus* 产于保护区各保护站。生于向阳山坡、旷野、农田、河滩、荒地。

水莎草 *Juncellus serotinus* 产于保护区各保护站。生于向阳山坡、旷野、农田、河滩、荒地。

嵩草属 *Kobresia*

嵩草 *Kobresia myosuroides* 产于保护区各保护站。生于向阳山坡、旷野、农田、河滩、荒地。

水蜈蚣属 *Kyllinga*

无刺鳞水蜈蚣 *Kyllinga brevifolia* var. *leiolepisb* 产于保护区各地。生于沼泽湿地。

湖瓜草属 *Lipocarpha*

湖瓜草 *Lipocarpha microcephala* 产于保护区各保护站。生于向阳山坡、旷野、农田、河滩、荒地。

扁莎属 *Pycreus*

球穗扁莎 *Pycreus flavidus* 产于保护区各保护站。生于向阳山坡、旷野、农田、河滩、荒地。

直球穗扁莎 *Pycreus flavidus* var. *strictus* 产于保护区各保护站。生于向阳山坡、旷野、农田、河滩、荒地。

红鳞扁莎 *Pycreus sanguinolentus* 产于保护区各保护站。生于向阳山坡、旷野、农田、河滩、荒地。

水葱属 *Schoenoplectus*

萤蔺 *Schoenoplectus juncoides* 产于保护区各保护站。生于向阳山坡、旷野、农田、河滩、荒地。

水毛花 *Schoenoplectus mucronatus* subsp. *robustus* 产于保护区各保护站。生于向阳山坡、旷野、农田、河滩、荒地。

扁秆荆三棱 *Schoenoplectus planiculmis* 产于保护区各保护站。生于向阳山坡、旷野、农田、河滩、荒地。

三棱水葱 *Schoenoplectus triqueter* 产于保护区各保护站。生于向阳山坡、旷野、农田、河滩、荒地。

水葱 *Schoenoplectus tabernaemontani* 产于保护区各保护站。生于向阳山坡、旷野、农田、河滩、荒地。

藨草属 *Scirpus*

藨草 *Scirpus triqueter* 产于保护区各保护站。生于向阳山坡、旷野、农田、河滩、荒地。

荆三棱 *Scirpus yagara* 产于保护区各保护站。生于向阳山坡、旷野、农田、河滩、荒地。

天南星科 Araceae

菖蒲属 *Acorus*

菖蒲 *Acorus calamus* 产于保护区各保护站。生于向阳山坡、旷野、农田、河滩、荒地。

石菖蒲 *Acorus tatarinowii* 产于保护区各保护站。生于向阳山坡、旷野、农田、河滩、荒地。

魔芋属 *Amorphophallus*

魔芋 *Amorphophallus konjac* 保护区有栽培或逸生。

天南星属 *Arisaema*

东北南星 *Arisaema amurense* 产于保护区各保护站。生于阴坡林下、林缘草地。

朝鲜南星 *Arisaema angustatum* 产于保护区各保护站。生于阴坡林下、林缘草地。

刺柄南星 *Arisaema asperatum* 产于保护区各保护站。生于阴坡林下、林缘草地。

一把伞南星 *Arisaema erubescens* 产于保护区各保护站。生于阴坡林下、林缘草地。

天南星 *Arisaema heterophyllum* 产于保护区各保护站。生于阴坡林下、林缘草地。

半夏属 *Pinellia*

虎掌 *Pinellia pedatisecta* 产于保护区各保护站。生于阴坡林下、林缘草地。

半夏 *Pinellia ternata* 产于保护区各保护站。生于阴坡林下、林缘草地。

犁头尖属 *Typhonium*

独角莲 *Typhonium giganteum* 产于保护区各保护站。生于阴坡林下、林缘草地。

浮萍科 Lemnaceae

浮萍属 *Lemna*

浮萍 *Lemna minor* 产于保护区各保护站。生于向阳山坡、旷野、农田、河滩、荒地。

稀脉浮萍 *Lemna perusilla* 产于保护区各保护站。生于向阳山坡、旷野、农田、河滩、荒地。

品藻 *Lemna trisulca* 产于保护区各保护站。生于向阳山坡、旷野、农田、河滩、荒地。

紫萍属 *Spirodela*

紫萍 *Spirodela polyrrhiza* 产于保护区各保护站。生于向阳山坡、旷野、农田、河滩、荒地。

芜萍属 *Wolffia*

芜萍 *Wolffia arrhiza* 产于保护区各保护站。生于向阳山坡、旷野、农田、河滩、荒地。

鸭跖草科 Commelinaceae

鸭跖草属 *Commelina*

鸭跖草 *Commelina communis* 产于保护区各保护站。生于向阳山坡、旷野、农田、河滩、荒地。

竹叶子属 *Streptolirion*

竹叶子 *Streptolirion volubile* subsp. *volubile* 产于保护区各保护站。生于阴坡林下、林

缘草地。

雨久花科 Pontederiaceae

雨久花属 *Monochoria*

雨久花 *Monochoria korsakowii* 产于保护区各保护站。生于向阳山坡、旷野、农田、河滩、荒地。

灯心草科 Juncaceae

灯心草属 *Juncus*

翅茎灯心草 *Juncus alatus* 产于保护区各保护站。生于向阳山坡、旷野、农田、河滩、荒地。

小花灯心草 *Juncus articulatus* 产于保护区各保护站。生于向阳山坡、旷野、农田、河滩、荒地。

小灯心草 *Juncus bufonius* 产于保护区各保护站。生于向阳山坡、旷野、农田、河滩、荒地。

星花灯心草 *Juncus diastrophanthus* 产于保护区各保护站。生于向阳山坡、旷野、农田、河滩、荒地。

灯心草 *Juncus effusus* 产于保护区各保护站。生于向阳山坡、旷野、农田、河滩、荒地。

细灯心草 *Juncus gracillimus* 产于保护区各保护站。生于向阳山坡、旷野、农田、河滩、荒地。

片髓灯心草 *Juncus inflexus* 产于保护区各保护站。生于向阳山坡、旷野、农田、河滩、荒地。

多花灯心草 *Juncus modicus* 产于保护区各保护站。生于向阳山坡、旷野、农田、河滩、荒地。

乳头灯心草 *Juncus papillosus* 产于保护区各保护站。生于向阳山坡、旷野、农田、河滩、荒地。

单枝灯心草 *Juncus potaninii* 产于保护区各保护站。生于向阳山坡、旷野、农田、河滩、荒地。

野灯心草 *Juncus setchuensis* 产于保护区各保护站。生于向阳山坡、旷野、农田、河滩、荒地。

地杨梅属 *Luzula*

多花地杨梅 *Luzula multiflora* 产于保护区各保护站。生于向阳山坡、旷野、农田、河滩、荒地。

华北地杨梅 *Luzula oligantha* 产于保护区各保护站。生于向阳山坡、旷野、农田、河滩、荒地。

羽毛地杨梅 *Luzula plumosa* 产于保护区各保护站。生于向阳山坡、旷野、农田、河滩、荒地。

百合科 Liliaceae

粉条儿菜属 *Aletris*

粉条儿菜 *Aletris spicata* 产于保护区各保护站。生于阴坡林下、林缘草地。

葱属 *Allium*

矮韭 *Allium anisopodium* 产于保护区各保护站。生于阴坡林下、林缘草地。

砂韭 *Allium bidentatum* 产于保护区各保护站。生于阴坡林下、林缘草地。

黄花韭 *Allium condensatum* 产于保护区各保护站。生于阴坡林下、林缘草地。

天蓝韭 *Allium cyaneum* 产于保护区各保护站。生于阴坡林下、林缘草地。

薤白 *Allium macrostemon* 产于保护区各保护站。生于阴坡林下、林缘草地。

卵叶山葱 *Allium ovalifolium* 产于保护区各保护站。生于阴坡林下、林缘草地。

天蒜 *Allium paepalanthoides* 产于保护区各保护站。生于阴坡林下、林缘草地。

多叶韭 *Allium plurifoliatum* 产于保护区各保护站。生于阴坡林下、林缘草地。

韭葱 *Allium porrum* 产于保护区各保护站。生于阴坡林下、林缘草地。

野韭 *Allium ramosum* 产于保护区各保护站。生于阴坡林下、林缘草地。

雾灵韭 *Allium stenodon* 产于保护区各保护站。生于阴坡林下、林缘草地。

山韭 *Allium senescens* 产于保护区各保护站。生于阴坡林下、林缘草地。

细叶韭 *Allium tenuissimum* 产于保护区各保护站。生于阴坡林下、林缘草地。

球序韭 *Allium thunbergii* 产于保护区各保护站。生于阴坡林下、林缘草地。

合被韭 *Allium tubiflorum* 产于保护区各保护站。生于阴坡林下、林缘草地。

茖葱 *Allium victorialis* 产于保护区各保护站。生于阴坡林下、林缘草地。

知母属 *Anemarrhena*

知母 *Anemarrhena asphodeloides* 产于保护区各保护站。生于阴坡林下、林缘草地。

天门冬属 *Asparagus*

天门冬 *Asparagus cochinchinensis* 产于保护区各保护站。生于阴坡林下、林缘草地。

羊齿天门冬 *Asparagus filicinus* 产于保护区各保护站。生于阴坡林下、林缘草地。

长花天门冬 *Asparagus longiflorus* 产于保护区各保护站。生于阴坡林下、林缘草地。

南玉带 *Asparagus oligoclonos* 产于保护区各保护站。生于阴坡林下、林缘草地。

龙须菜 *Asparagus schoberioides* 产于保护区各保护站。生于阴坡林下、林缘草地。

大百合属 *Cardiocrinum*

荞麦叶大百合 *Cardiocrinum cathayanum* 产于保护区各保护站。生于阴坡林下、林缘草地。

七筋姑属 *Clintonia*

七筋姑 *Clintonia udensis* 产于保护区各保护站。生于阴坡林下、林缘草地。

铃兰属 *Convallaria*

铃兰 *Convallaria majalis* 产于保护区各保护站。生于阴坡林下、林缘草地。

万寿竹属 *Disporum*

宝铎草 *Disporum sessile* 产于保护区各保护站。生于阴坡林下、林缘草地。

顶冰花属 *Gagea*

少花顶冰花 *Gagea pauciflora* 产于保护区各保护站。生于阴坡林下、林缘草地。

萱草属 *Hemerocallis*

黄花菜 *Hemerocallis citrina* 产于保护区各保护站。生于阴坡林下、林缘草地。

北萱草 *Hemerocallis esculenta* 产于保护区各保护站。生于林缘草地、向阳山坡。

萱草 *Hemerocallis fulva* 产于保护区各保护站。生于林缘草地、向阳山坡。

北黄花菜 *Hemerocallis lilioasphodelus* 产于保护区各保护站。生于林缘草地、向阳山坡。

小黄花菜 *Hemerocallis minor* 产于保护区各保护站。生于林缘草地、向阳山坡。

多花萱草 *Hemerocallis multiflora* 产于保护区各保护站。生于林缘草地、向阳山坡。

百合属 *Lilium*

野百合 *Lilium brownii* 产于保护区各保护站。生于阴坡林下、林缘草地。

条叶百合 *Lilium callosum* 产于保护区各保护站。生于阴坡林下、林缘草地。

渥丹 *Lilium concolor* 产于保护区各保护站。生于阴坡林下、林缘草地。

川百合 *Lilium davidii* 产于保护区各保护站。生于林缘草地、向阳山坡。

山丹 *Lilium pumilum* 产于保护区各保护站。生于林缘草地、向阳山坡。

卷丹 *Lilium tigrinum* 产于保护区各保护站。生于林缘草地、向阳山坡。

百合 *Lilium brownii* var. *viridulum* 产于保护区各保护站。生于林缘草地、向阳山坡。

山麦冬属 *Liriope*

山麦冬 *Liriope spicata* 产于保护区各保护站。生于阴坡林下、林缘草地。

洼瓣花属 *Lloydia*

洼瓣花 *Lloydia serotina* 产于保护区各保护站。生于阴坡林下、林缘草地。

鹿药属 *Maianthemum*

舞鹤草 *Maianthemum bifolium* 产于保护区各保护站。生于阴坡林下、林缘草地。

管花鹿药 *Maianthemum henryi* 产于保护区各保护站。生于阴坡林下、林缘草地。

鹿药 *Maianthemum japonicum* 产于保护区各保护站。生于阴坡林下、林缘草地。

沿阶草属 *Ophiopogon*

麦冬 *Ophiopogon japonicus* 产于保护区各保护站。生于阴坡林下、林缘草地。

重楼属 *Paris*

北重楼 *Paris verticillata* 产于保护区各保护站。生于阴坡林下、林缘草地。

狭叶重楼 *Paris polyphylla* var. *stenophylla* 产于保护区各保护站。生于阴坡林下、林缘草地。

黄精属 *Polygonatum*

卷叶黄精 *Polygonatum cirrhifolium* 产于保护区各保护站。生于阴坡林下、林缘草地。

多花黄精 *Polygonatum cyrtonema* 产于保护区各保护站。生于阴坡林下、林缘草地。

细根黄精 *Polygonatum gracile* 产于保护区各保护站。生于阴坡林下、林缘草地。

二苞黄精 *Polygonatum involucratum* 产于保护区各保护站。生于阴坡林下、林缘草地。

玉竹 *Polygonatum odoratum* 产于保护区各保护站。生于阴坡林下、林缘草地。

黄精 *Polygonatum sibiricum* 产于保护区各保护站。生于阴坡林下、林缘草地。

轮叶黄精 *Polygonatum verticillatum* 产于保护区各保护站。生于阴坡林下、林缘草地。

菝葜属 *Smilax*

菝葜 *Smilax china* 产于保护区各保护站。生于阴坡林下、灌木丛。

短柄菝葜 *Smilax discotis* 产于保护区各保护站。生于阴坡林下、灌木丛。

粉菝葜 *Smilax glaucochina* 产于保护区各保护站。生于阴坡林下、灌木丛。

小叶菝葜 *Smilax microphylla* 产于保护区各保护站。生于阴坡林下、灌木丛。

白背牛尾菜 *Smilax nipponica* 产于保护区各保护站。生于阴坡林下、灌木丛。

牛尾菜 *Smilax riparia* 产于保护区各保护站。生于阴坡林下、灌木丛。

短梗菝葜 *Smilax scobinicaulis* 产于保护区各保护站。生于阴坡林下、灌木丛。

鞘叶菝葜 *Smilax stans* 产于保护区各保护站。生于阴坡林下、灌木丛。

糙柄菝葜 *Smilax trachypoda* 产于保护区各保护站。生于阴坡林下、灌木丛。

油点草属 *Tricyrtis*

黄花油点草 *Tricyrtis pilosa* 产于保护区各保护站。生于阴坡林下、林缘草地。

藜芦属 *Veratrum*

藜芦 *Veratrum nigrum* 产于保护区各保护站。生于阴坡林下、林缘草地。

棋盘花属 *Zigadenus*

棋盘花 *Zigadenus sibiricus* 产于保护区各保护站。生于阴坡林下、林缘草地。

绵枣儿属 *Barnardia*

绵枣儿 *Barnardia japonica* 产于保护区各保护站。生于阴坡林下、林缘草地。

石蒜科 Amaryllidaceae

石蒜属 *Lycoris*

忽地笑 *Lycoris aurea* 产于保护区各保护站。生于阴坡林下、林缘草地。

薯蓣科 Dioscoreaceae

薯蓣属 *Dioscorea*

穿山龙 *Dioscorea nipponica* 产于保护区各保护站。生于阴坡林下、林缘草地。

薯蓣 *Dioscorea polystachya* 产于保护区各保护站。生于阴坡林下、林缘草地。

鸢尾科 Iridaceae

射干属 *Belamcanda*

射干 *Belamcanda chinensis* 产于保护区各保护站。生于林缘草地、向阳山坡。

鸢尾属 *Iris*

野鸢尾 *Iris dichotoma* 产于保护区各保护站。生于林缘草地、向阳山坡。

蝴蝶花 *Iris japonica* 产于保护区各保护站。生于林缘草地、向阳山坡。

白花马蔺 *Iris lactea* 产于保护区各保护站。生于林缘草地、向阳山坡。

紫苞鸢尾 *Iris ruthenica* 产于保护区各保护站。生于林缘草地、向阳山坡。

鸢尾 *Iris tectorum* 产于保护区各保护站。生于林缘草地、向阳山坡。

细叶鸢尾 *Iris tenuifolia* 产于保护区各保护站。生于林缘草地、向阳山坡。

兰科 Orchidaceae

无柱兰属 *Amitostigma*

细葶无柱兰 *Amitostigma gracile* 产于保护区各保护站。生于阴坡林下、林缘草地。

头蕊兰属 Cephalanthera

长叶头蕊兰 *Cephalanthera longifolia* 产于保护区各保护站。生于阴坡林下、林缘草地。

蜈蚣兰属 Cleisostoma

蜈蚣兰 *Cleisostoma scolopendrifolium* 产于保护区各保护站。生于阴坡林下、林缘草地。

凹舌兰属 Coeloglossum

凹舌兰 *Coeloglossum viride* 产于保护区各保护站。生于阴坡林下、林缘草地。

珊瑚兰属 Corallorhiza

珊瑚兰 *Corallorhiza trifida* 产于保护区各保护站。生于阴坡林下、林缘草地。

杜鹃兰属 Cremastra

杜鹃兰 *Cremastra appendiculata* 产于保护区各保护站。生于阴坡林下、林缘草地。

兰属 Cymbidium

蕙兰 *Cymbidium faberi* 产于保护区各保护站。生于阴坡林下、林缘草地。

杓兰属 Cypripedium

毛杓兰 *Cypripedium franchetii* 产于保护区各保护站。生于阴坡林下、林缘草地。

紫点杓兰 *Cypripedium guttatum* 产于保护区各保护站。生于阴坡林下、林缘草地。

绿花杓兰 *Cypripedium henryi* 产于保护区各保护站。生于阴坡林下、林缘草地。

大花杓兰 *Cypripedium macranthum* 产于保护区各保护站。生于阴坡林下、林缘草地。

石斛属 Dendrobium

细叶石斛 *Dendrobium hancockii* 产于保护区各保护站。生于阴坡林下、林缘草地。

火烧兰属 Epipactis

小花火烧兰 *Epipactis helleborine* 产于保护区各保护站。生于阴坡林下、林缘草地。

天麻属 Gastrodia

天麻 *Gastrodia elata* 产于保护区各保护站。生于阴坡林下。

斑叶兰属 Goodyera

大花斑叶兰 *Goodyera biflora* 产于保护区各保护站。生于阴坡林下、林缘草地。

小斑叶兰 *Goodyera repens* 产于保护区各保护站。生于阴坡林下、林缘草地。

斑叶兰 *Goodyera schlechtendaliana* 产于保护区各保护站。生于阴坡林下、林缘草地。

手参属 Gymnadenia

手参 *Gymnadenia conopsea* 产于保护区各保护站。生于阴坡林下、林缘草地。

角盘兰属 Herminium

叉唇角盘兰 *Herminium lanceum* 产于保护区各保护站。生于阴坡林下、林缘草地。

角盘兰 *Herminium monorchis* 产于保护区各保护站。生于阴坡林下、林缘草地。

无喙兰属 Holopogon

无喙兰 *Holopogon gaudissartili* 产于保护区各保护站。生于阴坡林下、林缘草地。

羊耳蒜属 Liparis

羊耳蒜 *Liparis japonica* 产于保护区各保护站。生于阴坡林下、林缘草地。

对叶兰属 *Listera*

对叶兰 *Listera puberula* 产于保护区各保护站。生于阴坡林下、林缘草地。

沼兰属 *Malaxis*

沼兰 *Malaxis monophyllos* 产于保护区各保护站。生于阴坡林下、林缘草地。

鸟巢兰属 *Neottia*

尖唇鸟巢兰 *Neottia acuminata* 产于保护区各保护站。生于阴坡林下、林缘草地。

堪察加鸟巢兰 *Neottia camtschatea* 产于保护区各保护站。生于阴坡林下、林缘草地。

兜被兰属 *Neottianthe*

二叶兜被兰 *Neottianthe cucullata* 产于保护区各保护站。生于阴坡林下、林缘草地。

红门兰属 *Orchis*

广布红门兰 *Orchis chusua* 产于保护区各保护站。生于阴坡林下、林缘草地。

山兰属 *Oreorchis*

山兰 *Oreorchis patens* 产于保护区各保护站。生于阴坡林下、林缘草地。

舌唇兰属 *Platanthera*

二叶舌唇兰 *Platanthera chlorantha* 产于保护区各保护站。生于阴坡林下、林缘草地。

密花舌唇兰 *Platanthera hologlottis* 产于保护区各保护站。生于阴坡林下、林缘草地。

细距舌唇兰 *Platanthera metabifolia* 产于保护区各保护站。生于阴坡林下、林缘草地。

朱兰属 *Pogonia*

朱兰 *Pogonia japonica* 产于保护区各保护站。生于阴坡林下、林缘草地。

绶草属 *Spiranthes*

绶草 *Spiranthes sinensis* 产于保护区各保护站。生于阴坡林下、林缘草地。

蜻蜓兰属 *Tulotis*

蜻蜓兰 *Tulotis fuscescens* 产于保护区各保护站。生于阴坡林下、林缘草地。

小花蜻蜓兰 *Tulotis ussuriensis* 产于保护区各保护站。生于阴坡林下、林缘草地。

3.3.2　裸子植物

银杏科 Ginkgoaceae

银杏属 *Ginkgo*

银杏 *Ginkgo biloba* 保护区有栽培或逸生。

松科 Pinaceae

冷杉属 *Abies*

巴山冷杉 *Abies fargesii* 产于宽坪。生于山坡杂木林。

落叶松属 *Larix*

日本落叶松 *Larix kaempferi* 保护区有栽培或逸生。

华北落叶松 *Larix gmelinii* var. *principis-rupprechtii* 保护区有栽培或逸生。

松属 *Pinus*

华山松 *Pinus armandii* 产于杜沟口、宽坪、王莽寨。生于山坡杂木林。

白皮松 *Pinus bungeana* 产于宽坪、太山庙。生于山坡杂木林。

油松 *Pinus tabuliformis* 产于保护区各保护站。生于山坡杂木林。

黑松 *Pinus thunbergii* 保护区有栽培或逸生。

铁杉属 *Tsuga*

铁杉 *Tsuga chinensis* 产于宽坪、三官庙。生于山坡杂木林。

雪松属 *Cedrus*

雪松 *Cedrus deodara* 保护区有栽培或逸生。

杉科 Taxodiaceae

水杉属 *Metasequoia*

水杉 *Metasequoia glyptostroboides* 保护区有栽培或逸生。

落羽杉属 *Taxodium*

池杉 *Taxodium distichum* var. *imbricatum* 保护区有栽培或逸生。

落羽杉 *Taxodium distichum* 保护区有栽培或逸生。

柏科 Cupressaceae

圆柏属 *Sabina*

铺地柏 *Sabina procumbens* 保护区有栽培或逸生。

圆柏 *Sabina chinensis* 保护区有栽培或逸生。

刺柏属 *Juniperus*

刺柏 *Juniperus formosana* 保护区有栽培或逸生。

杜松 *Juniperus rigida* 保护区有栽培或逸生。

高山柏 *Juniperus squamata* 产于大木场、宽坪。生于山坡杂木林。

侧柏属 *Platycladus*

侧柏 *Platycladus orientalis* 产于保护区各保护站。生于向阳山坡、旷野、农田。

三尖杉科 Cephalotaxaceae

三尖杉属 *Cephalotaxus*

粗榧 *Cephalotaxus sinensis* 产于保护区各保护站。生于山坡杂木林、沟谷、溪边。

红豆杉科 Taxaceae

红豆杉属 *Taxus*

南方红豆杉 *Taxus wallichiana* var. *mairei* 产于宽坪、王莽寨。生于山坡杂木林。

3.3.3 蕨类植物

石松科 Lycopodiaceae

石杉属 *Huperzia*

蛇足石杉 *Huperzia serrata* 产于段沟、寺山庙、花山、王莽寨。生于阴坡林下、沟谷、溪边。

石松属 *Lycopodium*

石松 *Lycopodium japonicum* 产于宽坪、七里坪、太山庙。生于阴坡林下、沟谷、溪边。

多穗石松 *Lycopodium annotinum* 产于宽坪、岳山、王莽寨。生于阴坡林下、沟谷、溪边。

扁枝石松属 *Diphasiastrum*

扁枝石松 *Diphasiastrum complanatum* 产于寺山庙、三官庙、岳山、杜沟口。生于阴坡林下、沟谷、溪边。

卷柏科 Selaginellaceae

卷柏属 *Selaginella*

蔓出卷柏 *Selaginella davidii* 产于西沟、鳔池、太山庙、七里坪。生于阴坡林下、沟谷、溪边。

小卷柏 *Selaginella helvetica* 产于三官庙、七里坪、保护区各保护站。生于阴坡林下、崖壁。

兖州卷柏 *Selaginella involvens* 产于太山庙、料凹、杜沟口、马营。生于崖壁。

江南卷柏 *Selaginella moellendorffii* 产于王莽寨、花山、杜沟口。生于阴坡林下、沟谷、溪边。

伏地卷柏 *Selaginella nipponica* 产于寺山庙、七里坪、太山庙。生于阴坡林下、山坡杂木林。

红枝卷柏 *Selaginella sanguinolenta* 产于七里坪、料凹、西沟。生于向阳山坡、山坡杂木林。

中华卷柏 *Selaginella sinensis* 产于保护区各保护站。生于山坡杂木林、崖壁。

旱生卷柏 *Selaginella stauntoniana* 产于保护区各保护站。生于崖壁、向阳山坡。

异穗卷柏 *Selaginella heterostachys* 产于七里坪、杜沟口、阳坡园。生于山坡杂木林。

鞘舌卷柏 *Selaginella vaginata* 产于三官庙、太山庙、王莽寨、西沟。生于山坡杂木林。

垫状卷柏 *Selaginella pulvinata* 产于三官庙、栗子园、西沟。生于阴坡林下。

卷柏 *Selaginella tamariscina* 产于保护区各保护站。生于崖壁。

木贼科 Equisetaceae

木贼属 *Equisetum*

问荆 *Equisetum arvense* 产于保护区各保护站。生于阴坡林下、河滩、荒地、水库、池塘、沟渠。

犬问荆 *Equisetum palustre* 产于保护区各保护站。生于阴坡林下、河滩、荒地、林缘草地。

草问荆 *Equisetum pratense* 产于保护区各保护站。生于阴坡林下、旷野、农田、河滩、荒地。

节节草 *Equisetum ramosissimum* 产于保护区各保护站。生于旷野、农田、河滩、荒地。

木贼 *Equisetum hyemale* 产于保护区各保护站。生于阴坡林下、河滩、荒地、水库、池塘、沟渠。

笔管草 *Equisetum ramosissimum* subsp. *debile* 产于保护区各保护站。生于阴坡林下、

林缘草地。

阴地蕨科 Botrychiaceae

阴地蕨属 ***Botrychium***

扇羽阴地蕨 *Botrychium lunaria* 产于寺山庙、王莽寨。生于阴坡林下。

瓶尔小草科 Ophioglossaceae

瓶尔小草属 ***Ophioglossum***

狭叶瓶尔小草 *Ophioglossum thermale* 产于宽坪、七里坪。生于林缘草地、山坡杂木林。

膜蕨科 Hymenophyllaceae

团扇蕨属 ***Gonocormus***

团扇蕨 *Gonocormus minutus* 产于大木场、花山、王莽寨。生于山坡杂木林。

碗蕨科 Dennstaedtiaceae

碗蕨属 ***Dennstaedtia***

溪洞碗蕨 *Dennstaedtia wilfordii* 产于三官庙、花山、栗子园、杜沟口。生于山坡杂木林、阴坡林下。

细毛碗蕨 *Dennstaedtia hirsuta* 产于大木场、三官庙、料凹。生于阴坡林下。

蕨科 Pteridiaceae

蕨属 ***Pteridium***

蕨 *Pteridium aquilinum* var. *latiusculum* 产于保护区各保护站。生于山坡杂木林。

凤尾蕨科 Pteridaceae

凤尾蕨属 ***Pteris***

狭叶凤尾蕨 *Pteris henryi* 产于保护区各保护站。生于崖壁、沟谷、溪边。

井栏凤尾蕨（凤尾草）*Pteris multifida* 产于三官庙、料凹、西沟。生于沟谷、溪边、林缘草地。

中国蕨科 Sinopteridaceae

粉背蕨属 ***Aleuritopteris***

银粉背蕨 *Aleuritopteris argentea* 产于马营、七里坪、栗子园、杜沟口。生于阴坡林下、崖壁。

陕西粉背蕨 *Aleuritopteris argentea* var. *obscura* 产于段沟、料凹、栗子园。生于阴坡林下、崖壁。

珠蕨属 ***Cryptogramma***

珠蕨 *Cryptogramma raddeana* 产于西沟、鳔池、大木场。生于山坡杂木林。

旱蕨属 ***Pellaea***

旱蕨 *Pellaea nitidula* 产于栗子园、岳山、杜沟口。生于崖壁。

中国蕨属 ***Sinopteris***

小叶中国蕨 *Sinopteris albofusca* 产于杜沟口、太山庙、三官庙。生于崖壁、山坡杂木林。

铁线蕨科 Adiantaceae

铁线蕨属 *Adiantum*

团羽铁线蕨 *Adiantum capillus-junonis* 产于七里坪、料凹、段沟。生于崖壁。

铁线蕨 *Adiantum capillus-veneris* 产于太山庙、三官庙、杜沟口。生于崖壁。

白背铁线蕨 *Adiantum davidii* 产于马营、七里坪、栗子园、西沟。生于崖壁。

普通铁线蕨 *Adiantum edgeworthii* 产于杜沟口、王莽寨、段沟。生于崖壁。

掌叶铁线蕨 *Adiantum pedatum* 产于太山庙、段沟、七里坪。生于崖壁。

裸子蕨科 Hemionitidaceae

凤丫蕨属 *Coniogramme*

普通凤丫蕨 *Coniogramme intermedia* 产于宽坪、七里坪、杜沟口。生于山坡杂木林。

凤丫蕨 *Coniogramme japonica* 产于三官庙、西沟、太山庙。生于阴坡林下。

乳头凤丫蕨 *Coniogramme rosthornii* 产于花山、大木场、马营。生于阴坡林下。

疏网凤丫蕨 *Coniogramme wilsonii* 产于鳔池、杜沟口、段沟。生于阴坡林下。

金毛裸蕨属 *Paragymnopteris*

金毛裸蕨 *Paragymnopteris vestita* 产于寺山庙、三官庙、王莽寨。生于阴坡林下。

耳羽金毛裸蕨 *Paragymnopteris bipinnata* var. *auriculata* 产于大木场、花山、段沟。生于阴坡林下。

蹄盖蕨科 Athyriaceae

短肠蕨属 *Allantodia*

黑鳞短肠蕨 *Allantodia crenata* 产于杜沟口、阳坡园、花山。生于山坡杂木林。

安蕨属 *Anisocampium*

华东安蕨 *Anisocampium sheareri* 产于西沟、段沟、鳔池。生于山坡杂木林。

蹄盖蕨属 *Athyrium*

东北蹄盖蕨 *Athyrium brevifrons* 产于七里坪、宽坪、太山庙。生于山坡杂木林。

麦秆蹄盖蕨 *Athyrium fallaciosum* 产于花山、三官庙、寺山庙。生于山坡杂木林。

日本蹄盖蕨 *Athyrium niponicum* 产于料凹、杜沟口、段沟。生于山坡杂木林。

中华蹄盖蕨 *Athyrium sinense* 产于三官庙、太山庙、段沟。生于山坡杂木林。

禾秆蹄盖蕨 *Athyrium yokoscense* 产于马营、七里坪、花山。生于山坡杂木林。

角蕨属 *Cornopteris*

角蕨 *Cornopteris decurrenti-alata* 产于三官庙、宽坪、鳔池。生于山坡杂木林。

冷蕨属 *Cystopteris*

高山冷蕨 *Cystopteris montana* 产于段沟、寺山庙、杜沟口。生于阴坡林下。

宝兴冷蕨 *Cystopteris moupinensis* 产于鳔池、寺山庙、七里坪。生于山坡杂木林。

介蕨属 *Dryoathyrium*

华中介蕨 *Dryoathyrium okuboanum* 产于段沟、马营、太山庙。生于山坡杂木林。

朝鲜介蕨 *Dryoathyrium coreanum* 产于阳坡园、寺山庙、岳山。生于阴坡林下。

羽节蕨属 *Gymnocarpium*

羽节蕨 *Gymnocarpium remote-pinnatum* 产于料凹、宽坪、大木场。生于山坡杂木林。

蛾眉蕨属 *Lunathyrium*

陕西蛾眉蕨 *Lunathyrium giraldii* 产于宽坪、七里坪、杜沟口。生于山坡杂木林。

河北蛾眉蕨 *Lunathyrium vegetius* 产于西沟、岳山、马营。生于山坡杂木林。

假冷蕨属 *Pseudocystopteris*

大叶假冷蕨 *Pseudocystopteris atkinsonii* 产于杜沟口、太山庙、三官庙。生于阴坡林下。

假冷蕨 *Pseudocystopteris spinulosa* 产于马营、七里坪、花山、阳坡园。生于阴坡林下。

肿足蕨科 Hypodematiaceae

肿足蕨属 *Hypodematium*

修株肿足蕨 *Hypodematium gracile* 产于寺山庙、大木场、太山庙。生于山坡杂木林。

鳞毛肿足蕨 *Hypodematium squamuloso*-pilosum 产于寺山庙、花山、王莽寨。生于阴坡林下。

金星蕨科 Thelypteridaceae

金星蕨属 *Parathelypteris*

金星蕨 *Parathelypteris glanduligera* 产于段沟、马营、王莽寨。生于山坡杂木林。

中日金星蕨 *Parathelypteris nipponica* 产于王莽寨、岳山、宽坪。生于山坡杂木林。

卵果蕨属 *Phegopteris*

卵果蕨 *Phegopteris connectilis* 产于寺山庙、大木场、太山庙。生于山坡杂木林。

延羽卵果蕨 *Phegopteris decursive-pinnata* 产于栗子园、七里坪、王莽寨。生于阴坡林下。

沼泽蕨属 *Thelypteris*

沼泽蕨 *Thelypteris palustris* 产于保护区各保护站。生于林缘草地、阴坡林下。

铁角蕨科 Aspleniaceae

铁角蕨属 *Asplenium*

虎尾铁角蕨 *Asplenium incisum* 产于宽坪、大木场、王莽寨。生于崖壁。

北京铁角蕨 *Asplenium pekinense* 产于太山庙、阳坡园、鳔池、西沟。生于崖壁。

华中铁角蕨 *Asplenium sarelii* 产于段沟、七里坪、岳山。生于崖壁。

铁角蕨 *Asplenium trichomanes* 产于寺山庙、岳山、王莽寨。生于崖壁。

卵叶铁角蕨 *Asplenium ruta-muraria* 产于王莽寨、花山、大木场。生于崖壁。

变异铁角蕨 *Asplenium varians* 产于鳔池、寺山庙、花山。生于阴坡林下。

过山蕨属 *Camptosorus*

过山蕨 *Camptosorus sibiricus* 产于宽坪、花山、王莽寨。生于阴坡林下、沟谷、溪边。

睫毛蕨科 Pleurosoriopsidaceae

睫毛蕨属 *Pleurosoriopsis*

睫毛蕨 *Pleurosoriopsis makinoi* 产于寺山庙、三官庙、鳔池。生于阴坡林下。

球子蕨科 Onocleaceae

荚果蕨属 *Matteuccia*

荚果蕨 *Matteuccia struthiopteris* 产于宽坪、花山、王莽寨。生于阴坡林下、林缘草地。

东方荚果蕨属 *Pentarhizidium*

中华东方荚果蕨 *Pentarhizidium intermedium* 产于宽坪、七里坪、太山庙。生于山坡杂木林。

东方荚果蕨 *Pentarhizidium orientalis* 产于段沟、栗子园、杜沟口。保护区有栽培或逸生。生于山坡杂木林。

岩蕨科 Woodsiaceae

膀胱蕨属 *Protowoodsia*

膀胱蕨 *Protowoodsia manchuriensis* 产于宽坪、七里坪、料凹。生于阴坡林下。

岩蕨属 *Woodsia*

妙峰岩蕨 *Woodsia oblonga* 产于西沟、阳坡园、花山。生于崖壁、沟谷、溪边。

东亚岩蕨 *Woodsia intermedia* 产于花山、大木场、王莽寨。生于沟谷、溪边、崖壁。

耳羽岩蕨 *Woodsia polystichoides* 产于杜沟口、阳坡园、马营。生于沟谷、溪边、崖壁。

密毛岩蕨 *Woodsia rosthorniana* 产于太山庙、七里坪、栗子园。生于崖壁、阴坡林下。

嵩县岩蕨 *Woodsia pilosa* 产于王莽寨、三官庙。生于崖壁。

鳞毛蕨科 Dryopteridaceae

贯众属 *Cyrtomium*

贯众 *Cyrtomium fortunei* 产于保护区各保护站。生于阴坡林下、沟谷、溪边。

宽羽贯众 *Cyrtomium fortunei* f. *latipina* 产于宽坪、七里坪、栗子园。生于阴坡林下。

多羽贯众 *Cyrtomium fortunei* f. *polypterum* 产于杜沟口、七里坪、马营。生于阴坡林下。

鳞毛蕨属 *Dryopteris*

两色鳞毛蕨 *Dryopteris bissetiana* 产于王莽寨、花山、大木场。生于阴坡林下。

阔鳞鳞毛蕨 *Dryopteris championii* 产于寺山庙、大木场、太山庙。生于山坡杂木林。

中华鳞毛蕨 *Dryopteris chinensis* 产于花山、大木场、西沟。生于山坡杂木林。

粗茎鳞毛蕨 *Dryopteris crassirhizoma* 产于马营、花山、栗子园。生于山坡杂木林。

华北鳞毛蕨 *Dryopteris goeringiana* 产于宽坪、七里坪、杜沟口。生于山坡杂木林。

假异鳞毛蕨 *Dryopteris immixta* 产于马营、三官庙、鳔池。生于阴坡林下。

半岛鳞毛蕨 *Dryopteris peninsulae* 产于宽坪、大木场、花山。生于山坡杂木林。

豫陕鳞毛蕨 *Dryopteris pulcherrima* 产于杜沟口、岳山、宽坪。生于阴坡林下。

腺毛鳞毛蕨 *Dryopteris sericea* 产于七里坪、花山、阳坡园。生于山坡杂木林。

耳蕨属 *Polystichum*

布朗耳蕨 *Polystichum braunii* 产于宽坪、保护区各保护站、西沟。生于山坡杂木林。

鞭叶耳蕨 *Polystichum craspedosorum* 产于马营、大木场、花山、王莽寨。生于阴坡林下、山坡杂木林。

黑鳞耳蕨 *Polystichum makinoi* 产于宽坪、三官庙、花山、阳坡园。生于山坡杂木林。

密鳞耳蕨 *Polystichum squarrosum* 产于马营、七里坪、岳山、鳔池。生于山坡杂木林。

戟叶耳蕨 *Polystichum tripteron* 产于寺山庙、三官庙、太山庙、王莽寨。生于阴坡林下。

对马耳蕨 *Polystichum tsus-simense* 产于段沟、七里坪、西沟、王莽寨。生于阴坡林下。

水龙骨科 Polypodiaceae

伏石蕨属 *Lemmaphyllum*

伏石蕨 *Lemmaphyllum microphyllum* 产于花山、王莽寨、马营。生于沟谷、溪边、崖壁。

瓦韦属 *Lepisorus*

狭叶瓦韦 *Lepisorus angustus* 产于马营、大木场、花山、王莽寨。生于沟谷、溪边、阴坡林下。

网眼瓦韦 *Lepisorus clathratus* 产于王莽寨、三官庙、料凹。生于崖壁、沟谷、溪边。

扭瓦韦 *Lepisorus contortus* 产于寺山庙、七里坪、花山、王莽寨。生于沟谷、溪边、崖壁。

有边瓦韦 *Lepisorus marginatus* 产于段沟、马营、大木场、栗子园。生于沟谷、溪边、崖壁。

瓦韦 *Lepisorus thunbergianus* 产于马营、大木场、花山、王莽寨。生于沟谷、溪边、崖壁。

乌苏里瓦韦 *Lepisorus suriensis* 产于花山、七里坪、杜沟口、阳坡园。生于沟谷、溪边、崖壁。

水龙骨属 *Polypodiodes*

友水龙骨 *Polypodiodes amoena* 产于西沟、王莽寨、大木场、马营。生于沟谷、溪边、崖壁。

日本水龙骨 *Polypodiodes niponica* 产于宽坪、三官庙、王莽寨。生于阴坡林下、崖壁。

中华水龙骨 *Polypodiodes chinensis* 产于大木场、宽坪、花山、王莽寨。生于阴坡林下、崖壁。

石韦属 *Pyrrosia*

光石韦 *Pyrrosia calvata* 产于寺山庙、三官庙、花山、鳔池。生于阴坡林下、崖壁。

华北石韦 *Pyrrosia davidii* 产于大木场、王莽寨、岳山。生于阴坡林下、沟谷、溪边。

毡毛石韦 *Pyrrosia drakeana* 产于宽坪、大木场、花山。生于阴坡林下、崖壁。

有柄石韦 *Pyrrosia petiolosa* 产于马营、七里坪、杜沟口、王莽寨。生于沟谷、溪边、崖壁。

石蕨属 *Saxiglossum*

石蕨 *Saxiglossum angustissimum* 产于寺山庙、大木场、花山、阳坡园。生于沟谷、溪边、崖壁。

苹科 Marsileaceae

苹属 *Marsilea*

苹 *Marsilea quadrifolia* 产于保护区各保护站。生于水库、池塘、沟渠、积水沼泽湿地。

槐叶苹科 Salviniaceae

槐叶苹属 *Salvinia*

槐叶苹 *Salvinia natans* 产于保护区各保护站。生于水库、池塘、沟渠、积水沼泽湿地。

满江红科 Azollaceae

满江红属 *Azolla*

满江红 *Azolla pinnata* subsp. *asiatica* 产于保护区各保护站。生于水库、池塘、沟渠、积水沼泽湿地。

3.3.4　苔藓植物

河南洛阳熊耳山省级自然保护区有苔藓植物 47 科、105 属、188 种，其中苔类有 15 科、18 属、24 种（表 3.5）；藓类 32 科、87 属、179 种（表 3.6）。

表 3.5　河南洛阳熊耳山省级自然保护区苔类植物科、属组成

科名	属数	种数	科名	属数	种数
睫毛苔科 Blepharostomaceae	1	1	扁萼苔科 Radulaceae	1	2
绒苔科 Trichocoleaceae	1	1	光萼苔科 Porellaceae	1	3
护蒴苔科 Calypogeiaceae	1	1	细鳞苔科 Lejeuneaceae	1	1
裂叶苔科 Lophoziaceae	1	1	叉苔科 Metzgeriaceae	1	1
叶苔科 Jungermanniaceae	2	2	石地钱科 Grimaldiaceae	1	2
合叶苔科 Scapaniaceae	1	2	蛇苔科 Conocephalaceae	2	2
齿萼苔科 Lophocoleaceae	2	3	片叶苔科 Ricciaceae	1	1
羽苔科 Plagiochilaceae	1	1	合计	18	24

苔类种类最多的科为光萼苔科（Porellaceae）和齿萼苔科（Lophocoleaceae），各有 3 种；其次为扁萼苔科（Radulaceae）、合叶苔科（Scapaniaceae）、叶苔科（Jungermanniaceae）和蛇苔科（Conocephalaceae），各有 2 种。其余各科仅有 1 种。

藓类种类最多的科为灰藓科（Hypnaceae），含 18 种；其次为青藓科（Brachytheciaceae），含 16 种。有 4 科仅有 1 种。

表 3.6 河南洛阳熊耳山省级自然保护区藓类植物科、属组成

科名	属数	种数	科名	属数	种数
牛舌藓科 Anomodontaceae	1	2	万年藓科 Climaciaceae	1	2
虾藓科 Bryoxiphiaceae	3	8	平藓科 Neckeraceae	4	5
曲尾藓科 Dicranaceae	2	2	碎米藓科 Fabroniaceae	2	3
凤尾藓科 Fissidentaceae	4	12	薄罗藓科 Leskeaceae	2	4
大帽藓科 Encalyptaceae	3	9	牛舌藓科 Anomodontaceae	3	5
丛藓科 Pottiaceae	3	4	羽藓科 Thuidiaceae	6	7
缩叶藓科 Ptychomitriaceae	1	1	柳叶藓科（Amblystegiaceae）	5	6
紫萼藓科 Grimmiaceae	1	1	青藓科 Brachytheciaceae	6	16
葫芦藓科 Funariaceae	1	3	绢藓科 Entodontaceae	2	10
真藓科 Bryaceae	2	3	棉藓科 Plagiotheciaceae	1	6
提灯藓科 Mniaceae	1	1	锦藓科 Sematophyllaceae	2	4
珠藓科 Bartramiaceae	1	2	灰藓科 Hypnaceae	9	18
木灵藓科 Orthotrichaceae	3	8	垂枝藓科 Rhytidaceae	1	1
虎尾藓科 Hedwigiaceae	2	2	塔藓科 Hylocomiaceae	2	3
隐蒴藓科 Cryphaeaceae	4	12	金发藓科 Polytrichaceae	3	6
扭叶藓科 Trachypodaceae	3	9	蔓藓科 Meteoriaceae	3	4

3.3.5 大型真菌

大型真菌又叫蕈菌，通常指肉眼可见的具有大型子实体的一类真菌，也就是人们常说的“蘑菇”，在分类上属于菌物界、真菌门，其中约有95%的种类属于担子菌亚门中的层菌纲和腹菌纲，5%的种类属于子囊菌亚门中的盘菌纲。我国大型真菌资源十分丰富。很多珍稀的大型真菌具有食、药用价值，早在远古时代人们开始利用大型真菌。东汉末年《神农本草经》记载了茯苓、雷丸、猪苓等大型真菌药物，明末李时珍的《本草纲目》记载了灵芝、木耳、马勃、香蕈等菌类的药性和毒性。

大型真菌由吸收营养的菌丝体（mycelium）和繁殖器官子实体（fructification）两部分组成。生活方式分有性繁殖和无性繁殖两种。营养方式为异养型，分为腐生、共生、寄生三种类型。其中腐生型包括木生菌、土生菌、粪生菌；共生型包括大型真菌和植物、昆虫或其他菌共生；寄生型包括专性寄生型、兼性寄生型和兼性腐生型，最典型的就是寄生在蝙蝠蛾幼虫体上的冬虫夏草。大型真菌按其经济意义可分为食用菌、药用菌、毒菌等几类。

河南省的植被类型较复杂，有针叶林、针阔叶混交林、落叶阔叶林、常绿阔叶和落叶阔叶混交林、竹林、灌丛、草甸等，为大型真菌提供了多样的生长环境。初步统

计河南省有 500 多种大型真菌，可食用的有 300 多种，常见的食用菌有 100 多种。熊耳山自然保护区地处河南西部，处在暖温带与北亚热带气候过渡区域，典型的气候形成了典型的森林生态系统特征。该区针叶林、阔叶林、针阔叶混交林交错分布。多样的植被类型为大型真菌的生长繁殖提供了理想的场所，不同的植被类型中生长的大型真菌种类也不相同。丰富的森林资源为大型真菌的多样性提供了可能。熊耳山自然保护区大型真菌种类也比较多，但由于缺乏系统的调查，很多种类还不清楚。根据我们近几年对熊耳山自然保护区的调查，并查阅相关文献资料，考证本区有大型真菌 37 科、80 属、182 种（表 3.7）。

从表 3.7 中可以看出，仅含有 1 种的科 13 个，占全部科的 35.1%；含 2~4 种的科 14 个，占全部科的 37.8%；含 5~8 种的科 5 个，占全部科的 13.5%；含 10 种及以上的科 5 个，占全部科的 13.5%。其中 20 种以上的大科有红菇科（Russulaceae）28 种、多孔菌科（Polyporaceae）33 种。

另外，属的统计表明：仅含有 1 种的属 24 个，占全部属的 30%；含 2~4 种的属 10 个，占全部属的 12.5%；含 5~9 种的属 4 个，占全部属的 5%；含 10 种以上的属 5 个，占全部属的 6.25%，其中红菇属（*Russula*）28 种、丝膜菌属（*Cortinarius*）14 种、多孔菌科（Polyporaceae）33 种、牛肝菌科（Boletaceae）10 种、白蘑科（Tricholomataceae）10 种。

表 3.7　河南熊耳山省级自然保护区大型真菌科、属统计

科名	属数	种数	科名	属数	种数
麦角菌科 lavicipitaceae	1	1	白迷孔菌科 Fomitopsidaceae	1	1
马鞍菌科 Helvellaceae	2	3	网褶菌科 Paxillaceae	1	1
盘菌科 Pezizaceae	1	1	铆钉菇科 Gomphidiaceae	1	1
地舌菌科 Geoglossaceae	2	2	笼头菌科 Clathraceae	1	1
核盘菌科 Sclerotiniaceae	1	1	鬼笔科 Phallaceae	1	1
银耳科 Tremellaceae	1	4	地星科 Geastraceae	1	2
花耳科 Dacrymycetaceae	1	1	马勃菌科 Sclerodermataceae	1	4
皱孔菌科 Meruliaceae	1	1	鸟巢菌科 Nidularialeaceae	1	2
韧革菌科 Stereaceae	2	3	硬皮马勃科 Sclerodermataceae	1	3
珊瑚菌科 Clavariaceae	2	7	球盖菇科 Strophariaceae	3	3
枝瑚菌科 Ranariaceae	1	6	侧耳科 Pleurotaceae	3	3
齿菌科 Hydnaceae	4	5	红菇科 Russulaceae	2	28
多孔菌科 Polyporaceae	17	33	胶陀螺科 Bulgariaceae	1	1
牛肝菌科 Boletaceae	7	10	黑伞科 Agaricaceae	1	1
蜡伞科 Hygrophoraceae	1	3	丝膜菌科 Cortinariaceae	2	14
白蘑科 Tricholomataceae	7	11	鬼伞科 Psathyrellaceae	2	2
猴头菌科 Hericiaceae	1	3	锈耳科 Crepidotaceae	1	1
粉褶菌科 Entolomataceae	1	3	蘑菇科 Agaricaceae	2	8
鹅膏菌科 Amanitaceae	1	7			

该区分布的大型真菌根据其营养方式分：木生菌 59 种，土生菌 115 种，菌根菌 6 种，粪生菌 4 种，虫生菌 1 种。

大型真菌根据其经济用途分：食用菌 61 种，药用菌 26 种，抗癌菌 32 种，毒菌 33 种，其他菌 30 种。

大型真菌名录

麦角菌科 Clavicipitaceae

蛹虫草（蛹草）*Cordyceps militaris* Link.

生态习性：春至秋季半埋于林地中或腐枝落叶层下鳞翅目昆虫蛹上。

产地及分布：产于熊耳山区及大别山区等地。广东、广西、海南、吉林、河北、陕西、安徽、福建、云南、西藏、黑龙江等地也有分布。

经济价值：药用，具有抗疲劳、抗衰老、扶虚弱、益精气、止血、化痰、镇静、增强免疫力和性功能等作用。可作为抗结核和强壮药物。

马鞍菌科 Helvellaceae

皱柄白马鞍菌（皱马鞍菌）*Helvella crispa* Fr.

生态习性：夏末秋初生于林地上，单生或群生。

产地及分布：产于熊耳山区及太行山区。河北、山西、黑龙江、江苏、浙江、西藏、陕西、甘肃、青海、四川等地也有分布。

经济价值：食用，是一种美味食用菌。

棱柄马鞍菌（多洼马鞍菌）*Helvella lacunosa* Afz，Fr.

生态习性：夏、秋季于林地上单生或群生，罕生枯木上。

产地及分布：产于熊耳山区及伏牛山等地。黑龙江、吉林、河北、山西、青海、甘肃、陕西、江苏、四川、云南、新疆、西藏等地也有分布。

经济价值：食用，但有记载有毒不宜采食。

赭鹿花菌（赭马鞍菌）*Gyromitra infula* Quèl.

生态习性：夏、秋季生于针叶林地上或腐木上，单个或成群生长。

产地及分布：产于熊耳山区。吉林、山西、甘肃、新疆、四川、黑龙江、青海、西藏等地也有少量分布。

经济价值：毒菌，能使红细胞大量破坏，引起急性贫血、黄疸、血红蛋白尿，以及肝脏、脾脏肿大和周围血网细胞增多等。外形特征与可食用的马鞍菌相似，但后者颜色为黑褐色，菌盖边缘与菌柄无连接点。

红毛盘菌（盾盘菌）*Scutellinia scutellata* Lamb.

生态习性：夏、秋季生长在林中湿润的土壤或枯木上。

产地及分布：产于熊耳山区。河北、河南、山西、吉林、陕西、甘肃、青海、江苏、浙江、安徽、广东、广西、四川、云南、西藏等地也有分布。

经济价值：不明，对纤维素有轻微的分解能力。

地舌菌科 Geoglossaceae

凋萎锤舌菌（黄柄胶地锤）*Leotia marcida*（Mull.）Pers.

生态习性：生于林中地上。

产地及分布：产于熊耳山区。吉林、陕西、甘肃、四川、贵州、云南、江苏、安徽、浙江、江西、湖南、广西、海南等地也有分布。

经济价值：不明。

毛舌菌 *Trichoglossum hirsutum* Boud.

生态习性：生于地上。

产地及分布：产于熊耳山区。吉林、河北、甘肃、安徽、江西、海南、江苏、浙江、广东、云南和西藏等地也有分布。

经济价值：不明。

核盘菌科 Sclerotiniaceae

核盘菌 *Sclerotinia sclerotiorum*（Lib.）de Bary

生态习性：生于菜园地或林地。

产地及分布：产于熊耳山及大别山区。吉林、河南、江苏、四川、广西、广东、江西、福建、台湾、湖南、湖北、浙江、甘肃、陕西、贵州、新疆等地也有分布。

经济价值：食用，利用此菌发酵培养提取的多糖对小白鼠肉瘤 S-180 有抑制作用。另外，此菌为害豆科、十字花科、茄科、芸香科等植物。

胶陀螺（猪嘴蘑、木海螺）*Bulgaria inquinans* Fr.

生态习性：夏、秋季于柞木、桦树等阔叶树的树皮缝隙群生至丛生。

产地及分布：产于熊耳山及大别山区。吉林、河北、河南、辽宁、四川、甘肃、云南等地也有分布。

经济价值：毒菌，食后发病率达 35%，属日光过敏性皮炎型症状。潜伏期较长，食后 3 小时发病，一般在 1~2 天内发病。开始多感到面部肌肉抽搐，火烧样发热，手指和脚趾疼痛，严重者皮肤出现颗粒状斑点，指针刺般疼痛，皮肤发痒难忍。在日光下加重，经 4~5 天后渐好转，发病过程中伴有轻度恶心、呕吐。

银耳科 Tremellaceae

焰耳（胶勺）*Phlogiotis helvelloides* Martin

生态习性：在针叶林或针阔叶混交林中地上单生或群生，有时近丛生。多生林地苔藓层或腐木上。

产地及分布：产于熊耳山区和伏牛山区。广东、广西、云南、福建、四川、浙江、湖南、湖北、江苏、陕西、甘肃、贵州、山西、西藏、青海等地也有少量分布。

经济价值：食、药兼用。另外含有抗癌活性物质，其子实体提取物对小白鼠肉瘤 S-180 和艾氏癌的抑制率均为 100%。

茶色银耳（血耳、茶银耳）*Tremella foliacea* Pers，Fr.

生态习性：春至秋季生长在林中阔叶树腐木上，形似花朵，多群生。

产地及分布：产于熊耳山区和伏牛山区。吉林、河北、广东、广西、海南、青海、四川、云南、安徽、湖南、江苏、陕西、贵州、西藏等地也有分布。

经济价值：食、药兼用，富含有 16 种氨基酸，其中人体必需氨基酸 7 种。药用可治妇科病。

橙黄银耳（金耳、亚橙耳） *Tremella lutescens* Fr. *Tremella mesenterica* Fr.

生态习性：多见生于栎等阔叶树腐木上。

产地及分布：产于熊耳山区和伏牛山区。四川、云南、广东、福建、湖南、吉林、山西、新疆、宁夏、陕西、西藏等地也有分布。

经济价值：食、药兼用，药用可抗癌。

金黄银耳（黄木耳、黄金银耳） *Tremella mesenterica* Retz：Fr.

生态习性：常见于腐木上单生或群生。

产地及分布：产于熊耳山区、西峡等地。河南（主要分布在信阳）、山西、吉林、福建、江西、四川、云南、甘肃、西藏等地也有分布。

经济价值：食、药兼用，含有多种氨基酸。药用可治疗神经衰弱、肺热、痰多、气喘、高血压等症。

花耳科 Dacrymycetaceae

角状胶角耳（胶角菌） *Calocera cornea*（Batsch.）Fr.

生态习性：春至秋季多在针叶树倒木、伐木桩上群生至丛生。

产地及分布：产于熊耳山区、嵩县、栾川、内乡等地。黑龙江、河北、吉林、四川、甘肃、江苏、浙江、福建、广东、香港、广西、西藏等地也有分布。

经济价值：食用，含类胡萝卜素。

胶皱孔菌（胶质干朽菌） *Merulius tremellusus* Schrad，Fr.

生态习性：夏、秋季生于枯木或腐木上。

产地及分布：产于熊耳山区、伏牛山区。黑龙江、河北、吉林、内蒙古、安徽、浙江、贵州、云南、广西、四川、陕西、西藏等地也有分布。

经济价值：食、药兼用，试验抗癌，对小白鼠肉瘤 S-180 和艾氏癌的抑制率分别为 90%和 80%。

韧革菌科 Stereaceae

扁韧革菌 *Stereum ostrea* Fr. S

生态习性：夏、秋季在阔叶树枯立木、倒木和木桩上大量生长。

产地及分布：产于熊耳山区和伏牛山区。黑龙江、吉林、辽宁、河北、河南、山东、山西、陕西、甘肃、云南、四川、宁夏、新疆、江苏、安徽、浙江、福建、台湾、广东、广西、海南、贵州、西藏等地均有分布。

经济价值：木腐菌，可引起多种阔叶树木质腐朽。据记载，该菌产生草酸并含纤维素分解酶，可应用于食品加工等方面，是香菇黑木耳段木栽培中常见的杂菌之一。

头花状革菌 *Thelephora anthocephala* Fr.

生态习性：夏、秋季生于林中地上。

产地及分布：产于熊耳山区和伏牛山区。甘肃、湖南等地也有分布。

经济价值：外生菌根菌。

多瓣革菌 *Thelephora multipartita* Schw.

生态习性：夏、秋季生于阔叶林中地上。

产地及分布：产于熊耳山区。河北、安徽、江苏、浙江、福建、湖南、海南等地也有分布。

经济价值：外生菌根菌。

珊瑚菌科 Clavariaceae

帚状羽瑚菌 *Pterula penicellata* Lloyd.

生态习性：在腐殖质上丛生。

产地及分布：产于熊耳山区及伏牛山区等地。吉林、河北、陕西、四川、广西等地也有分布。

经济价值：食用。

扁珊瑚菌 *Clavaria gibbsiae* Ramsb.

生态习性：夏、秋季于阔叶林地上生长。

产地及分布：产于熊耳山区及伏牛山区等地。四川等地也有分布。

经济价值：食用。

虫形珊瑚菌（豆芽菌） *Clavaria vermicularis* Fr.

生态习性：夏、秋季于林地上生。

产地及分布：产于熊耳山区及伏牛山区等地。四川、吉林、江苏、浙江、云南、海南、广东、广西、香港等地也有分布。

经济价值：食用。

金赤拟锁瑚菌（红豆芽菌） *Clavulinopsis aurantio-cinnabarina* Corner

生态习性：夏、秋季生于马尾松、油茶林中地上。

产地及分布：产于熊耳山区等地。吉林、河北、江苏、广东等地也有分布。

经济价值：食用。

冠锁瑚菌（仙树菌） *Clavulina cristata* Schroet.

生态习性：夏、季至晚秋于阔叶或针叶林地上群生。

产地及分布：产于熊耳山区及伏牛山区等地。黑龙江、山西、江苏、安徽、浙江、海南、广西、广东、贵州、甘肃、青海、新疆、四川、西藏、云南等地均有分布。

经济价值：食用。

皱锁瑚菌（秃仙树菌） *Clavulina rugosa* Schroet.

生态习性：生于混交林中地上、腐枝或苔藓间，丛生。

产地及分布：产于熊耳山区。江苏、湖南、四川、江西、青海、甘肃、新疆、陕西等地也有分布。

经济价值：食用。

小冠瑚菌 *Clavicorona colensoi* Corner

生态习性：夏、秋季于腐木上群生或丛生。

产地及分布：产于熊耳山区及伏牛山区。四川、贵州、陕西、河南、广东等地也有分布。

经济价值：不明。

变绿枝瑚菌（绿丛枝菌、冷杉枝瑚菌） *Ramaria abietina* Quèl.

生态习性：夏、秋季群生于云杉、冷杉等针叶林地腐枝层上。

产地及分布：产于熊耳山区及伏牛山区。吉林、四川、黑龙江、新疆、甘肃、青海、西藏、湖南、广东等地也有分布。

经济价值：食用，稍有苦味。

疣孢黄枝瑚菌（黄枝瑚菌）*Ramaria flava* Quèl.

生态习性：常见于夏、秋季在阔叶林地上成群生长。

产地及分布：产于熊耳山区及伏牛山区。福建、台湾、四川、山西、辽宁、甘肃、云南、西藏、贵州、广东等地也有分布。

经济价值：食、药兼用，味较好，但也有记载具毒，食后引起呕吐、腹痛、腹泻等中毒反应，采食时需注意。入药有和胃气、祛风、破血等功效，其子实体提取物对小白鼠肉瘤 S-180 和艾氏癌的抑制率达 60%。

粉红枝瑚菌（粉红丛枝菌）*Ramaria formosa* Quèl.

生态习性：多成群丛生于阔叶林地上。

产地及分布：产于熊耳山区及伏牛山区等地。黑龙江、吉林、河北、河南、甘肃、贵州、四川、西藏、安徽、云南、山西、陕西、福建等地也有分布。

经济价值：不明。经煮沸浸泡冲洗后虽可食用，但往往易发生中毒，出现较严重的腹痛、腹泻等胃肠炎症状，不宜采食。有记载可药用。对小白鼠肉瘤 S-180 的抑制率为 80%，而对艾氏癌的抑制率为 70%。与阔叶树木形成外生菌根。

暗灰枝瑚菌（暗灰丛枝菌）*Ramaria fumigata* Corner

生态习性：夏、秋季单生或群生于针阔叶混交林地上。

产地及分布：产于熊耳山的栾川、嵩县等地。安徽、四川、云南等地也有分布。

经济价值：不明。有记载可食用，但也有记载不宜食用。

偏白枝瑚菌（白丛枝菌）*Ramaria secunda* Corner

生态习性：夏末至秋季生于阔叶林为主的针阔叶混交林地上及腐叶层上。

产地及分布：产于熊耳山区及伏牛山区等地。西藏、新疆、安徽、四川、云南、福建等地也有分布。

经济价值：食用。

密枝瑚菌（枝瑚菌、密丛枝）*Ramaria stricta* Quèl.

生态习性：生于阔叶树的腐木或枝条上，群生。

产地及分布：产于熊耳山区。山西、黑龙江、吉林、安徽、海南、西藏、四川、河北、广东、云南等地也有分布。

经济价值：食用，味微苦，具芳香气味。

小刺猴头菌 *Hericium caput-medusae* Pers.

生态习性：常见夏季生长于阔叶林内腐树枝干上。

产地及分布：产于熊耳山及伏牛山区的内乡等地。河北、河南、吉林、辽宁、黑龙江、内蒙古、四川等地也有分布。

经济价值：食、药兼用。作为我国名贵的食用菌之一，味道鲜美。药用可治疗慢性萎缩性胃炎、消化道溃疡等病症，并有镇静安眠的作用。

珊瑚状猴头菌 *Hericium coralloides* Pers，Gray.

生态习性：夏、秋季生于栎、桦、冷杉等树木的倒腐木、枯木桩及树洞内。

产地及分布：产于熊耳山区及伏牛山区。吉林、四川、云南、西藏、黑龙江、内蒙古、陕西、新疆等地也有分布。

经济价值：食、药兼用，有滋补作用，能助消化、治胃溃疡及神经衰弱。

猴头菌（猴头蘑、刺猬菌）*Hercium erinaceus* Pers.

生态习性：秋季生长在栎等阔叶树立木上或腐木上，少见生于倒木上。

产地及分布：产于熊耳山区及伏牛山区和太行山区。河北、山西、内蒙古、黑龙江、浙江、吉林、辽宁、广东、广西、安徽、陕西、贵州、甘肃、四川、云南、湖南、西藏等地也有分布。

经济价值：食用，子实体含有多糖体和多肽类物质，有增强抗体免疫功能，其发酵液对小白鼠肉瘤 S-180 有抑制作用。我国利用其菌丝体研制成"猴头片"等中药，对治疗胃部及十二指肠溃疡、慢性萎缩性胃炎、胃癌及食道癌有一定疗效，对于消化不良、神经衰弱、身体虚弱、糖尿病等也有治疗作用。

齿菌科 Hydnaceae

卷须齿耳菌（肉齿耳）*Steccherinum cirrhatum* Teng

生态习性：主要在栎树等枯立木上叠生。

产地及分布：产于熊耳山区及伏牛山区等地。吉林、四川等地也有分布。

经济价值：属木腐菌。幼时可食用。

耳匙菌 *Auriscalpium vulgare* S. F.

生态习性：生于落在地上的松球果上，导致球果腐烂。偶见生于松叶层及松枝上。

产地及分布：产于熊耳山及大别山区。安徽、福建、江西、浙江、湖南、香港、广东、广西、云南、四川、甘肃、陕西、吉林、西藏、海南等地也有分布。

经济价值：木腐菌，常导致松、杉球果腐烂。

遂缘裂齿菌 *Odontia fimbriata* Pers，Fr.

生态习性：生长在阔叶树的树皮上。

产地及分布：产于熊耳山区及伏牛山区。湖南、四川、广东等地也有分布。

经济价值：木腐菌。引起木材白色腐朽。

翘鳞肉齿菌（獐子菌、獐头菌）*Sercodon imbricatum* Karst.

生态习性：生于山地针叶林中地上。

产地及分布：产于熊耳山区及伏牛山区。甘肃、新疆、四川、云南、安徽、台湾、吉林、西藏等地也有分布。

经济价值：食、药兼用，味道鲜美。子实体含有降低血液中胆固醇的成分，并含有较丰富的多糖类物质，属外生菌根菌。

杯形丽齿菌（灰薄栓齿菌）*Calodon cyathiforme* Quèl.

生态习性：夏季生于松林或混交林地上。

产地及分布：产于熊耳山区及伏牛山区。四川、安徽、西藏、广东、云南等地也有分布。

经济价值：嫩时可食用，其味鲜美，子实体成熟后革质或纤维质不能食用。与树木形成菌根。

钹孔菌（多年生集毛菌）*Coltricia perennis* Murr.

生态习性：夏、秋季于林地上群生或散生。

产地及分布：产于熊耳山区及太行山区。黑龙江、吉林、湖南、福建、河北、山西、内蒙古、江苏、广东、广西、四川、云南、西藏、香港等地也有分布。

经济价值：与树木形成菌根。

贝状木层孔菌（针贝针孔菌）*Phellinus conchatus* Quèl.

生态习性：生长在柳、李、漆等阔叶树腐木上，属多年生。

产地及分布：产于熊耳山区。河北、陕西、甘肃、江苏、浙江、安徽、江西、福建、湖南、广东、广西、河南、四川、贵州、云南、海南等地也有分布。

经济价值：药用活血、补五脏六腑，化积解毒。属木腐菌。

火木层孔菌（针层孔菌、桑黄）*Phellinus igniarius* Quèl.

生态习性：生于柳、桦、杨、花楸、山楂等阔叶树的树桩或树干上或倒木上，多年生。

产地及分布：产于熊耳山区和伏牛山区。全国很多地区均有分布。

经济价值：药用。微苦，寒。利五脏，软坚，排毒，止血，活血，和胃止泻。主治淋病、崩漏带下，癥瘕积聚，癖饮，脾虚泄泻，还能治疗偏瘫一类的中风病及腹痛等。子实体热水提取物对小白鼠肉瘤 S-180 的抑制率为 87%，艾氏癌的抑制率为 80%。产生多种代谢新产物，如淀粉酶可水解淀粉，纤维素酶用于食品、糖化饲料生产等，蛋白酶用于皮革、丝绸脱胶，另有草酸、虫漆酶等。该菌能引起多种阔叶树心材白色海绵状腐朽。

八角生木层孔菌（蛋白针层孔、黄缘针层孔）*Phellinus illicicola*（Henn.）Teng

生态习性：生于栎、栲、杨及其他阔叶树枯干及枯枝或倒木、伐木桩及木桥上。

产地及分布：产于熊耳山区及伏牛山区。吉林、河北、山西、河南、陕西、甘肃、四川、安徽、江苏、江西、浙江、云南、广西、西藏等地也有分布。

经济价值：属木腐菌，引起被侵害木材白色腐朽。

裂蹄木层孔菌（裂蹄针层孔菌、针裂蹄、裂蹄木层孔）*Phellinus linteus* Teng

生态习性：生于杨、栎、漆等树木的枯立木及立木与树干上。

产地及分布：产于熊耳山及伏牛山区。河北、山西、吉林、黑龙江、安徽、浙江、广东、河南、陕西、新疆、青海、云南、海南等地也有分布。

经济价值：药用。子实体提取物对小白鼠肉瘤 S-180 的抑制率为 96.7%。属木腐菌，对树木有危害。

忍冬木层孔菌 *Phellinus lonicerinus*（Bond）Bond et Sing.

生态习性：生长在阔叶树的枯立木及立木和树干上。

产地及分布：产于熊耳山区及伏牛山区。河南、山东等地也有分布。

经济价值：木腐菌，可引起树木白色腐朽。

毛韧革菌（毛栓菌）*Stereum hirsutum*（Willd，Fr.）S. F. Gray

生态习性：生于杨、柳等阔叶树活立木、枯立木、死枝杈或伐桩上。

产地及分布：产于熊耳山区和伏牛山区。全国各地区都有分布。

经济价值：药用。民间用于除风湿、疗肺疾、止咳、化脓、生肌。对小白鼠肉瘤 S-180 和艾氏癌的抑制率分别为 90%和 80%。

多孔菌科 Polyporaceae

猪苓（猪粪菌、猪灵芝）*Grifola umbellata* Pilat.

生态习性：6~7 月生于阔叶林地上或腐木桩旁，有时也生于针叶树旁，丛生。

产地及分布：产于熊耳山区及太行山区。河北、山西、陕西、西藏、甘肃、内蒙古、四川、吉林、河南、云南、黑龙江、湖北、贵州、青海等地也有分布。

经济价值：食、药兼用。子实体幼嫩时可食用，味道鲜美。地下菌核黑色、形状多样，是著名中药，有利尿治水肿之功效。临床研究表明，猪苓富含的猪苓多糖对肝炎、肺癌、肝癌、子宫颈癌、食道癌、胃癌、肠癌、白血病、乳腺癌等有一定疗效。

大孔菌（棱孔菌）*Favolus alveolaris* Quèl.

生态习性：生于阔叶树的枯枝上。

产地及分布：产于熊耳山区及伏牛山区、鸡公山等地。黑龙江、辽宁、山西、河北、西藏、浙江、安徽、河南、湖南、广西、陕西、甘肃、四川、贵州、云南等地也有分布。

经济价值：药用。子实体的提取物对小白鼠肉瘤 S-180 的抑制率为 70%，对艾氏癌抑制率为 60%。能导致多种阔叶树木质部形成白色杂斑腐朽。

漏斗大孔菌（漏斗棱孔菌）*Favolus arcularius* Ames.

生态习性：夏、秋季在多种阔叶树倒木及枯树上群生。

产地及分布：产于熊耳山区及大别山、桐柏山区等地。香港、海南、内蒙古、黑龙江、新疆、云南、甘肃、西藏、陕西、台湾等地也有分布。

经济价值：食、药兼用。幼嫩时柔软，可以食用。对小白鼠肉瘤 S-180 抑制率为 90%，对艾氏癌的抑制率为 100%。常出现在木耳、毛木耳或香菇段木上。

宽鳞大孔菌（宽鳞棱孔）*Favolus squamosus* Ames.

生态习性：生于柳、杨、榆、槐、洋槐及其他阔叶树的树干上。

产地及分布：产于熊耳山区、伏牛山区和大别山区等地。河北、河南、山西、内蒙古、吉林、江苏、西藏、湖南、陕西、甘肃、青海、四川等地也有分布。

经济价值：食用，幼时可食。此菌生长在树木上引起木材白色腐朽。试验对小白鼠肉瘤 S-180 抑制率为 60%。

冠突多孔菌（毛地花）*Polyporus cristatus* Fr.

生态习性：生长在阔叶树林地上，多成群、成丛生长在一起。

产地及分布：产于熊耳山区。吉林、青海、西藏、云南等地也有分布。

经济价值：幼嫩时可食用。能与杨等树木形成菌根。

青柄多孔菌（褐多孔菌）*Polyporus picipes* Fr.

生态习性：生于阔叶树腐木上，有时也生于针叶树上。

产地及分布：产于熊耳山区及伏牛山区。辽宁、吉林、黑龙江、河北、甘肃、江苏、安徽、浙江、江西、广西、福建、四川、云南、贵州、西藏等地均有分布。

经济价值：属木腐菌，导致桦、椴、水曲柳、槭等的木质部形成白色腐朽。可产生齿孔菌酸、有机酸、多糖类以及纤维素酶、漆酶等代谢产物，供轻工、化工及医药使用。

拟多孔菌 *Polyporellus brumalis* Karst.

生态习性：生于针叶或阔叶树枯立木或倒木上，单生或群生。

产地及分布：产于熊耳山区。吉林、山西、内蒙古、黑龙江、陕西、甘肃、河南、广西、四川、贵州、河北、西藏、青海、云南等地也有分布。

经济价值：幼嫩时可食用。属木腐菌。

多孔菌（多变拟多孔菌） *Polyporus varius* Karst.

生态习性：生于杨、栎、桦等阔叶树腐木上，稀生于云杉树上。散生或群生。

产地及分布：产于熊耳山区。四川、河北、云南、海南、广东、江西、安徽、陕西、青海、浙江、新疆、甘肃、黑龙江、吉林等地也有分布。

经济价值：药用。祛风散寒，舒筋活络。用以治腰腿痛、手脚麻木。还可抗癌。属木腐菌，能引起阔叶树木质白色腐朽。

茯苓（松茯苓、茯灵、茯兔） *Poria cocos*（Schw.）Wolf.

生态习性：生于多种松树的根际。偶见于其他针叶树及阔叶树的根部，其土质以沙质适宜。

产地及分布：产于熊耳山区的内乡、嵩县、栾川及太行山区。安徽、福建、云南、湖北、浙江、四川等南方各地也有分布。

经济价值：食、药兼用。具有滋补、安神、利尿、退热、健脾、养肺、助消化、安胎、止咳、宁心益气等功能，还具有降低血糖的作用。对小白鼠肉瘤 S-180 的抑制率达 96.88%。

褐黏褶菌 *Gloeophyllum subferrugineum*（Berk.）Bond. et Sing.

生态习性：夏、秋季群生于冷杉、松等倒腐木上。

产地及分布：产于熊耳山区及伏牛山区的内乡等地。福建、江苏、浙江、江西、湖南、海南、广西、吉林、安徽、甘肃、西藏、台湾、广东、云南等地也有分布。

经济价值：属木腐菌，导致针叶树木材、原木、木质桥梁、枕木木材褐色腐朽。该菌对小白鼠肉瘤 S-180 的抑制率为 80%。

杨锐孔菌（囊层菌） *Oxyporus populinus* Donk.

生态习性：生于杨、栎、桦、榆、槭等阔叶树干基部，常附有苔藓。

产地及分布：产于熊耳山区及伏牛山区。河北、山西、河南、陕西、四川、贵州、云南、福建、广西、黑龙江、甘肃、内蒙古等地也有分布。

经济价值：属木腐菌，形成白色腐朽。

蹄形干酪菌 *Tyromyces lacteus* Murr.

生态习性：生于阔叶树或针叶树腐木上。

产地及分布：产于熊耳山区和伏牛山区。河北、山西、四川、浙江、江西、广东、云南、西藏等地也有分布。

经济价值：药用，据试验对小白鼠肉瘤 S-180 和艾氏癌的抑制率分别为 90% 和 80%。木腐菌，可引起木材褐色腐朽。常生长于香菇段木上，为害其生长。

疣面革褶菌 *Lenzites acuta* Berk. Trametes acuta Imaz.

生态习性：生于阔叶树的枯腐木上，也生于松树上。

产地及分布：产于熊耳山区和太行山区。黑龙江、河南、云南、广西、四川、广东、海南、台湾、辽宁、河北和吉林等地也有分布。

经济价值：木腐菌，引起木材腐朽。

宽褶革褶菌（宽褶革裥菌）*Lenzites platyphylla* Lev.

生态习性：夏、秋季生于腐木上。

产地及分布：产于熊耳山区。海南、广东、广西、四川、浙江、湖南、云南、西藏等地也有分布。

经济价值：木腐菌。引起木材白色腐朽。

冷杉囊孔菌（冷杉黏褶菌）*Hirschioporus abietinus* Dank

生态习性：生于针叶树的枯立木、倒木枯枝条上。

产地及分布：产于熊耳山区及大别山区等地。全国大部分省、自治区均有分布。

经济价值：药用。有抗癌作用，对小白鼠肉瘤 S-180 和艾氏癌抑制率为 100%。该菌生于云杉属、冷杉属、铁杉属、松属等针叶树枯立木、倒木上，被侵害木形成白色腐朽。

长毛囊孔菌 *Hirschioporus versatilis* Imaz.

生态习性：生于针叶树及阔叶树的腐木上。

产地及分布：产于熊耳山区。河北、安徽、江苏、浙江、江西、湖南、福建、广西、广东、海南等地均有分布。

经济价值：药用，有抗癌作用。属木腐菌。

烟管菌（烟色多孔菌、黑管菌）*Bjerkandera adusta* Karst.

生态习性：生于桦树等伐桩、枯立木、倒木上，覆瓦状排列或连成片。

产地及分布：产于熊耳山区和大别山区。黑龙江、吉林、河北、山西、陕西、甘肃、青海、宁夏、贵州、江苏、江西、福建、河南、台湾、湖南、广西、新疆、西藏等地也有分布。

经济价值：药用，有抗癌作用。木腐菌，引起木材产生白色腐朽。

毛带褐薄芝（粗壁孢革盖菌、毛芝）*Coriolus fibula* Quèl.

生态习性：生于桦、柳、李、橘等阔叶树腐木、木桩上。

产地及分布：产于熊耳山区等地。黑龙江、吉林、辽宁、河北、四川、安徽、江苏、浙江、江西、贵州、云南、广东、海南、广西、福建、陕西等地也有分布。

经济价值：属木腐菌，可侵害树木木质部，形成白色腐朽。此菌含纤维素分解酶，可应用于分解纤维素为糖类，用作食品和工业的原料。有时生长在香菇、木耳段木上视为“杂菌”。

单色云芝（齿毛芝、单色革盖菌）*Coriolus unicolor* Pat.

生态习性：于桦、杨等阔叶树的伐桩、枯立木、倒木上群生。

产地及分布：产于熊耳山区及太行山区。黑龙江、吉林、辽宁、河北、河南、山西、内蒙古、陕西、甘肃、青海、安徽、浙江、江苏、湖南、广西、四川、云南、贵州、江西、福建、新疆、西藏等地也有分布。

经济价值：药用。对小白鼠艾氏癌以及腹水癌有抑制作用。为木腐菌，被侵害部位呈白色腐朽。常出现在木耳和香菇段木上。

偏肿栓菌（短孔栓菌）*Trametes gibbosa* Fr.

生态习性：生于柞、榆、椴等树木的枯木、倒木、木桩上。

产地及分布：产于熊耳山区。河南、福建、浙江、四川、贵州、广西、广东、西藏、吉林、黑龙江、河北、山西、甘肃、青海、湖南、江西、台湾等地也有分布。

经济价值：药用。该菌含抗癌物质，子实体热水提取物和乙醇提取物对小白鼠肉瘤S-180抑制率为49%，而对艾氏癌抑制率为80%。

灰栓菌 *Trametes griseo-dura* Teng

生态习性：生于阔叶树的枯腐木上。

产地及分布：产于熊耳山区和大别山区等地。四川、广西、海南、福建、湖南、广东和吉林等地也有分布。

经济价值：木腐菌，可引起木材褐色腐朽。

东方栓菌（灰带栓菌、东方云芝）*Trametes orientalis* Imaz.

生态习性：在阔叶树枯立木及腐木或枕木上群生。

产地及分布：产于熊耳山区的内乡、嵩县等地。吉林、黑龙江、湖北、江西、湖南、云南、广西、广东、贵州、海南、台湾、西藏等地也有分布。

经济价值：药用，具消炎作用，可治肺结核、支气管炎、风湿。对小白鼠肉瘤S-180和艾氏癌的抑制率为80%~100%。属木腐菌，可引起枕木、树木的木材腐朽。

紫椴栓菌（密孔菌、皂角菌）*Trametes palisoti* Imaz.

生态习性：生于腐木上，有时生于枕木上。

产地及分布：产于熊耳山区及伏牛山区。河北、江苏、江西、福建、台湾、湖南、广东、海南、广西、四川、贵州、云南、黑龙江、吉林等地也有分布。

经济价值：药用，有祛风、止痒等作用。该菌属木腐菌，被侵染部分的木质形成海绵状白色腐朽。

血红栓菌（红栓菌小孔变种、朱血菌）*Trametes sanguinea* Lloyd

生态习性：夏、秋季多生于阔叶树枯立木、倒木、伐木桩上，有时也生于松、冷杉木上。

产地及分布：产于熊耳山区。吉林、河北、河南、陕西、江西、福建、台湾、贵州、四川、云南、湖南、湖北、广东、广西、海南、安徽、新疆、西藏等地也有分布。

经济价值：药用，有生肌、行气血、去湿痰、除风湿、止痒、顺气和止血等功效。民间用于消炎，用火烧研粉敷于疮伤处即可。有抑制癌细胞作用，对小白鼠肉瘤S-180的抑制率为90%。子实体含有对革兰阴、阳性菌有抑制作用的多孔蕈素（polyporin）。

赭肉色栓菌 *Trametes insularis* Murr.

生态习性：生于针叶树，如冷杉、云杉、松等枯倒木和伐桩上。

产地及分布：产于熊耳山区及伏牛山区。云南、广西、吉林、黑龙江、台湾和西藏等地也有分布。

经济价值：木腐菌，导致木材浅黄色柔软状腐朽。

白肉迷孔菌科 Fomitopsidaceae

木蹄层孔菌（木蹄）*Fomes fomentarius* Kick.

生态习性：生于栎、桦、杨、柳、椴、苹果等阔叶树干上或木桩上。往往在阴湿或光少的环境出现棒状畸形子实体。

产地及分布：产于熊耳山区及伏牛山区的嵩县、内乡、栾川等地。香港、广东、广西、云南、贵州、河南、陕西、四川、湖南、湖北、山西、河北、内蒙古、甘肃、吉林、辽宁、黑龙江、西藏、新疆等地也有分布。

经济价值：药用。有消积、化瘀、抗癌作用，用以治疗小儿积食、食道癌、胃癌、子宫癌等疾病。试验对小白鼠肉瘤 S-180 的抑制率达 80%。

牛肝菌科 Boletaceae

亚绒盖牛肝菌（绒盖牛肝菌）*Xerocomus subtomentosus* Quèl.

生态习性：夏、秋季于阔叶林或杂交林地中散生。

产地及分布：产于熊耳山区及伏牛山区。吉林、福建、海南、广东、浙江、湖南、辽宁、江苏、安徽、台湾、河南、陕西、贵州、云南等地也有分布。

经济价值：食用。与松、栗、榛、山毛榉、栎、杨、柳、云杉、椴等形成外生菌根。

黄粉牛肝菌（黄肚菌、黄粉末牛肝菌）*Pulveroboletus ravenelii* Murr.

生态习性：夏、秋季在林地上单生或群生。

产地及分布：产于熊耳山区及伏牛山区和大别山区。吉林、江苏、安徽、广东、广西、四川、河南、云南、贵州、山西、甘肃、陕西、福建、湖南等地也有分布。

经济价值：毒菌，误食后主要引起头晕、恶心、呕吐等病症。入药能驱风散寒，舒筋活络。与马尾松等树木形成外生菌根。

黏盖牛肝菌（黏盖牛肝、乳牛肝菌）*Suillus bovinus* O. Kuntze

生态习性：夏、秋季在松林或其他针叶林地上丛生或群生。

产地及分布：产于熊耳山区和大别山区等地。安徽、浙江、江西、福建、台湾、湖南、广东、四川、云南等地也有分布。

经济价值：食用。含有抗癌活性物质，对小白鼠肉瘤 S-180 的抑制率为 90%，对艾氏癌的抑制率为 100%。与栎、松等树木形成菌根。

橙黄黏盖牛肝菌（黄乳牛肝菌）*Suillus flavaus* Sing.

生态习性：夏、秋季在针叶林地上散生或大量群生。

产地及分布：产于熊耳山区和大别山区。黑龙江、吉林、陕西、四川、云南、贵州、西藏等地也有分布。

经济价值：食用。树木的外生菌根菌。

皱盖疣柄牛肝菌（虎皮牛肝）*Leccinum rugosiceps* Sing.

生态习性：夏、秋季在杂木林地上单生或群生。

产地及分布：产于熊耳山区和大别山区。广西、四川、云南、贵州、西藏等地也有分布。

经济价值：食用。属外生菌根菌。

褐疣柄牛肝菌 *Leccinum scabrum* Gray

生态习性：夏、秋季在阔叶林地上单生或散生。

产地及分布：产于熊耳山区。黑龙江、吉林、广东、江苏、安徽、浙江、西藏、陕西、新疆、青海、四川、云南、辽宁等地也有分布。

经济价值：食用，味道鲜美，菌肉细嫩。可与桦、山毛榉、松等形成外生菌根。

苦粉孢牛肝菌（老苦菌、闹马肝）*Tylopilus felleus* Karst

生态习性：夏、秋季在马尾松或混交林地上单生或群生。

产地及分布：产于熊耳山区及大别山区等地。吉林、河北、山西、江苏、湖南、安徽、福建、四川、云南、广东、海南、台湾等地也有分布。

经济价值：毒菌。入药有下泻、滑肠通便等功效。与松、栎等形成外生菌根。

红网牛肝菌（褐黄牛肝菌）*Boletus luridus* Schaeff. Fr.

生态习性：夏、秋季生于阔叶林或混交林地上。

产地及分布：产于熊耳山区的嵩县、内乡及大别山区等地。河北、黑龙江、江苏、安徽、河南、甘肃、新疆、四川、广东、云南等地也有分布。

经济价值：毒菌。含胃肠道刺激物等毒素。中毒后主要出现神经系统及胃肠道病症。与马尾松、栎等树木形成菌根。

紫红牛肝菌 *Boletus purpureus* Fr.

生态习性：夏、秋季生于阔叶林地上。

产地及分布：产于熊耳山区的卢氏、嵩县等地。河北、江苏、安徽等地也有分布。

经济价值：毒菌，与栎、栗形成菌根。

削脚牛肝菌（红脚牛肝）*Boletus queletii* Schulz.

生态习性：夏、秋季于林地上群生或丛生。

产地及分布：产于熊耳山区卢氏、内乡等地及太行山区的辉县、林州。河北、吉林、江苏、安徽、福建、四川、西藏、新疆、贵州、云南等地也有分布。

经济价值：食、药兼用。此菌含有抗癌活性物质，对小白鼠肉瘤 S-180 及艾氏癌的抑制率均为 100%。与杨等树木形成菌根。

蜡伞科 Hygrophoraceae

变黑蜡伞 *Hygrophorus conicus* Fr.

生态习性：夏、秋季在针、阔叶林地上群生。

产地及分布：产于熊耳山区和大别山区。四川、吉林、河北、台湾、云南、西藏、河南、辽宁、黑龙江、福建、广西、湖南、新疆等地也有分布。

经济价值：毒菌。中毒后潜伏期较长，发病后剧烈吐泻，类似霍乱，严重者可因脱水休克而死亡。

小红湿伞（朱红蜡伞、小红蜡伞）*Hygrophorus miniatus* Fr.

生态习性：夏、秋季生于林缘地上，群生。

产地及分布：产于熊耳山区和大别山、桐柏山区。吉林、江苏、安徽、广西、广东、台湾、西藏、甘肃、湖南等地也有分布。

经济价值：食用，此菌虽然分布比较广泛，但子实体一般弱小而水分多，食用意义不大。

大杯伞（大漏斗菌）*Clitocybe maxima* Quèl.

生态习性：夏、秋季在林地上或腐枝落叶层群生或近丛生。

产地及分布：产于熊耳山区的内乡、嵩县等地。吉林、河北、山西、黑龙江、青海等地也有分布。

经济价值：食用。

赭杯伞 *Clitocyb sinopica* Gill.

生态习性：夏、秋季在林地上单生或散生。

产地及分布：产于熊耳山区。云南、吉林、新疆、安徽、贵州、湖北、西藏等地也有分布。

经济价值：食用。

白蘑科 Tricholomataceae

香菇（香蕈、椎耳、香信、冬菰） *Lentinus edodes* Sing.

生态习性：多在秋、冬、春季生长，很少生于夏季，生于阔叶树倒木上。

产地及分布：产于熊耳山区及泌阳、西峡等地。分布于我国东南部热带亚热带地区。北部自然分布到甘肃、陕西、西藏南部。

经济价值：食、药兼用，食用、药用价值均很高。经常食用可以预防人体因缺乏维生素 D 引起的血磷和血钙代谢的障碍后所患的佝偻病，预防人体各种黏膜及皮肤的炎症、毛细血管破裂、牙床及腹腔出血等。香菇多糖对癌细胞有强烈的抑制作用，还能诱导产生干扰素，具有抗病毒能力。香菇含有水溶性鲜味物质，可用作食品调味品，其主要成分为核苷酸。

白环黏奥德蘑（白环蕈、黏小奥德蘑） *Oudenmansiella mucida* Hohnel

生态习性：夏、秋季生在树桩或倒木、腐木上群生或近丛生，有时单生。

产地及分布：产于熊耳山区。河北、山西、黑龙江、福建、广西、陕西、云南、西藏等地也有分布。

经济价值：食用，但味道较差，并带有腥味。此菌可产生黏蘑菌素（mucidin），对真菌有拮抗作用。子实体提取物对小白鼠肉瘤 S-180 的抑制率为 80%，对艾氏癌的抑制率为 90%。属阔叶树木的腐朽菌。

紫晶蜡蘑（假花脸蘑、紫皮条菌） *Laccaria amethystea* Murr.

生态习性：夏、秋季在林地上单生或群生，有时近丛生。

产地及分布：产于熊耳山区及大别山区。广西、四川、西藏、山西、甘肃、陕西、河南、云南等地也有分布。

经济价值：食用。该菌对小白鼠肉瘤 S-180 和艾氏癌的抑制率均为 60%。此种又是树木的外生菌根菌，与红松、云杉、冷杉形成菌根。

灰离褶伞（块根蘑） *Lyophyllum cinerascens* Konr. et Maubl.

生态习性：秋季在林地上群生。

产地及分布：产于熊耳山区。黑龙江、吉林、河南、青海、云南、西藏等地也有分布。

经济价值：食、药兼用。此种菌肉肥厚，味道鲜美，属优良食菌，已有人工栽培。该菌对小白鼠肉瘤 S-180 的抑制率为 80%，对艾氏癌的抑制率为 90%。

黄干脐菇（钟形脐菇） *Xeromphalina campanella* Kuhn. et Maire.

生态习性：夏、秋季在林中腐朽木桩上大量群生或丛生。

产地及分布：产于熊耳山区及太行山区、大别山区等地。西藏、甘肃、新疆、黑龙江、辽宁、吉林、山西、江苏、福建、台湾、广西、四川、云南等地也有分布。

经济价值：食用。该菌对小白鼠肉瘤 S-180 的抑制率为 70%，对艾氏癌的抑制率为 70%。本菌又属阔叶树的外生菌根菌。

脐顶小皮伞（脐顶皮伞）*Marasmius chordalis* Fr.

生态习性：夏季在针阔叶林中腐叶层上成群生长。

产地及分布：产于熊耳山区。河北、广东、福建等地也有分布。

经济价值：食用。

丛生斜盖伞（密簇斜盖伞）*Clitopilus caespitosus* Pk.

生态习性：夏、秋季在林地上丛生。

产地及分布：产于熊耳山区和太行山区。河北、山西、黑龙江、吉林、内蒙古、江苏等地也有分布。

经济价值：食用，味鲜美，属优良食用菌。

栎小皮伞（栎金钱菌、嗜栎金钱菌）*Marasmius dryophilus* Karst.

生态习性：一般在阔叶林或针叶林地上成丛或成群生长。

产地及分布：产于熊耳山区的嵩县、内乡等地。河北、河南、内蒙古、山西、吉林、陕西、甘肃、青海、安徽、广东、云南、西藏等地也有分布。

经济价值：毒菌，含有胃肠道刺激物，食后会引起中毒，故采食时要注意。

红柄小皮伞 *Marasmius erythropus* Fr.

生态习性：夏季在阔叶林地上群生或近丛生。

产地及分布：产于熊耳山区内乡及信阳等地。吉林、河南、江苏、台湾、云南、西藏等地也有分布。

经济价值：食用。

琥珀小皮伞 *Marasmius siccus*（Schw.）Fr.

生态习性：夏、秋季于林中落叶层上群生或单生。

产地及分布：产于熊耳山区的内乡等地。四川、吉林、河北、山西、陕西、甘肃、青海、江苏、贵州、广西、江西、黑龙江、辽宁、河南、西藏、山东等地也有分布。

经济价值：不明。

斜盖粉褶菌（角孢斜盖伞）*Rhodophyllus abortivus* Sing.

生态习性：秋季在林地上近丛生、群生或单生。

产地及分布：产于熊耳山区的嵩县、内乡等地。云南、吉林、河北、四川、陕西、河南等地也有分布。

经济价值：食、药兼用。食用味道鲜美。子实体或菌丝体的提取物对小白鼠肉瘤 S-180 及艾氏癌的抑制率均为 90%。

晶盖粉褶菌（红质赤褶菇）*Rhodophyllus clypeatus* Quèl.

生态习性：夏、秋季在混交林地上群生或散生。

产地及分布：产于熊耳山区的内乡等地。河北、黑龙江、吉林、青海、四川等地也有分布。

经济价值：食用。该菌对小白鼠肉瘤 S-180 的抑制率为 100%，对艾氏癌的抑制率为 100%。与李、山楂等树木形成外生菌根。

毒粉褶菌（土生红褶菌）*Rhodophyllus sinuatus* Pat.

生态习性：夏、秋季在混交林地往往大量成群或成丛生长，有时单个生长。

产地及分布：产于熊耳山区的嵩县、内乡及大别山区等地。吉林、四川、云南、江苏、安徽、台湾、河南、河北、甘肃、广东、黑龙江等地也有分布。

经济价值：极毒菌。此菌中毒后，潜伏期 0.5~6 小时。发病后出现强烈恶心、呕吐、腹痛、腹泻、心跳减慢、呼吸困难、尿中带血等症状，严重者可死亡。该菌对小白鼠肉瘤 S-180 的抑制率为 100%，对艾氏癌的抑制率为 100%。与栎、山毛榉、鹅耳枥等树木形成菌根。

鹅膏菌科 Amanitaceae

白橙盖鹅膏菌（橙盖伞白色变种）*Amonita caesarea* Pers.

生态习性：夏、秋季在林地上单生、散生或群生。

产地及分布：产于熊耳山区、信阳等地。黑龙江、江苏、福建、安徽、四川、云南、西藏等地也有分布。

经济价值：食用，味道较好。形态、颜色与剧毒的白毒伞（*Amanita verna*）比较相似，其主要区别是后者子实体较细弱，菌盖边缘无条纹，菌托及孢子均较小。采食时要特别注意。另外，该菌是树木的外生菌根菌。

橙黄鹅膏菌（柠檬黄伞）*Amanita citrina* Pers.

生态习性：夏、秋季在林地上单生或散生。

产地及分布：产于熊耳山区。吉林、江苏、云南、西藏等地也有分布。

经济价值：毒菌，含有蟾蜍素（bufotenine）及有关化合物，可使视觉紊乱或产生彩色幻视。另记载此菌还含有 5-羟色胺（serotonin）及 N-甲基-5-羟色胺（N-methyl-5-serotonin）。此菌与云杉、冷杉、松、栎等形成菌根。

块鳞青鹅膏菌（青鹅膏、块鳞青毒伞）*Amanita excelsa* Quèl.

生态习性：常在阔叶林地上单个生长。

产地及分布：产于熊耳山区、鸡公山等地。江苏、四川、广东、云南等地也有分布。

经济价值：据记载极毒，毒素不明。毒性与豹斑鹅膏菌相似。误食后，除有肠胃炎型症状外，主要出现神经精神型症状。此菌为树木的外生菌根菌，与云杉、松等形成外生菌根。

黄盖鹅膏菌（黄盖鹅膏、黄盖伞、白柄黄盖伞）*Amanita gemmata* Gill.

生态习性：夏、秋季在针、阔混交林地上单独生长或成群生长。

产地及分布：产于熊耳山区及大别山区等地。云南、西藏、安徽、江苏、浙江、福建、广东、广西、四川、海南等地也有分布。

经济价值：毒菌，引起肠胃炎型和肝损害型中毒。与松、云杉、铁杉、栎等形成外生菌根。

毒鹅膏菌（绿帽菌、鬼笔鹅膏、毒伞）*Amanita phalloides* Secr.

生态习性：夏、秋季在阔叶林地上单生或群生。

产地及分布：产于熊耳山区和大别山区、桐柏山区。江苏、江西、湖北、安徽、福建、湖南、广东、广西、四川、贵州、云南等地也有分布。

经济价值：极毒菌，含有毒肽（phallotoxins）和毒伞肽（amatoxins）两大类毒素。误食后潜伏期6~24小时。发病初期恶心、呕吐、腹痛、腹泻，经1~2天好转，这时患者误认为病愈，实际上毒素进一步损害肝、肾、心脏、肺、大脑中枢神经系统，接着病情很快恶化，出现呼吸困难、烦躁不安、谵语、面肌抽搐、小腿肌肉痉挛。病情进一步加重，出现肝、肾细胞损害，黄疸，急性肝炎，肝肿大及肝萎缩，最后昏迷。死亡率高达50%以上。对中毒者必须及时采取以解毒保肝为主的治疗措施。子实体的提取液对大白鼠吉田肉瘤有抑制作用。此菌是树木的外生菌根菌。

纹缘鹅膏菌（纹缘毒伞、条缘鹅膏菌）*Amanita spreta* Sacc.

生态习性：生于林地上，散生。

产地及分布：产于熊耳山区及太行山区等地。四川、江苏、安徽、湖南、湖北、陕西、广东等地也有分布。

经济价值：极毒菌，含有毒肽（phallotoxins）和少量红细胞溶解素等毒素，属肝损害型毒素，中毒严重者可致死亡。此菌是树木的外生菌根菌。

鳞柄白毒鹅膏菌（鳞柄白毒伞）*Amanita virosa* Lam，Fr.

生态习性：夏、秋季在阔叶林地上单生或散生。

产地及分布：产于熊耳山区的内乡和大别山区等地。吉林、广东、北京、四川等地也有分布。

经济价值：极毒菌，被称作“致命小天使”。毒性很强，死亡率很高。含有毒肽及毒伞肽毒素。中毒症状同毒鹅膏菌（*Amanita phalloides*）、白毒鹅膏菌（*Amanita verna*），属“肝损害型”。此菌可与栗及松等树木形成菌根。

蘑菇科 Agaricaceae

锐鳞环柄菇（尖鳞环柄菇、红环柄菇）*Lepiota acutesquamosa* Gill.

生态习性：夏、秋季在松林或阔叶林地上、农舍旁散生或群生。

产地及分布：产于熊耳山区。黑龙江、吉林、安徽、四川、甘肃、陕西、广东、香港、台湾、西藏等地也有分布。

经济价值：食用。

细环柄菇（盾形环柄菇）*Lepiota clypeolaria* Quèl.

生态习性：夏、秋季在林地上散生或群生。

产地及分布：产于熊耳山区及信阳等地。黑龙江、广东、吉林、山西、江苏、云南、香港、青海、新疆、西藏等地也有分布。

经济价值：此菌有的记载可食用，也有人认为有毒，不可轻易采集食用。

冠状环柄菇（小环柄菇）*Lepiota cristata* Quèl.

生态习性：夏季至秋季在林中腐叶层、草丛或苔藓间群生或单生。

产地及分布：产于熊耳山区及信阳等地。香港、河北、山西、江苏、湖南、甘肃、青海、四川、西藏等地也有分布。

经济价值：记载有毒。

淡紫环柄菇 *Lepiota lilacea* Bers.

生态习性：单生至散生或群生于阔叶林内落叶层上。

产地及分布：产于熊耳山区和太行山区。河北、广东等地也有分布。

经济价值：不明。

双环林地蘑菇（扁圆盘伞菌、双环菇） *Agaricus placomyces* Peck

生态习性：秋季在林地上及草地上单生、群生及丛生。

产地及分布：产于熊耳山区和大别山区、桐柏山区。河北、山西、黑龙江、江苏、安徽、湖南、台湾、香港、青海、云南、西藏等地也有分布。

经济价值：食用，味道较鲜，但有食后中毒的记载，要慎食。对小白鼠肉瘤S-180和艾氏癌的抑制率均为60%。

皱皮蜜环菌（皱盖囊皮菌） *Armillariella armianthina* Kauffm.

生态习性：夏、秋季在针叶林中单生或散生，有时丛生。

产地及分布：产于熊耳山区及伏牛山区。吉林、辽宁、云南、河南、山西、甘肃、四川、西藏、黑龙江等地也有分布。

经济价值：可食用。

林地蘑菇（林地伞菌） *Agaricus silvaticus* Schaeff. Fr.

生态习性：夏、秋季于针、阔叶林中地上单生至群生。

产地及分布：产于熊耳山区及信阳等地。河北、黑龙江、吉林、江苏、安徽、山西、浙江、甘肃、陕西、青海、新疆、四川、云南、西藏等地也有分布。

经济价值：食用。

粪锈伞（粪伞菌、狗尿苔） *Bolbitius vitellinus* Fr.

生态习性：春至秋季在牲畜粪上或肥沃地上单生或群生。

产地及分布：产于熊耳山区及信阳等地。黑龙江、吉林、辽宁、河北、内蒙古、山西、四川、云南、江苏、湖南、青海、甘肃、陕西、西藏、福建、广东、新疆等地也有分布。

经济价值：有毒。

黑伞科 Agaicaceae

大孢花褶伞（蝶形斑褶菇） *Panaeolus papilionaceus* Quèl.

生态习性：春至秋季在粪和粪肥地上单生或群生。

产地及分布：产于熊耳山区。吉林、香港、内蒙古、山西、甘肃、四川、陕西、云南、广东、新疆、西藏等地也有分布。

经济价值：毒菌，误食后约1小时发病。中毒症状主要表现精神异常及多形象的彩色幻视等反应。开始出现精神异常，说话困难，缺乏时间和距离概念。随后出现彩色幻视，不由自主地跑跳、狂笑等，故一般称之为“笑菌”。严重者出现肚痛、呕吐等胃肠道反应，以及瞳孔放大等症状。从开始出现反应到结束达6小时之久，但无后遗症。

球盖菇科 Strophariaceae

齿环球盖菇（冠状球盖菇） *Stropharia coronilla* Quèl.

生态习性：生于林中、山坡草地、路旁、公园等处有牲畜粪肥的地方，单生或成群生长。

产地及分布：产于熊耳山区。河南、新疆、内蒙古、西藏、云南、广西、山西、陕西、甘肃、青海等地也有分布。

经济价值：有记载可食，也有人认为有毒。

橙环锈伞（橙鳞伞）*Pholiota junonia* Karst.

生态习性：夏、秋季在倒腐木上单生或近丛生。

产地及分布：产于熊耳山区。吉林、四川、西藏等地也有分布。

经济价值：有记载含微毒，不宜食用。

黄伞（柳蘑、多脂鳞伞）*Pholiota adiposa* Quèl.

生态习性：秋季生于杨、柳及桦等的树干上，有时也生在针叶树干上，单生或丛生。

产地及分布：产于熊耳山区。河北、山西、吉林、浙江、河南、西藏、广西、甘肃、陕西、青海、新疆、四川、云南等地也有分布。

经济价值：食、药用菌，味道较好，能够人工栽培。此菌子实体表面有一层黏质，经盐水、温水、碱溶液或有机溶剂提取可得多糖体，此多糖体对小白鼠肉瘤 S-180 和艾氏腹水瘤的抑制率均达 80%~90%。此外，还可预防葡萄球菌、大肠杆菌、肺炎杆菌和结核杆菌的感染。

丝膜菌科 Lortinariaceae

米黄丝膜菌（多形丝膜菌）*Cortinarius multiformis* Fr.

生态习性：秋季于针叶林及混交林地上群生或散生。

产地及分布：产于熊耳山区。山西、台湾、湖南、四川、吉林、贵州、西藏、黑龙江、辽宁等地也有分布。

经济价值：食用。与松、栎形成菌根。

紫丝膜菌（紫色丝膜菌）*Cortinarius purpurascens* Fr.

生态习性：秋季于混交林地上群生或散生。

产地及分布：产于熊耳山区。黑龙江、吉林、湖南、贵州、云南、西藏、青海、四川等地也有分布。

经济价值：食、药兼用，有抗癌作用。此菌为树木的外生菌根菌。

黄丝膜菌 *Cortinarius turmalis* Fr.

生态习性：夏、秋季于针、阔叶林地上群生。

产地及分布：产于熊耳山区和太行山区。吉林、辽宁、安徽、湖南、云南等地也有分布。

经济价值：食、药兼用。该菌对小白鼠肉瘤 S-180 抑制率为 60%，对艾氏癌的抑制率为 70%。还有抑菌和抗菌作用。该菌是树木的外生菌根菌。

绿褐裸伞（铜绿菌）*Gymnopilus aeruginosus* Sing.

生态习性：夏、秋季多在针叶树腐木或树皮上群生、单生或丛生。

产地及分布：产于熊耳山区。吉林、甘肃、河南、海南、湖南、广西、云南、福建、西藏、香港等地也有分布。

经济价值：毒菌，误食后会引起头晕、恶心、神志不清等中毒症状。属木腐菌。

褐丝盖伞 *Inocybe brunnea* Quèl.

生态习性：夏、秋季生于林地上。

产地及分布：产于熊耳山区和大别山区、桐柏山区。云南、西藏等地也有分布。

经济价值：毒菌。

黄丝盖伞（黄毛锈伞） *Inocybe fastigiata* Fr.

生态习性：夏、秋季在林中或林缘地上单独或成群生长。

产地及分布：产于熊耳山区和大别山区、桐柏山区。河北、山西、吉林、福建、贵州、江苏、四川、香港、云南、内蒙古、青海、甘肃、新疆、黑龙江等地也有分布。

经济价值：毒菌。误食后除主要有胃肠道中毒症状外，还出现发热或发冷，大量出汗，瞳孔放大，视力减弱，四肢痉挛等。及早催吐和用阿托品治疗较好。此菌入药可抗湿疹。可与栎、柳形成外生菌根。

淡紫丝盖伞 *Inocybe lilacina* Kauffm.

生态习性：夏、秋季在云杉林地上成群或成丛生长。

产地及分布：产于熊耳山区。四川、吉林、黑龙江等地也有分布。

经济价值：毒菌。此菌含毒蝇碱，食后产生神经型或精神型中毒症状。

茶褐丝盖伞（茶色毛锈伞） *Inocybe umbrinella* Bres.

生态习性：夏、秋季在林地上单生或散生。

产地及分布：产于熊耳山区。河北、山西、吉林、四川、新疆、香港、云南、贵州、内蒙古、西藏等地也有分布。

经济价值：毒菌。中毒后产生神经型或精神型疾病的症状。

黄盖丝膜菌（侧丝膜菌） *Cortinarius latus* Fr.

生态习性：在云杉林地上大量群生。

产地及分布：产于熊耳山区的内乡等地。青海、西藏、云南、吉林、新疆等地也有分布。

经济价值：食用。该菌对小白鼠肉瘤 S-180 和艾氏癌的抑制率均可达 100%。为树木的外生菌根菌。

芜菁状丝膜菌 *Cortinarius rapaceus* Fr.

生态习性：夏、秋季在针、阔叶林地上丛生。

产地及分布：产于熊耳山区等地。四川、吉林和西藏等地也有分布。

经济价值：可食用。

锈色丝膜菌 *Cortinarius subferrugineus* Fr.

生态习性：夏、秋季于针、阔叶林地上群生或散生。

产地及分布：产于熊耳山区。四川、黑龙江、青海、吉林、辽宁和西藏等地也有分布。

经济价值：与栎类树木形成外生菌根。

橘黄裸伞（红环锈伞、大笑菌） *Gymnopilus spectabilis* Sing.

生态习性：夏、秋季在阔叶或针叶树腐木上或树皮上群生或丛生。

产地及分布：产于熊耳山区。黑龙江、吉林、内蒙古、福建、湖南、广西、云南、海南、西藏等地也有分布。

经济价值：毒菌。此菌中毒后主要表现为精神型中毒症状，中毒者如同醉酒一般，手舞足蹈，行动不稳，狂笑，或出现意识障碍、谵语，或产生幻觉、视力不清、头晕眼花等症。该菌可能含有幻觉诱发物质。中毒严重者会引起死亡。该菌对小白鼠肉瘤 S-180 的抑制率为 60%，对艾氏癌的抑制率为 70%。可使多种树木的倒木、立木的木材腐朽。

星孢丝盖伞（星孢毛锈伞）*Inocybe asterospora* Quèl.

生态习性：夏、秋季在林中阔叶树下群生或散生。

产地及分布：产于熊耳山区和太行山区。河北、吉林、江苏、山西、浙江、云南、贵州、四川、湖南、香港、福建等地也有分布。

经济价值：极毒菌。误食此菌后猛烈发汗，唾液及支气管黏液分泌亢进，瞳孔缩小，脉搏变弱，肠蠕动亢进。严重时发汗过多虚脱导致死亡。有的引起黄疸、肝功能减退、心肌损害等症。与山毛榉可形成外菌根。

白绒鬼伞（绒鬼伞）*Coprinus lagopus* Fr.

生态习性：生于肥土地上或生林地上。

产地及分布：产于熊耳山区。黑龙江、吉林、辽宁、河北、新疆、广西、四川、云南、内蒙古、青海、广东等地也有分布。

经济价值：药用。含抗癌活性物质，对小鼠肉瘤 S-180 和艾氏癌抑制率分别为 100% 和 90%。

毡毛小脆柄菇（疣孢花边伞）*Psathyrella velutina* Sing.

生态习性：春、夏季生林地、田间或肥土处，群生。

产地及分布：产于熊耳山区及信阳的罗山、新县、商城等地。广东、海南、香港、台湾、河北、河南、云南、四川、西藏等地也有分布。

经济价值：食用。

黄茸锈耳（鳞锈耳、黄茸靴耳）*Crepidotus fulvotomentosus* Peck

生态习性：夏、秋季在腐木上群生。

产地及分布：产于熊耳山区。河北、四川、江苏等地也有分布。

经济价值：食用。属木腐菌。

卷边网褶菌（卷边桩菇）*Paxillus involutus* Fr.

生态习性：春末至秋季多在杨树等阔叶林地上群生、丛生或散生。

产地及分布：产于熊耳山区等地。河北、北京、吉林、黑龙江、福建、山西、宁夏、安徽、湖南、广东、四川、云南、贵州、西藏等地也有分布。

经济价值：食、药兼用，但有报道有毒或生吃有毒，能引起胃肠道疾病症状，采食时需小心。入药有治腰腿疼痛、手足麻木、筋骨不舒的功效。

铆钉菇科 Gomphidiaceae

血红铆钉菇（红肉蘑、铆钉菇）*Gomphidius rutilus* Land. et Nannf.

生态习性：夏、秋季在松林地上单生或群生。

产地及分布：产于熊耳山区的嵩县、内乡、栾川等地。河北、山西、吉林、黑龙江、辽宁、云南、西藏、广东、湖南、青海、四川等地也有分布。

经济价值：食、药兼用。该菌肉质肥厚，味道鲜美，入药可治疗神经性皮炎，还是针叶树木重要的外生菌根菌。

笼头菌科 Clathraceae

佛手菌（爪哇尾花菌） *Anthurus javanicus* Cunn.

生态习性：夏、秋季在林中腐殖质多的地上或腐朽木上生长。

产地及分布：产于熊耳山区及大别山区等地。分布于台湾、广东、海南、安徽、云南、四川、湖南等地。

经济价值：药用。有人因孢体具臭气味而认为其有毒，据记载无毒。入药具有清热解毒、消肿之功效。

鬼笔科 Phallaceae

蛇头菌 *Mutinus caninus* Fr.

生态习性：夏、秋季通常于林地上单生或散生，有时群生。

产地及分布：产于熊耳山区等地。河北、吉林、内蒙古、青海、广东等地也有分布。

经济价值：毒菌。

地星科 Geastraceae

毛咀地星 *Geastrum fimbriatum* Fischer

生态习性：夏末秋初生于林中腐枝落叶层地上，散生或近群生，有时单生。

产地及分布：产于熊耳山区。黑龙江、河北、河南、宁夏、甘肃、西藏、青海、湖南等地也有分布。

经济价值：药用。孢粉有消炎、止血、解毒作用。

尖顶地星 *Geastrum triplex* Fisch.

生态习性：在林地上或苔藓间单生或散生。

产地及分布：产于熊耳山区及大别山区等地。河北、山西、吉林、甘肃、宁夏、青海、新疆、四川、云南、西藏等地也有分布。

经济价值：药用。有消肿、解毒、止血、清肺、利喉等功效。

马勃菌科 Lycoperdales

粗皮马勃 *Lycoperdon asperum* de Toni

生态习性：于林地上单生。

产地及分布：产于熊耳山区等地。河北、吉林、内蒙古、新疆、云南、甘肃、陕西、青海、江苏、浙江、安徽、四川、贵州、西藏等地也有分布。

经济价值：食、药兼用。幼嫩时可食，美味。入药具消肿、止血、清肺、利咽等功效。

褐皮马勃（裸皮马勃） *Lycoperdon fuscum* Bon.

生态习性：生于林中枯枝落叶层或苔藓地上，单生至近丛生。

产地及分布：产于熊耳山区等地。山西、黑龙江、辽宁、吉林、青海、云南、西藏、甘肃等地也有分布。

经济价值：幼嫩时可食用。

梨形马勃（梨形灰包） *Lycoperdon pyriforme* Schaeff. Pers.

生态习性：夏、秋季在林地上或腐熟木桩基部丛生、散生或密集群生。

产地及分布：产于熊耳山区及大别山区等地。河北、山西、内蒙古、黑龙江、吉林、安徽、台湾、广西、陕西、甘肃、青海、新疆、四川、西藏、云南等地也有分布。

经济价值：食、药兼用。幼时可食。成熟后内部充满孢丝和孢粉，可用于外伤止血。

白刺马勃 *Lycoperdon wrightii* Berk. et Curt.

生态习性：生于林地上，多丛生。

产地及分布：产于熊耳山区等地。河北、陕西、甘肃、青海、江苏、江西、河南、四川等地也有分布。

经济价值：药用，具有止血、消炎、解毒等功效。

鸟巢菌科 Nidulariales

隆纹黑蛋巢菌 *Cyathus striatus Willd*，Pers.

生态习性：夏、秋季生于落叶林中朽木、腐殖质多的地上或苔藓间，多群生。

产地及分布：产于熊耳山区及太行山区。黑龙江、河北、山西、甘肃、陕西、江苏、安徽、浙江、江西、福建、湖南、四川、云南、广东、广西等地也有分布。

经济价值：药用，有镇痛、止血、解毒等功效。可产生鸟巢素（cyathin），对金黄色葡萄球菌有显著抑制作用。此菌可用于止胃痛。

黑腹菌（含糊黑腹菌）*Melanogaster ambignus*（Vitt.）Tul.

生态习性：在橡树下或松林下的土中半埋生。有浓厚的大蒜气味。

产地及分布：产于熊耳山区等地。辽宁、河北等地也有分布。

经济价值：药用。

硬皮马勃科 Sclerodermataceae

光硬皮马勃 *Scleroderma cepa* Pers.

生态习性：夏、秋季生于林地上，群生或散生。

产地及分布：产于熊耳山区等地。江苏、浙江、河南、湖北、湖南、四川、贵州、云南等地也有分布。

经济价值：食、药兼用。幼时可食用。成熟后药用。孢粉有止血、消肿、解毒作用。治疗咳嗽、咽喉肿痛、鼻出血、痔疮出血等症。属于树木的外生菌根菌。

橙黄硬皮马勃 *Scleroderma citrinum* Pers.

生态习性：夏、秋季于松及阔叶林沙地上群生或单生。

产地及分布：产于熊耳山区及大别山区等地。福建、台湾、广东、西藏等地也有分布。

经济价值：食、药兼用。含有微毒，但有些地区在其幼嫩时食用。孢粉有消炎作用。又为树木的外生菌根菌。有人认为此种同金黄硬皮马勃（*Scleroderma allrantium*），但也有作为两个不同的种。

疣硬皮马勃（灰疣硬皮马勃）*Sclerodema verrucosum* Pers.

生态习性：夏、秋季生于林间沙地上。

产地及分布：产于熊耳山区及大别山区等地。甘肃、河北、江苏、四川、云南、西藏等地也有分布。

经济价值：食、药兼用。幼时可食用。药用止血。可与树木形成外生菌根。

侧耳科 Agaricales

红柄香菇（红柄斗菇）*Lentinus haematopus* Berk.

生态习性：生于阔叶树腐木上。

产地及分布：产于熊耳山区。吉林、河北、山西、陕西、安徽、浙江、云南、广东等地也有分布。

经济价值：食用。可引起木材腐朽。

毛革耳 *Panus setiger* Teng

生态习性：夏、秋季生于针、阔叶林中枯枝上。

产地及分布：产于熊耳山区。云南、广西、海南、广东、贵州等地也有分布。

经济价值：幼嫩时可食用。

勺状亚侧耳（花瓣亚侧耳）*Hohenbuehelia petaloides* Schulz.

生态习性：夏季在枯腐木上或由埋于地下的腐木上生出，群生或近丛生。

产地及分布：产于熊耳山区。河北、吉林、河南、广东、西藏等地也有分布。

经济价值：食用。

红菇科 Russulaceae

黄斑绿菇（黄斑红菰、壳状红菇）*Russula crustosa Peck*

生态习性：夏、秋季在阔叶林地上散生或群生。

产地及分布：产于熊耳山区。河北、江苏、安徽、福建、广西、广东、贵州、湖北、陕西、四川、云南等地也有分布。

经济价值：食用。子实体提取物对小白鼠肉瘤 S-180 和艾氏癌的抑制率均为 70%。此菌为外生菌根菌。

粉黄红菇（矮狮红菇）*Russula chamaeleontina* Fr.

生态习性：夏、秋季于林地上散生或群生。

产地及分布：产于熊耳山区的栾川及新县等地。台湾、河南、青海等地也有分布。

经济价值：食用。属树木的外生菌根菌。

小白菇（白红菇）*Russula albida* Peck

生态习性：夏、秋季于林地上单生或群生。

产地及分布：产于熊耳山区等地。吉林、安徽、江苏、福建、四川、云南、广东、西藏等地也有分布。

经济价值：食用。属树木的外生菌根菌。

黑紫红菇 *Russula atropurpurea*（Krombh.）Britz.

生态习性：夏、秋季于林地上单生或群生。

产地及分布：产于熊耳山区及大别山区等地。河北、河南、黑龙江、吉林、陕西、四川、云南、西藏等地也有分布。

经济价值：食用。与松、栎等树木形成菌根。

红斑黄菇 *Russula aurata* Fr.

生态习性：夏、秋季于混交林地上单生或群生。

产地及分布：产于熊耳山区等地。黑龙江、吉林、安徽、河南、四川、贵州、湖北、广东、陕西、广西、西藏等地也有分布。

经济价值：食用。子实体提取物对小白鼠肉瘤 S-180 的抑制率为 70%，对艾氏癌的抑制率为 60%。

花盖菇（蓝黄红菇）*Russula cyanoxantha* Schaeff. Fr.

生态习性：夏、秋季于阔叶林地上散生至群生。

产地及分布：产于熊耳山区和大别山区。吉林、辽宁、江苏、安徽、福建、河南、广西、陕西、青海、云南、贵州、湖南、湖北、广东、黑龙江、山东、四川、西藏、新疆等地也有分布。

经济价值：食用，味道较鲜美。子实体提取物对小白鼠肉瘤 S-180 的抑制率为 70%，对艾氏癌的抑制率为 60%。可与马尾松、鹅耳枥等树木形成外生菌根。

密褶黑菇（小叶火炭菇）*Russula densifolia* Gill.

生态习性：夏、秋季在阔叶林地上成群生长。

产地及分布：产于熊耳山区、卢氏、栾川、商城等地。吉林、河北、陕西、湖北、江苏、安徽、江西、福建、云南、山东、广东、广西、贵州、四川等地也有分布。

经济价值：药用。此菌含胃肠道刺激物等毒素，但有的人食后则无中毒反应。入药后具有治腰腿疼痛、手足麻木、筋骨不适、四肢抽搐之功效。可同多种树木形成菌根。

紫红菇（紫菌子）*Russula depalleus* Fr.

生态习性：夏、秋季于针叶林或混交林地上单生、散生或群生。

产地及分布：产于熊耳山区。吉林、江苏、云南、湖南、新疆、西藏等地也有分布。

经济价值：食用，味道较好。此菌属树木的外生菌根菌。

粘绿红菇（叉褶红菇）*Russula furcata* Fr.

生态习性：夏、秋季生于阔叶树或针叶树林地上，群生或散生。

产地及分布：产于熊耳山区、卢氏、嵩县及商城等地。吉林、陕西、四川、安徽、江苏、云南、福建、河北、河南、广东、贵州、西藏等地也有分布。

经济价值：食用。属外生菌根菌，与杉、栎等多种树木形成菌根。

绵粒黄菇（绵粒红菇）*Russula granulata* Peck

生态习性：夏、秋季于阔叶林中草地上单生或群生。

产地及分布：产于熊耳山区、内乡及信阳等地。广东、四川等地也有分布。

经济价值：食用。可与栎、栗等树木形成菌根。

叶绿红菇（异褶红菇）*Russula heterophylla* Fr.

生态习性：夏、秋季于杂木林地上单生或群生。

产地及分布：产于熊耳山区及信阳等地。分布于江苏、福建、河北、河南、云南、四川、黑龙江、广东、海南等地。

经济价值：食用。属外生菌根菌。

红菇（美丽红菇、鳞盖红菇）*Russula lepida* Fr.

生态习性：夏、秋季于林地上群生或单生。

产地及分布：产于熊耳山区及大别山区等地。辽宁、吉林、江苏、福建、广东、广西、四川、云南、甘肃、陕西、西藏等地也有分布。

经济价值：食、药兼用，其味辛辣。入药有追风散寒、舒筋活络、补血之功效。子实体提取物对小白鼠肉瘤 S-180 抑制率为 100%，对艾氏癌的抑制率为 90%。与松、栗等形成菌根。

绒紫红菇（月季红菇）*Russula mairei* Sing.

生态习性：夏、秋季于阔叶林地上单生或群生。

产地及分布：产于熊耳山区及大别山区等地。江苏、广西、贵州、河南等地也有分布。

经济价值：毒菌。属树木的外生菌根菌。

黄红菇（黄菇）*Russula lutea*（Huds.）Fr.

生态习性：夏、秋季于阔叶林及针叶林地上散生或群生。

产地及分布：产于熊耳山区及大别山区等地。分布于江苏、广东、吉林、安徽、河南、云南、四川、西藏等地。

经济价值：食用。属树木的外生菌根菌，与松、栎等树木形成菌。

赭盖红菇（厚皮红菇）*Russula mustelina* Fr.

生态习性：夏、秋季于林地上散生或群生。

产地及分布：产于熊耳山区及大别山区等地。江苏、四川、广东、广西、云南等地也有分布。

经济价值：食用。与云杉、松等树木形成外生菌根。

篦边红菇（篦形红菇）*Russula pectinata* Fr.

生态习性：在针叶林或阔叶林地上群生或散生。

产地及分布：产于熊耳山区及大别山区等地。江苏、黑龙江、云南、湖南、福建、广东、湖北、吉林、辽宁等地也有分布。

经济价值：食用，其味辛辣。属树木的外生菌根菌，与栎、栗、马尾松等树木形成菌根。

紫薇红菇（美红菇）*Russula puellaris* Fr.

生态习性：夏、秋季通常于林地上单生或散生。

产地及分布：产于熊耳山区等地。江苏、西藏、广东、贵州、四川、湖南等地也有分布。

经济价值：食用。属树木的外生菌根菌。

玫瑰红菇 *Russula rosacea* Gray em. Fr.

生态习性：夏、秋季于松、栎林中群生或散生。

产地及分布：产于熊耳山区。吉林、辽宁、河南、浙江、湖南、云南、福建等地也有分布。

经济价值：食用。子实体含有抗癌物质，对小白鼠肉瘤 S-180 及艾氏癌的抑制率均为 90%。此菌为树木的外生菌根菌。

绿菇（青脸菌、变绿红菇、青头菌）*Russula virescens*（Schaeff.）Fr.

生态习性：夏、秋季于林地上单生或群生。

产地及分布：产于熊耳山区及大别山区等地。黑龙江、吉林、辽宁、江苏、福建、河南、甘肃、陕西、广东、广西、西藏、四川、云南、贵州等地也有分布。

经济价值：食、药兼用。味道鲜美。入药有明目、泻肝火、散内热等功效。提取物对小白鼠肉瘤 S-180 和艾氏癌的抑制率均为 60%~70%。与栎、桦、栲、栗等树木形成菌根。

血红菇 *Russula sanguinea* Fr.

生态习性：在松林地上散生或群生。

产地及分布：产于熊耳山区及大别山区等地。河南、河北、浙江、福建、云南等地也有分布。

经济价值：食、药兼用。含抗癌物质，对小白鼠肉瘤 S-180 和艾氏癌的抑制率均为 90%。

毛头乳菇（疝疼乳菇） *Lactarius torminosus* Gray

生态习性：夏、秋季在林地上单生或散生。

产地及分布：产于熊耳山区等地。黑龙江、吉林、河北、山西、四川、广东、甘肃、青海、湖北、内蒙古、云南、新疆、西藏等地也有分布。

经济价值：毒菌。含胃肠道刺激物，食后引起胃肠炎症状或四肢末端剧烈疼痛等症状。含有毒蝇碱或相似的毒素。子实体含橡胶物质。与栎、鹅耳枥等树木形成菌根。

多汁乳菇（红奶浆菌） *Lactarius volemus* Fr.

生态习性：夏、秋季在针、阔叶林地上散生、群生，稀单生。

产地及分布：产于熊耳山区等地。黑龙江、吉林、辽宁、山西、甘肃、陕西、云南、贵州、四川、安徽、福建、江苏、江西、湖南、湖北、广东、广西、海南、西藏等地也有分布。

经济价值：食、药兼用，入药有清肺益胃、去内热的作用。子实体的提取物对小白鼠肉瘤 S-180 和艾氏癌的抑制率分别为 80% 和 90%。含七元醇［$C_7H_9(OH)_7$］，可合成橡胶，幼小子实体含量高，是树木的外生菌根菌。

稀褶乳菇（湿乳菇） *Lactarius hygrophoroides* Berk. et Curt.

生态习性：常见于夏、秋季杂木林地上单生或群生。

产地及分布：产于熊耳山区及新县等地。江苏、福建、海南、贵州、湖南、云南、四川、安徽、江西、广西、西藏等地也有分布。

经济价值：食用。此菌子实体提取物对小白鼠肉瘤 S-180 和艾氏癌的抑制率均为 70%。子实体含有橡胶物质占其干重的 5.05%。属外生菌根菌，与槠、栲、松等树木形成菌根。

苦乳菇 *Lactarius hysginus* Fr.

生态习性：夏、秋季于针、阔叶林地上单生或散生。

产地及分布：产于熊耳山区的嵩县、内乡等地。四川、陕西、云南、福建、广东、西藏、贵州等地也有分布。

经济价值：药用。子实体中含有 N-苯基-2-萘胺成分，对 P_{388} 淋巴白血病细胞有抑制作用。

苍白乳菇 *Lactarius pallidus* Fr.

生态习性：夏、秋季在混交林地上群生。

产地及分布：产于熊耳山区的卢氏、栾川等地。福建、吉林、河北、陕西、河南、云南、西藏等地也有分布。

经济价值：食、药兼用。此菌含抗癌物质，对小白鼠肉瘤 S-180 和艾氏癌的抑制率均为 80%。

红褐乳菇（红乳菇）*Lactarius rufus* Fr.

生态习性：夏、秋季在针叶林或混交林地上单生或成群生长。

产地及分布：产于熊耳山区。云南、四川等地也有分布。

经济价值：毒菌，中毒后引起胃肠道疾病，出现呕吐、头晕等症状。子实体含橡胶物质。可与松、桦等形成外生菌根。

窝柄黄乳菇（黄乳菇）*Lactarius scrobiculatus* Fr.

生态习性：夏、秋季在混交林或针叶林地上成群或分散生长。

产地及分布：产于熊耳山区的嵩县、内乡等地。吉林、黑龙江、江苏、云南、山西、四川、青海、甘肃、内蒙古、西藏等地也有分布。

经济价值：毒菌，味苦辣，误食后引起肠胃炎型中毒。子实体含有橡胶物质。与松等形成菌根。

3.4　河南洛阳熊耳山省级自然保护区珍稀濒危及特有植物

河南洛阳熊耳山省级自然保护区地理位置特殊、地形复杂、水热条件良好，生态环境多样，不仅为南北植物的交会分布提供了物质条件，而且也为珍稀濒危植物的生存和繁衍提供了避难场所，因此，本区保存了丰富的珍稀濒危植物。

3.4.1　国家级珍稀濒危保护植物

根据 1984 年国务院环境保护委员会公布的第一批《珍稀濒危保护植物名录》，1985 年国家环保局和中国科学院植物研究所出版的《中国珍稀濒危保护植物名录》第一册，河南洛阳熊耳山省级自然保护区共有国家级珍稀、濒危保护植物 20 科、21 属、21 种（表 3.8）。其中，属国家一级珍稀濒危保护植物 1 种，属国家二级珍稀濒危保护植物 7 种，属国家三级珍稀濒危保护植物 13 种。

表 3.8　河南洛阳熊耳山省级自然保护区珍稀濒危保护植物

中名	学名	保护等级	分布海拔（m）	种群数量
水杉 *	*Metasequoia glyptroboides*	1	400～1 600	++++
狭叶瓶尔小草	*Ophioglossum thermale*	2	800～1 500	+
银杏 *	*Ginkgo biloba*	2	350～900	++++
连香树 *	*Cercidiphyllum japonicum*	2	1 250～1 650	+
水青树	*Tetracentron sinense*	2	650～950	+
山白树	*Sinowilsonia henryi*	2	900～1 600	++

续表

中名	学名	保护等级	分布海拔（m）	种群数量
杜仲＊	*Eucommia ulmoides*	2	800 以下	++
香果树	*Emmenopterys henryi*	2	700～1 500	+++
紫斑牡丹	*Paeonia suffruticosa* var. papaveracea	3	800～1 000	++
胡桃楸	*Juglans mandshurica*	3	650～1 200	++
华榛	*Corylus chinensis*	3	900～1 500	+++
青檀	*Pteroceltis tatarinowii*	3	450～1 000	+++
领春木	*Euptelea pleiosperma*	3	850～1 300	+++
玫瑰＊	*Rosa rugosa*	3	450～600	++++
刺五加	*Acanthopanax senticosus*	3	900～1 500	++
野大豆	*Glycine soja*	3	800 以下	++++
金钱槭	*Dipteronia sinensis*	3	950～1 200	+
明党参	*Changium smyrnioides*	3	1 000 以下	++
蝟实	*Kolkwitzia amabilis*	3	600～800	++
无喙兰	*Archinecttia gaudissartu*	3	900 以下	++
天麻	*Gastrodia elata*	3	750～1 550	+++

注：＊为引种栽培；种群数量：+为 1～10 株（草本植物为居群），++为 11～50 株（草本植物为居群），+++为 51～200 株（草本植物为居群），++++为 200 株以上（草本植物为居群）。

3.4.2 国家重点保护野生植物

根据 1999 年 8 月 4 日国务院公布的《国家重点保护野生植物名录（第一批）》，本区有国家级重点野生保护植物 14 科、14 属、14 种，占河南国家重点保护植物的 53%。现将国家重点野生保护植物概述如下。

银杏 *Ginkgo biloba*

野生种为国家一级保护植物，属银杏科。高大乔木，别称公孙树、白果树、鸭掌树。叶呈扇形，二叉叶脉。花雌雄异株，果呈核果状，外果皮黄色或橙色，中果皮骨质、白色。本种起源于古生代石炭纪末期，至侏罗纪已遍及世界各地。白垩纪后逐渐衰退，第四纪后仅存我国局部地区。本保护区及周边地区有栽培，栽培历史悠久，有不少古树。

水杉 *Metasequoia glyptostroboides*

野生种为国家一级保护植物，属杉科。落叶大乔木，树干通直，叶条形，排成羽状二列，珠鳞交叉对生。为古老的孑遗植物，早在中生代白垩纪和新生代广泛分布于欧亚大陆及北美，第四纪后仅存我国的四川、湖北、湖南一带，20 世纪 60 年代初期引入王莽寨天池附近栽培，现已成林，在本区广泛栽培。

南方红豆杉 *Taxus wallichiana* var. *mairei*

国家一级保护植物，属红豆杉科。常绿小乔木，老树赤灰色。与红豆杉相似，但叶较长，长2.2~3.2 cm，叶背有两条黄白色气孔带，中脉带淡绿色。种子倒卵形。生于海拔1 000~1 500 m处的沟谷杂木林中。分布于秦岭以南地区，保护区有野生或栽培。

莲 *Nelumbo nucifera*

国家二级保护植物，属睡莲科。多年生水生草本；根状茎横走，地下茎的肥大部分称作莲藕，叶圆形，高出水面，有长叶柄，具刺，呈盾状生长。花单生在花梗顶端，花瓣多数为红色、粉红色或白色；雄蕊多数；心皮离生，嵌生在海绵质的花托穴内。坚果呈椭圆形，俗称莲子。莲是冰期以前的古老植物，我国南北各地广泛种植。本区亦有分布。

乌苏里狐尾藻 *Myriophyllum ussuriense*

国家二级保护植物，属小二仙草科。水生草本。茎圆柱形，不分枝。叶3或4轮生，羽状分裂，茎上部叶不分裂，线形。花腋生，雌雄异株。生池塘水中或沼泽地上，可作水生观赏水草。分布于东北、安徽、台湾等地区；保护区各湿地沼泽有分布。

水青树 *Tetracentron sinensis*

国家二级保护植物，属水青树科。落叶乔木，高达十余米，叶卵形至椭圆状卵形，花两性，穗状花序腋生，无花瓣。蓇葖果4室，种子极小。生于山谷杂木林中。分布于陕西南部、湖北及我国的西南地区。保护区有零星分布。水青树是第三纪古热带植物区系的古老成分，是我国特产的单种属。

金荞麦 *Fagopyrum dibotrys*

国家二级保护植物，属蓼科。亦称野荞麦、天荞麦、红三七，为多年生草本，高50~150 cm。地下有块根，茎直立，中空。叶互生，卵状三角形或扁宽三角形。花序为疏散的圆锥花序。花两性，花单被，5深裂，白色，宿存，花柱3。瘦果卵形。多野生在海拔500 m以下的林缘，分布于我国南部，本区各林区有分布。

野菱 *Trapa incise*

国家二级保护植物，属菱科。一年生水生草本，叶二型，沉水叶羽状细裂，漂浮叶广三角形或菱形，聚生茎端，上部膨胀成为海绵质气囊，气囊狭纺锤形。花白色，单生叶腋，坚果三角形，果肉类白色，富粉性。生于水塘或沟渠内，喜阳光，抗寒力强。分布于东北至长江流域，除西北地区外。保护区有分布。

香果树 *Emmenoptery shenryi*

国家二级保护植物，属茜草科。落叶乔木，叶片宽椭圆形至宽卵形，脉腋具毛。大型圆锥花序，一萼裂片扩大成叶状，花后呈粉红色，蒴果熟时褐红色。生于山坡及沟谷杂木林中，广泛分布于长江以南至西南地区。保护区有分布。

连香树 *Cercidiphyllum japonicum*

国家二级保护植物，属连香树科。落叶大乔木，系我国第三纪“残遗种”、单属科植物。在本区各林区广泛分布。连香树雌雄异株，结实极少。天然下种更困难，大树多遭砍伐，已处在濒临灭绝状态。保护区有引种栽培。

杜仲 *Eucommia ulmoides*

国家二级保护植物，属杜仲科。落叶乔木，树皮纵裂、全株含银白色胶丝，叶椭圆状卵形至椭圆形。雌雄异株，无花被，坚果扁平具翅，内含1粒种子。生于山坡杂木林中，分布自黄河以南至五岭以北。本区偶见野生，多为人工栽培。杜仲为我国特有的单种科，为第三纪残遗的古老树种。

榉树 *Zelkova schneideriana*

国家二级保护植物，属榆科。落叶乔木，小枝具灰白色柔毛。叶椭圆状卵形，边缘有钝锯齿，侧脉 7~15 对；核果偏斜。生于山坡杂木林中，分布于淮河流域、秦岭以南、长江中下游至广东、广西等地。保护区各林区都有分布。

野大豆 *Glycine soja*

国家二级保护植物，属豆科。一年生缠绕草本，茎细弱，叶为三出复叶，全株被毛。总状花序腋生。荚果长圆形或近镰刀形，密被硬毛。生于山坡、旷野，分布于黄河流域至淮河流域，太行山区、大别山区也有分布。保护区各林区均有分布。野大豆具有高度抗病虫害和适应性广的特点，是杂交育种的好材料。

中华结缕草 *Zoysia sinica*

国家二级保护植物，属禾本科。多年生草本植物，具根状茎，秆高 10~30 cm；叶鞘无毛，长于或上部者短于节间，鞘口具长柔毛；叶舌短而不明显，叶片条状披针形。生于河岸、路边。中华结缕草具有耐湿、耐旱、耐盐碱的特性，根系发达，生长匍匐性好，故可被用作草坪。分布于东北、华东、华南等地，保护区有分布。

3.4.3 河南省重点保护植物

列入省级重点保护的植物一般是一些地方特有种以及一些渗入种。它们为研究植物区系地理分布式样与历史变迁，影响变迁的生态环境因素，植物对环境的适应与协同进化，种系的分化与新种的形成等提供了重要的线索。根据河南省人民政府豫政〔2005〕1 号文件颁布的河南省重点保护植物名录，河南省省级重点保护植物 98 种，其中种子植物 93 种，本保护区分布有 26 科、30 属、42 种，占全省省级重点保护植物的 42.86%。

河南省重点保护植物名录

一、蕨类植物 Pteridophyta

1. 铁线蕨科 Adiantaceae

团羽铁线蕨 *Adiantum capillus-junonis*

2. 蹄盖蕨科 Athyriaceae

蛾眉蕨 *Lunathyrium acrostichoides* Ching

3. 铁角蕨科 Aspleniaceae

过山蕨 *Camptosorus sibiricus* Rupr.

4. 球子蕨科 Onocleaceae

荚果蕨 *Matteuccia struthiopteris* Todaro

东方荚果蕨 *Matteuccia orientalis* Trev.

二、裸子植物 Gymnospermae

5. 松科 Pinaceae

铁杉 *Tsuga chinensis*

白皮松 *Pinus bungeana* Zucc.

6. 粗榧科 Cephalotaxaceae

中国粗榧 *Cephalotaxus sinensis* Li

三、被子植物 Angiospermae

7. 桦木科 Betulaceae

华榛 *Corylus chinensis* Franch.

铁木 *Ostrya japonica*

河南鹅耳枥 *Carpinus funiushanensis*

8. 胡桃科 Juglandaceae

胡桃楸 *Juglans mandshurica* Maxim.

青钱柳 *Cyclocarya paliurus* Iljinsk.

9. 榆科 Ulmaceae

大果榉 *Zelkova sinica* Schneid.

青檀 *Pteroceltis tatarinowii* Maxim.

10. 领春木科 Eupteleaceae

领春木 *Euptelea pleiospermum* Hook. f.　et Thoms.

11. 毛茛科 Ranunculaceae

紫斑牡丹 *Paeonia rockii*

矮牡丹 *Paeonia jishanensis*

河南翠雀 *Delphinium honanensie*

12. 木兰科 Magnoliacea

望春花 *Magnolia biondii* Pamp.

13. 虎耳草科 Saxifragaceae

独根草 *Oresitrophe rupifraga* Bunge

14. 金缕梅科 Hamamelidaceae

山白树 *Sinowilsonia henryi* Hamsl.

15. 杜仲科 Eucommiaceae

杜仲 *Eucommia ulmoides* Oliv.

16. 蔷薇科 Rosaceae

河南海棠 *Malu shonanensis* Rehd.

17. 槭树科 Aceraceae

金钱槭 *Dipteronia sinensis* Oliv.

杈叶槭 *Acer robustum* Pax

18. 七叶树科 Hippocastanaceae

七叶树 *Aesculus chinensis* Bunge

天师栗 *Aesculus wilsonii* Rehd.

19. 清风藤科 Sabiaceae

暖木 *Meliosma veitchiorum* Hemsl.

20. 鼠李科 Rhamnaceae

铜钱树 *Paliurus hemsleyanus* Rehd.

21. 五加科 Araliaceae

刺楸 *Kalopanax septemlobus* Koidz.

大叶三七 *Panax japonica*

22. 杜鹃花科 Ericaceae

河南杜鹃 *Rhododendron micranthum* Thurcz.

太白杜鹃 *Rhododendron purdomii* Rehd. et Wils

23. 野茉莉科 Styraceae

玉铃花 *Styrax obassia* Sieb et Zucc

郁香野茉莉 *Styrax odoratissima* Champ.

24. 忍冬科 Caprifoliaceae

蝟实 *Kolkwitzia amabilis* Graebn.

25. 百合科 Liliaceae

七叶一枝花 *Paris polyphlla* Sm.

26. 兰科 Orchidaceae

扇叶杓兰 *Cypripedium japonicum* Thunb.

毛杓兰 *Cypripedium franchetii* Wilson

大花杓兰 *Cypripedium macranthum*

天麻 *Gastrodia elata Blume*

3.4.4 国家级珍贵树种

珍贵树种是国家的宝贵自然资源。为合理保护、利用、发展珍贵树木资源，林业部（现国家林业局）于1992年10月公布了珍贵树木名录，分两个级别，共计132种，并严禁采伐一级珍贵树种，严格控制采伐二级珍贵树种。河南省有国家珍贵树种19种，本区有国家珍贵树种10种，占河南珍贵树种的52.6%。

一级国家珍贵树种

香果树 *Emmenopterys henryi*

南方红豆杉 *Taxus chinensis* var. *mairei*

二级国家珍贵树种

连香树 *Cercidiphyllum japonicum*

核桃楸 *Juglans mandshurica*

山槐 *Maackia amurensis*

刺楸 *Kalopanax septemlobus*

杜仲 *Eucommia ulmoides*

水青树 *Tetrocentron sinense*

榉树 *Zelkova schneiderianu*

水曲柳 *Fraxinus mandshurica*

第4章　河南洛阳熊耳山省级自然保护区动物多样性

4.1　河南洛阳熊耳山省级自然保护区动物区系

4.1.1　野生动物种类组成

根据调查，本区共记录脊椎动物405种，包括哺乳类69种，鸟类236种，爬行类29种，两栖类17种，鱼类54种。隶属于哺乳纲6目，鸟纲14目，爬行纲2目，两栖纲2目，鱼纲4目（表4.1）。

统计表明，本区共有国家级保护动物52种，隶属15目、21科，其中一级保护动物2种，二级保护动物50种，占全国保护动物的9.59%（表4.2），在物种分布中占较重要的地位。相比较而言，鸟类动物和爬行类物种比较丰富，分别占全国物种的9.81%和6.58%，而哺乳类、两栖类和鱼类物种比较贫乏，只占全国物种的5.93%、4.40%和4.62%。这与该地区所处的地理位置，即北亚热带湿润区有关。中国特有物种有50种，极危物种有3种，濒危物种有6种，近危物种有25种，易危物种有22种。

表4.1　河南洛阳熊耳山省级自然保护区脊椎动物统计表

类群	目	科	属	种
哺乳纲 Mammalia	6	21	48	69
鸟纲 Aves	14	48	122	236
爬行纲 Reptilia	2	8	20	29
两栖纲 Amphibia	2	7	14	17
鱼纲 Pisces	4	7	33	54
合计	28	91	237	405

表4.2　河南洛阳熊耳山省级自然保护区脊椎动物与全国物种分布的比较

类别	种类			国家重点保护动物		
	熊耳山	全国	比例（%）	熊耳山	全国	比例（%）
哺乳类	69	1 163	5.93	7	193	3.63
鸟类	236	2 405	9.81	43	326	13.19

续表

类别	种类			国家重点保护动物		
	熊耳山	全国	比例（%）	熊耳山	全国	比例（%）
爬行类	29	441	6.58	0	17	0
两栖类	17	386	4.40	2	6	33.33
鱼类	54	1 168	4.62			
合计	405	5 563	7.28	52	542	9.59

4.1.2 动物区系特征与分布特点

分布于本区的351种陆栖脊椎动物中，古北界成分133种，占37.78%；东洋界123种，占34.94%；广布种96种，占27.27%。由表4.3可以看出，其中古北界成分稍占优势。

表4.3 河南洛阳熊耳山省级自然保护区脊椎动物区系组成

类别	种类	古北界		东洋界		广布种	
		种数	比例（%）	种数	比例（%）	种数	比例（%）
哺乳类	69	33	47.83	28	40.58	8	11.59
鸟类	236	91	38.56	73	30.93	72	30.51
爬行类	29	7	24.14	13	44.83	9	31.03
两栖类	17	2	11.11	9	50.00	7	38.89
合计	351	133	37.78	123	34.94	96	27.27

本区位于伏牛山南坡，属于北亚热带落叶、常绿阔叶林地带，以山地林栖的动物为主。根据中国动物地理区别，秦岭山脉—伏牛山脉—淮河一线是我国中东部地区古北界和东洋界的分界线，以中低山山地为主。古北界和东洋界的动物物种之间相互渗透，混杂地分布在一个地区，因此呈现南北动物混杂。

4.2 河南洛阳熊耳山省级自然保护区动物物种及其分布

4.2.1 哺乳类

4.2.1.1 种类组成

河南洛阳熊耳山省级自然保护区哺乳类有6目、21科、48属、69种（表4.4）。种数最多的科为鼠科（Muridae）、蝙蝠科（Vespertilionidae），各有10种，其次为仓鼠科（Cricetidae）8种、鼬科（Mustelidae）7种，再次为松鼠科（Sciuridae）5种、犬科（Canidae）4种。仅含1种的科有8个。

表 4.4　河南洛阳熊耳山省级自然保护区哺乳类种类组成

目名	科名	属数	种数
啮齿目 Rodentia	仓鼠科 Cricetidae	4	8
	豪猪科 Hystricidae	1	1
	鼠科 Muridae	5	10
	松鼠科 Sciuridae	4	5
	鼯鼠科 Petauristidae	2	2
	鼹形鼠科 Spalacidae	1	3
偶蹄目 Artiodactyla	鹿科 Cervidae	2	2
	牛科 Bovidae	1	1
	麝科 Moschidae	1	1
	猪科 Suidae	1	1
食虫目 Insectivora	鼩鼱科 Soricidae	2	3
	猬科 Erinaceidae	1	1
	鼹科 Talpidae	2	2
食肉目 Carnivora	灵猫科 Viverridae	2	2
	猫科 Felidae	1	1
	犬科 Canidae	4	4
	鼬科 Mustelidae	6	7
兔形目 Lagomorpha	兔科 Leporidae	1	1
	鼠兔科 Ochotonidae	1	1
翼手目 Chiroptera	蝙蝠科 Vespertilionidae	5	10
	菊头蝠科 Rhinolophidae	1	3

4.2.1.2　区系组成

保护区内哺乳动物类区系组成中属于古北界分布的有 33 种（表 4.5），占本地区哺乳动物总数的 47.8%，其中常见种有野猪、麝鼹、赤狐、黄鼬、褐长耳蝠等。属于东洋界分布的有 28 种，占本区哺乳动物总数的 40.6%，常见种有社鼠、梅花鹿、喜马拉雅水鼩、华南缺齿鼹、狼、猪獾、黄河鼠兔等。属于广布种的哺乳动物有 8 种，占本区哺乳动物总数的 11.6%，常见种有北小麝鼩、中鼩鼱、普通刺猬、小缺齿鼹、香鼬、草兔、马铁菊头蝠等。区系组成呈现东西哺乳动物混杂分布，以东洋界哺乳动物为主的特征。

表 4.5 河南洛阳熊耳山省级自然保护区哺乳动物区系组成

科名	种名	数量级	地理型	分布型
仓鼠科	甘肃仓鼠 *Cansumys canus*	+	P	O（Sn）
	苛岚绒鼩 *Caryomy sineznux*	+	P	C
	黑线仓鼠 *Cricetulus barabensis*	++	P	Xg
	长尾仓鼠 *Cricetulus longicaudatus*	++	P	U
	大仓鼠 *Cricetulus triton*	++	P	U
	子午沙鼠 *Meriones meridianus*	++	p	C
	狭颅田鼠 *Microtus gregalis*	++	P	C
	棕色田鼠 *Microtus mandarinus*	++	P	C
鼹形鼠科	东北鼢鼠 *Myospalax psilurus*	+	P	Bc
	罗氏鼢鼠 *Myospalax rothschildi*	+	O	O（Sn）
	中华鼢鼠 *Myospalax fontanierii*	+	P	Bc
豪猪科	中国豪猪 *Hystrix hodgsoni*	+	O	Wd
鼠科	黑线姬鼠 *Apodemus agrarius*	++	P	Ub
	中华姬鼠 *Apodemus draco*	+++	O	S
	大林姬鼠 *Apodemus peninsulae*	+++	P	X
	小泡巨鼠 *Leopoldamy sedwardsi*	+	O	H
	小家鼠 *Mus musculus*	+++	P	Uh
	安氏白腹鼠 *Niviventer andersoni*	+	O	Wd
	社鼠 *Niviventer confucianus*	++	O	We
	黄胸鼠 *Rattus flavipectus*	++	O	We
	大足鼠 *Rattus nitidus*	+	O	Wa
	褐家鼠 *Rattus norvegicus*	+++	P	Ue
松鼠科	赤腹松鼠 *Callosciurus erythraeus*	+	O	Wc
	岩松鼠 *Sciurotamias davidianus*	++	P	E
	达乌尔黄鼠 *Spermophilus dauricus*	++	P	D
	花鼠 *Tamias sibiricus*	++	P	Ub
	隐纹花鼠 *Tamiops swinhoeivestitus*	+	O	We
鼯鼠科	小飞鼠 *Pteromys volans*	+	P	Uc
	复齿鼯鼠 *Trogopterus xanthipes*	+	O	Hm
鹿科	梅花鹿* *Cervus nippon*	+	O	E
	小麂 *Muntiacus reevesi*	++	O	Sd

续表

科名	种名	数量级	地理型	分布型
牛科	藏南斑羚 *Naemorhedus goral*	+	O	E
麝科	林麝 *Moschus berezovskii*	+	O	S
猪科	野猪 *Sus scrofa*	+++	P	O
鼩鼱科	喜马拉雅水鼩 *Chimarrogale himalayica*	+	O	Sv
	灰麝鼩 *Crocidura attenuata*	++	O	Sd
	北小麝鼩 *Crocidura suaveolens*	++	W	O
猬科	普通刺猬 *Erinaceus amurensis*	++	W	O
鼹科	小缺齿鼹 *Mogera wogura*	+	W	Kf
	麝鼹 *Scaptochirus moschatus*	+	P	B
灵猫科	花面狸 *Pagumala rvata*	++	O	We
	大灵猫 *Viverra zibetha*	+	O	Wd
猫科	豹猫 *Prionailurus bengalensis*	+	O	We
犬科	狼 *Canislupus lupus*	+	O	We
	豺 *Cuon alpinus*	+	O	We
	貉 *Nyctereutes procyonoides*	++	P	Eg
	赤狐 *Vulpes vulpests*	+	P	Ch
鼬科	猪獾 *Arctonyx collarisleu*	++	O	We
	水獭 *Lutra lutra*	+	P	Uh
	青鼬 *Martes flavigula*	+	O	We
	狗獾 *Meles meles*	++	P	Uh
	香鼬 *Mustela altaicats*	++	W	S
	艾鼬 *Mustela eversmanni*	+	P	Uf
	黄鼬 *Mustela sibirica*	+++	P	Uh
鼠兔科	黄河鼠兔 *Ochotona huangensis*	+	O	H
兔科	草兔 *Lepus capensis*	++	W	O
蝙蝠科	大棕蝠 *Eptesicus serotinus*	++	P	U
	白腹管鼻蝠 *Murinal eucogaster*	+	O	E
	水鼠耳蝠 *Myotis daubentonii*	+	O	D
	北京鼠耳蝠 *Myotis pequinius*	++	O	E
	大足鼠耳蝠 *Myotis ricketti*	+++	O	S
	褐山蝠 *Nyctalus noctula*	++	P	U

续表

科名	种名	数量级	地理型	分布型
	东亚伏翼 *Pipistrellus abramus*	++	W	Ea
	爪哇伏翼 *Pipistrellus javanicus*	++	O	S
	萨氏伏翼 *Pipistrellus savii*	++	P	Ug
	褐长耳蝠 *Plecotus auritus*	+	P	U
菊头蝠科	间型菊头蝠 *Rhinolophus affinis*	++	O	W
	角菊头蝠 *Rhinolophus cornutus*	++	O	Wd
	马铁菊头蝠 *Rhinolophus ferrumequinum*	+++	W	Ug

* 养殖逃逸成野生。

根据 IUCN 濒危等级：本区哺乳类有极危（CR）1 种，为豹猫（*Prionailurus bengalensis*）；濒危（EN）5 种，即藏南斑羚（*Naemorhedus goral*）、林麝（*Moschus berezovskii*）、花面狸（*Pagumala rvata*）、狼（*Canislupus lupus*）和青鼬（*Martes flavigula*）；近危（NT）的有 13 种，即灰麝鼩（*Crocidura attenuata*）、猪獾（*Arctonyx collarisleu*）、黄腹鼬（*Mustela kathiah*）等；易危（VU）的有 10 种，即赤狐（*Vulpes vulpests*）、黄鼬（*Mustela sibirica*）等。

根据 CITES 附录等级：有附录Ⅰ哺乳类 4 种，即金钱豹（*Campanum oeajavanica* subsp. *japonica*）豹猫（*Prionailurus bengalensis*）、青鼬（*Martes flavigula*）、藏南斑羚（*Naemorhedus goral*）等；附录Ⅱ哺乳类 3 种，即赤狐（*Vulpes vulpests*）、狼（*Canislupus lupus*）等。

本区有中国特有哺乳类 10 种，即大仓鼠（*cricetulus triton*）、罗氏鼢鼠（*Myospalax rothschildi*）、麝鼹（*Scaptochirus moschatus*）等。本区有国家重点保护哺乳类 7 种。

4.2.2 鸟类

4.2.2.1 种类组成

河南洛阳熊耳山省级自然保护区鸟类有 14 目、48 科、122 属、236 种（表 4.6）。从科的组成来看，含种类最多的科为鸫科（Turdidae），有 10 属、24 种；其次为鹰科（Accipitridae），有 10 属、21 种；再次为莺科（Sylviidae）7 属、20 种，鹀科（Emberizidae）2 属、13 种，鸦科（Corvidae）7 属、11 种。含 1 种的科有 18 个。

表 4.6 河南洛阳熊耳山省级自然保护区鸟类组成

目名	科名	属数	种数
鸊鷉目 Podicipediformes	鸊鷉科 Podicipedidae	1	1
鹳形目 Ciconiiformes	鹭科 Ardeidae	5	8
雁形目 Anseriformes	鸭科 Anatidae	1	1
隼形目 Falconiformes	鹗科 Pandionidae	1	1

续表

目名	科名	属数	种数
	隼科 Falconidae	2	8
	鹰科 Accipitridae	10	21
鸡形目 Galliformes	雉科 Phasianidae	4	4
鸻形目 Charadriiformes	鸻科 Charadriidae	1	1
	水雉科 Jacanidae	1	1
	鹬科 Scoiopacidae	2	3
鸽形目 Columbiformes	鸠鸽科 Columbidae	2	5
鹃形目 Cuculiformes	杜鹃科 Cuculidae	5	9
鸮形目 Strigiformes	鸱鸮科 Strigidae	6	9
夜鹰目 Caprimulgiformes	夜鹰科 Caprimulgidae	1	1
佛法僧目 Coraciiformes	翠鸟科 Alcedinidae	2	2
	佛法僧科 Coraciidae	1	1
戴胜目 Upupiformes	戴胜科 Upupidae	1	1
鴷形目 Piciformes	啄木鸟科 Picidae	5	8
雀形目 Passeriformes	鳾科 Sittidae	1	1
	八色鸫科 Pittidae	1	1
	百灵科 Alaudidae	1	2
	鹎科 Pycnonotidae	3	5
	伯劳科 Laniidae	1	7
	戴菊科 Regulusidae	1	1
	鸫科 Turdidae	10	24
	河乌科 Cinclidae	1	1
	画眉科 Timaliidae	3	7
	黄鹂科 Oriolidae	1	1
	鹡鸰科 Motacillidae	3	7
	卷尾科 Dicruridae	1	3
	椋鸟科 Sturnidae	2	4
	梅花雀科 Estrildidae	1	1
	雀科 Fringillidae	1	2
	山椒鸟科 Campephagidae	2	4
	山雀科 Paridae	1	5
	扇尾莺科 Cisticolidae	3	3

续表

目名	科名	属数	种数
	太平鸟科 Bombycillidae	1	1
	王鹟科 Monarchidae	1	1
	鹟科 Muscicapidae	6	10
	鹀科 Emberizidae	2	13
	绣眼鸟科 Zosteropidae	1	2
	旋壁雀科 Frinfillidea	1	1
	鸦科 Corvidae	7	11
	鸦雀科 Panuridae	1	1
	燕科 Hirundinidae	1	2
	燕雀科 Fringillidae	5	8
	莺科 Sylviidae	7	20
	长尾山雀科 Aegithalidae	1	2

4.2.2.2 区系组成

表 4.7 河南洛阳熊耳山省级自然保护区鸟类区系组成

物种名	拉丁学名	数量等级	居留类型	区系从属	保护协定	生活环境
棕脸鹟莺	*Abroscopus albogularis*	++	P	古		针、阔、混
苍鹰	*Accipiter gentilis*	+	P	古		针、阔、混
日本松雀鹰	*Accipiter gularis*	+	W	广		针、阔、混
雀鹰	*Accipiter nisus*	+	W	广		针、阔、混
赤腹鹰	*Accipiter soloensis*	+++	S	广		针、阔、混、农
凤头鹰	*Accipiter trivirgatus*	+	S	东		针、阔、混、农
松雀鹰	*Accipiter virgatus*	+	P	广		针、阔、混
八哥	*Acridotheres cristatellus*	+++	R	东		针、阔、混、农
厚嘴苇莺	*Acrocephalus aedon*	+	不详	古		针、阔、混
黑眉苇莺	*Acrocephalus bistrigiceps*	+	S	古	日	针、阔、混
钝翅苇莺	*Acrocephalus concinens*	+	S	古		针、阔、混、农
东方大苇莺	*Acrocephalus orientalis*	++	S	广		针、阔、混、农
银喉长尾山雀	*Aegithalos caudatus*	+++	R	古		针、阔、混
红头长尾山雀	*Aegithalos concinnus*	+++	R	东		针、阔、混

续表

物种名	拉丁学名	数量等级	居留类型	区系从属	保护协定	生活环境
云雀	*Alauda arvensis*	+++	P	古		针、阔、混
小云雀	*Alauda gulgula*	++	R	东		针、阔、混
普通翠鸟	*Alcedo atthis bengalensis*	+++	R	广		针、阔、混
石鸡	*Alectoris chukar*	+	R	古		针、阔、混
罗纹鸭	*Anas falcata*	+++	W	古	日	针、阔、混
红喉鹨	*Anthus cervinus*	+	P	古		针、阔、混
树鹨	*Anthus hodgsoni*	++	P	东	日	针、阔、混、农
田鹨	*Anthus richardi*	+	P	广	日	针、阔、混
粉红胸鹨	*Anthus roseatus*	+	S	古		针、阔、混、农
水鹨	*Anthus spinoletta*	++	W	古	日	针、阔、混
金雕	*Aquila chrysaetos*	+	R	古		针、阔、混
乌雕	*Aquila clanga*	+	P	古		针、阔、混
草鹭	*Ardea purpurea*	+	P	广	日	针、阔、混、农
池鹭	*Ardeola bacchus*	+++	R	东		针、阔、混
短耳鸮	*Asio flammeus*	+	W	古	日	针、阔、混
长耳鸮	*Asio otus*	+	W	古	日	针、阔、混、农
纵纹腹小鸮	*Athene noctus*	+	R	古		针、阔、混、农
黑冠鹃隼	*Aviceda leuphotes*	+++	S	东		针、阔、混
太平鸟	*Bombycilla garrulus*	+	P	古	日	针、阔、混、农
蓝短翅鸫	*Brachypteryx montana*	+	S	东		针、阔、混、农
棕褐短翅莺	*Bradypterus luteoventris*	+	R	东		针、阔、混、农
雕鸮	*Bubo bubo*	+	R	广		针、阔、混、农
牛背鹭	*Bubulcus ibis coromandus*	+++	R	东	日、澳	针、阔、混
灰脸鵟鹰	*Butastur indicus*	+	W	广	日	针、阔、混
普通鵟	*Buteo buteo*	++	R	古		沼、水
大鵟	*Buteo hemilasius*	+	W	古		沼、农、针、阔、混
八声杜鹃	*Cacomantis merulinus*	+	S	东		沼
普通夜鹰	*Caprimulgus indicus*	+	S	广	日	沼、农、针、阔、混
金翅雀	*Carduelis sinica*	+	R	广		沼、农、针
黄雀	*Carduelis spinus*	++	W	广	日	沼、农

续表

物种名	拉丁学名	数量等级	居留类型	区系从属	保护协定	生活环境
普通朱雀	*Carpodacus erythrinus*	+	W	广	日	沼、农、针、阔、混
北朱雀	*Carpodacus roseus*	++	W	古		沼、农、针、阔
小鸦鹃	*Centropus bengalensisl*	++	R	东		沼、农、针、阔
强脚树莺	*Cettia fortipes*	+++	R	古		水、沼
日本树莺	*Cettiadiphone cantans*	++	不详	古		针、阔、混、农
红腹锦鸡	*Chrysolophus pictus*	++	R	古		针、阔、混、
褐河乌	*Cinclu spallasii*	+	R	广		针、阔、混、农
白头鹞	*Circus aeruginosus*	+	P	古		针、阔、混
白尾鹞	*Circus cyaneus*	+	P	古	日	沼、农
鹊鹞	*Circus melanoleucos*	+	P	东		沼
白腹鹞	*Circus spilonotus*	+	不详	东		沼
棕扇尾莺	*Cisticola juncidis*	+	S	广		沼、农、针、阔、混
红翅凤头鹃	*Clamator coromandus*	++	S	东		沼、农
锡嘴雀	*Coccothraustes coccothraustes*	++	P	古	日	针、阔、混、农
岩鸽	*Columba rupestris*	+	R	古		针、阔、混、农
鹊鸲	*Copsychus saularis*	++	R	东		针、阔、混、农
暗灰鹃鵙	*Coraciname laschistos*	++	S	东		针、阔、混
白颈乌鸦	*Corvus torquatus*	+++	R	广		针、阔、混、农
小嘴乌鸦	*Corvus corone*	+	P	古		针、阔、混、农
达乌里寒鸦	*Corvus dauuricus*	+	W	古		针、阔、混、农
秃鼻乌鸦	*Corvus frugilegus*	+	R	古	日	针、阔、混、农
大嘴乌鸦	*Corvus macrorhynchos*	+	R	广		针、阔、混、农
大杜鹃	*Cuculus canorus*	+++	S	广	日	针、阔、混、农
四声杜鹃	*Cuculus micropterus*	+++	S	广		针、阔、混、农
小杜鹃	*Cuculus poliocephalus*	++	S	广	日	针、阔、混、农
中杜鹃	*Cuculus saturatus*	+	S	广	日、澳	针、阔、混、农
大鹰鹃	*Cuculus sparverioides*	+	P	古		针、阔、混、农
方尾鹟	*Culicicapa ceylonensis*	+	S	东		针、阔、混
灰喜鹊	*Cyanopica cyana interposita*	++	R	古		沼、农
白腹蓝姬鹟	*Cyanoptila cyanomelana*	+	不详	东	日	沼、农

续表

物种名	拉丁学名	数量等级	居留类型	区系从属	保护协定	生活环境
星头啄木鸟	*Dendrocopos canicapillus*	++	R	东		针、阔、混、农
山鹡鸰	*Dendronanthus indicus*	+++	S	广	日	针、阔、混、农
发冠卷尾	*Dicrurus hottentottu*	+++	S	东		针、阔、混、农
灰卷尾	*Dicrurus leucophaeus*	+++	S	东		针、阔、混、农
黑卷尾	*Dicrurus macrocercus*	+++	S	东		针、阔、混、农
黑啄木鸟	*Dryocopus martius*	+	R	古		针、阔、混、农
大白鹭	*Egretta alba*	++	P	广	日、澳	针、阔、混、农
白鹭	*Egretta garzetta*	+++	S	东		针、阔、混、农
中白鹭	*Egretta intermedia*	+++	S	东	日	灌、农
小鹀	*Emberiz apusilla*	+	P	古	日	针、阔、混、农
黄胸鹀	*Emberiza aureol*	+	P	古	日	农、针、阔、混
黄眉鹀	*Emberiza chrysophrys*	++	P	古		针、阔、混、农、灌
三道眉草鹀	*Emberiza cioides*	+++	R	古		农、针、阔、混
黄喉鹀	*Emberiza eleganstícehursti*	+++	W	古	日	针、阔、混、农
栗耳鹀	*Emberiza fucataf*	+	P	古		针、阔、混、农
灰眉岩鹀	*Emberiza godlewskii*	+	R	古		不详
白头鹀	*Emberiza leucocephalos*	+	W	古		针、阔、混、农
苇鹀	*Emberiza pallasi*	+	R	古	日	针、阔、混、农
田鹀	*Emberiza rustica*	+	W	古	日	针、阔、混
灰头鹀	*Emberiza spodocephala*	+	W	古	日	针、阔、混、农
白眉鹀	*Emberiza tristrami*	+	P	广		针、阔、混、农、灌、草
黑背燕尾	*Enicurus immaculatus*	+	R	东		针、阔、混、农、灌、草
小燕尾	*Enicurus scouleri*	+	R	广		针、阔、混、农
黑尾蜡嘴雀	*Eophona migratoria*	+++	R	古	日	针、阔、混、农
黑头蜡嘴雀	*Eophona personata*	+	P	古		针、阔、混、农、沼
噪鹃	*Eudynamys scolopacea*	+++	S	东		针、阔、混、农
三宝鸟	*Eurystomus orientalis*	+	S	东	日	农、针、阔、混
猎隼	*Falco cherrug*	+	不详	古		针、阔、混、农
灰背隼	*Falco columbarius*	+	P	古	日	针、阔、混、农
黄爪隼	*Falco naumanni*	+	S	古		针、阔、混、农

续表

物种名	拉丁学名	数量等级	居留类型	区系从属	保护协定	生活环境
游隼	*Falco peregrinus*	+	W	广		针、阔、混、农、灌
燕隼	*Falco subbuteo*	+	P	广	日	针、阔、混、农
红隼	*Falco tinnunculus*	+	R	广		针、阔、混、灌
红脚隼	*Falco amurensis*	+	P	古		针、阔、混、农
鸲姬鹟	*Ficedula mugimaki*	+	P	广	日	针、阔、混、农、灌、草
黄眉姬鹟	*Ficedula narcissina*	+	P	东	日	针、阔、混、农、灌
红喉姬鹟	*Ficedula parvaalbicilla*	+	P	广		针、阔、混、农
燕雀	*Fringilla montifringilla*	+++	W	古	日	针、阔、混、农
白喉噪鹛	*Garrulax albogulariseous*	+	V	古		农、针、阔、混
画眉	*Garrulax canorus*	+++	R	古		农、针、阔、混
山噪鹛	*Garrulax davidi*	+	R	古		针、阔、混、农、灌、草
黑脸噪鹛	*Garrulax perspicillatus*	+++	R	东		沼
松鸦	*Garrulus glandarius*	+++	R	古		针、阔、混、农、灌
领鸺鹠	*Glaucidium brodiei*	+++	R	东		林、沼
斑头鸺鹠	*Glaucidium cuculoides*	++	R	东		针、阔、混
蓝翡翠	*Halcyon pileata*	++	S	东		针、阔、混、农
栗鸢	*Haliastur indus*	+	P	古		针、阔、混、农
白腹隼雕	*Hieraaetus fasciatus*	+	R	东		针、阔、混、农
金腰燕	*Hirundo daurica*	+++	S	广	日	针、阔、混、农
家燕	*Hirundo rustica*	+++	S	古	日、澳	针、阔、混、农
远东树莺	*Horornis borealis*	+++	S	东		针、阔、混、农、灌
水雉	*Hydrophasianus chirurgus*	+	S	东	澳	针、阔、混、农、灌
黑短脚鹎	*Hypsipetes leucocephalus*	++	S	东		针、阔、混、农
绿翅短脚鹎	*Hypsipetes mcclellandii*	+	R	古		针、阔、混
栗苇鳽	*Ixobrychus cinnamomeus*	+	S	广		针、阔、混
蚁䴕	*Jynx torquilla*	+	S	东		针、阔、混、农
牛头伯劳	*Lanius bucephalus*	+	W	古		针、阔、混、农
红尾伯劳	*Lanius cristatus*	+++	S	古	日	针、阔、混、农
灰伯劳	*Lanius excubitor*	+	W	古		针、阔、混、农、灌
棕背伯劳	*Lanius schach*	+++	R	东		针、阔、混、农

续表

物种名	拉丁学名	数量等级	居留类型	区系从属	保护协定	生活环境
楔尾伯劳	*Lanius sphenocercus*	+	P	古		针、阔、混、农
灰背伯劳	*Lanius tephronotus*	+	S	古		针、阔、混、农、沼
虎纹伯劳	*Lanius tigrinus*	+++	S	古	日	针、阔、混、农
红嘴相思鸟	*Leiothrix luteal*	++	R	东		针、阔、混、农、灌
矛斑蝗莺	*Locustella lanceolat*	+	P	广	日	针、阔、混、农
白腰文鸟	*Lonchura striata*	++	R	东		针、阔、混
红喉歌鸲	*Luscinia calliope*	+	P	东	日	针、阔、混、农、灌
蓝歌鸲	*Luscinia cyanebo*	+	不详	广	日	针、阔、混、农
红尾歌鸲	*Luscinia sibilans*	+	P	古	日	
蓝喉歌鸲	*Luscinia svecicus*	+	P	广		针、阔、混、农、灌
凤头鹀	*Melophus lathami*	+	W	东		针、阔、混、农、灌、草
白腿小隼	*Microhierax melanoleucus*	+	V	古		针、阔、混、农
黑鸢	*Milvus migrans*	++	R	广		针、阔、混、农、灌、草
黄头鹡鸰	*Motacilla citreola*	+	P	广		针、阔、混
灰纹鹟	*Muscicapa griseisticta*	+	P	东		针、阔、混
北灰鹟	*Muscicapa latirostris*	+	P	广	日	针、阔、混、农
乌鹟	*Muscicapa sibirica*	+	P	东	日	针、阔、混、农、灌
棕腹仙鹟	*Niltava sundara*	+	S	东		针、阔、混、农
鹰鸮	*Ninox scutulata*	+++	S	东		针、阔、混、农
星鸦	*Nucifraga caryocatactes*	+	R	古		针、阔、混、农
夜鹭	*Nycticorax nycticorax*	+++	R	古	日	针、阔、混、农
黑枕黄鹂	*Oriolus chinensis*	++	S	东	日	农、针、阔、混
领角鸮	*Otus bakkamoena*	++	R	东		针、阔、混、灌、草
红角鸮	*Otus suniastic*	+++	S	广		农、针、阔、混
鹗	*Pandion haliaetus*	+	P	古		针、阔、混、农、灌、草
棕头鸦雀	*Paradox orniswebbianus*	+++	R	广		针、阔、混、农
煤山雀	*Parus ater*	+	P	古		农、针、阔、混
大山雀	*Parus major*	+++	R	广		针、阔、混、农、灌
黄腹山雀	*Parus venustulus*	++	W	东		针、阔、混、农、灌
绿背山雀	*Parus monticolus*	+	R	东		沼、农

续表

物种名	拉丁学名	数量等级	居留类型	区系从属	保护协定	生活环境
沼泽山雀	*Parus palus tris hellmayri*	+	R	广		针、阔、混、农、灌、草
麻雀	*Passer montanuss*	+++	R	广		灌
山麻雀	*Passer rutilans*	+++	R	东	日	沼、农
小灰山椒鸟	*Pericrocotus cantonensis*	+++	S	东		针、阔、混
灰山椒鸟	*Pericrocotus divaricatus*	+	P	广	日	针、阔、混、农
粉红山椒鸟	*Pericrocotus roseus*	+	S	东		针、阔、混、农
凤头蜂鹰	*Pernis ptilorhynchus orientalis*	++	P	古		针、阔、混、农、灌、草
环颈雉	*Phasianus colchicus*	+++	R	古		针、阔、混
北红尾鸲	*Phoenicurus auroreus*	+++	W	古	日	针、阔、混、农
红腹红尾鸲	*Phoenicurus erythrogaster*	+	R	古		针、阔、混、农
黑喉红尾鸲	*Phoenicurus hodgsoni*	+	W	古		针、阔、混
赭红尾鸲	*Phoenicurus ochruro*	+	R	古		针、阔、混、农
极北柳莺	*Phylloscopus borealis*	++	P	古	日、澳	针、阔、混、灌
叽喳柳莺	*Phylloscopus collybita*	+	不详	古		针、阔、混、农、灌
冕柳莺	*Phylloscopus coronatus*	+	P	东	日	针、阔、混、农
褐柳莺	*Phylloscopus fuscatus*	+	P	古		针、阔、混
双斑绿柳莺	*Phylloscopus plumbeitarsus*	+	W	古		针、阔、混、灌、草
黄腰柳莺	*Phylloscopus proregulus*	+++	W	古		针、阔、混、农、灌、草
棕腹柳莺	*Phylloscopus subaffinis*	+	P	广		针、阔、混、农
喜鹊	*Pica pica*	+++	R	古		针、阔、混、农
棕腹啄木鸟	*Picoides hyperythrus*	+	P	古		针、阔、混、农、灌
白背啄木鸟	*Picoides leucotos*	+	P	广		针、阔、混、农、灌、草
大斑啄木鸟	*Picoides majorca*	+++	R	古		沼、混
斑姬啄木鸟	*Picumnus innominatus*	++	R	东		针、阔、混
灰头绿啄木鸟	*Picus canus zimmer*	+++	R	广		针、阔、混、农、灌、草
仙八色鸫	*Pitta nymphan*	++	S	东		针、阔、混
锈脸钩嘴鹛	*Pomatorhinus erythrogenys*	+	R	东		针、阔、混、农
棕颈钩嘴鹛	*Pomatorhinus ruficollis*	+++	R	东		农
山鹪莺	*Prinia superciliaris*	+	R	古		针、阔、混、农、灌
勺鸡	*Pucrasia macrolopha*	+	R	古		农

续表

物种名	学名	数量等级	居留类型	区系从属	保护协定	生活环境
白头鹎	*Pycnonotus sinensis*	+++	R	东		农、针、阔、混
黄臀鹎	*Pycnonotus xanthorrhous*	+++	R	东		针、阔、混、农
红嘴山鸦	*Pyrrhocorax pyrrhocorax*	+	R	古		针、阔、混、农
戴菊	*Regulus regulu*	+	W	古		农
白喉林鹟	*Rhinomyias brunneata*	++	S	东		针、阔、混、农、灌、草
山鹛	*Rhopophilus pekinensis*	+	R	古		针、阔、混、农
红尾水鸲	*Rhyacornis fuliginosus*	+++	R	广		针、阔、混、农、灌、草
黑喉石䳭	*Saxicola torquata*	+	P	古	日	针、阔、混、农
丘鹬	*Scolopax rusticola*	+	P	古	日	针、阔、混、农
金眶鹟莺	*Seicercus burkii*	+	R	古		针、阔、混、农
普通䴓	*Sitta europaea sinensis*	+	R	古		针、阔、混、灌
蛇雕	*Spilornis cheela*	+	V	东		农、针、阔、混
领雀嘴鹎	*Spizixos semitorques*	+++	R	东		针、阔、混、农、灌、草
珠颈斑鸠	*Streptopelia chinensis*	+++	R	东		沼
灰斑鸠	*Streptopelia decaocto*	+++	R	广		草、农
山斑鸠	*Streptopelia orientalis*	+++	R	广		针、阔、混、农
火斑鸠	*Streptopelia tranque*	+	S	东		针、阔、混、农
北椋鸟	*Sturnia sturnina*	++	P	东		针、阔、混
丝光椋鸟	*Sturnus sericeus*	+++	R	东		针、阔、混
灰椋鸟	*Sturnus cineraceus*	++	R	古		针、阔、混、灌、草
小䴙䴘	*Tachybaptus ruficollis*	+++	R	广		针、阔、混、农、灌
红胁蓝尾鸲	*Tarsiger cyanurus*	+++	W	广	日	针、阔、混、农、灌
寿带	*Terpsiphone paradis*	++	S	东		草、农
红翅旋壁雀	*Tichodroma muraria*	+	R	广		针、阔、混、灌
鹤鹬	*Tringa erythropus*	+	P	广	日	针
林鹬	*Tringa glareola*	+	P	广	日、澳	针、阔、混、农
乌灰鸫	*Turdus cardis*	+++	S	东	日	针、阔、混、农、灌
斑鸫	*Turdus eunomus*	+++	W	古	日	针、阔、混、农
灰背鸫	*Turdus hortulorum*	+	P	广	日	针、阔、混、农、灌
乌鸫	*Turdus merula*	+++	R	古		针、阔、混、农、灌

续表

物种名	学名	数量等级	居留类型	区系从属	保护协定	生活环境
宝兴歌鸫	*Turdus mupinensis*	++	W	古		针、阔、混、农、灌
白腹鸫	*Turdus pallidus*	++	W	东	日	针、阔、混
戴胜	*Upupa epops*	++	R	广		针、阔、混、农、灌、草
红嘴蓝鹊	*Urocissa erythrorhyncha*	+++	R	东		针、阔、混
鳞头树莺	*Urosphena squameiceps*	+	不详	古	日	针、阔、混
淡脚树莺	*Urosphena pallidipes*	+	不详	古		针、阔、混
凤头麦鸡	*Vanellus vanellus*	+++	P	广	日	针、阔、混
橙头地鸫	*Zoothera citrina*	++	S	东		针、阔、混、农、灌
虎斑地鸫	*Zoothera daumahors*	+	P	广	日	针、阔、混、农、灌、草
白眉地鸫	*Zoothera sibirica*	+	S	古		针、阔、混、农、灌、草
红胁绣眼鸟	*Zosterops erythropleurus*	+	P	古		针、阔、混
暗绿绣眼鸟	*Zosterops japonicus*	+++	S	东		针、阔、混、农

注：数量等级：+++为优势种，++为常见种，+为稀有种；居留类型：R 为留鸟，S 为夏候鸟，W 为冬候鸟，P 为旅鸟，V 为迷鸟；区系从属：广即广布种，东即东洋界，古即古北界；生活环境：针即针叶林，阔即阔叶林，混即针阔叶混交林，农即农田村庄，灌即灌丛，草即草丛草地，沼即沼泽湿地及水深不超过 2m 的水域，水即水深超过 2 m 的水域。

根据本区鸟类的居留性分析：旅鸟 58 种，占本区鸟类的 24.58%；留鸟 83 种，占本区鸟类的 35.20%；夏候鸟 52 种，占本区鸟类的 22%；冬候鸟 31 种，占本区鸟类的 13.14%；迷鸟 3 种；居留情况不详的鸟 9 种。

区系类型中，属东洋界的鸟类 74 种，占 31.36%；属古北界的鸟类 102 种，占 43.22%；广布种 60 种，占 25.42%。

根据 IUCN 濒危等级，本区鸟类近危（NT）的有 9 种，易危（VU）的有 4 种。根据中国政府签订的有关保护协定，有中日保护协定鸟类 66 种，中澳保护协定鸟类 7 种。

根据 CITES 附录等级，有附录Ⅰ鸟类 1 种，即游隼（*Falco peregrinus*）；有附录Ⅱ鸟类 40 种。

中国特有鸟类 4 种，即仙八色鸫（*Pittan ympha*）、中杜鹃（*Cuculus saturatus*）、橙头地鸫（*Zoothera citrina*）、领雀嘴鹎（*Spizixos semitorques*）。

国家重点保护鸟类 43 种。

4.2.3 爬行类

河南洛阳熊耳山省级自然保护区爬行类动物有 2 目、8 科、20 属、29 种（表 4.8）。科的组成中，种类最多的科为游蛇科（Colubridae），有 10 属、18 种；其次为蜥蜴科（Lacertidae），有 2 属、3 种，石龙子科（Scincidae）和蝰科（Viperidae）各含 2 种；其余各科仅有 1 种。

表 4.8　河南洛阳熊耳山省级自然保护区爬行类组成

目名	科名	属数	种数
龟鳖目 Testudinata	鳖科 Trionychidae	1	1
	潮龟科 Bataguridae	1	1
有鳞目 Squamata	壁虎科 Gekkonidae	1	1
	蝰科 Viperidae	2	2
	鬣蜥科 Agamidae	1	1
	石龙子科 Scincidae	2	2
	蜥蜴科 Lacertidae	2	3
	游蛇科 Colubridae	10	18

熊耳山属秦岭余脉，它位于华北地台南缘，华熊台隆的熊耳山隆断区。保护区内爬行类区系组成中属于古北界分布的有 4 种，分别为无蹼壁虎、丽斑麻蜥、黄脊游蛇、白条锦蛇。属于东洋界分布的有 14 种，分别为菜花原矛头蝮、丽纹龙蜥、蓝尾石龙子、铜蜓蜥、锈链腹链蛇、草腹链蛇、翠青蛇、双斑锦蛇、王锦蛇、玉斑锦蛇、紫灰锦蛇、斜鳞蛇、乌华游蛇、乌鞘蛇。属于广布种的爬行类有 8 种，分别为鳖、乌龟、短尾腹、北草蜥、赤链蛇、赤峰锦蛇、黑眉锦蛇、虎斑颈槽蛇。本区爬行类区系成分主要以古东洋界为主。

根据 IUCN 濒危等级，本区爬行类有濒危（EN）1 种，即乌龟（*Chinemy sreevesii*）；易危（VU）7 种，即鳖（*Pelodiscus sinensis*）、短尾蝮（*Gloydius brevicaudus*）、赤峰锦蛇（*Elaphe anomala*）、王锦蛇（*Elaphe carinata*）、玉斑锦蛇（*Elaphe mandarina*）、黑眉锦蛇（*Elaphe taeniura*）、乌梢蛇（*Zaocys dhumnades*）。

根据 CITES 附录等级，有附录Ⅲ 1 种，即乌龟（*Chinemy sreevesii*）。

中国特有爬行类 11 种。

4.2.4　两栖类

河南洛阳熊耳山省级自然保护区两栖动物有 2 目、7 科、14 属、17 种（表 4.9）。科的组成中，以蛙科（Ranidae）最多，有 6 属、7 种；其次为姬蛙科（Microhylidae）、小鲵科（Hynobiidae）、雨蛙科（Hylidae）和蟾蜍科（Bufonidae），各含 2 种；角蟾科（Megophryidae）和隐鳃鲵科（Cryptobranchidae）仅各含 1 种。

表 4.9　河南洛阳熊耳山省级自然保护区两栖类组成

目名	科名	属数	种数
无尾目 Anura	蟾蜍科 Bufonidae	1	2
	角蟾科 Megophryidae	1	1
	姬蛙科 Microhylidae	2	2
	蛙科 Ranidae	6	7
	雨蛙科 Hylidae	1	2
有尾目 Caudata	小鲵科 Hynobiidae	2	2
	隐鳃鲵科 Cryptobranchidae	1	1

4.2.5　鱼类

河南洛阳熊耳山省级自然保护区鱼类有 4 目、7 科、33 属、54 种（表 4.10）。科的组成中以鲤科（Cyprinidae）最多，含 26 属、41 种；其次为鲿科（Bagridae），有 2 属、5 种。鮨科（Serranidae）含 3 种、鳅科（Cobitidae）含 2 种；其余各科仅有 1 种。

表 4.10　河南洛阳熊耳山省级自然保护区鱼类组成

目名	科名	属数	种数
合鳃鱼目（Synbranchiformes）	合鳃鱼科（Synbranchidae）	1	1
鲤形目（Cypriniformes）	鲤科（Cyprinidae）	26	41
	鳅科（Cobitidae）	1	2
鲈形目（Perciformes）	鮨科（Serranidae）	1	3
	鳢科（Channidae）	1	1
鲇形目（Siluriformes）	鲿科（Bagridae）	2	5
	鲇科（Siluridae）	1	1

4.2.6　河南洛阳熊耳山省级自然保护区昆虫

河南洛阳熊耳山省级自然保护区昆虫有 21 目、261 科、1 304 属、1 928 种（表 4.11）。目的组成中，以鳞翅目（Lepidoptera）种类最多，有 51 科、532 属、813 种，约占本区昆虫总种数的 42.17%；其次为鞘翅目（Coleoptera），含 39 科、201 属、301 种；再次为半翅目（Hemiptera），含 43 科、158 属、220 种；膜翅目（Hymenoptera），含 25

科、127 属、177 种；蜘蛛目（Araneae）27 科、76 属、129 种。

表 4.11　河南洛阳熊耳山省级自然保护区昆虫基本组成

序号	目名	科数	属数	种数
1	蜻蜓目 Odonata	12	33	47
2	襀翅目 Plecoptera	3	3	4
3	蜚蠊目 Blattodea	3	4	4
4	等翅目 Isoptera	2	2	2
5	螳螂目 Mantodea	1	4	5
6	革翅目 Dermaptera	1	1	1
7	直翅目 Orthoptera	18	57	73
8	竹节虫目 Phasmatodea	2	2	5
9	虱目 Anoplura	3	3	5
10	缨翅目 Thysanoptera	3	7	13
11	半翅目 Hemiptera	43	158	220
12	广翅目 Megaloptera	1	2	2
13	脉翅目 Neuroptera	3	10	13
14	鞘翅目 Coleoptera	39	201	301
15	捻翅目 Strepsiptera	1	1	1
16	双翅目 Diptera	15	67	94
17	蚤目 Siphonaptera	3	5	5
18	鳞翅目 Lepidoptera	51	532	813
19	膜翅目 Hymenoptera	25	127	177
20	蜱螨目 Acarina	5	9	14
21	蜘蛛目 Araneae	27	76	129
合计		261	1 304	1 928

4.3 河南洛阳熊耳山省级自然保护区珍稀濒危及特有动物

4.3.1 珍稀濒危及特有哺乳动物

根据IUCN濒危等级，河南洛阳熊耳山省级自然保护区哺乳类有极危（CR）2种，为豹猫（*Prionailurus bengalensis*）等；濒危（EN）5种，即藏南斑羚（*Naemorhedus goral*）、林麝（*Moschus berezovskii*）、花面狸（*Pagumala rvata*）、狼（*Canislupus lupus*）和青鼬（*Martes flavigula*）；近危（NT）的有13种，即灰麝鼩（*Crocidura attenuata*）、猪獾（*Arctonyx collarisleu*）、黄腹鼬（*Mustela kathiah*）等；易危（VU）的有11种，即金猫（*Catopuma temminckii*）、赤狐（*Vulpes vulpests*）、黄鼬（*Mustela sibirica*）等。

根据CITES附录等级，河南洛阳熊耳山省级自然保护区有附录Ⅰ哺乳类4种，即金钱豹（*Campanum oeajavanica* subsp. *japonica*）、豹猫（*Prionailurus bengalensis*）、青鼬（*Martes flavigula*）、藏南斑羚（*Naemorhedus goral*）；附录Ⅱ哺乳类3种，即金猫（*Catopuma temminckii*）、赤狐（*Vulpes vulpests*）、狼（*Canislupus lupus*）。

河南洛阳熊耳山省级自然保护区有中国特有哺乳类10种，即大仓鼠（*cricetulus triton*）、罗氏鼢鼠（*Myospalax rothschildi*）、麝鼹（*Scaptochirus moschatus*）等。

河南洛阳熊耳山省级自然保护区有国家重点保护哺乳类7种，其中Ⅰ级保护哺乳动物1种，Ⅱ级保护哺乳动物6种，河南省重点保护哺乳动物7种，见表4.12。

表4.12 河南洛阳熊耳山省级自然保护区国家重点保护与濒危哺乳动物

物种名	所属属名	国家保护等级	IUCN濒危等级	CITES附录等级	是否是中国特有
林麝	麝属	Ⅰ	濒危（EN）		是
藏南斑羚	斑羚属	Ⅱ	濒危（EN）	附录Ⅰ	
青鼬	貂属	Ⅱ	濒危（EN）	附录Ⅰ	
豹猫	豹猫属	Ⅱ	极危（CR）	附录Ⅰ	
大灵猫	大灵猫属	Ⅱ	近危（NT）	附录Ⅲ	
水獭	水獭属	Ⅱ	近危（NT）		
花面狸	花面狸属		濒危（EN）		
狼	犬属		濒危（EN）	附录Ⅱ	
猪獾	猪獾属		近危（NT）		
复齿鼯鼠	复齿鼯鼠属		近危（NT）		
灰麝鼩	麝鼩属		近危（NT）		
华南缺齿鼹	缺齿鼹属		近危（NT）		

续表

物种名	所属属名	国家保护等级	IUCN 濒危等级	CITES 附录等级	是否是中国特有
小缺齿鼹	缺齿鼹属		近危（NT）		
貉	貉属		近危（NT）		
狗獾	狗獾属		近危（NT）		
香鼬	鼬属		近危（NT）		
艾鼬	鼬属		近危（NT）		
大棕蝠	棕蝠属		近危（NT）		
萨氏伏翼	伏翼属		近危（NT）		是
间型菊头蝠	菊头蝠属		近危（NT）		
角菊头蝠	菊头蝠属		近危（NT）		
赤狐	狐属		易危（VU）	附录Ⅱ	
小飞鼠	飞鼠属		易危（VU）		是
梅花鹿	鹿属		易危（VU）		是
豺	豺属		易危（VU）		
黄鼬	鼬属		易危（VU）		
爪哇伏翼	伏翼属		易危（VU）		
小麂	麂属		易危（VU）		
中国豪猪	豪猪属		易危（VU）		
花鼠	花鼠属		易危（VU）		

4.3.2　珍稀濒危及特有鸟类

根据IUCN濒危等级，河南洛阳熊耳山省级自然保护区鸟类近危（NT）的有9种，易危（VU）的有4种。根据中国政府签订的有关保护协定，有中日保护协定鸟类66种，中澳保护协定鸟类7种。

根据CITES附录等级，河南洛阳熊耳山省级自然保护区有附录Ⅰ鸟类1种，即游隼（*Falcoper egrinus*）；附录Ⅱ鸟类40种。

河南洛阳熊耳山省级自然保护区有中国特有鸟类4种，即仙八色鸫（*Pitta nympha*）、中杜鹃（*Cuculus saturatus*）、橙头地鸫（*Geokichla citrina*）、领雀嘴鹎（*Spizixos semitorques*）。

河南洛阳熊耳山省级自然保护区有国家重点保护鸟类43种，其中Ⅰ级保护鸟类1种，Ⅱ级保护鸟类42种，见表4.13。

表 4.13　河南洛阳熊耳山省级自然保护区国家重点保护鸟类

所属目名	所属科名	物种名	拉丁学名	国家保护等级
鹃形目	杜鹃科	小鸦鹃	*Centropus bengalensis*	Ⅱ
鸮形目	鸱鸮科	斑头鸺鹠	*Glaucidium cuculoides*	Ⅱ
	鸱鸮科	雕鸮	*Bubo bubo*	Ⅱ
	鸱鸮科	短耳鸮	*Asio flammeus*	Ⅱ
	鸱鸮科	红角鸮	*Otus sunia*	Ⅱ
	鸱鸮科	领角鸮	*Otus bakkamoena*	Ⅱ
	鸱鸮科	领鸺鹠	*Glaucidium brodiei*	Ⅱ
	鸱鸮科	鹰鸮	*Ninox scutulata*	Ⅱ
	鸱鸮科	长耳鸮	*Asio otusotus*	Ⅱ
	鸱鸮科	纵纹腹小鸮	*Athene noctua*	Ⅱ
雀形目	八色鸫科	仙八色鸫	*Pitta nympha*	Ⅱ
隼形目	鹰科	白腹隼雕	*Hiera aetusfasciatus*	Ⅱ
	鹰科	白腹鹞	*Circus spilonotus*	Ⅱ
	鹰科	白头鹞	*Circus aeruginosus*	Ⅱ
	鹰科	白尾鹞	*Circus cyaneus*	Ⅱ
	鹰科	苍鹰	*Accipiter gentilis*	Ⅱ
	鹰科	赤腹鹰	*Accipiter soloensis*	Ⅱ
	鹰科	大鵟	*Buteo hemilasius*	Ⅱ
	鹰科	凤头蜂鹰	*Pernis ptilorhynchus*	Ⅱ
	鹰科	凤头鹰	*Accipiter trivirgatus*	Ⅱ
	鹰科	黑冠鹃隼	*Aviceda leuphotes*	Ⅱ
	鹰科	黑鸢	*Milvus migrans*	Ⅱ
	鹰科	灰脸鵟鹰	*Butastur indicus*	Ⅱ
	鹰科	金雕	*Aquila chrysaetos*	Ⅰ
	鹰科	栗鸢	*Halia sturindus*	Ⅱ
	鹰科	普通鵟	*Buteo buteo*	Ⅱ
	鹰科	雀鹰	*Accipiter nisus*	Ⅱ
	鹰科	鹊鹞	*Circus melanoleucos*	Ⅱ
	鹰科	日本松雀鹰	*Accipiter gularis*	Ⅱ
	鹰科	蛇雕	*Spilornis cheela*	Ⅱ

续表

所属目名	所属科名	物种名	拉丁学名	国家保护等级
	鹰科	松雀鹰	*Accipiter virgatus*	Ⅱ
	鹰科	乌雕	*Aquila clanga*	Ⅱ
	隼科	燕隼	*Falco subbuteo*	Ⅱ
	隼科	游隼	*Falco peregrinus*	Ⅱ
	隼科	白腿小隼	*Microhierax melanoleucus*	Ⅱ
	隼科	红脚隼	*Falco amurensis*	Ⅱ
	隼科	红隼	*Falco tinnunculus*	Ⅱ
	隼科	黄爪隼	*Falco naumanni*	Ⅱ
	隼科	猎隼	*Falco cherrug*	Ⅱ
	隼科	灰背隼	*Falco columbarius*	Ⅱ
	鹗科	鹗	*Pandion haliaetus*	Ⅱ
鸡形目	雉科	红腹锦鸡	*Chrysolophus pictus*	Ⅱ
	雉科	勺鸡	*Pucrasia macrolopha*	Ⅱ

4.3.3 珍稀濒危及特有爬行动物

根据IUCN濒危等级，河南洛阳熊耳山省级自然保护区爬行类有濒危（EN）1种，即乌龟（*Chinemys reevesii*）；易危（VU）7种，即鳖（*Pelodiscus sinensis*）、短尾蝮（*Gloydius brevicaudus*）、赤峰锦蛇（*Elaphe anomala*）、王锦蛇（*Elaphe carinata*）、玉斑锦蛇（*Elaphe mandarina*）、黑眉锦蛇（*Elaphe taeniura*）、乌梢蛇（*Zaocys dhumnades*）。

根据CITES附录等级，河南洛阳熊耳山省级自然保护区有附录Ⅲ1种，即乌龟（*Chinemys reevesii*）。

河南洛阳熊耳山省级自然保护区有中国特有爬行类11种，见表4.14。

表4.14　河南洛阳熊耳山省级自然保护区中国特有爬行类

科名	中文名	拉丁学名
壁虎科	无蹼壁虎	*Gekko swinhonis*
鬣蜥科	丽纹龙蜥	*Japalura splendida*
石龙子科	蓝尾石龙子	*Plestiodon elegans*
蜥蜴科	北草蜥	*Takydromus septentrionalis*
游蛇科	锈链腹链蛇	*Amphiesma craspedogaster*
	双斑锦蛇	*Elaphe bimaculata*
	紫灰锦蛇	*Elaphe porphyracea*
	斜鳞蛇	*Pseudoxenodon macrops*

续表

科名	中文名	拉丁学名
	虎斑颈槽蛇	*Rhabdophis tigrinus*
	赤链华游蛇	*Sinonatrix annularis*
	乌梢蛇	*Zaocys dhumnades*

4.3.4 珍稀濒危及特有两栖动物

根据IUCN濒危等级，河南洛阳熊耳山省级自然保护区两栖类有极危（CR）1种，即大鲵（*Andrias davidianus*）；近危（NT）3种，即隆肛蛙（*Nanorana quadranus*）、施氏巴鲵（*Liua shihi*）、黑斑侧褶蛙（*Pelophylax nigromaculatus*）。

根据CITES附录等级，河南洛阳熊耳山省级自然保护区有附录Ⅰ1种，即大鲵（*Andrias davidianus*）；附录Ⅱ1种，即虎纹蛙（*Hoplobatra chuschinensis*）。

有中国特有两栖类8种，即合征姬蛙隆肛蛙（*Nanorara quadranus*）、花臭蛙（*Odorrana schmackeri*）、金线侧褶蛙（*Pelophylax plancyi*）、无斑雨蛙（*Hyla immaculata*）、秦巴拟小鲵（*Pseudohynobius tsinpaensis*）、施氏巴鲵（*Liua shihi*）、大鲵（*Andrias davidianus*）。

河南洛阳熊耳山省级自然保护区有国家二级保护动物2种，即大鲵（*Andrias davidianus*）和虎纹蛙（*Hoplobatra chuschinensis*）。

4.3.5 珍稀濒危及特有鱼类

河南洛阳熊耳山省级自然保护区有中国特有鱼类17种，见表4.15。

表4.15 河南洛阳熊耳山省级自然保护区中国特有鱼类

目名	科名	属名	中文名	拉丁学名
鲤形目	鲤科	鱊属	须鱊	*Acheilognathus barbatus*
		似鳍属	似鳍	*Belligobio nummifer*
		颌须鮈属	隐须颌须鮈	*Gnathopogon nicholsi*
			短须颌须鮈	*Gnathopogon imberbis*
		鮈属	似铜鮈	*Gobio coriparoides*
		鳅鮀属	短吻鳅鮀	*Gobio botiabrevirostris*
		鲂属	团头鲂	*Megalobrama amblycephala*
		吻鮈属	圆筒吻鮈	*Rhinogobio cylindricus*
			大鼻吻鮈	*Rhinogobio nasutus*
			吻鮈	*Rhinogobio typus*
		鲴属	方氏鲴	*Xenocypris fangi*

续表

目名	科名	属名	中文名	拉丁学名
鲈形目	鮨科	鳜属	大眼鳜	*Siniperca kneri*
			斑鳜	*Siniperca scherzeri*
	鳢科	鳢属	乌鳢	*Channa argus*
鲇形目	鲿科	拟鲿属	央堂拟鲿	*Pseudobagrus ondon*
			圆尾拟鲿	*Pseudobagrus tenuis*
			切尾拟鲿	*Pseudobagrus truncatus*

第 5 章　河南洛阳熊耳山省级自然保护区旅游资源

河南洛阳熊耳山省级自然保护区位于豫西的洛阳中西部，距洛阳市较近，洛栾快速通道和洛卢公路从其两侧通过，其对外交通便利。这里峰峦叠嶂，沟壑纵横，山势险峻，森林茂密，景色宜人，有很多人文景观和自然景观，旅游开发价值大。据考证，宜阳（保护站）花果山是《西游记》中花果山的原型，古时与江西庐山、湖北武当山、河南少室山等并称七十二福地，早在隋唐时期即为著名旅游胜地，历代许多文人墨客对其赋诗作画。王莽寨的花岗岩山岳景观、历史人文景观、森林与动植物景观等在全省乃至全国都有较高声誉。三官庙和全宝山都位于熊耳山北侧，流传着许多朱元璋的故事，而且是洛书的出处。本保护区及周边地区的旅游开发早在 1991 年就开始了，现有花果山国家森林公园、天池山国家森林公园、神灵寨国家森林公园和全宝山省级森林公园。

5.1　花果山国家森林公园

花果山国家森林公园位于河南洛阳熊耳山省级自然保护区宜阳县，主峰海拔 1 831.8 m，总面积 180 km^2，1991 年被批准为洛阳首家国家级森林公园，2000 年被评为洛阳市十佳风景区，现为国家 AAA 级旅游景区。自晋唐以来花果山就是中原地区的旅游胜地。

师徒峰位于花果山东南山巅，有四大石峰突起，四峰并立，排列整齐，俨然一组唐僧师徒取经的雕塑。众僧是群峰，群峰是众僧，气度非凡，形态逼真，生动神韵，真乃大自然的杰作。传说是唐僧奉命率众徒西天取经，历经千辛万苦，战胜各种魔乱凯旋，途经花果山时的一组雕像，景色奇妙，令人赞绝。

麦穗山位于花果山西南，有一突起山峰，海拔约 1 400 m，孤峰独耸，由一块块巨石镶嵌而成，石块形似花果山国家森林公园丰满的麦粒，远看宛若麦穗，故名麦穗山，象征着丰收，给人以美的享受。

罗汉峰位于花果山两侧，花山庙后，有 18 个峰头突起，人称“十八罗汉峰”。这 18 座山峰由北向南，排列如拱，合抱似椅，把花山庙围在中间，群峰笔立，层峦叠嶂，山势险峻，殿宇辉煌，风光秀丽，引人入胜。

公园内还有花果山、八戒山、岳顶山、凤凰山、老人峰、双鸽峰、金鸽峰、海螺峰、人头峰、大圣峰、雄狮峰等。

5.2　天池山国家森林公园

天池山国家森林公园位于河南洛阳熊耳山省级自然保护区东侧嵩县的西北部，总面积 1 716 hm^2，森林覆盖率达 98.57%以上，主峰王莽寨海拔 1 859.6 m，因峰顶有上、中、下三大自然天池，故名天池山。公园主要有飞来石、天池、玉女溪、韩王墓、二郎沟五大景区。

天池山国家森林公园是集湖泊、林海、瀑布、天然氧吧为一体的综合性旅游地，观赏面积超过 2 000 亩（1 亩约为 667 m^2），海拔高度为 1 630 m，森林覆盖率 90%以上，年最高气温不超过 25℃，空气清新，富含活性氧和负粒子，堪称天然氧吧；树木主要有松树、栎类、青冈木及灌木丛林。花草主要有金针花、绣线菊、百合等野生花草。天池山景区主要以观赏高山、天池、林海、瀑布为主，有中国的第三大高山天池，北国第一水杉林、落叶松林，有落差达 300 m 的天池五级瀑布，是著名的避暑胜地及旅游观光地。

天池系高山天然湖泊景色，四周高山怀抱，群林密布，多为油松、桦栎类树木，森林覆盖率达 90%以上。天池山天池由山泉及雨水汇集而成，常年不干涸。天池水域面积 10 500 m^2，形状椭圆形，湖水清澈见底。

龙凤瀑是天池山河谷型飞瀑，一淌溪水自上而下流过，形成两个位置紧连、形状各异的瀑布，落差为 4 m，龙瀑宽 0.7 m，凤瀑宽 1.5 m，周边森林覆盖率达 95%以上。龙凤瀑之下为一椭圆形深潭，整个景观如龙凤戏水，十分优美。

飞来石长 22 m，宽 21 m，高 24 m，重 21 558 t，接触地面不足 10 m^2，且单向倾斜，摇摇欲坠，有临风再飞之势，其海拔最高，接触面最小，体积最大，是名副其实的天下第一飞来石。飞来石下的石岭酷似开国伟人毛泽东卧像，躯体轮廓清晰明朗，比例匀称，面部神态安详自然，令人敬仰缅怀。卧像正南方 1 800 m 处的山腰上，裸露岩体与自然植被天然组合，构成“公心”字样，昭示伟人一心为公、一心求公的光辉人生。

玉女溪奇幻旖旎，清幽空灵，五步一溪，十步一瀑，瀑潭相连，尽显阴柔秀美。二郎沟峭壁危崖，瀑高潭深，彰显男性阳刚之气。

本区还有王莽撵刘秀时在此屯兵的大、小军寨，刘秀藏兵洞、阅兵场，战国时期韩王墓、唐代佛寺、晾经台遗址等大量人文景观，让您梦回千年。

5.3　神灵寨国家森林公园

神灵寨国家森林公园位于河南洛阳熊耳山省级自然保护区北坡洛宁县三官庙林场境内，最高峰海拔 1 859.6 m，景点 160 余个，植物 2 000 余种，动物 300 余种。景点主要集中在以花岗岩为河床的十余千米的神灵峡谷内。这里古树参天，名花争艳，珍禽异兽出没山林，青鲵虾蟹戏于清流，山峻、峰奇、石怪、水秀、泉清、瀑壮、林茂、竹修、峡幽。公园共分为神灵寨、莲花顶、金门河、原始森林四区。这里历经沧桑、文化悠久，黄帝乐官伶伦，在此采竹做乐器。白居易、王铎在此留下佳句“村杏野桃繁似雪，行人不醉为谁开”“寻常阅尽浮云事，花开花落满旧溪”，都是对神灵寨人间仙境的真实写照，又有军事争战的遗迹，优美的典故传说令人神往。

5.3.1 中华石瀑群

神灵大峡谷 10 余千米内，错落有致地坐落着或高或低，或卧或立，或一瀑奔流或群瀑争泻的石瀑景观，石瀑景观类型系统且完整，按其造型和规模主要分为飞瀑、巨瀑、龙瀑、叠瀑、帘瀑、萝卜瀑、裙瀑、墙瀑、仙桃瀑等。中华石瀑群是神灵寨公园最具魅力的地质景观，园区内石瀑规模宏大，石瀑面高 218 m，水平宽 578 m，由 2 460 m 厚的花岗岩山体经长年雨水冲刷而形成。造型奇特，灵秀多变，雄伟壮观，主要有帘瀑、萝卜瀑、悬瀑、叠瀑四种类型，似江海倾泻、银河倒卷，大自然的鬼斧神工令人叹为观止，堪称中华一绝。

石瀑群是园区内最主要的地质景观，集中分布在花山主峰的两侧，最大的石瀑面积达 100 000 m^2，最小的也在 1 000 m^2 以上。

5.3.2 神灵寨溪水

神灵寨的溪水，清、秀、柔、幽，飘逸的水线，似美少女的披发，宛如一道美丽的画廊。溪流生飞瀑、流瀑孕碧潭，瀑瀑相连，潭潭相顾，移步换形，步随景移，观山重在游，赏水重在玩。神灵寨河床均为花岗岩层，溪水在岩板上漫流，人们可尽情地挽裤赤足，踏流戏水，或索石，或捉鱼，或击波。

5.3.3 姊妹瀑

神灵寨河床 2 654 m 厚的花岗岩基，由于坚硬的岩石结构，形成神灵寨峡谷的跌宕落差，出现许多大小不一、高低不同、形态各异的瀑布。这种地貌结构在地质学上称为“岩槛、跌水”，岩槛是指河床上的基岩突起或陡坎，是流水地貌的一种，规模较小的常造成跌水，规模较大的则形成瀑布。上下错落，层层相跌，两边河床石壁洁净，河床宽阔，两瀑相连，似姐妹竞艳，双美同芳，故名“姊妹瀑”。下面的两个滩叫“姊妹滩”。

5.3.4 水帘洞

神灵寨中有水，神灵寨中有山。那巨石如盖，凸出山体，悬石支撑，构成一个天然洞窟。山中清泉漫石而下，形成优美的水帘，故称水帘洞。水小时，小巧玲珑，丝丝小线倒挂，犹如银珠垂帘，串串水珠紧相连，好似珍珠玛瑙落玉盘。若水大时，左右两石上，水连一体，飞流直下，水帘弥漫，蔚为壮观。

5.4 全宝山省级森林公园

全宝山省级森林公园位于河南洛阳熊耳山省级自然保护区北坡洛宁县全宝山国有林场，总面积 958 hm^2，主峰海拔 2 103 m，为保护区最高峰，也是熊耳山脉最高峰，景区内林木茂盛，植物种类繁多，形成了良好的生态旅游环境。

公园内森林茂密、古树参天、悬崖峭壁、怪石林立；千年道家古庙气垫宏大，高峡幽谷，溪流潺潺，有仙人脚、老婆坑、大石门、无底潭等景点。

风景区水流跌宕，或雄壮激越，如锣鼓合奏，或飞珠溅玉，如琵琶轻弹。轻风拂来，松涛阵阵，鸟儿歌唱，如交响乐贯耳，极为惬意。两侧山上原始森林遮天蔽日，橡树、八月札、五味子、野葡萄、山核桃等果香诱人；百合、金针花及无名奇花异卉竞相怒放。蝴蝶和各种鸟类在谷中飞舞盘旋，更为这一人迹罕至的峡谷增添几分柔媚。南峪大峡谷“下窄沟”段风景独特，山有华山之雄奇，水有漓江之秀丽。

5.4.1　仙人脚

仙人脚，清晰可辨。据说先圣仓颉驱象龟横跨洛河时，一脚还踏在洛河北岸的崤山，另一只脚已落在了洛河南岸的全宝山，两山之间各有一枚硕大的脚印。

5.4.2　悬头寨

悬头寨位于主峰东侧，石壁如斧削，古松倒挂，红枫叶飘，俨然一派险峰风光。

5.4.3　石柱岭

石柱岭位于主峰西侧。三根四方形石柱，倏然从山坡上穿出，拔地而起，直指苍天，颇为壮观。

5.4.4　庙顶

峰顶又称庙顶，地势意外平缓。南边为一座山包，中部是一块上百平方米的开阔地，祖师庵的三进大殿坐落于此，北边山包上矗立一航标塔。殿宇虽年深日久，但仍气宇非凡。庵内有碑数幢，其一为清光绪二十二年重修祖师庵及梭凹行宫而立，序载山名来由曰：“南峻北险，中势平缓，地形酷似舢板，后音谬，故为全宝山。”外殿有炉灶厨具等物，以供登山来拜的善男信女做炊之用。殿外有一座龙王庙，火眼金睛的龙王爷屈腿盘坐于宝座之上，模样儿颇有几分滑稽。大殿北山凹处，还有一座奶奶庙，这是尘世间求子祈福的地方，时有几多人等抱着希望而来，又满怀信心而去。

全宝山峡谷幽深，谷中望山，四面壁石林立，斧劈刀削，顶天立地，把蓝天挤成一条长长的细缝。谷两边山崖林木葱茏，枝繁叶茂，青葛如瀑，涌泻而下，一派生机盎然。站在峰巅俯视，茫茫林海，漫卷锦绣，天工云锦，俏丽无比。

文献记载明太祖朱元璋少时曾在这里砍过柴，得帝之后又在此练过兵，其孙建文帝落难以后曾在此建庙布道，终老林泉。因此可以说，全宝山与明政权曾结过不解之缘。

第 6 章　河南洛阳熊耳山省级自然保护区社会经济状况

6.1　周边地区社会经济概况

6.1.1　周边社区基本概况

（1）文化教育：保护区周边山区群众文化程度普遍偏低，50 岁以上 40%是文盲，40 岁以上 90%为小学毕业，30 岁左右的青年初中毕业较多，高中毕业较少。相邻乡镇都有初级中学，每个行政村都有小学，均实行了九年制义务教育。

（2）医疗卫生：乡镇都有中心医院，村有医疗室或卫生所，基本达到国家初级卫生保健标准，基本能够满足群众的医疗卫生需要。

（3）劳动就业：保护区周边社区群众大多数务农，以种植小麦、玉米、红薯、大豆、花生等为主，能够满足家庭基本生活口粮需要，部分农民以种植其他经济作物，搞养殖，发展林业和第三产业等来增加收入。多数剩余劳动力进城打工。

（4）社会保障：与保护区相邻的每个乡镇都有敬老院，收留一些孤寡老人。乡镇行政事业单位人员参加社会统筹保险率在 70%左右，乡镇企业参加率更低，村级只有在职村干部和少数退休村干部参加。

保护区周边地区的地方经济比较落后，经济收入主要靠种植、养殖和劳务输出，农作物基本能自给自足，主要农作物以小麦、玉米、红薯、大豆、花生等为主，熊耳山北部少数乡镇种植烟叶较多，烟叶是这些乡镇主要的经济作物，另有部分乡镇有少许采矿业。

6.1.2　社区共管

自然保护区必须坚持“以保护为目的，以发展为手段，通过发展促进保护”的指导思想，在做好保护区管理的同时，解决好自然保护区与周边社区经济发展的矛盾，吸收社区居民参与保护区的保护工作，有计划、有目的地扶持社区的发展，使保护区和周边社区共同发展，实现保护区与社区的共同繁荣。

（1）社区发展以生态保护为前提，各项建设事业必须服从自然环境和自然资源的保护。

（2）社区发展项目在划定的实验区或周边过渡带内进行。

（3）经济发展项目要有利于发挥保护区的优势，有利于生态系统的保护，有利于引导当地居民致富奔小康，有利于达到人与自然的和谐相处。

（4）自然保护区主要是通过提供技术、信息和服务，指导当地社区发展经济，实现保护区与周边居民共同发展，使保护区内自然资源得到永续利用。

6.1.3　社区共管规划

（1）成立社区资源保护委员会：保护区和当地政府、村委会、社区居民共同建立资源保护委员会，制定资源管护公约，联合开展防火、野生动物救护等活动，实现资源共管、共享，促进保护事业的良性循环。

（2）指导社区群众发展经济：充分发挥保护区技术优势，积极向社区群众推广水产品养殖和种植技术，有计划地在周边社区指导群众发展种植、养殖业，增加群众收入，调动群众保护自然资源的积极性。

（3）资助社区公益事业：保护区周边社区居民在开展供水、供电、广播电视、乡村道路、学校等公益项目建设时，保护区要主动配合，在力所能及的范围内给予资金扶持，改善社区居民的生活质量，提高居民的文化素质，加快当地居民致富奔小康的步伐。

（4）实现保护区的资源共管：保护区在规划期内吸收群众参加巡逻管护、植树造林等活动，通过签订合同的方式，支付一定的管护费用，增加群众的收入。每年拨出专款，用于补偿野生动物对当地居民造成的损失，落实有关政策。对救助珍稀鸟类的社区群众，给予适当的补助，提高其保护自然资源的积极性。

6.1.4　社区建设

（1）发展文化教育事业，提高社区居民综合素质。

（2）协助当地政府抓好农村医疗事业，提高医疗水平。

（3）积极创造就业机会，解决农村剩余劳动力的出路问题，加快社区居民小康生活的建设步伐。

6.2　产业结构

保护区及周边农田较少，当地经济主要以林业、菌果业为主，旅游业、服务业、建筑业也占有较大比重，种植猕猴桃、香菇、木耳是当地农民的主要经济来源。

近几年来，国家陆续出台了许多减轻农民负担的优惠政策，如国家种粮补贴，种植养殖业扶持，新型农村合作医疗和农村养老保险，义务教育阶段免除学杂费，山区农民还可享受国家和省公益林补偿等，农村经济面貌有了较大改善。而保护区周边社区农民除了享受国家的一系列优惠政策外，在自然保护区的帮扶下，社区群众利用自身优势积极开展多种经营活动，如食用菌的生产加工、特色养殖、家庭宾馆、旅游运输、餐饮服务、产品加工等，社区群众收入有所增长。

6.3 保护区土地资源与利用

6.3.1 土地资源的权属

河南洛阳熊耳山省级自然保护区总土地面积 32 524. 6 hm^2，由 4 个县中的 7 个国有林场的部分林业用地组成，包括部分林场长期租赁的附近村庄集体权属土地，保护区土地资源的权属有国有和集体，国有权属土地面积 26 988. 5 hm^2，集体权属土地面积 5 536. 1 hm^2。

6.3.2 土地现状与利用结构

河南洛阳熊耳山省级自然保护区内的 7 个国有林场土地总面积 44 895. 3 hm^2，其中林业用地 43 721. 7 hm^2，非林业用地 1 173. 6 hm^2。在林业用地中，有林地面积 32 739. 0 hm^2，疏林地 131. 2 hm^2，灌木林地 6 821. 6 hm^2，苗圃地 18. 7 hm^2，未成林造林地 228. 6 hm^2，无林地 3 782. 6 hm^2。其中的有林地中包括针叶林 1 045. 7 hm^2，阔叶林 31 006. 6 hm^2，针阔混交林 683. 5 hm^2。在非林业用地中，农地 611. 6 hm^2，工矿用地 40 hm^2，难利用地 416. 2 hm^2，其他土地 105. 8 hm^2。各林场土地现状如表 6. 1 所示。

表 6. 1 熊耳山各林场土地资源及利用结构现状表

单位：hm^2、%、万 m^3

<table>
<tr><td colspan="4">统计项目</td><td>总计</td><td>故县</td><td>全宝山</td><td>三官庙</td><td>宜阳</td><td>陶村</td><td>王莽寨</td><td>大坪</td></tr>
<tr><td colspan="4">面 积</td><td>44 895. 3</td><td>6 053. 0</td><td>4 742. 0</td><td>6 812. 0</td><td>13 333. 3</td><td>5 327. 0</td><td>4 646. 0</td><td>3 982. 0</td></tr>
<tr><td rowspan="13">林业用地</td><td colspan="3">合计</td><td>43 721. 7</td><td>6 053. 0</td><td>4 698. 0</td><td>6 812. 0</td><td>13 333. 3</td><td>4 240. 9</td><td>4 617. 9</td><td>3 966. 6</td></tr>
<tr><td rowspan="7">有林地</td><td colspan="2">小计</td><td>32 739. 0</td><td>2 753. 3</td><td>4 698. 0</td><td>5 989. 4</td><td>7 396. 3</td><td>3 518. 3</td><td>4 590. 0</td><td>3 793. 7</td></tr>
<tr><td rowspan="4">林分</td><td>针叶林</td><td>1 045. 7</td><td>276. 0</td><td>4. 3</td><td></td><td>505. 8</td><td>55. 1</td><td>106. 4</td><td>98. 1</td></tr>
<tr><td>阔叶林</td><td>31 006. 6</td><td>2 345. 2</td><td>4 693. 7</td><td>5 989. 4</td><td>6 520. 6</td><td>3 358. 0</td><td>4 480. 4</td><td>3 619. 3</td></tr>
<tr><td>针阔混交林</td><td>683. 5</td><td>132. 1</td><td></td><td></td><td>369. 9</td><td>105. 2</td><td></td><td>76. 3</td></tr>
<tr><td>小计</td><td>32 735. 8</td><td>2 753. 3</td><td>4 698. 0</td><td>5 989. 4</td><td>7 396. 3</td><td>3 518. 3</td><td>4 586. 8</td><td>3 793. 7</td></tr>
<tr><td colspan="2">经济林</td><td>3. 2</td><td></td><td></td><td></td><td></td><td></td><td>3. 2</td><td></td></tr>
<tr><td colspan="2">竹 林</td><td></td><td></td><td></td><td></td><td></td><td></td><td></td><td></td></tr>
<tr><td colspan="3">疏林</td><td>131. 2</td><td></td><td></td><td></td><td>131. 2</td><td></td><td></td><td></td></tr>
<tr><td colspan="3">灌木林</td><td>6 821. 6</td><td>3 176. 7</td><td></td><td>822. 6</td><td>2 561. 4</td><td>200. 6</td><td>15. 3</td><td>45. 0</td></tr>
<tr><td colspan="3">苗 圃</td><td>18. 7</td><td>8. 3</td><td></td><td></td><td>8. 4</td><td>2. 0</td><td></td><td></td></tr>
<tr><td colspan="3">未成林造林地</td><td>228. 6</td><td></td><td></td><td></td><td>124. 4</td><td>104. 2</td><td></td><td></td></tr>
<tr><td colspan="3">无林地</td><td>3 782. 6</td><td>114. 7</td><td></td><td></td><td>3 111. 6</td><td>415. 8</td><td>12. 6</td><td>127. 9</td></tr>
</table>

续表

统计项目		总计	故县	全宝山	三官庙	宜阳	陶村	王莽寨	大坪
非林业用地	农 地	611.6					583.5	28.1	
	工矿用地	40.0					40.0		
	难利用地	416.2					400.8		15.4
	其他土地	105.8		44.0			61.8		
	合 计	1 173.6		44.0			1 086.1	28.1	15.4
林木覆盖率(%)		87.5	95.0	99.1	97.0	67.0	91.3	98.6	96.4
活立木蓄积量(万 m^3)		187.7	8.3	24.2	41.4	46.0	12.8	23.0	32.0

保护区总土地面积 32 524.6 hm^2（包括集体权属土地），其中林业用地 32 422.8 hm^2，非林业用地 101.8 hm^2。在林业用地中，有林地面积 28 401.3 hm^2，灌木林地 2 277.5 hm^2，未成林造林地 133.6 hm^2，无林地 1 377.4 hm^2。有林地包括针叶林 428.4 hm^2，阔叶林 27 466.8 hm^2，针阔混交林 502.9 hm^2。在非林业用地中，难利用地 57.8 hm^2，其他土地 44.0 hm^2。

第 7 章　河南洛阳熊耳山省级自然保护区管理

7.1　基础设施

河南洛阳熊耳山省级自然保护区的 7 个保护站共设置 16 个保护点，每个保护点建筑面积 80 m^2，共 1 280 m^2。采用砖混结构，设值班室、休息室等，配备交通工具和对讲机。

为保护需要，在保护区的主要交通路口设立检查站 6 个，每个检查站建筑面积 80 m^2，采用砖混结构；在人员进出频繁地段设检查哨卡 12 个，每个检查哨卡建筑面积 30 m^2，采用砖混结构，配备交通工具和对讲机。

保护区界桩埋设在保护区四周界线的山脊、道路、河流等地形明显处。界碑共需设立 35 块，标示牌 80 块。主要埋设在花果山、神灵寨、天池山、全宝山森林公园的保护区主要入口处；在保护区边界，主要是拐角位置埋设界桩 600 个，界桩上部刻写“熊耳山自然保护区界桩”字样，并注明编号；为对核心区实施绝对保护，在核心区和缓冲区分界处埋设功能区界桩 180 个。建立固定防火宣传牌 20 个，建珍稀植物繁育区（苗圃）3 处，每处面积 3 hm^2。

保护区四周公路纵横交错，四通八达，市与县、县与县之间都有干线公路，通往各保护站都有专线公路。保护区内道路、林区便道能满足基本的护林和生产需要，还需新建部分道路，现有的多数道路因年久失修，路基损坏严重，需要修复。整修公路总长 139.5 km。其中包括全宝山高村至马营 27 km，兴华至宽坪 25 km，宽坪至寺山庙 15 km，崇阳至界岭的林区公路 20 km，大坪保护站东沟至大黄沟 22 km 和西沟林区 12 km，王莽寨庄科至阳坡元和碌碡沟 10 km，宜阳保护站大里沟口至花山脚下林区公路 8.5 km 等。

保护区位置偏僻，工作人员高度分散，生活物资输送及日常办公、科研、生产极为不便。同时，为了护林防火及方便公安干警办案，保护区需要添置适宜林区公路行驶的生活工具车、森林消防车、摩托车等交通工具。根据保护区各保护站的保护工作需要，7 个保护站共需购置吉普车 7 辆，公安车 7 辆，摩托车 14 辆。

保护区各保护站站址是原林场场部所在地，供电设施良好，部分保护站架设有变压器，另有一些保护站是通过邻近乡镇电管所供电。保护点、瞭望台供电严重不足，有近一半保护点未通电，瞭望台均未通电，严重影响了基层保护点的生产、保护及科研工作。

保护区管理处为新建单位，邻近市区，可依靠城市供电网络供电，需建配电室（含变压器）。保护区各保护站由于建在原场部旧址上，供水供电系统基本完善。保护点、检查站（哨卡）、瞭望台等供电严重不足，检查站（哨卡）均在保护区边沿，距周边村庄较近，通过架设低压线路可解决用电问题，不易架线的可使用柴油发电机提供电力；保护点和瞭望台可根据当地情况选择架设高低压输电线路、配备柴油发电机、配备太阳能或风力发电机等。

7.2　机构设置

自然保护区管理机构名称为“河南洛阳熊耳山省级自然保护区管理处”，属正科级事业单位，行政上归洛阳市林业局领导，业务上由河南省林业厅和洛阳市林业局管理，为全民所有制事业单位。

管理处内设办公室、计财科、资源保护科、科研宣教科、经营管理科、公安派出所等6个职能机构，下设7个保护管理站（图7.1）。保护管理站下辖16个保护点、18个检查站（哨卡）、8个瞭望台，实行处、站、点（包括检查站、瞭望台）三级管理。

人员编制本着“精干、实用、高效”的原则，采用“定岗、定职、定员、兼职”的定编方法和“因事设岗、因岗定人”的管理及用人制度，保护区内各林场现有人员521人。

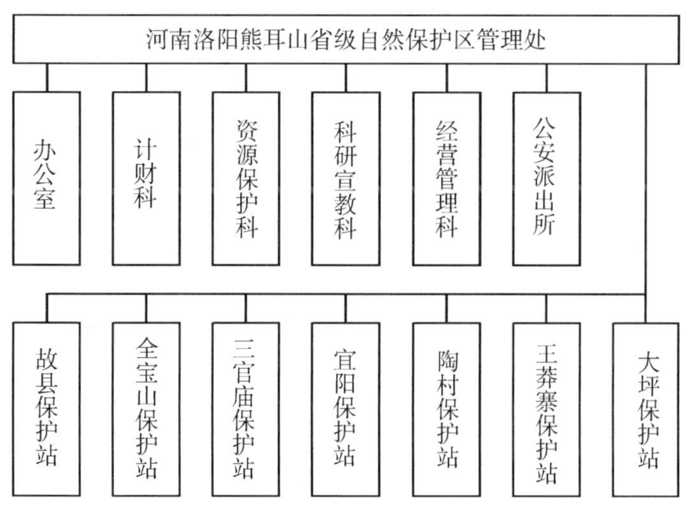

图7.1　河南洛阳熊耳山省级自然保护区管理处机构设置

根据上述人员配备原则和《自然保护区工程项目建设标准》规定，熊耳山保护区总编制为156人，其中行政管理人员25人，占总编制的16.0%；技术人员31人（包括技术干部、技工），占总编制的19.9%；保护人员（含干警）95人，占总编制的60.9%；后勤人员（含司机）5人，占总编制的3.2%（表7.1）。

表 7.1　人员编制一览表

	合 计	行政人员	技术人员	保护人员	干 警	后勤人员
合 计	156	25	31	92	3	5
处领导	3	3				
办公室	8	3				5
计财科	3	1	2			
资源保护科	4	1	3			
科研宣教科	3	1	2			
经营管理科	4	1	3			
公安派出所	4	1			3	
故县保护站	10	2	2	6		
全宝山保护站	19	2	3	14		
三官庙保护站	21	2	3	16		
宜阳保护站	27	2	5	20		
嵩前寺保护站	12	2	2	8		
王莽寨保护站	21	2	3	16		
大坪保护站	17	2	3	12		

河南洛阳熊耳山省级自然保护区面积 32 529. 3 hm^2，根据自然地形地势、资源分布及管理现状，规划建立 7 个保护管理站，16 个保护点（表 7. 2）。各保护管理站管辖范围与保护点设置如下。

7. 2. 1　故县保护管理站

保护站位于洛宁县西南，北隔洛河与故县乡、下峪乡相望，东南与栾川接界，西南与卢氏县接界，东与全宝山保护站毗邻。地理坐标为北纬 34°5′30″~34°8′19″，东经 111°18′7″~111°22′25″。管理面积为 1 318. 4 hm^2，全部为国有土地，核心区 380. 6 hm^2，缓冲区 425. 4 hm^2，实验区 512. 4 hm^2。该保护站管护面积较小，但保护站距保护区域较远，为方便保护管理，规划在保护区的段沟设 1 个保护管理点。

7. 2. 2　全宝山保护管理站

保护站位于洛宁县南部，东与西山底乡接壤，西与故县保护管理站毗邻，南接栾川县界，北与底张乡的马营村、兴华乡的瓦庙村相接。地理坐标为北纬 34°5′43″~34°10′56″，东经 111°22′25″~111°33′28″。管理面积为 5 349. 4 hm^2，其中国有权属 3 526. 4 hm^2，集体权属 1 823. 0 hm^2；核心区 1 025. 5 hm^2，缓冲区 1 211. 1 hm^2，实验区 3 112. 8 hm^2。下辖宽坪、寺山庙、马营 3 个保护管理点。

7.2.3　三官庙保护管理站

保护站位于洛宁县东南部，东至宜阳保护管理站，西望全宝山保护管理站，南与嵩县、栾川县为邻，北与涧口乡、陈吴乡、赵村乡、西山底乡接壤。地理坐标为北纬 34°9′~34°18′，东经 111°36′~111°49′。管理面积为 7 341.0 hm^2，其中国有权属 5 911.0 hm^2，集体权属 1 430.0 hm^2；核心区 2 247.8 hm^2，缓冲区 1 465.6 hm^2，实验区 3 627.6 hm^2。下辖大木场、三官庙、七里坪 3 个保护管理点。

7.2.4　宜阳保护管理站

保护站位于宜阳县西南部，西邻三官庙保护管理站，南接王莽寨保护管理站，东至城西桥小河，北依洛河南岸，与张午乡、莲庄乡、城关乡交界。地理坐标为北纬 34°29′~34°31′，东经 111°48′~111°57′。管理面积为 9 008.7 hm^2，其中国有权属 8 569.0 hm^2，集体权属 439.7 hm^2；核心区 927.0 hm^2，缓冲区 3 048.0 hm^2，实验区 5 033.7 hm^2。下辖花山、岳山、太山庙、料凹 4 个保护管理点。

7.2.5　王莽寨保护管理站

保护站位于嵩县西部，北与宜阳保护管理站相邻，西北与三官庙保护管理站相接，南与嵩县德亭接壤。地理坐标位于北纬 34°13′~34°18′，东经 111°48′~111°52′。管理面积为 4 246.0 hm^2，其中国有权属土地 2 489.7 hm^2，集体权属土地 1 756.3 hm^2；核心区 1 478.4 hm^2，缓冲区 1 286.3 hm^2，实验区 1 481.3 hm^2。下辖王莽寨、阳坡园 2 个保护管理点。

7.2.6　嵩前寺保护管理站

保护站位于嵩县西部，西与大坪保护管理站相接，东与王莽寨保护管理站相接。地理坐标位于北纬 34°12′~34°14′，东经 111°44′~111°48′。管理面积 2 059.4 hm^2，其中核心区 439.5 hm^2，缓冲区 127.2 hm^2，实验区 1 491.1 hm^2。下辖栗子园、鳔池 2 个保护管理点。

7.2.7　大坪保护管理站

保护站位于栾川县北部，东与嵩县大章乡交界，南与栾川县潭头镇、秋扒为邻，西与狮子庙毗连，北与全宝山保护管理站接壤。地理坐标为北纬 33°54′~34°11′，东经 111°35′~111°44′。管理面积为 3 207.1 hm^2，全部为国有土地，核心区 1 207.2 hm^2，缓冲区 1 031.4 hm^2，实验区 968.5 hm^2。下辖杜沟口、东沟 2 个保护管理。

表 7.2　保护站管理范围一览表

保护站	面积（hm^2）	保护点名称	面积（hm^2）
故县保护管理站	1 318.4	段沟保护管理点	1 318.4

续表

保护站	面积（hm^2）	保护点名称	面积（hm^2）
全宝山保护管理站	5 349.4	马营保护管理点	769.0
		寺山庙保护管理点	1 463.7
		宽坪保护管理点	3 116.7
三官庙保护管理站	7 341.0	大木场保护管理点	4 047.0
		三官庙保护管理点	1 198.0
		七里坪保护管理点	2 096.0
宜阳保护管理站	9 008.7	花山保护管理点	1 768.0
		岳山保护管理点	1 919.0
		太山庙保护管理点	2 638.7
		料凹保护管理点	2 683.0
王莽寨保护管理站	4 246.0	王莽寨保护管理点	2 493.0
		阳坡园保护管理点	1 753.0
嵩前寺保护管理站	2 059.4	鳔池保护管理点	784.6
		栗子园保护管理点	1 274.8
大坪保护管理站	3 207.1	杜沟口保护管理点	1 975.0
		西沟保护管理点	1 232.1

7.3 保护管理

根据河南洛阳熊耳山省级自然保护区的管理实际，保护区实行“保护区管理处—保护管理站—保护管理点（检查站）”三级管理体系。为了保证政令畅通，维护保护区的整体利益，对保护区管理处、保护管理站、保护管理点划定具体职责如下。

（1）保护区管理处：负责自然保护区的全面管护工作，主要职责是贯彻执行国家及上级主管部门制定的方针、政策、条例。制定全区管护制度、管理措施及管理计划，监督、检查、协调指导保护区保护管理站的工作，行使管理处对全区的调控职能。

自然保护区管理处下设办公室、计财科、资源保护科、科研宣教科、经营管理科、公安派出所和保护管理站等机构，各机构的任务、职责如下：

1）管理处领导：负责保护区全面综合管理工作，贯彻国家有关法律、法规和政策的实施，执行当地政府和上级主管部门赋予保护区的各项任务；协调各科室的人力、财力资源；指导、监督和考核各科室、保护站管理干部的工作业绩；从总体上把握全局的发展。

2）办公室：负责行政事务和后勤管理工作，包括宣传、公关、文秘、档案、统计、接待、内务管理及后勤管理工作；承办党务、纪检、监察、机构编制、人事劳动等方面的具体工作；制定机关管理和后勤服务管理办法，加强文件和档案管理。

3）计财科：严格执行《中华人民共和国会计法》，负责财务管理和财务检查工作；承担保护区长远和年度计划的编制、申报、统计工作；编制保护区财务计划方案，做好预决算；准确及时地处理财务往来账目，管好用好固定资产。

4）资源保护科：负责保护区的林政资源保护管理工作；执行保护工程规划的实施，制定长远期保护战略、年度计划；对管理站、管护点的业务工作开展及保护区基础设施的完整性进行指导、监督和检查；掌握保护区的资源消长变化、资源结构变化及野生动植物资源的分布与变化趋势；全面完成第一线的保护管理工作。

5）科研宣教科：负责科研计划制订和组织实施；组织常规性科学研究和生态环境监测工作，负责科研技术引进、推广、传授、交流，森林病虫害防治；科技档案管理，组织科研课题的开展以及人员培训、深造等人才培养计划的实行；负责对保护区职工和社区群众的法律、法规、政策培训与宣传教育；组织科研考察和科普教育。

6）经营管理科：负责自然保护区的生产安排和管理；防护林营造、多种经营、旅游的计划实施及发展规划制订等；制订社区发展规划和近期、年度发展计划并指导实施；探索保护区综合利用项目，做好自然资源可持续利用工作。

7）公安派出所：负责护林防火、安全保卫、社区治安工作；负责保密、信访工作；负责保护区内案件侦查处理工作；负责相关法律、法规和方针政策的宣传教育。

8）保护管理站：属保护区独立的管理实体，其职责是保护好本辖区的自然资源、自然环境、各类景观，负责辖区内的生产经营工作，协调处理辖区内保护点的有关问题，完成管理处及职能机构交办的各项任务。

（2）保护管理站：保护区的中层单位，是以国有林场为单位划分的，具有承上启下的职能，在各自的保护范围内对本辖区的自然资源、自然环境或人文景观进行监督管理。

（3）保护管理点：保护管理点是保护区的基层实施单位，它包括保护点、检查站、瞭望台等，根据划定的范围，对本辖区的自然资源进行监督管护。为提高整体的保护效能，各保护管理点负责本范围的保护管理，并与邻近单位相互配合做好联防。

7.4　科学研究

7.4.1　已开展的前期工作

保护区是进行自然科学研究的重要基地。通过科学研究，促进人类了解自然，掌握自然变化规律，指导自然资源的保护和恢复自然条件、维护生态平衡，最终达到人与自然的和谐发展。自然保护区的科学研究是一项综合性、系统性和针对性很强的工作，需要进行自然科学系统内的多学科合作，要求自然科学和社会科学紧密结合，共同努力，在进行项目选定时，不仅要考虑自然保护的眼前需要和现有科研条件，而且要着眼自然保护区的长远目标和社会协作的可能性、必要性。

近年来保护区联合河南省高校和科研院所对保护区进行生物多样性本底的调查工

作，初步掌握了保护区的资源概况；实施了天然林保护工程、植被恢复工程和矿区植被恢复工程。

从 2001 年保护区开始实施天然林保护工程，对本地区森林资源进行保护补偿，涉及本地区的主要保护工程是封山育林工程。加快植被恢复，利用人工辅助自然更新的方法，在保护区的实验区或保护区之外，选择地势平坦、土质良好、水源充足的地段建立了珍稀植物繁育区，开展珍稀植物的培育和繁殖研究。因熊耳山保护区地域狭长，管护面积较大，为加大珍稀植物的繁育力度和使植被恢复能够获得充足的苗木，规划分别在全宝山、宜阳和大坪保护管理站建立珍稀植物繁育区，每处 3 hm^2。

由于保护区范围和功能区的调整，王莽寨保护管理点以及阳坡园保护管理点的核心区范围发生了变化，为了避免新调整的核心区范围免受外来干扰，因此在王莽寨和阳坡园保护管理点核心区的新边界上采取修建生态防护围栏的措施加强对保护区的保护和管理。防护围栏修建长度 16 km。

为了提高保护区内森林生态系统的生产力和自我维持能力，对区域内的植被恢复手段主要采取自然状态下的天然更新恢复方法，在自然恢复困难的地方采取人工促进更新的方法。人工辅助自然恢复结合天然林保护工程的封山育林，加快恢复进程。

目前在保护区内部还没有矿产开发行为，但周边的矿山开发对保护区影响很大。矿山开发破坏植被、污染水源，容易造成水土流失、山体滑坡，对保护对象和环境产生不良影响。因此，兼顾保护区建设和地方经济发展的需要，保留大规模的矿山企业，进行保护性开发，不得增设新的矿山企业，现有小规模、破坏性开采的矿山企业要分期、分批搬迁或关闭，搬迁或关闭的矿山应依法进行植被恢复，保留企业也要边开发边治理，依法进行植被恢复。因此把周边矿区植被恢复列入本次规划内。

矿区植被恢复以矿山企业为主体，采取以工程措施为主，生物措施为辅的思路，遵循“稳定一块、恢复一块”的原则，朝着“开发一片、绿化一片、美化一片”的目标努力，制订矿山中、长期规划和年度植被恢复计划，同时根据年度植被计划制订明细、详尽的短期项目植被恢复计划，做到有计划、分步骤地实施矿山植被恢复工程。采取“分层治水、截短边坡、土壤改良、植物选择”的工程措施与生物措施并举的快速植被恢复技术，在裸坡面治理方面采取分级削坡和修筑马道削坡的措施；在选种设计时，结合矿区实际，选择具有较强的抗旱、抗风、抗寒、抗贫瘠、少病虫害等抗逆性能强，根系发达、固坡能力强的植物，已经取得良好的治理效果。

7.4.2 保护区的科研监测

保护区的科研监测任务是结合保护区保护与管理的中心工作，开展生物多样性保护研究与监测、珍稀濒危野生动植物的保护繁殖研究、保护区社区可持续发展模式研究。为保护区合理开发利用自然资源和对自然资源、自然环境进行科学管理奠定基础，为提高土地对人类社会经济活动的承载力创造条件。

保护区近期科研监测的目标为加强科研监测基础设施建设，建设高素质科研队伍。进行本底资源调查，开展森林群落结构与物种多样性研究，开展保护区珍稀濒危物种的救护、繁育、保护研究及其利用工作，开展生态环境恢复监测，大气、水质变化监测工作。中长期目标为开展过渡带森林生态系统结构、功能、生产力的研究，过渡带森林系统自然演变规律的研究，自然保护区有效管理及综合效益的评价，以及建立健全自然资源信息系统，把熊耳山自然保护区建成科普教育基地。

保护区科研监测项目的主要内容包括本底资源补充调查，常规资源及环境监测，常规性、专题性和经营技术性研究项目等。近期以本底资源补充调查、常规资源及环境监测、常规性研究项目为主，中远期重点开展专题性和经营技术性研究项目。在常规性研究的同时，开展生态观测活动。

7.4.3　保护区研究的工作重点

7.4.3.1　本底资源和重点物种调查与监测

通过自然保护区的本底资源和重点物种调查与监测，摸清保护区生物资源的数量及变化趋势。调查可采用多种方法相结合，特别要利用航片、卫片、GPS 卫星定位系统等科技含量高的技术，彻底查清资源量及分布，建立健全资源档案，为进行更好的保护管理打下基础。主要调查内容如下。

（1）自然地理各要素的调查与研究（地质地貌、气候气象、水文、土壤等）。

（2）动植物区系的调查与研究。

（3）珍稀物种种群的数量、分布与动态规律的调查和研究。

（4）森林昆虫优势种群分布及其生物生态学研究。

（5）土壤微生物生态作用研究。

（6）土地利用状况的调查与调整研究。

（7）社会经济状况的调查。

7.4.3.2　珍稀动植物繁育及保护方法的研究

建立科学实验室，通过观察及解剖，对珍稀濒危动物的濒危机制进行研究，探索增加濒危种群数量的方法。通过繁育栽培珍稀植物，增加植物种群数量。具体内容如下。

（1）珍稀濒危物种的基因多样性研究。

（2）珍稀濒危种群的群体遗传学研究。

（3）保护区野生动植物的物种多样性研究。

（4）过渡带森林生态系统多样性研究。

（5）珍稀濒危物种保护措施研究。

（6）特种濒危动物人工驯养繁殖技术研究。

（7）植物资源的合理开发与利用研究。

7.4.3.3　过渡带森林生态系统定位研究

暖温带与北亚热带过渡带森林生态系统是熊耳山自然保护区主要的保护对象之一，对其进行长期的定位研究与观测，有利于对其生态系统的良性发展与自然生态过程进行引导，对保护过渡带森林生态系统有着极其重要的意义。具体规划内容如下。

（1）过渡带森林群落结构与动态研究。

（2）过渡带森林生态系统演替规律研究。

（3）过渡带森林生态系统生物多样性与可持续发展研究。

（4）过渡带森林生态系统经营管理研究。

7.4.3.4 科研与监测设施建设

科研设施是开展科研工作的最基本的物质保障，科研设施的完善与否，是衡量保护区科研水平的基本条件。因此，根据科研项目内容，对科研设施的规划内容有科研中心（与保护区管理处合建）面积 400 m^2，辅助建筑面积 100 m^2，配备科研设备、管理信息系统、标本制作及保管设备各 1 套，中心设有实验室、标本馆、培训室等。另外在保护区内部建立环境监测站，计有气象观测站 1 个，建在三官庙保护站；地表径流观测场 16 处，在每个保护点建 1 个；固定样地 33 个，按面积每 1 000 hm^2 设 1 个。

由于保护区范围的调整会对野生动植物产生影响，在调整范围最大的马营保护点设置生态监测点，配备监测仪器一套，笼舍 100 m^2，开展 5 年期的保护区范围调整生态影响监测。

7.4.4 科学研究工作的人才保障

（1）有计划地培养保护区的科研力量，通过请进来、派出去的办法提高保护区科研人员的业务水平。

（2）通过提高人才待遇，接收大专院校毕业生等途径，引进有经验的中、高级科研人才，并对现有职工不断进行专业技术培训，逐步壮大科研队伍。同时，邀请国内高等院校、研究机构专家与科研人员来保护区开展科学研究。

（3）注重提高科研人员的政治和业务素质。制订符合实际的人才培养规划，尽快培养出一批结构合理的科研骨干力量和学科带头人。鼓励在职深造，树立优良学风，倡导上进和钻研精神。

（4）积极开展面向保护区内外群众、中小学生的科学普及工作，激发人们热爱自然、探索自然的兴趣，增强保护环境的自觉性与积极性。

第 8 章　河南洛阳熊耳山省级自然保护区评价

8.1　保护管理历史沿革

由于熊耳山的特殊地理环境和其丰富的野生动植物资源，洛阳市林业局以故县、全宝山、三官庙、宜阳、王莽寨、大坪六个国有林场的部分林业用地和周边部分集体林地为基础申报河南洛阳熊耳山省级自然保护区。2002 年 6 月完成《洛阳熊耳山森林和野生动物类型自然保护区可行性研究报告》，2002 年 7 月 15 日以《洛阳市人民政府关于建立洛阳熊耳山森林和野生动物类型自然保护区的请示》（洛政文〔2002〕140 号）上报河南省人民政府，河南省人民政府于 2004 年 11 月 19 日以《河南省人民政府关于建立河南洛阳熊耳山省级自然保护区的批复》（豫政文〔2004〕216 号）批准建立"河南洛阳熊耳山省级自然保护区"。

8.2　保护区范围及功能区划评价

河南洛阳熊耳山省级自然保护区位于洛阳市的洛宁、宜阳、嵩县、栾川四县界岭（熊耳山主山脉）的南北两侧，由故县、全宝山、三官庙、宜阳、王莽寨、大坪六个国有林场的部分林业用地和周边部分集体林地组成。地理坐标为北纬 33°54′~34°31′，东经 111°18′~111°58′，总面积 32 529.3 hm^2。

（1）核心区：面积为 7 706.3 hm^2，占保护区总面积的 23.7%，主要由天然次生林组成，具有明显的自然垂直带谱和多样性的生态类型，生物种类繁多，森林生态系统完整稳定。主要保护天然次生林、华山松栎类混交林及多种植物群落，以及连香树、领春木、铁杉、勺鸡等珍稀动植物及生境。

（2）缓冲区：面积为 8 957.8 hm^2，占保护区总面积的 27.5%，分布在核心区外围 100 m 左右的区域，该区地势多以悬崖峭壁为主，形成一道天然屏障。

（3）实验区：面积为 15 865.2 hm^2，占保护区总面积的 48.8%，主要由天然次生林组成，含有部分人工林。主要保护山白树、猬实、水曲柳、领春木、红腹锦鸡、人工油松林、落叶松林、紫斑牡丹等动植物及天然次生林等。

保护区核心区、缓冲区无居民。主要保护对象在保护区内能得到有效保护。

8.3 主要保护对象动态变化评价

熊耳山自然保护区位于暖温带南缘，保存有典型的暖温带与北亚热带过渡森林生态系统，是天然的物种资源宝库，包含有多种珍稀、濒危野生动植物。本区为华东植物区系、华中植物区系、西南植物区系与西北植物区系、华北植物区系交汇之地，多种区系成分兼容并存。自然植被类型有 7 个植被型组、12 个植被型、115 个群系，森林覆盖率达 96.42%。植被类型具有明显的北亚热带常绿林向暖温带落叶林的过渡型。该区还是我国南水北调中线工程的重要水源区，保护好森林生态系统，对维持区域生态环境的稳定具有十分重要的作用。

该区是我国中部地区生物多样性较丰富的地区之一，保护区的建立有利于保护北亚热带、暖温带过渡地区生态环境，有利于该区的生物多样性保护。

8.4 社会效益评价

（1）可提供良好的科学研究和科普教育的基地。河南洛阳熊耳山省级自然保护区是一个天然的自然博物馆，是研究森林生态、动物、植物、环境、水文、地质、土壤、气候等学科的理想基地，可以在这里举办森林生态、环保、自然保护等方面的学术讲座，组织夏令营、科普宣传等活动，利用实物、模型、标本、图片、电影、电视、报告、展览等多种形式普及科学知识，进行自然保护教育。

（2）为社会提供游憩场所。保护区景观资源丰富，在实验区开展科普旅游，而且使游客在游览中获得广博的科学知识，在了解和认识自然的过程中，生动而又具体地感受到祖国山河的壮美，从而激发爱国热情，增强想象力和创造力，陶冶情操，促进身心健康。

（3）提供了就业机会，带动当地相关产业（交通、餐饮、通信等）的发展，加快当地群众脱贫致富的步伐。

（4）提高知名度。随着自然保护事业与生态旅游业的发展，专家、学者、新闻工作者和游客将纷至沓来，通过科考、探险、游憩、绘画、摄影、录像和宣传等活动，自然保护区的知名度将迅速提高，高知名度带来的各种效益将不可估量。

（5）加速信息交流。随着保护区科学研究工作的不断深化和自然保护事业的发展，将进一步促进对外交往，扩大对外交流，加速信息传递。将有利于引进人才、技术和设备，对尽快提高保护区工作人员的科学文化素质，提高管理和科研水平，繁荣自然保护事业有积极的推动作用。

8.5 经济效益评价

保护区优越的景观资源和独特的动植物资源，为开展生态旅游和多种经营提供了有利条件。在生态旅游区和实验区发展旅游业和多种经营，可以为保护区内和周边地区的群众提供大量的就业机会，优化就业结构，有利于社会安定和群众生活水平的提高，有利于促进保护区社区共管的良性循环。同时也为投资经营者创造了良好的投资环境，对促进自然保护区及周边地区的经济腾飞具有重要的意义。更为重要的是，周边群众将会认识到，保护区建设的好与坏，与自身利益息息相关，这样又能达到变被动保护为主动保护的目的。

因此，保护区建成后，开展种植业、科普旅游服务业等项目，不仅可以获得一定的经济收入，缓解保护区的资金紧张状况，增强保护区保护、管理、科研能力，而且还可以安置附近村民就业，增加当地居民经济收入，加快周边群众致富奔小康的步伐。保护区建成后，生态环境得到改善，提高了所在地的知名度，创造了一个良好的投资环境，对当地经济发展具有明显的带动作用。

总之，建立河南洛阳熊耳山省级自然保护区的生态效益、社会效益和经济效益显著。因此，把保护区建设成为我省目标明确、思路清晰、设备完善、管理规范的省级自然保护区，对于研究森林生态系统和珍稀野生动植物意义重大。

8.6　生态效益评价

（1）保护了珍稀动植物资源，促进了生物资源的协调稳定发展。通过有效的综合保护，保护区森林生态系统处于更加协调的良性状态，促使森林生态结构、功能不断提高，使得整个生态系统内部的动物之间、植物之间、动植物之间处于协调增长和平衡发展的良好状态。这样，对保护生物资源和维护自然界的生态平衡起着十分重要的作用。

（2）保护了暖温带向北亚热带过渡区的典型森林生态系统，为研究过渡带的自然生态系统提供了重要基地，可以探索过渡带的自然生态系统的演变规律。逐步恢复人为破坏的自然植被和森林生态系统，监测自然植被对净化空气、涵养水源、保持水土、调节气候、减缓地表径流、防止有害辐射等重要功能，以提高人们对保护自然的认识，增强在生产建设中自然对维护和维持生态平衡的作用。

（3）保护了丰富的生物物种基因。在保护区这个巨大的特种基因库里，生物特种资源利用价值之大，利用前景之广阔，无法估量。随着科学技术的进步和发展，它们为农作物及园林花卉新品种的培育、林木良种的优化、工业原料的扩大、药材的开发利用、野生动物饲养、有益昆虫的繁殖以及生物工程等提供了条件，潜力是巨大的。

（4）保护和恢复了森林生态环境，发挥了森林的多种功能与效能，保护区总体规划实施后，森林植被逐步恢复和发展，林分结构日趋合理，自然环境得到改善，逐渐形成一个结构完整、功能齐全的森林生态系统，促使保护区周围环境向着良性发展，对加快流域治理、控制水灾的发生、促使周围地区农业的稳定高产、保障人们的身心健康，起着极其重要的作用。

附录1 河南洛阳熊耳山省级自然保护区野生植物名录

1. 被子植物

三白草科 Saururaceae

蕺菜属 *Houttuynia*

蕺菜 *Houttuynia cordata*

金粟兰科 Chloranthaceae

金粟兰属 *Chloranthus*

银线草 *Chloranthus japonicus*

多穗金粟兰 *Chloranthus multistachys*

杨柳科 Salicaceae

杨属 *Populus*

响毛杨 *Populus ×pseudotomentosa*

加杨 *Populus ×canadensis*

银白杨 *Populus alba*

新疆杨 *Populus alba* var. *pyramidalis*

青杨 *Populus cathayana*

楸皮杨 *Populus ciupi*

山杨 *Populus davidiana*

钻天杨 *Populus nigra* var. *italica*

箭杆杨 *Populus nigra* var. *thevestina*

小叶杨 *Populus simonii*

甜杨 *Populus suaveolens*

毛白杨 *Populus tomentosa*

柳属 *Salix*

垂柳 *Salix babylonica*

黄花柳 *Salix caprea*

中华柳 *Salix cathayana*

腺柳 *Salix chaenomeloides*

密齿柳 *Salix characta*

乌柳 *Salix cheilophila*

银叶柳 *Salix chienii*

川鄂柳 *Salix fargesii*

紫枝柳 *Salix heterochroma*

小叶柳 *Salix hypoleuca*

筐柳 *Salix linearistipularis*

旱柳 *Salix matsudana*

龙爪柳 *Salix matsudana* f. *tortusoa*

五蕊柳 *Salix pentandra*

红皮柳 *Salix sinopurpurea*

周至柳 *Salix tangii*

皂柳 *Salix wallichiana*

胡桃科 Juglandaceae

青钱柳属 *Cyclocarya*

青钱柳 *Cyclocarya paliurus*

胡桃属 *Juglans*

胡桃楸 *Juglans mandshurica*

胡桃 *Juglans regia*

枫杨属 *Pterocarya*

枫杨 *Pterocarya stenoptera*

化香树属 *Platycarya*

化香树 *Platycarya strobilacea*

桦木科 Betulaceae

桦木属 *Betula*

红桦 *Betula albosinensis*

坚桦 *Betula chinensis*

亮叶桦 *Betula luminifera*

白桦 *Betula platyphylla*

糙皮桦 *Betula utilis*

鹅耳枥属 *Carpinus*

千斤榆 *Carpinus cordata*

川陕鹅耳枥 *Carpinus fargesiana*
川鄂鹅耳枥 *Carpinus henryana*
多脉鹅耳枥 *Carpinus polyneura*
鹅耳枥 *Carpinus turczaninowii*
榛属 *Corylus*
华榛 *Corylus chinensis*
榛 *Corylus heterophylla*
川榛 *Corylus heterophylla* var. *sutchuenensis*
毛榛 *Corylus mandshurica*
铁木属 *Ostrya*
铁木 *Ostrya japonica*
虎榛子属 *Ostryopsis*
虎榛子 *Ostryopsis davidiana*
壳斗科 Fagaceae
栗属 *Castanea*
栗 *Castanea mollissima*
茅栗 *Castanea seguinii*
栎属 *Quercus*
岩栎 *Quercus acrodonta*
麻栎 *Quercus acutissima*
槲栎 *Quercus aliena*
锐齿槲栎 *Quercus aliena* var. *acutiserrata*
橿子栎 *Quercus baronii*
槲树 *Quercus dentata*
蒙古栎 *Quercus mongolica*
乌冈栎 *Quercus phillyreoides*
枹栎 *Quercus serrata*
短柄枹栎 *Quercus serrata* var. *brevipetiolata*
栓皮栎 *Quercus variabilis*
辽东栎 *Quercus wutaishanica*
榆科 Ulmaceae
朴属 *Celtis*
紫弹树 *Celtis biondii*
黑弹树 *Celtis bungeana*
大叶朴 *Celtis koraiensis*
朴树 *Celtis sinensis*
刺榆属 *Hemiptelea*
刺榆 *Hemiptelea davidii*
青檀属 *Pteroceltis*
青檀 *Pteroceltis tatarinowii*
榆属 *Ulmus*
兴山榆 *Ulmus bergmanniana*
黑榆 *Ulmus davidiana*
旱榆 *Ulmus glaucescens*
裂叶榆 *Ulmus laciniata*
大果榆 *Ulmus macrocarpa*
榔榆 *Ulmus parvifolia*
榆树 *Ulmus pumila*
春榆 *Ulmus davidiana* var. *japonica*
毛果旱榆 *Ulmus glaucescens* var. *lasiocarpa*
榉属 *Zelkova*
大叶榉树 *Zelkova schneideriana*
大果榉 *Zelkova sinica*
榉树 *Zelkova serrata*
大麻科 Cannabaceae
大麻属 *Cannabis*
大麻 *Cannabis sativa*
葎草属 *Humulus*
葎草 *Humulus scandens*
桑科 Moraceae
构属 *Broussonetia*
楮 *Broussonetia kazinoki*
构树 *Broussonetia papyrifera*
柘属 *Cudrania*
柘 *Maclura tricuspidata*
榕属 *Ficus*
异叶榕 *Ficus heteromorpha*
桑属 *Morus*
桑 *Morus alba*
鸡桑 *Morus australis*
华桑 *Morus cathayana*
蒙桑 *Morus mongolica*
荨麻科 Urticaceae
苎麻属 *Boehmeria*
序叶苎麻 *Boehmeria clidemioides* var. *diffusa*
野线麻 *Boehmeria japonica*

赤麻 *Boehmeria silvestrii*

小赤麻 *Boehmeria spicata*

蝎子草属 *Girardinia*

蝎子草 *Girardinia diversifolia* subsp. *suborbiculata*

艾麻属 *Laportea*

珠芽艾麻 *Laportea bulbifera*

艾麻 *Laportea cuspidata*

墙草属 *Parietaria*

墙草 *Parietaria micrantha*

冷水花属 *Pilea*

山冷水花 *Pilea japonica*

冷水花 *Pilea notata*

矮冷水花 *Pilea peploides*

透茎冷水花 *Pilea pumila*

荨麻属 *Urtica*

荨麻 *Urtica fissa*

宽叶荨麻 *Urtica laetevirens*

檀香科 Santalaceae

米面蓊属 *Buckleya*

秦岭米面蓊 *Buckleya graebneriana*

米面蓊 *Buckleya henryi*

百蕊草属 *Thesium*

百蕊草 *Thesium chinense*

急折百蕊草 *Thesium refractum*

桑寄生科 Loranthanceae

栗寄生属 *Korthalsella*

栗寄生 *Korthalsella japonica*

桑寄生属 *Taxillus*

桑寄生 *Taxillus sutchuenensis*

槲寄生属 *Viscum*

槲寄生 *Viscum coloratum*

马兜铃科 Aristolochiaceae

马兜铃属 *Aristolochia*

北马兜铃 *Aristolochia contorta*

马兜铃 *Aristolochia debilis*

木通马兜铃 *Aristolochia manshuriensis*

寻骨风 *Aristolochia mollissima*

管花马兜铃 *Aristolochia tubiflora*

细辛属 *Asarum*

辽细辛 *Asarum heterotropoides* var. *mandshuricum*

单叶细辛 *Asarum himalaicum*

马蹄香属 *Saruma*

马蹄香 *Saruma henryi*

蓼科 Polygonaceae

金线草属 *Antenoron*

金线草 *Antenoron filiforme*

短毛金线草 *Antenoron filiforme* var. *neofiliforme*

荞麦属 *Fagopyrum*

金荞麦 *Fagopyrum dibotrys*

荞麦 *Fagopyrum esculentum*

细柄野荞麦 *Fagopyrum gracilipes*

苦荞麦 *Fagopyrum tataricum*

何首乌属 *Fallopia*

木藤蓼 *Fallopia aubertii*

卷茎蓼 *Fallopia convolvulus*

齿翅蓼 *Fallopia dentatoalata*

何首乌 *Fallopia multiflora*

毛脉蓼 *Fallopia multiflora* var. *ciliinervis*

蓼属 *Polygonum*

两栖蓼 *Polygonum amphibium*

萹蓄 *Polygonum aviculare*

拳参 *Polygonum bistorta*

头花蓼 *Polygonum capitatum*

蓼子草 *Polygonum criopolitanum*

大箭叶蓼 *Polygonum darrisii*

稀花蓼 *Polygonum dissitiflorum*

叉分蓼 *Polygonum divaricatum*

河南蓼 *Polygonum honanense*

水蓼 *Polygonum hydropiper*

蚕茧草 *Polygonum japonicum*

愉悦蓼 *Polygonum jucundum*

酸模叶蓼 *Polygonum lapathifolium*

长鬃蓼 *Polygonum longisetum*

长戟叶蓼 *Polygonum maackianum*
小蓼花 *Polygonum muricatum*
尼泊尔蓼 *Polygonum nepalense*
红蓼 *Polygonum orientale*
杠板归 *Polygonum perfoliatum*
春蓼 *Polygonum persicaria*
习见蓼 *Polygonum plebeium*
丛枝蓼 *Polygonum posumbu*
伏毛蓼 *Polygonum pubescens*
赤胫散 *Polygonum runcinatum* var. *sinense*
刺蓼 *Polygonum senticosum*
西伯利亚蓼 *Polygonum sibiricum*
箭叶蓼 *Polygonum sieboldii*
支柱蓼 *Polygonum suffultum*
戟叶蓼 *Polygonum thunbergii*
蓼蓝 *Polygonum tinctorium*
粘蓼 *Polygonum viscoferum*
珠芽蓼 *Polygonum viviparum*
翼蓼属 *Pteroxygonum*
翼蓼 *Pteroxygonum giraldii*
虎杖属 *Reynoutria*
虎杖 *Reynoutria japonica*
大黄属 *Rheum*
波叶大黄 *Rheum rhabarbaruma*
酸模属 *Rumex*
酸模 *Rumex acetosa*
小酸模 *Rumex acetosella*
皱叶酸模 *Rumex crispus*
齿果酸模 *Rumex dentatus*
长叶酸模 *Rumex longifolius*
巴天酸模 *Rumex patientia*
长刺酸模 *Rumex trisetifer*
藜科 Chenopodiaceae
千针苋属 *Acroglochin*
千针苋 *Acroglochin persicarioides*
轴藜属 *Axyris*
杂配轴藜 *Axyris hybrida*
藜属 *Chenopodium*
尖头叶藜 *Chenopodium acuminatum*
藜 *Chenopodium album*
小藜 *Chenopodium ficifolium*
杖藜 *Chenopodium giganteum*
灰绿藜 *Chenopodium glaucum*
细穗藜 *Chenopodium gracilispicum*
杂配藜 *Chenopodium hybridum*
地肤属 *Kochia*
地肤 *Kochia scoparia*
苋科 Amaranthaceae
牛膝属 *Achyranthes*
牛膝 *Achyranthes bidentata*
莲子草属 *Alternanthera*
喜旱莲子草 *Alternanthera philoxeroides*
苋属 *Amaranthus*
凹头苋 *Amaranthus blitum*
尾穗苋 *Amaranthus caudatus*
繁穗苋 *Amaranthus cruentus*
绿穗苋 *Amaranthus hybridus*
反枝苋 *Amaranthus retroflexus*
腋花苋 *Amaranthus roxburghianus*
刺苋 *Amaranthus spinosus*
苋 *Amaranthus tricolor*
皱果苋 *Amaranthus viridis*
青葙属 *Celosia*
青葙 *Celosia argentea*
商陆科 Phytolaccaceae
商陆属 *Phytolacca*
商陆 *Phytolacca acinosa*
马齿苋科 Portulacaceae
马齿苋属 *Portulaca*
马齿苋 *Portulaca oleracea*
石竹科 Caryophyllaceae
无心菜属 *Arenaria*
老牛筋 *Arenaria juncea*
无心菜 *Arenaria serpyllifolia*
卷耳属 *Cerastium*
卵叶卷耳 *Cerastium wilsonii*
卷耳 *Cerastium arvense*

簇生卷耳 *Cerastium fontanum*
缘毛卷耳 *Cerastium furcatum*
石竹属 *Dianthus*
石竹 *Dianthus chinensis*
瞿麦 *Dianthus superbus*
石头花属 *Gypsophila*
长蕊石头花 *Gypsophila oldhamiana*
薄蒴草属 *Lepyrodiclis*
薄蒴草 *Lepyrodiclis holosteoides*
剪秋罗属 *Lychnis*
浅裂剪秋罗 *Lychnis cognata*
剪秋罗 *Lychnis fulgens*
剪红纱花 *Lychnis senno*
鹅肠菜属 *Myosoton*
鹅肠菜 *Myosoton aquaticum*
孩儿参属 *Pseudostellaria*
蔓孩儿参 *Pseudostellaria davidii*
异花孩儿参 *Pseudostellaria heterantha*
孩儿参 *Pseudostellaria heterophylla*
漆姑草属 *Sagina*
漆姑草 *Sagina japonica*
蝇子草属 *Silene*
女娄菜 *Silene aprica*
狗盘蔓 *Silene baccifera*
麦瓶草 *Silene conoidea*
疏毛女娄菜 *Silene firma*
鹤草 *Silene fortunei*
蝇子草 *Silene gallica*
石生蝇子草 *Silene tatarinowii*
拟漆姑属 *Spergularia*
拟漆姑 *Spergularia marina*
繁缕属 *Stellaria*
雀舌草 *Stellaria alsine*
中国繁缕 *Stellaria chinensis*
内弯繁缕 *Stellaria infracta*
繁缕 *Stellaria media*
沼生繁缕 *Stellaria palustris*
麦蓝菜属 *Vaccaria*
麦蓝菜 *Vaccaria hispanica*
睡莲科 Nymphaeaceae
芡属 *Euryale*
芡实 *Euryale ferox*
莲属 *Nelumbo*
莲 *Nelumbo nucifera*
萍蓬草属 *Nuphar*
萍蓬草 *Nuphar pumila*
金鱼藻科 Ceratophyllaceae
金鱼藻属 *Ceratophyllum*
金鱼藻 *Ceratophyllum demersum*
领春木科 Eupteleaceae
领春木属 *Euptelea*
领春木 *Euptelea pleiosperma*
连香树科 Cercidiphyllaceae
连香树属 *Cercidiphyllum*
连香树 *Cercidiphyllum japonicum*
毛茛科 Ranunculaceae
乌头属 *Aconitum*
牛扁 *Aconitum barbatum* var. *puberulum*
乌头 *Aconitum carmichaelii*
瓜叶乌头 *Aconitum hemsleyanum*
华北乌头 *Aconitum jeholense* var. *angustius*
北乌头 *Aconitum kusnezoffii*
吉林乌头 *Aconitum kirinense*
毛果吉林乌头 *Aconitum kirinense* var. *australe*
异裂吉林乌头 *Aconitum kirinense* var. *heterophyllum*
铁棒锤 *Aconitum pendulum*
花葶乌头 *Aconitum scaposum*
高乌头 *Aconitum sinomontanum*
类叶升麻属 *Actaea*
类叶升麻 *Actaea asiatica*
银莲花属 *Anemone*
阿尔泰银莲花 *Anemone altaica*
银莲花 *Anemone cathayensis*
毛蕊银莲花 *Anemone cathayensis* var. *hispida*

小银莲花 *Anemone exigua*
大火草 *Anemone tomentosa*
耧斗菜属 *Aquilegia*
无距耧斗菜 *Aquilegia ecalcarata*
耧斗菜 *Aquilegia viridiflora*
华北耧斗菜 *Aquilegia yabeana*
驴蹄草属 *Caltha*
驴蹄草 *Caltha palustris*
升麻属 *Cimicifuga*
升麻 *Cimicifuga foetida*
小升麻 *Cimicifuga japonica*
铁线莲属 *Clematis*
短尾铁线莲 *Clematis brevicaudata*
粗齿铁线莲 *Clematis grandidentata*
大叶铁线莲 *Clematis heracleifolia*
棉团铁线莲 *Clematis hexapetala*
太行铁线莲 *Clematis kirilowii*
毛蕊铁线莲 *Clematis lasiandra*
秦岭铁线莲 *Clematis obscura*
钝萼铁线莲 *Clematis peterae*
毛果铁线莲 *Clematis peterae* var. *trichocarpa*
陕西铁线莲 *Clematis shensiensis*
圆锥铁线莲 *Clematis terniflora*
柱果铁线莲 *Clematis uncinata*
翠雀属 *Delphinium*
还亮草 *Delphinium anthriscifolium*
秦岭翠雀花 *Delphinium giraldii*
翠雀 *Delphinium grandiflorum*
腺毛翠雀 *Delphinium grandiflorum* var. *gilgianum*
川陕翠雀花 *Delphinium henryi*
河南翠雀花 *Delphinium honanense*
水葫芦苗属 *Halerpestes*
水葫芦苗 *Halerpestes cymbalaria*
獐耳细辛属 *Hepatica*
獐耳细辛 *Hepatica* var. *asiatica nobilis*
白头翁属 *Pulsatilla*
白头翁 *Pulsatilla chinensis*
毛茛属 *Ranunculus*
茴茴蒜 *Ranunculus chinensis*
毛茛 *Ranunculus japonicus*
石龙芮 *Ranunculus sceleratus*
天葵属 *Semiaquilegia*
天葵 *Semiaquilegia adoxoides*
唐松草属 *Thalictrum*
唐松草 *Thalictrum aquilegiifolium* var. *sibiricum*
贝加尔唐松草 *Thalictrum baicalense*
西南唐松草 *Thalictrum fargesii*
河南唐松草 *Thalictrum honanense*
盾叶唐松草 *Thalictrum ichangense*
东亚唐松草 *Thalictrum minus* var. *hypoleucum*
瓣蕊唐松草 *Thalictrum petaloideum*
长柄唐松草 *Thalictrum przewalskii*
粗壮唐松草 *Thalictrum robustum*
金莲花属 *Trollius*
金莲花 *Trollius chinensis*
木通科 Lardizabalaceae
木通属 *Akebia*
三叶木通 *Akebia trifoliata*
小檗科 Berberidaceae
小檗属 *Berberis*
黄芦木 *Berberis amurensis*
短柄小檗 *Berberis brachypoda*
秦岭小檗 *Berberis circumserrata*
直穗小檗 *Berberis dasystachya*
首阳小檗 *Berberis dielsiana*
河南小檗 *Berberis honanensis*
细叶小檗 *Berberis poiretii*
日本小檗 *Berberis thunbegii*
红毛七属 *Caulophyllum*
红毛七 *Caulophyllum robustum*
淫羊藿属 *Epimedium*
淫羊藿 *Epimedium brevicornu*
柔毛淫羊藿 *Epimedium pubescens*

防己科 Menispermaceae
木防己属 *Cocculus*
木防己 *Cocculus orbiculatus*
蝙蝠葛属 *Menispermum*
蝙蝠葛 *Menispermum dauricum*
风龙属 *Sinomenium*
风龙 *Sinomenium acutum*
五味子科 Schisandraceae
五味子属 *Schisandra*
五味子 *Schisandra chinensis*
华中五味子 *Schisandra sphenanthera*
木兰科 Magnoliaceae
木兰属 *Magnolia*
望春玉兰 *Magnolia*
玉兰 *Magnolia denudata*
紫玉兰 *Magnolia liliiflora*
樟科 Lauraceae
山胡椒属 *Lindera*
红果山胡椒 *Lindera erythrocarpa*
山胡椒 *Lindera glauca*
三桠乌药 *Lindera obtusiloba*
木姜子属 *Litsea*
木姜子 *Litsea pungens*
罂粟科 Papaveraceae
白屈菜属 *Chelidonium*
白屈菜 *Chelidonium majus*
紫堇属 *Corydalis*
地丁草 *Corydalis bungeana*
小药八旦子 *Corydalis caudata*
紫堇 *Corydalis edulis*
刻叶紫堇 *Corydalis incisa*
蛇果黄堇 *Corydalis ophiocarpa*
黄堇 *Corydalis pallida*
小花黄堇 *Corydalis racemosa*
小黄紫堇 *Corydalis raddeana*
珠果黄堇 *Corydalis speciosa*
延胡索 *Corydalis yanhusuo*
秃疮花属 *Dicranostigma*
秃疮花 *Dicranostigma leptopodum*
荷青花属 *Hylomecon*
荷青花 *Hylomecon japonica*
锐裂荷青花 *Hylomecon japonica* var. *subincisa*
角茴香属 *Hypecoum*
角茴香 *Hypecoum erectum*
博落回属 *Macleaya*
博落回 *Macleaya cordata*
小果博落回 *Macleaya microcarpa*
绿绒蒿属 *Meconopsis*
柱果绿绒蒿 *Meconopsis oliverana*
十字花科 Brassicaceae
鼠耳芥属 *Arabidopsis*
鼠耳芥 *Arabidopsis thaliana*
南芥属 *Arabis*
硬毛南芥 *Arabis hirsuta*
垂果南芥 *Arabis pendula*
辣根属 *Armoracia*
辣根 *Armoracia rusticana*
亚麻荠属 *Camelina*
小果亚麻荠 *Camelina microcarpa*
荠属 *Capsella*
荠 *Capsella bursa-pastoris*
碎米荠属 *Cardamine*
弯曲碎米荠 *Cardamine flexuosa*
弹裂碎米荠 *Cardamine impatiens*
白花碎米荠 *Cardamine leucantha*
水田碎米荠 *Cardamine lyrata*
大叶碎米荠 *Cardamine macrophylla*
紫花碎米荠 *Cardamine purpurascens*
离子芥属 *Chorispora*
离子芥 *Chorispora tenella*
臭荠属 *Coronopus*
臭荠 *Coronopus didymus*
播娘蒿属 *Descurainia*
播娘蒿 *Descurainia sophia*
花旗杆属 *Dontostemon*
花旗杆 *Dontostemon dentatus*

葶苈属 *Draba*
苞序葶苈 *Draba ladyginii*
葶苈 *Draba nemorosa*
芝麻菜属 *Eruca*
芝麻菜 *Eruca vesicaria* subsp. *sativa*
糖芥属 *Erysimum*
糖芥 *Erysimum amurense*
小花糖芥 *Erysimum cheiranthoides*
菘蓝属 *Isatis*
菘蓝 *Isatis tinctoria*
独行菜属 *Lepidium*
独行菜 *Lepidium apetalum*
宽叶独行菜 *Lepidium latifolium*
北美独行菜 *Lepidium virginicum*
涩荠属 *Malcolmia*
涩荠 *Malcolmia africana*
豆瓣菜属 *Nasturtium*
豆瓣菜 *Nasturtium officinale*
蚓果芥属 *Neotorularia*
蚓果芥 *Neotorularia humilis*
诸葛菜属 *Orychophragmus*
诸葛菜 *Orychophragmus violaceus*
蔊菜属 *Rorippa*
广州蔊菜 *Rorippa cantoniensis*
无瓣蔊菜 *Rorippa dubia*
风花菜 *Rorippa globosa*
蔊菜 *Rorippa indica*
沼生蔊菜 *Rorippa palustris*
大蒜芥属 *Sisymbrium*
垂果大蒜芥 *Sisymbrium heteromallum*
全叶大蒜芥 *Sisymbrium luteum*
菥蓂属 *Thlaspi*
菥蓂 *Thlaspi arvense*
景天科 Crassulaceae
八宝属 *Hylotelephium*
狭穗八宝 *Hylotelephium angustum*
八宝 *Hylotelephium erythrostictum*
长药八宝 *Hylotelephium spectabile*
轮叶八宝 *Hylotelephium verticillatum*
瓦松属 *Orostachys*
瓦松 *Orostachys fimbriata*
晚红瓦松 *Orostachys japonica*
费菜属 *Phedimus*
费菜 *Phedimus aizoon*
乳毛费菜 *Phedimus aizoon* var. *scabrus*
红景天属 *Rhodiola*
小丛红景天 *Rhodiola dumulosa*
景天属 *Sedum*
小山飘风 *Sedum filipes*
大苞景天 *Sedum oligospermum*
藓状景天 *Sedum polytrichoides*
垂盆草 *Sedum sarmentosum*
火焰草 *Sedum stellariifolium*
虎耳草科 Saxifragaceae
落新妇属 *Astilbe*
落新妇 *Astilbe chinensis*
大落新妇 *Astilbe grandis*
金腰属 *Chrysosplenium*
毛金腰 *Chrysosplenium pilosum*
中华金腰 *Chrysosplenium sinicum*
溲疏属 *Deutzia*
大花溲疏 *Deutzia grandiflora*
小花溲疏 *Deutzia parviflora*
多花溲疏 *Deutzia setchuenensis* var. *corymbiflora*
光萼溲疏 *Deutzia glabrata*
绣球属 *Hydrangea*
东陵绣球 *Hydrangea bretschneideri*
莼兰绣球 *Hydrangea longipes*
梅花草属 *Parnassia*
细叉梅花草 *Parnassia oreophila*
扯根菜属 *Penthorum*
扯根菜 *Penthorum chinense*
山梅花属 *Philadelphus*
山梅花 *Philadelphus incanus*
太平花 *Philadelphus pekinensis*

疏花山梅花 *Philadelphus laxiflorus*

茶藨子属 *Ribes*

华蔓茶藨子 *Ribes fasciculatum* var. *chinense*

冰川茶藨子 *Ribes glaciale*

东北茶藨子 *Ribes mandshuricum*

长刺茶藨子 *Ribes alpestre*

刺果茶藨子 *Ribes burejense*

细枝茶藨子 *Ribes tenue*

鬼灯檠属 *Rodgersia*

七叶鬼灯檠 *Rodgersia aesculifolia*

虎耳草属 *Saxifraga*

零余虎耳草 *Saxifraga cernua*

球茎虎耳草 *Saxifraga sibirica*

虎耳草 *Saxifraga stolonifera*

黄水枝属 *Tiarella*

黄水枝 *Tiarella polyphylla*

海桐花科 Pittosporaceae

海桐花属 *Pittosporum*

海桐 *Pittosporum tobira*

悬铃木科 Platanaceae

悬铃木属 *Platanus*

二球悬铃木 *Platanus* × *acerifolia*

三球悬铃木 *Platanus orientalis*

一球悬铃木 *Platanus occidentalis*

金缕梅科 Hamamelidaceae

山白树属 *Sinowilsonia*

山白树 *Sinowilsonia henryi*

杜仲科 Eucommiaceae

杜仲属 *Eucommia*

杜仲 *Eucommia ulmoides*

蔷薇科 Rosaceae

龙芽草属 *Agrimonia*

龙芽草 *Agrimonia pilosa*

黄龙尾 *Agrimonia pilosa* var. *nepalensis*

唐棣属 *Amelanchier*

唐棣 *Amelanchier sinica*

桃属 *Amygdalus*

山桃 *Amygdalus davidiana*

桃 *Amygdalus persica*

榆叶梅 *Amygdalus triloba*

杏属 *Armeniaca*

梅 *Armeniaca mume*

山杏 *Armeniaca sibirica*

杏 *Armeniaca vulgaris*

野杏 *Armeniaca vulgaris* var. *ansu*

假升麻属 *Aruncus*

假升麻 *Aruncus sylvester*

樱属 *Cerasus*

微毛樱桃 *Cerasus clarofolia*

锥腺樱桃 *Cerasus conadenia*

毛叶欧李 *Cerasus dictyoneura*

麦李 *Cerasus glandulosa*

欧李 *Cerasus humilis*

郁李 *Cerasus japonica*

多毛樱桃 *Cerasus polytricha*

樱桃 *Cerasus pseudocerasus*

毛樱桃 *Cerasus tomentosa*

地蔷薇属 *Chamaerhodos*

地蔷薇 *Chamaerhodos erecta*

栒子属 *Cotoneaster*

灰栒子 *Cotoneaster acutifolius*

匍匐栒子 *Cotoneaster adpressus*

黑果栒子 *Cotoneaster melanocarpus*

水栒子 *Cotoneaster multiflorus*

毛叶水栒子 *Cotoneaster submultiflorus*

西北栒子 *Cotoneaster zabelii*

山楂属 *Crataegus*

野山楂 *Crataegus cuneata*

湖北山楂 *Crataegus hupehensis*

山楂 *Crataegus pinnatifida*

蛇莓属 *Duchesnea*

蛇莓 *Duchesnea indica*

白鹃梅属 *Exochorda*

红柄白鹃梅 *Exochorda giraldii*

白鹃梅 *Exochorda racemosa*

路边青属 *Geum*

路边青 *Geum aleppicum*

柔毛路边青 *Geum japonicum* var. *chinense*

棣棠花属 *Kerria*

棣棠花 *Kerria japonica*

臭樱属 *Maddenia*

臭樱 *Maddenia hypoleuca*

苹果属 *Malus*

山荆子 *Malus baccata*

垂丝海棠 *Malus halliana*

河南海棠 *Malus honanensis*

湖北海棠 *Malus hupehensis*

陇东海棠 *Malus kansuensis*

楸子 *Malus prunifolia*

三叶海棠 *Malus sieboldii*

绣线梅属 *Neillia*

毛叶绣线梅 *Neillia ribesioides*

中华绣线梅 *Neillia sinensis*

稠李属 *Padus*

稠李 *Padus avium*

短梗稠李 *Padus brachypoda*

橉木 *Padus buergeriana*

细齿稠李 *Padus obtusata*

委陵菜属 *Potentilla*

皱叶委陵菜 *Potentilla ancistrifolia*

蛇莓委陵菜 *Potentilla centigrana*

委陵菜 *Potentilla chinensis*

细裂委陵菜 *Potentilla chinensis* var. *lineariloba*

翻白草 *Potentilla discolor*

莓叶委陵菜 *Potentilla fragarioides*

三叶委陵菜 *Potentilla freyniana*

蛇含委陵菜 *Potentilla kleiniana*

腺毛委陵菜 *Potentilla longifolia*

多茎委陵菜 *Potentilla multicaulis*

绢毛匍匐委陵菜 *Potentilla reptans* var. *sericophylla*

朝天委陵菜 *Potentilla supina*

三叶朝天委陵菜 *Potentilla supina* var. *ternata*

李属 *Prunus*

李 *Prunus salicina*

梨属 *Pyrus*

杜梨 *Pyrus betulifolia*

白梨 *Pyrus bretschneideri*

豆梨 *Pyrus calleryana*

褐梨 *Pyrus phaeocarpa*

秋子梨 *Pyrus ussuriensis*

木梨 *Pyrus xerophila*

鸡麻属 *Rhodotypos*

鸡麻 *Rhodotypos scandens*

蔷薇属 *Rosa*

木香花 *Rosa banksiae*

美蔷薇 *Rosa bella*

月季花 *Rosa chinensis*

陕西蔷薇 *Rosa giraldii*

野蔷薇 *Rosa multiflora*

峨眉蔷薇 *Rosa omeiensis*

玫瑰 *Rosa rugosa*

钝叶蔷薇 *Rosa sertata*

黄刺玫 *Rosa xanthina*

悬钩子属 *Rubus*

秀丽莓 *Rubus amabilis*

华中悬钩子 *Rubus cockburnianus*

山莓 *Rubus corchorifolius*

插田泡 *Rubus coreanus*

牛叠肚 *Rubus crataegifolius*

弓茎悬钩子 *Rubus flosculosus*

覆盆子 *Rubus idaeus*

喜阴悬钩子 *Rubus mesogaeus*

茅莓 *Rubus parvifolius*

腺花茅莓 *Rubus parvifolius* var. *adenochlamys*

多腺悬钩子 *Rubus phoenicolasius*

菰帽悬钩子 *Rubus pileatus*

针刺悬钩子 *Rubus pungens*

地榆属 *Sanguisorba*

地榆 *Sanguisorba officinalis*

长叶地榆 *Sanguisorba officinalis* var. *longifolia*

山莓草属 *Sibbaldia*

山莓草 *Sibbaldia procumbens*

珍珠梅属 *Sorbaria*

高丛珍珠梅 *Sorbaria arborea*

华北珍珠梅 *Sorbaria kirilowii*

花楸属 *Sorbus*

水榆花楸 *Sorbus alnifolia*

北京花楸 *Sorbus discolor*

陕甘花楸 *Sorbus koehneana*

花楸树 *Sorbus pohuashanensis*

绣线菊属 *Spiraea*

绣球绣线菊 *Spiraea blumei*

石蚕叶绣线菊 *Spiraea chamaedryfolia*

中华绣线菊 *Spiraea chinensis*

毛花绣线菊 *Spiraea dasyantha*

华北绣线菊 *Spiraea fritschiana*

金丝桃叶绣线菊 *Spiraea hypericifolia*

长芽绣线菊 *Spiraea longigemmis*

欧亚绣线菊 *Spiraea media*

蒙古绣线菊 *Spiraea mongolica*

土庄绣线菊 *Spiraea pubescens*

绢毛绣线菊 *Spiraea sericea*

三裂绣线菊 *Spiraea trilobata*

豆科 Leguminosae

合萌属 *Aeschynomene*

合萌 *Aeschynomene indica*

合欢属 *Albizia*

合欢 *Albizia julibrissin*

山槐 *Albizia kalkora*

紫穗槐属 *Amorpha*

紫穗槐 *Amorpha fruticosa*

两型豆属 *Amphicarpaea*

两型豆 *Amphicarpaea bracteata* subsp. *edgeworthii*

土圞儿属 *Apios*

土圞儿 *Apios fortunei*

黄耆属 *Astragalus*

斜茎黄耆 *Astragalus adsurgens*

华黄耆 *Astragalus chinensis*

背扁黄耆 *Astragalus complanatus*

鸡峰山黄耆 *Astragalus kifonsanicus*

草木犀状黄耆 *Astragalus melilotoides*

糙叶黄耆 *Astragalus scaberrimus*

杭子梢属 *Campylotropis*

杭子梢 *Campylotropis macrocarpa*

锦鸡儿属 *Caragana*

毛掌叶锦鸡儿 *Caragana leveillei*

小叶锦鸡儿 *Caragana microphylla*

红花锦鸡儿 *Caragana rosea*

锦鸡儿 *Caragana sinica*

柄荚锦鸡儿 *Caragana stipitata*

紫荆属 *Cercis*

紫荆 *Cercis chinensis*

短毛紫荆 *Cercis chinensis* f. *pubescensa*

黄檀属 *Dalbergia*

黄檀 *Dalbergia hupeana*

山黑豆属 *Dumasia*

山黑豆 *Dumasia truncata*

柔毛山黑豆 *Dumasia villosa*

皂荚属 *Gleditsia*

山皂荚 *Gleditsia japonica*

野皂荚 *Gleditsia microphylla*

皂荚 *Gleditsia sinensis*

大豆属 *Glycine*

野大豆 *Glycine soja*

甘草属 *Glycyrrhiza*

刺果甘草 *Glycyrrhiza pallidiflora*

圆果甘草 *Glycyrrhiza squamulosa*

米口袋属 *Gueldenstaedtia*

长柄米口袋 *Gueldenstaedtia harmsii*

狭叶米口袋 *Gueldenstaedtia stenophylla*

岩黄耆属 *Hedysarum*

中国岩黄耆 *Hedysarum chinense*

华北岩黄耆 *Hedysarum gmelinii*

红花岩黄耆 *Hedysarum multijugum*

长柄山蚂蝗属 *Hylodesmum*

羽叶长柄山蚂蝗 *Hylodesmum oldhamii*

长柄山蚂蝗 *Hylodesmum podocarpum*

宽卵叶长柄山蚂蝗 *Hylodesmum podocarpum* subsp. *Fallax*

东北长柄山蚂蝗 *Hylodesmum podocarpum* var. *mandshuricum*

木蓝属 *Indigofera*

多花木蓝 *Indigofera amblyantha*

河北木蓝 *Indigofera bungeana*

苏木蓝 *Indigofera carlesii*

花木蓝 *Indigofera kirilowii*

木蓝 *Indigofera tinctoria*

鸡眼草属 *Kummerowia*

长萼鸡眼草 *Kummerowia stipulacea*

鸡眼草 *Kummerowia striata*

山黧豆属 *Lathyrus*

茳芒香豌豆 *Lathyrus davidii*

大山黧豆 *Lathyrus davidii*

中华山黧豆 *Lathyrus dielsianus*

山黧豆 *Lathyrus quinquenerviusa*

胡枝子属 *Lespedeza*

胡枝子 *Lespedeza bicolor*

绿叶胡枝子 *Lespedeza buergeri*

长叶胡枝子 *Lespedeza caraganae*

中华胡枝子 *Lespedeza chinensis*

截叶铁扫帚 *Lespedeza cuneata*

短梗胡枝子 *Lespedeza cyrtobotrya*

兴安胡枝子 *Lespedeza davurica*

多花胡枝子 *Lespedeza floribunda*

美丽胡枝子 *Lespedeza formosa*

阴山胡枝子 *Lespedeza inschanica*

牛枝子 *Lespedeza potaninii*

绒毛胡枝子 *Lespedeza tomentosa*

细梗胡枝子 *Lespedeza virgata*

马鞍树属 *Maackia*

朝鲜槐 *Maackia amurensis*

华山马鞍树 *Maackia hwashanensis*

苜蓿属 *Medicago*

黄花苜蓿 *Medicago falcata*

天蓝苜蓿 *Medicago lupulina*

小苜蓿 *Medicago minima*

紫苜蓿 *Medicago sativa*

草木犀属 *Melilotus*

白花草木犀 *Melilotus albus*

细齿草木犀 *Melilotus dentatus*

印度草木犀 *Melilotus indicus*

黄香草木犀 *Melilotus officinalis*

驴食草属 *Onobrychis*

驴食草 *Onobrychis viciifolia*

棘豆属 *Oxytropis*

蓝花棘豆 *Oxytropis caerulea*

小花棘豆 *Oxytropis glabra*

硬毛棘豆 *Oxytropis hirta*

黄毛棘豆 *Oxytropis ochrantha*

葛属 *Pueraria*

葛 *Pueraria lobata*

鹿藿属 *Rhynchosia*

菱叶鹿藿 *Rhynchosia dielsii*

刺槐属 *Robinia*

洋槐 *Robinia pseudoacacia*

田菁属 *Sesbania*

田菁 *Sesbania cannabina*

槐属 *Sophora*

苦豆子 *Sophora alopecuroides*

白刺花 *Sophora davidii*

苦参 *Sophora flavescens*

毛苦参 *Sophora flavescens* var. *kronei*

槐 *Sophora japonica*

苦马豆属 *Sphaerophysa*

苦马豆 *Sphaerophysa salsula*

披针叶黄花属 *Thermopsis*

披针叶黄花 *Thermopsis lanceolata*

野豌豆属 *Vicia*

山野豌豆 *Vicia amoena*

大花野豌豆 *Vicia bungei*
广布野豌豆 *Vicia cracca*
大野豌豆 *Vicia gigantea*
确山野豌豆 *Vicia kioshanicab*
窄叶野豌豆 *Vicia pilosa*
大叶野豌豆 *Vicia pseudorobus*
救荒野豌豆 *Vicia sativa*
四籽野豌豆 *Vicia tetrasperma*
歪头菜 *Vicia unijuga*
紫藤属 *Wisteria*
多花紫藤 *Wisteria floribunda*
紫藤 *Wisteria sinensis*
酢浆草科 Oxalidaceae
酢浆草属 *Oxalis*
酢浆草 *Oxalis corniculata*
山酢浆草 *Oxalis griffithii*
直酢浆草 *Oxalis stricta*
红花酢浆草 *Oxalis corymbosa*
牻牛儿苗科
牻牛儿苗属 *Erodium*
芹叶牻牛儿苗 *Erodium cicutarium*
牻牛儿苗 *Erodium stephanianum*
老鹳草属 *Geranium*
野老鹳草 *Geranium carolinianum*
粗根老鹳草 *Geranium dahuricum*
鼠掌老鹳草 *Geranium sibiricum*
老鹳草 *Geranium wilfordii*
灰背老鹳草 *Geranium wlassowianum*
毛蕊老鹳草 *Geranium platyanthum*
亚麻科 Linaceae
亚麻属 *Linum*
野亚麻 *Linum stelleroides*
蒺藜科 Zygophyllaceae
蒺藜属 *Tribulus*
蒺藜 *Tribulus terrestris*
芸香科 Rutaceae
白鲜属 *Dictamnus*
白鲜 *Dictamnus dasycarpus*
枳属 *Poncirus*
枳 *Poncirus trifoliata*
吴茱萸属 *Tetradium*
臭檀吴萸 *Tetradium daniellii*
密果吴萸 *Tetradium ruticarpum*
花椒属 *Zanthoxylum*
竹叶花椒 *Zanthoxylum armatum*
花椒 *Zanthoxylum bungeanum*
青花椒 *Zanthoxylum schinifolium*
野花椒 *Zanthoxylum simulans*
苦木科 Simaroubaceae
臭椿属 *Ailanthus*
臭椿 *Ailanthus altissima*
苦树属 *Picrasma*
苦树 *Picrasma quassioides*
楝科 Meliaceae
楝属 *Melia*
楝 *Melia azedarach*
香椿属 *Toona*
香椿 *Toona sinensis*
远志科 Polygalaceae
远志属 *Polygala*
瓜子金 *Polygala japonica*
西伯利亚远志 *Polygala sibirica*
小扁豆 *Polygala tatarinowii*
远志 *Polygala tenuifolia*
大戟科 Euphorbiaceae
铁苋菜属 *Acalypha*
铁苋菜 *Acalypha australis*
山麻杆属 *Alchornea*
山麻杆 *Alchornea davidii*
丹麻杆属 *Discocleidion*
毛丹麻杆 *Discocleidion rufescens*
大戟属 *Euphorbia*
乳浆大戟 *Euphorbia esula*
泽漆 *Euphorbia helioscopia*
地锦 *Euphorbia humifusa*
湖北大戟 *Euphorbia hylonoma*

通奶草 *Euphorbia hypericifolia*
甘遂 *Euphorbia kansui*
续随子 *Euphorbia lathyris*
斑地锦 *Euphorbia maculata*
甘青大戟 *Euphorbia micractina*
大戟 *Euphorbia pekinensis*
钩腺大戟 *Euphorbia sieboldiana*
一叶萩属 *Flueggea*
一叶萩 *Flueggea suffruticosa*
雀儿舌头属 *Leptopus*
雀儿舌头 *Leptopus chinensis*
叶下珠属 *Phyllanthus*
叶下珠 *Phyllanthus urinaria*
黄珠子草 *Phyllanthus virgatus*
蓖麻属 *Ricinus*
蓖麻 *Ricinus communis*
乌桕属 *Sapium*
乌桕 *Sapium sebiferum*
地构叶属 *Speranskia*
地构叶 *Speranskia tuberculata*
油桐属 *Vernicia*
油桐 *Vernicia fordii*
黄杨科 Buxaceae
黄杨属 *Buxus*
黄杨 *Buxus microphylla* subsp. *sinica*
尖叶黄杨 *Buxus microphylla* var. *aemulans*
漆树科 Anacardiaceae
黄栌属 *Cotinus*
黄栌 *Cotinus coggygria*
红叶 *Cotinus coggygria* var. *cinerea*
毛黄栌（变种）*Cotinus coggygria* var. *pubescens*
黄连木属 *Pistacia*
黄连木 *Pistacia chinensis*
盐肤木属 *Rhus*
盐肤木 *Rhus chinensis*
青麸杨 *Rhus potaninii*
红麸杨 *Rhus punjabensis* var. *sinica*
火炬树 *Rhus typhina*
漆属 *Toxicodendron*
漆树 *Toxicodendron vernicifluum*
卫矛科 Celastraceae
南蛇藤属 *Celastrus*
苦皮藤 *Celastrus angulatus*
粉背南蛇藤 *Celastrus hypoleucus*
南蛇藤 *Celastrus orbiculatus*
短梗南蛇藤 *Celastrus rosthornianus*
卫矛属 *Euonymus*
卫矛 *Euonymus alatus*
扶芳藤 *Euonymus fortunei*
西南卫矛 *Euonymus hamiltonianus*
冬青卫矛 *Euonymus japonicus*
白杜 *Euonymus maackii*
小果卫矛 *Euonymus microcarpus*
小卫矛 *Euonymus nanoides*
垂丝卫矛 *Euonymus oxyphyllus*
栓翅卫矛 *Euonymus phellomanus*
石枣子 *Euonymus sanguineus*
陕西卫矛 *Euonymus schensianus*
八宝茶 *Euonymus semenovii*
疣点卫矛 *Euonymus verrucosoides*
省沽油科 Staphyleaceae
省沽油属 *Staphylea*
省沽油 *Staphylea bumalda*
膀胱果 *Staphylea holocarpa*
槭树科 Aceraceae
槭属 *Acer*
三角槭 *Acer buergerianum*
青榨槭 *Acer davidii*
葛萝槭 *Acer davidii* subsp. *grosseri*
茶条槭 *Acer ginnala*
血皮槭 *Acer griseum*
建始槭 *Acer henryi*
五尖槭 *Acer maximowiczii*
庙台槭 *Acer miaotaiense*
五裂槭 *Acer oliverianum*

鸡爪槭 *Acer palmatum*
色木枫 *Acer pictum*
五角枫 *Acer pictum* subsp. *mono*
杈叶槭 *Acer robustum*
毛叶槭 *Acer stachyophyllum*
四蕊槭 *Acer tetramerum*
元宝槭 *Acer truncatum*
金钱槭属 *Dipteronia*
金钱槭 *Dipteronia sinensis*
七叶树科 Hippocastanceae
七叶树属 *Aesculus*
七叶树 *Aesculus chinensis*
天师栗 *Aesculus chinensis* var. *wilsonii*
无患子科 Sapindaceae
栾树属 *Koelreuteria*
栾树 *Koelreuteria paniculata*
文冠果属 *Xanthoceras*
文冠果 *Xanthoceras sorbifolia*
清风藤科 Sabiaceae
泡花树属 *Meliosma*
泡花树 *Meliosma cuneifolia*
垂枝泡花树 *Meliosma flexuosa*
暖木 *Meliosma veitchiorum*
清风藤属 *Sabia*
四川清风藤 *Sabia schumanniana*
凤仙花科 Balsaminaceae
凤仙花属 *Impatiens*
凤仙花 *Impatiens balsamina*
水金凤 *Impatiens noli-tangere*
窄萼凤仙花 *Impatiens stenosepala*
鼠李科 Rhamnaceae
勾儿茶属 *Berchemia*
多花勾儿茶 *Berchemia floribunda*
勾儿茶 *Berchemia sinica*
枳椇属 *Hovenia*
枳椇 *Hovenia acerba*
北枳椇 *Hovenia dulcis*
猫乳属 *Rhamnella*
猫乳 *Rhamnella franguloides*
鼠李属 *Rhamnus*
锐齿鼠李 *Rhamnus arguta*
卵叶鼠李 *Rhamnus bungeana*
长叶冻绿 *Rhamnus crenata*
鼠李 *Rhamnus davurica*
柳叶鼠李 *Rhamnus erythroxylon*
圆叶鼠李 *Rhamnus globosa*
薄叶鼠李 *Rhamnus leptophylla*
小叶鼠李 *Rhamnus parvifolia*
皱叶鼠李 *Rhamnus rugulosa*
冻绿 *Rhamnus utilis*
雀梅藤属 *Sageretia*
少脉雀梅藤 *Sageretia paucicostata*
尾叶雀梅藤 *Sageretia subcaudata*
雀梅藤 *Sageretia thea*
枣属 *Ziziphus*
枣 *Ziziphus jujuba*
酸枣 *Ziziphus jujuba* var. *spinosa*
葡萄科 Vitaceae
蛇葡萄属 *Ampelopsis*
乌头叶蛇葡萄 *Ampelopsis aconitifolia*
蓝果蛇葡萄 *Ampelopsis bodinieri*
三裂蛇葡萄 *Ampelopsis delavayana*
掌裂蛇葡萄 *Ampelopsis delavayana* var. *glabra*
毛三裂蛇葡萄 *Ampelopsis delavayana* var. *setulosa*
异叶蛇葡萄 *Ampelopsis glandulosa* var. *heterophylla*
葎叶蛇葡萄 *Ampelopsis humulifolia*
白蔹 *Ampelopsis japonica*
乌蔹莓属 *Cayratia*
乌蔹莓 *Cayratia japonica*
地锦属 *Parthenocissus*
花叶地锦 *Parthenocissus henryana*
三叶地锦 *Parthenocissus semicordata*
地锦 *Parthenocissus tricuspidata*
葡萄属 *Vitis*
山葡萄 *Vitis amurensis*

桦叶葡萄 *Vitis betulifolia*
蘡薁 *Vitis bryoniifolia*
刺葡萄 *Vitis davidii*
毛葡萄 *Vitis heyneana*
桑叶葡萄 *Vitis heyneana* subsp. *ficifolia*
变叶葡萄 *Vitis piasezkii*
华东葡萄 *Vitis pseudoreticulata*
秋葡萄 *Vitis romaneti*
葡萄 *Vitis vinifera*
网脉葡萄 *Vitis wilsonae*

椴树科 Tiliaceae

田麻属 *Corchoropsis*

田麻 *Corchoropsis crenata*
光果田麻 *Corchoropsis crenata* var. *hupehensis*

扁担杆属 *Grewia*

扁担杆 *Grewia biloba*
小花扁担杆 *Grewia biloba* var. *parviflora*

椴属 *Tilia*

华椴 *Tilia chinensis*
糠椴 *Tilia mandshurica*
蒙椴 *Tilia mongolica*
少脉椴 *Tilia paucicostata*

锦葵科 Malvaceae

苘麻属 *Abutilon*

苘麻 *Abutilon theophrasti*

蜀葵属 *Althaea*

蜀葵 *Althaea rosea*

木槿属 *Hibiscus*

木槿 *Hibiscus syriacus*
野西瓜苗 *Hibiscus trionum*

锦葵属 *Malva*

锦葵 *Malva cathayensis*
圆叶锦葵 *Malva pusilla*
野葵 *Malva verticillata*

梧桐科 Sterculiaceae

梧桐属 *Firmiana*

梧桐 *Firmiana simplex*

猕猴桃科 Actinidiaceae

猕猴桃属 *Actinidia*

软枣猕猴桃 *Actinidia arguta*
陕西猕猴桃 *Actinidia arguta* var. *giraldii*
中华猕猴桃 *Actinidia chinensis*
狗枣猕猴桃 *Actinid'a kolomikta*
葛枣猕猴桃 *Actinidia polygama*

藤山柳属 *Clematoclethra*

猕猴桃藤山柳 *Clematoclethra scandens* subsp. *actinidioides*

藤黄科 Clusiaceae

金丝桃属 *Hypericum*

湖南连翘 *Hypericum ascyron*
野金丝桃 *Hypericum attenuatum*
金丝桃 *Hypericum monogynum*
贯叶连翘 *Hypericum perforatum*
中国金丝桃 *Hypericum perforatum* subsp. *chinense*
突脉金丝桃 *Hypericum przewalskii*
元宝草 *Hypericum sampsonii*

芍药科 Paeoniaceae

芍药属 *Paeonia*

川赤芍 *Paeonia anomala* subsp. *veitchii*
矮牡丹 *Paeonia jishanensis*
草芍药 *Paeonia obovata*
毛叶草芍药 *Paeonia obovata* subsp. *willmottiae*
凤丹 *Paeonia ostii*
紫斑牡丹 *Paeonia rockii*
牡丹 *Paeonia suffruticosa*

柽柳科 Tamaricaceae

水柏枝属 *Myricaria*

水柏枝 *Myricaria paniculata*

柽柳属 *Tamarix*

甘蒙柽柳 *Tamarix austromongolica*
柽柳 *Tamarix chinensis*

堇菜科 Violaceae

堇菜属 *Viola*

鸡腿堇菜 *Viola acuminata*

如意草 *Viola arcuata*
戟叶堇菜 *Viola betonicifolia*
双花堇菜 *Viola biflora*
球果堇菜 *Viola collina*
心叶堇菜 *Viola concordifolia*
伏堇菜 *Viola diffusa*
裂叶堇菜 *Viola dissecta*
西山堇菜 *Viola hancockii*
东北堇菜 *Viola mandshurica*
萱 *Viola moupinensis*
白果堇菜 *Viola phalacrocarpa*
紫花地丁 *Viola philippica*
早开堇菜 *Viola prionantha*
辽宁堇菜 *Viola rossii*
深山堇菜 *Viola selkirkii*
圆叶堇菜 *Viola striatella*
斑叶堇菜 *Viola variegata*
大风子科 Flacourtiaceae
山桐子属 *Idesia*
山桐子 *Idesia polycarpa*
旌节花科 Stachyuraceae
旌节花属 *Stachyurus*
中国旌节花 *Stachyurus chinensis*
秋海棠科 Begoniaceae
秋海棠属 *Begonia*
秋海棠 *Begonia grandis*
中华秋海棠 *Begonia grandis* var. *sinensis*
瑞香科 Thymelaeaceae
瑞香属 *Daphne*
芫花 *Daphne genkwa*
黄瑞香 *Daphne giraldii*
草瑞香属 *Diarthron*
草瑞香 *Diarthron linifolium*
结香属 *Edgeworthia*
结香 *Edgeworthia chrysantha*
狼毒属 *Stellera*
狼毒 *Stellera chamaejasme*
荛花属 *Wikstroemia*
狭叶荛花 *Wikstroemia angustifolia*
河朔荛花 *Wikstroemia chamaedaphne*
鄂北荛花 *Wikstroemia pampaninii*
胡颓子科 Elaeagnaceae
胡颓子属 *Elaeagnus*
沙枣 *Elaeagnus angustifolia*
木半夏 *Elaeagnus multiflora*
胡颓子 *Elaeagnus pungens*
牛奶子 *Elaeagnus umbellata*
沙棘属 *Hippophae*
沙棘 *Hippophae rhamnoides*
千屈菜科 Lythraceae
水苋菜属 *Ammannia*
耳叶苋菜 *Ammannia auriculata*
水苋菜 *Ammannia baccifera*
多花水苋菜 *Ammannia multiflora*
紫薇属 *Lagerstroemia*
紫薇 *Lagerstroemia indica*
千屈菜属 *Lythrum*
千屈菜 *Lythrum salicaria*
节节菜属 *Rotala*
节节菜 *Rotala indica*
轮叶节节菜 *Rotala mexicana*
菱科 Trapaceae
菱属 *Trapa*
细果野菱 *Trapa incisa*
柳叶菜科 Onagraceae
柳兰属 *Chamerion*
柳兰 *Chamerion angustifolium*
露珠草属 *Circaea*
高山露珠草 *Circaea alpina*
露珠草 *Circaea cordata*
谷蓼 *Circaea erubescens*
柳叶菜属 *Epilobium*
毛脉柳叶菜 *Epilobium amurense*
光滑柳叶菜 *Epilobium amurense* subsp. *cephalostigma*
柳叶菜 *Epilobium hirsutum*
沼生柳叶菜 *Epilobium palustre*

小花柳叶菜 *Epilobium parviflorum*
长籽柳叶菜 *Epilobium pyrricholophum*
山桃草属 *Gaura*
小花山桃草 *Gaura parviflora*
小二仙草科 Haloragidaceae
小二仙草属 *Gonocarpus*
小二仙草 *Gonocarpus micrantha*
狐尾藻属 *Myriophyllum*
穗状狐尾藻 *Myriophyllum spicatum*
三裂狐尾藻 *Myriophyllum ussuriense*
狐尾藻 *Myriophyllum verticillatum*
杉叶藻科 Hippuridaceae
杉叶藻属 *Hippuris*
杉叶藻 *Hippuris vulgaris*
八角枫科 Alangiaceae
八角枫属 *Alangium*
八角枫 *Alangium chinense*
瓜木 *Alangium platanifolium*
三裂瓜木 *Alangium platanifolium* var. *trilobum*
五加科 Araliaceae
楤木属 *Aralia*
东北土当归 *Aralia continentalis*
楤木 *Aralia elata*
五加属 *Eleutherococcus*
红毛五加 *Eleutherococcus giraldii*
糙叶五加 *Eleutherococcus henryi*
细柱五加 *Eleutherococcus nodiflorus*
刺五加 *Eleutherococcus senticosus*
常春藤属 *Hedera*
常春藤 *Hedera nepalensis*
通脱木属 *Tetrapanax*
通脱木 *Tetrapanax papyrifer*
刺楸属 *Kalopanax*
刺楸 *Kalopanax septemlobus*
伞形科 Umbelliferae
当归属 *Angelica*
白芷 *Angelica dahurica*
柴花前胡 *Angelica decursiva*
拐芹 *Angelica polymorpha*
当归 *Angelica sinensis*
峨参属 *Anthriscus*
峨参 *Anthriscus sylvestris*
刺果峨参 *Anthriscus sylvestris* subsp. *nemorosa*
柴胡属 *Bupleurum*
北柴胡 *Bupleurum chinense*
红柴胡 *Bupleurum scorzonerifolium*
狭叶柴胡 *Bupleurum scorzonerifolium*
黑柴胡 *Bupleurum smithii*
葛缕子属 *Carum*
田葛缕子 *Carum buriaticum*
葛缕子 *Carum carvi*
积雪草属 *Centella*
积雪草 *Centella asiatica*
毒芹属 *Cicuta*
毒芹 *Cicuta virosa*
蛇床属 *Cnidium*
蛇床 *Cnidium monnieri*
芫荽属 *Coriandrum*
芫荽 *Coriandrum sativum*
鸭儿芹属 *Cryptotaenia*
鸭儿芹 *Cryptotaenia japonica*
胡萝卜属 *Daucus*
野胡萝卜 *Daucus carota*
胡萝卜 *Daucus carota* var. *sativa*
阿魏属 *Ferula*
硬阿魏 *Ferula bungeana*
茴香属 *Foeniculum*
茴香 *Foeniculum vulgare*
独活属 *Heracleum*
短毛独活 *Heracleum moellendorffii*
欧当归属 *Levisticum*
欧当归 *Levisticum officinale*
岩风属 *Libanotis*
条叶岩风 *Libanotis lancifolia*

香芹属 *Libanotis*

香芹 *Libanotis seseloides*

藁本属 *Ligusticum*

尖叶藁本 *Ligusticum acuminatum*

藁本 *Ligusticum sinense*

川芎 *Ligusticum sinense* cv. *Chuanxiong*

岩茴香 *Ligusticum tachiroei*

白苞芹属 *Nothosmyrnium*

白苞芹 *Nothosmyrnium japonicum*

水芹属 *Oenanthe*

水芹 *Oenanthe javanica*

香根芹属 *Osmorhiza*

香根芹 *Osmorhiza aristata*

山芹属 *Ostericum*

大齿山芹 *Ostericum grosseserratum*

山芹 *Ostericum sieboldii*

前胡属 *Peucedanum*

华北前胡 *Peucedanum harry-smithii*

广序北前胡 *Peucedanum harry-smithii* var. *grande*

少毛北前胡 *Peucedanum harry-smithii* var. *subglabrum*

华山前胡 *Peucedanum ledebourielloides*

前胡 *Peucedanum praeruptorum*

石防风 *Peucedanum terebinthaceum*

茴芹属 *Pimpinella*

锐叶茴芹 *Pimpinella arguta*

异叶茴芹 *Pimpinella diversifolia*

菱叶茴芹 *Pimpinella rhomboidea*

直立茴芹 *Pimpinella smithii*

羊红膻 *Pimpinella thellungiana*

棱子芹属 *Pleurospermum*

鸡冠棱子芹 *Pleurospermum cristatum*

棱子芹 *Pleurospermum uralense*

变豆菜属 *Sanicula*

变豆菜 *Sanicula chinensis*

首阳变豆菜 *Sanicula giraldii*

防风属 *Saposhnikovia*

防风 *Saposhnikovia divaricata*

泽芹属 *Sium*

泽芹 *Sium suave*

窃衣属 *Torilis*

小窃衣 *Torilis japonica*

破子草 *Torilis scabra*

山茱萸科 Cornaceae

山茱萸属 *Cornus*

红瑞木 *Cornus alba*

沙梾 *Cornus bretschneideri*

卷毛沙梾 *Cornus bretschneideri* var. *crispa*

灯台树 *Cornus controversa*

红椋子 *Cornus hemsleyi*

四照花 *Cornus kousa* subsp. *chinensis*

梾木 *Cornus macrophylla*

山茱萸 *Cornus officinalis*

毛梾 *Cornus walteri*

青荚叶科 Helwingiaceae

青荚叶属 *Helwingia*

青荚叶 *Helwingia japonica*

杜鹃花科 Ericaceae

喜冬草属 *Chimaphila*

喜冬草 *Chimaphila japonica*

水晶兰属 *Monotropa*

水晶兰 *Monotropa uniflora*

鹿蹄草属 *Pyrola*

紫背鹿蹄草 *Pyrola atropurpurea*

鹿蹄草 *Pyrola calliantha*

普通鹿蹄草 *Pyrola decorata*

日本鹿蹄草 *Pyrola japonica*

杜鹃花属 *Rhododendron*

秀雅杜鹃 *Rhododendron concinnum*

满山红 *Rhododendron mariesii*

照山白 *Rhododendron micranthum*

太白杜鹃 *Rhododendron purdomii*

杜鹃 *Rhododendron simsii*

河南杜鹃 *Rhododendron henanense*

报春花科 Primulaceae

点地梅属 *Androsace*

点地梅 *Androsace umbellata*

海乳草属 *Glaux*

海乳草 *Glaux maritima*

珍珠菜属 *Lysimachia*

虎尾草 *Lysimachia barystachys*

泽珍珠菜 *Lysimachia candida*

长穗珍珠菜 *Lysimachia chikungensis*

过路黄 *Lysimachia christiniae*

珍珠菜 *Lysimachia clethroides*

黄连花 *Lysimachia davurica*

红根草 *Lysimachia fortunei*

金爪儿 *Lysimachia grammica*

轮叶过路黄 *Lysimachia klattiana*

狭叶珍珠菜 *Lysimachia pentapetala*

报春花属 *Primula*

散布报春 *Primula conspersa* 高山

胭脂花 *Primula maximowiczii* 高山

齿萼报春 *Primula odontocalyx* 高山

白花丹科

蓝雪花属 *Ceratostigma*

蓝雪花 *Ceratostigma plumbaginoides*

补血草属 *Limonium*

二色补血草 *Limonium bicolor*

柿树科 *Ebenaceae*

柿属 *Diospyros*

柿 *Diospyros kaki*

软枣 *Diospyros lotus*

山矾科 Symplocaceae

山矾属 *Symplocos*

白檀 *Symplocos paniculata*

安息香科 Styracaceae

安息香属 *Styrax*

垂珠花 *Styrax dasyanthus*

老鸹铃 *Styrax hemsleyanus*

野茉莉 *Styrax japonicus*

玉铃花 *Styrax obassis*

木犀科 Oleaceae

流苏树属 *Chionanthus*

流苏树 *Chionanthus retusus*

连翘属 *Forsythia*

秦连翘 *Forsythia giraldiana*

连翘 *Forsythia suspensa*

金钟花 *Forsythia viridissima*

雪柳属 *Fontanesia*

雪柳 *Fontanesia phillyreoides* subsp. *fortunei*

梣属 *Fraxinus*

花曲柳 *Fraxinus chinensis* subsp. *rhynchophylla*

小叶梣 *Fraxinus bungeana*

水曲柳 *Fraxinus mandshurica*

秦岭梣 *Fraxinus paxiana*

白蜡树 *Fraxinus chinensis*

苦枥木 *Fraxinus insularis*

宿柱梣 *Fraxinus stylosa*

素馨属 *Jasminum*

探春花 *Jasminum floridum*

迎春花 *Jasminum nudiflorum*

女贞属 *Ligustrum*

女贞 *Ligustrum lucidum*

水蜡树 *Ligustrum obtusifolium*

小叶女贞 *Ligustrum quihoui*

小蜡树 *Ligustrum sinense*

丁香属 *Syringa*

华北丁香 *Syringa oblata*

巧玲花 *Syringa pubescens*

小叶巧玲花 *Syringa pubescens* subsp. *microphylla*

北京丁香 *Syringa reticulata* subsp. *pekinensis*

暴马丁香 *Syringa reticulata*

马钱科 Loganiaceae

醉鱼草属 *Buddleja*

大叶醉鱼草 *Buddleja davidii*

醉鱼草 *Buddleja lindleyana*

密蒙花 *Buddleja officinalis*

龙胆科 Gentianaceae

莕菜属 *Nymphoides*

荇菜 *Nymphoides peltatum*

百金花属 *Centaurium*
百金花 *Centaurium pulchellum* var. *altaicum*
龙胆属 *Gentiana*
肾叶龙胆 *Gentiana crassuloides*
达乌里秦艽 *Gentiana dahurica*
秦艽 *Gentiana macrophylla*
条叶龙胆 *Gentiana manshurica*
假水生龙胆 *Gentiana pseudoaquatica*
龙胆 *Gentiana scabra*
鳞叶龙胆 *Gentiana squarrosa*
灰绿龙胆 *Gentiana yokusai*
笔龙胆 *Gentiana zollingeri*
扁蕾属 *Gentianopsis*
扁蕾 *Gentianopsis barbata*
湿生扁蕾 *Gentianopsis paludosa*
花锚属 *Halenia*
花锚 *Halenia corniculata*
椭圆叶花锚 *Halenia elliptica*
翼萼蔓属 *Pterygocalyx*
翼萼蔓 *Pterygocalyx volubilis*
獐牙菜属 *Swertia*
獐牙菜 *Swertia bimaculata*
歧伞獐牙菜 *Swertia dichotoma*
北方獐牙菜 *Swertia diluta*
华北獐牙菜 *Swertia wolfgangiana*
夹竹桃科 Apocynaceae
罗布麻属 *Apocynum*
罗布麻 *Apocynum venetum*
夹竹桃属 *Nerium*
夹竹桃 *Nerium oleander*
络石属 *Trachelospermum*
络石 *Trachelospermum jasminoides*
萝藦科 Asclepiadaceae
鹅绒藤属 *Cynanchum*
潮风草 *Cynanchum acuminatifolium*
紫花合掌消 *Cynanchum amplexicaule*
白薇 *Cynanchum atratum*
牛皮消 *Cynanchum auriculatum*
白首乌 *Cynanchum bungei*
鹅绒藤 *Cynanchum chinense*
白前 *Cynanchum glaucescens*
竹灵消 *Cynanchum inamoenum*
华北白前 *Cynanchum mongolicum*
徐长卿 *Cynanchum paniculatum*
荷花柳 *Cynanchum riparium*
地梢瓜 *Cynanchum thesioides*
变色白前 *Cynanchum versicolor*
隔山消 *Cynanchum wilfordii*
萝藦属 *Metaplexis*
华萝藦 *Metaplexis hemsleyana*
萝藦 *Metaplexis japonica*
杠柳属 *Periploca*
杠柳 *Periploca sepium*
旋花科 Convolvulaceae
打碗花属 *Calystegia*
打碗花 *Calystegia hederacea*
藤长苗 *Calystegia pellita*
篱天剑 *Calystegia sepium*
旋花属 *Convolvulus*
银灰旋花 *Convolvulus ammannii*
田旋花 *Convolvulus arvensis*
菟丝子属 *Cuscuta*
南方菟丝子 *Cuscuta australis*
菟丝子 *Cuscuta chinensis*
大菟丝子 *Cuscuta europaea*
金灯藤 *Cuscuta japonica*
牵牛属 *Pharbitis*
牵牛 *pharbitis nil*
圆叶牵牛 *pharbitis purpurea*
花荵科 Polemoniaceae
花荵属 *Polemonium*
中华花荵 *Polemonium chinense*
紫草科 Boraginaceae
狼紫草属 *Anchusa*
狼紫草 *Anchusa ovata*
斑种草属 *Bothriospermum*
斑种草 *Bothriospermum chinense*

狭苞斑种草 *Bothriospermum kusnezowii*
多苞斑种草 *Bothriospermum secundum*
柔弱斑种草 *Bothriospermum zeylanicum*
琉璃草属 *Cynoglossum*
美丽琉璃草 *Cynoglossum amabile*
小花琉璃草 *Cynoglossum lanceolatum*
大果琉璃草 *Cynoglossum divaricatum*
天芥菜属 *Heliotropium*
毛果天芥菜 *Heliotropium lasiocarpum*
鹤虱属 *Lappula*
鹤虱 *Lappula myosotis*
紫草属 *Lithospermum*
田紫草 *Lithospermum arvense*
麦家公 *Lithospermum arvense*
紫草 *Lithospermum erythrorhizon*
梓木草 *Lithospermum zollingeri*
勿忘草属 *Myosotis*
勿忘草 *Myosotis sylvatica*
车前紫草属 *Sinojohnstonia*
短蕊车前紫草 *Sinojohnstonia moupinensis*
紫筒草属 *Stenosolenium*
紫筒草 *Stenosolenium saxatile*
盾果草属 *Thyrocarpus*
弯齿盾果草 *Thyrocarpus glochidiatus*
盾果草 *Thyrocarpus sampsonii*
紫丹属 *Tournefortia*
西伯利亚紫丹 *Tournefortia sibirica*
细叶西伯利亚紫丹 *Tournefortia sibirica* var. *angustior*
附地菜属 *Trigonotis*
附地菜 *Trigonotis peduncularis*
钝萼附地菜 *Trigonotis peduncularis* var. *amblyosepala*
马鞭草科 Verbenaceae
紫珠属 *Callicarpa*
老鸦糊 *Callicarpa giraldii*
窄叶紫珠 *Callicarpa membranacea*
莸属 *Caryopteris*
叉枝莸 *Caryopteris divaricata*
光果莸 *Caryopteris tangutica*
三花莸 *Caryopteris terniflora*
大青属 *Clerodendrum*
臭牡丹 *Clerodendrum bungei*
海州常山 *Clerodendrum trichotomum*
马鞭草属 *Verbena*
马鞭草 *Verbena officinalis*
牡荆属 *Vitex*
黄荆 *Vitex negundo*
牡荆 *Vitex negundo* var. *cannabifolia*
荆条 *Vitex negundo* var. *heterophylla*
唇形科 Labiatae
藿香属 *Agastache*
藿香 *Agastache rugosa*
筋骨草属 *Ajuga*
筋骨草 *Ajuga ciliata*
线叶筋骨草 *Ajuga linearifolia*
白苞筋骨草 *Ajuga lupulina*
多花筋骨草 *Ajuga multiflora*
紫背金盘 *Ajuga nipponensis*
水棘针属 *Amethystea*
水棘针 *Amethystea caerulea*
风轮菜属 *Clinopodium*
灯笼草 *Clinopodium polycephalum*
风车草 *Clinopodium urticifolium*
青兰属 *Dracocephalum*
香青兰 *Dracocephalum moldavica*
毛建草 *Dracocephalum rupestre*
香薷属 *Elsholtzia*
香薷 *Elsholtzia ciliata*
野草香 *Elsholtzia cyprianii*
密花香薷 *Elsholtzia densa*
海洲香薷 *Elsholtzia splendens*
穗状香薷 *Elsholtzia stachyodes*
木香薷 *Elsholtzia stauntonii*
活血丹属 *Glechoma*
白透骨消 *Glechoma biondiana*
白透骨消无毛变种 *Glechoma biondiana*

var. *glabrescens*
活血丹 *Glechoma longituba*
香茶菜属 *Isodon*
香茶菜 *Isodon amethystoides*
鄂西香茶菜 *Isodon henryi*
内折香茶菜 *Isodon inflexus*
毛叶香茶菜 *Isodon japonicus*
显脉香茶菜 *Isodon nervosus*
碎米桠 *Isodon rubescens*
溪黄草 *Isodon serra*
夏至草属 *Lagopsis*
夏至草 *Lagopsis supina*
野芝麻属 *Lamium*
宝盖草 *Lamium amplexicaule*
野芝麻 *Lamium barbatum*
益母草属 *Leonurus*
益母草 *Leonurus japonicus*
錾菜 *Leonurus pseudomacranthus*
细叶益母草 *Leonurus sibiricus*
斜萼草属 *Loxocalyx*
斜萼草 *Loxocalyx urticifolius*
地笋属 *Lycopus*
地笋 *Lycopus lucidus*
薄荷属 *Mentha*
薄荷 *Mentha canadensis*
石荠苎属 *Mosla*
石香薷 *Mosla chinensis*
石荠苎 *Mosla scabra*
荆芥属 *Nepeta*
小裂叶荆芥 *Nepeta annua*
荆芥 *Nepeta cataria*
牛至属 *Origanum*
牛至 *Origanum vulgare*
紫苏属 *Perilla*
紫苏 *Perilla frutescens*
野生紫苏 *Perilla frutescens* var. *purpurascens*
糙苏属 *Phlomis*
大花糙苏 *Phlomis megalantha*
串铃草 *Phlomis mongolica*
糙苏 *Phlomis umbrosa*
宽苞糙苏 *Phlomis umbrosa* var. *latibracteata*
夏枯草属 *Prunella*
山菠菜 *Prunella asiatica*
夏枯草 *Prunella vulgaris*
掌叶石蚕属 *Rubiteucris*
掌叶石蚕 *Rubiteucris palmata*
鼠尾草属 *Salvia*
鄂西鼠尾草 *Salvia maximowicziana*
丹参 *Salvia miltiorrhiza*
荔枝草 *Salvia plebeia*
黄鼠狼花 *Salvia tricuspis*
荫生鼠尾草 *Salvia umbratica*
黄芩属 *Scutellaria*
黄芩 *Scutellaria baicalensis*
半枝莲 *Scutellaria barbata*
莸状黄芩 *Scutellaria caryopteroides*
河南黄芩 *Scutellaria honanensis*
韩信草 *Scutellaria indica*
京黄芩 *Scutellaria pekinensis*
水苏属 *Stachys*
蜗儿菜 *Stachys arrecta*
毛水苏 *Stachys baicalensis*
华水苏 *Stachys chinensis*
水苏 *Stachys japonica*
甘露子 *Stachys sieboldii*
香科科属 *Teucrium*
小叶穗花香科科 *Teucrium japonicum* var. *microphyllum*
百里香属 *Thymus*
百里香 *Thymus mongolicus*
地椒 *Thymus quinquecostatus*
地椒展毛变种 *Thymus quinquecostatus* var. *przewalskii*
茄科 Solanaceae
颠茄属 *Atropa*
颠茄 *Atropa belladonna*

辣椒属 *Capsicum*
辣椒 *Capsicum annuum*
曼陀罗属 *Datura*
毛曼陀罗 *Datura inoxia*
洋金花 *Datura metel*
曼陀罗 *Datura stramonium*
天仙子属 *Hyoscyamus*
天仙子 *Hyoscyamus niger*
枸杞属 *Lycium*
宁夏枸杞 *Lycium barbarum*
枸杞 *Lycium chinense*
假酸浆属 *Nicandra*
假酸浆 *Nicandra physalodes*
散血丹属 *Physaliastrum*
日本散血丹 *Physaliastrum echinatum*
酸浆属 *Physalis*
酸浆 *Physalis alkekengi*
挂金灯 *Physalis alkekengi* var. *francheti*
苦蘵 *Physalis angulata*
毛酸浆 *Physalis philadelphica*
泡囊草属 *Physochlaina*
漏斗泡囊草 *Physochlaina infundibularis*
茄属 *Solanum*
野海茄 *Solanum japonense*
光白英 *Solanum kitagawae*
白英 *Solanum lyratum*
龙葵 *Solanum nigrum*
青杞 *Solanum septemlobum*
玄参科 Scrophulariaceae
芯芭属 *Cymbaria*
达乌里芯芭 *Cymbaria daurica*
蒙古芯芭 *Cymbaria mongolica*
石龙尾属 *Limnophila*
石龙尾 *Limnophila sessiliflora*
柳穿鱼属 *Linaria*
柳穿鱼 *Linaria vulgaris*
母草属 *Lindernia*
母草 *Lindernia crustacea*
狭叶母草 *Lindernia micrantha*
通泉草属 *Mazus*
通泉草 *Mazus pumilus*
弹刀子菜 *Mazus stachydifolius*
山罗花属 *Melampyrum*
山罗花 *Melampyrum roseum*
沟酸浆属 *Mimulus*
沟酸浆 *Mimulus tenellus*
脐草属 *Omphalothrix*
脐草 *Omphalotrix longipes*
泡桐属 *Paulownia*
楸叶泡桐 *Paulownia catalpifolia*
兰考泡桐 *Paulownia elongata*
毛泡桐 *Paulownia tomentosa*
马先蒿属 *Pedicularis*
河南马先蒿 *Pedicularis honanensis*
藓生马先蒿 *Pedicularis muscicola*
返顾马先蒿 *Pedicularis resupinata*
大唇拟鼻花马先蒿 *Pedicularis rhinanthoides* subsp. *labellata*
山西马先蒿 *Pedicularis shansiensis*
穗花马先蒿 *Pedicularis spicata*
红纹马先蒿 *Pedicularis striata*
轮叶马先蒿 *Pedicularis verticillata*
松蒿属 *Phtheirospermum*
松蒿 *Phtheirospermum japonicum*
水蔓菁属 *Pseudolysimachion*
水蔓菁 *Pseudolysimachion linariifolium* subsp. *dilatatuma*
地黄属 *Rehmannia*
地黄 *Rehmannia glutinosa*
玄参属 *Scrophularia*
北玄参 *Scrophularia buergeriana*
玄参 *Scrophularia ningpoensis*
阴行草属 *Siphonostegia*
阴行草 *Siphonostegia chinensis*
婆婆纳属 *Veronica*
北水苦荬 *Veronica anagallis-aquatica*

直立婆婆纳 *Veronica arvensis*
蚊母草 *Veronica peregrina*
阿拉伯婆婆纳 *Veronica persica*
婆婆纳 *Veronica polita*
光果婆婆纳 *Veronica rockii*
小婆婆纳 *Veronica serpyllifolia*
水苦荬 *Veronica undulata*
腹水草属 *Veronicastrum*
草本威灵仙 *Veronicastrum sibiricum*
紫葳科 Bignoniaceae
凌霄属 *Campsis*
凌霄 *Campsis grandiflora*
楸属 *Catalpa*
黄金树 *Catalpa speciosa*
楸 *Catalpa bungei*
灰楸 *Catalpa fargesii*
梓 *Catalpa ovata*
角蒿属 *Incarvillea*
角蒿 *Incarvillea sinensis*
胡麻科 Pedaliaceae
胡麻属 *Sesamum*
芝麻 *Sesamum indicum*
茶菱属 *Trapella*
茶菱 *Trapella sinensis*
列当科 Orobanchaceae
列当属 *Orobanche*
列当 *Orobanche coerulescens*
黄花列当 *Orobanche pycnostachya*
苦苣苔科 Gesneriaceae
旋蒴苣苔属 *Boea*
旋蒴苣苔 *Boea hygrometrica*
珊瑚苣苔属 *Corallodiscus*
珊瑚苣苔 *Corallodiscus lanuginosus*
透骨草科 Phrymaceae
透骨草属 *Phryma*
透骨草 *Phryma leptostachya* subsp. *asiatica*
车前科 Plantaginaceae
车前属 *Plantago*
车前 *Plantago asiatica*
平车前 *Plantago depressa*
长叶车前 *Plantago lanceolata*
大车前 *Plantago major*
茜草科 Rubiaceae
香果树属 *Emmenopterys*
香果树 *Emmenopterys henryi*
拉拉藤属 *Galium*
车叶葎 *Galium asperuloides*
北方拉拉藤 *Galium boreale*
拉拉藤 *Galium aparine* var. *echinospermum*
四叶葎 *Galium bungei*
显脉拉拉藤 *Galium kinuta*
蓬子菜 *Galium verum*
山猪殃殃 *Galium pseudoasprellum*
林地猪殃殃 *Galium paradoxum*
麦仁珠 *Galium tricorne*
异叶轮草 *Galium maximowiczii*
猪殃殃 *Galium aparine* var. *tenerum*
六叶葎 *Galium asperuloides* subsp. *hoffmeisteri*
鸡矢藤属 *Paederia*
鸡矢藤 *Paederia scandens*
茜草属 *Rubia*
茜草 *Rubia cordifolia*
中国茜草 *Rubia chinensis*
忍冬科 Caprifoliaceae
六道木属 *Abelia*
六道木 *Abelia biflora*
锦带花属 *Weigela*
锦带花 *Weigela florida*
蝟实属 *Kolkwitzia*
蝟实 *Kolkwitzia amabilis*
忍冬属 *Lonicera*
金花忍冬 *Lonicera chrysantha*
北京忍冬 *Lonicera elisae*
粘毛忍冬 *Lonicera fargesii*
葱皮忍冬 *Lonicera ferdinandii*
郁香忍冬 *Lonicera fragrantissima*

短梗忍冬 *Lonicera graebneri*
刚毛忍冬 *Lonicera hispida*
忍冬 *Lonicera japonica*
金银忍冬 *Lonicera maackii*
红脉忍冬 *Lonicera nervosa*
毛药忍冬 *Lonicera serreana*
唐古特忍冬 *Lonicera tangutica*
盘叶忍冬 *Lonicera tragophylla*
华西忍冬 *Lonicera webbiana*
蓝靛果 *Lonicera caerulea* var. *edulis*
苦糖果 *Lonicera fragrantissima* subsp. *standishii*
接骨木属 *Sambucus*
接骨木 *Sambucus williamsii*
莛子藨属 *Triosteum*
莛子藨 *Triosteum pinnatifidum*
荚蒾属 *Viburnum*
桦叶荚蒾 *Viburnum betulifolium*
荚蒾 *Viburnum dilatatum*
宜昌荚蒾 *Viburnum erosum*
聚花荚蒾 *Viburnum glomeratum*
蒙古荚蒾 *Viburnum mongolicum*
珊瑚树 *Viburnum odoratissimum*
陕西荚蒾 *Viburnum schensianum*
鸡树条 *Viburnum opulus* var. *sargentii*
败酱科 Valerianaceae
败酱属 *Patrinia*
异叶败酱 *Patrinia heterophylla*
少蕊败酱 *Patrinia monandra*
岩败酱 *Patrinia rupestris*
败酱 *Patrinia scabiosifolia*
白花败酱 *Patrinia villosa*
糙叶败酱 *Patrinia scabra*
缬草属 *Valeriana*
缬草 *Valeriana officinalis*
川续断科 Dipsacaceae
川续断属 *Dipsacus*
日本续断 *Dipsacus japonicus*
蓝盆花属 *Scabiosa*
华北蓝盆花 *Scabiosa comosa*
葫芦科 Cucurbitaceae
盒子草属 *Actinostemma*
盒子草 *Actinostemma tenerum*
假贝母属 *Bolbostemma*
假贝母 *Bolbostemma paniculatum*
赤瓟属 *Thladiantha*
山西赤瓟 *Thladiantha dimorphantha*
赤瓟 *Thladiantha dubia*
栝楼属 *Trichosanthes*
栝楼 *Trichosanthes kirilowii*
马交儿属 *Zehneria*
马交儿 *Zehneria indica*
桔梗科 Campanulaceae
沙参属 *Adenophora*
细叶沙参 *Adenophora capillaria* subsp. *paniculata*
丝裂沙参 *Adenophora capillaris*
心叶沙参 *Adenophora cordifolia*
秦岭沙参 *Adenophora petiolata*
石沙参 *Adenophora polyantha*
轮叶沙参 *Adenophora tetraphylla*
荠苨 *Adenophora trachelioides*
杏叶沙参 *Adenophora petiolata* subsp. *hunanensis*
泡沙参 *Adenophora potaninii*
多歧沙参 *Adenophora potaninii* subsp. *wawreana*
风铃草属 *Campanula*
紫斑风铃草 *Campanula punctata*
党参属 *Codonopsis*
光叶党参 *Codonopsis cardiophylla*
羊乳 *Codonopsis lanceolata*
党参 *Codonopsis pilosula*
山梗菜属 *Lobelia*
山梗菜 *Lobelia sessilifolia*
桔梗属 *Platycodon*
桔梗 *Platycodon grandiflorus*

菊科 Asteraceae

蓍属 *Achillea*

蓍 *Achillea millefolium*

和尚菜属 *Adenocaulon*

和尚菜 *Adenocaulon himalaicum*

香青属 *Anaphalis*

黄腺香青 *Anaphalis aureopunctata*

铃铃香青 *Anaphalis hancockii*

珠光香青 *Anaphalis margaritacea*

香青 *Anaphalis sinica*

牛蒡属 *Arctium*

牛蒡 *Arctium lappa*

蒿属 *Artemisia*

莳萝蒿 *Artemisia anethoides*

狭叶牡蒿 *Artemisia angustissima*

黄花蒿 *Artemisia annua*

艾 *Artemisia argyi*

茵陈蒿 *Artemisia capillaris*

青蒿 *Artemisia carvifolia*

无毛牛尾蒿 *Artemisia dubia* var. *subdigitata*

南牡蒿 *Artemisia eriopoda*

歧茎蒿 *Artemisia igniaria*

五月艾 *Artemisia indica*

牡蒿 *Artemisia japonica*

白苞蒿 *Artemisia lactiflora*

矮蒿 *Artemisia lancea*

野艾蒿 *Artemisia lavandulifolia*

白叶蒿 *Artemisia leucophylla*

蒙古蒿 *Artemisia mongolica*

褐苞蒿 *Artemisia phaeolepis*

魁蒿 *Artemisia princeps*

红足蒿 *Artemisia rubripes*

白莲蒿 *Artemisia sacrorum*

猪毛蒿 *Artemisia scoparia*

蒌蒿 *Artemisia selengensis*

无齿蒌蒿 *Artemisia selengensis* var. *shansiensis*

大籽蒿 *Artemisia sieversiana*

阴地蒿 *Artemisia sylvatica*

南艾蒿 *Artemisia verlotorum*

毛莲蒿 *Artemisia vestita*

紫菀属 *Aster*

三脉紫菀 *Aster ageratoides*

异叶三脉紫菀 *Aster ageratoides* var. *heterophyllus*

紫菀 *Aster tataricus*

苍术属 *Atractylodes*

苍术 *Atractylodes lancea*

鬼针草属 *Bidens*

婆婆针 *Bidens bipinnata*

金盏银盘 *Bidens biternata*

小花鬼针草 *Bidens parviflora*

鬼针草 *Bidens pilosa*

白花鬼针草 *Bidens pilosa* var. *radiata*

狼杷草 *Bidens tripartita*

短星菊属 *Brachyactis*

短星菊 *Brachyactis ciliata*

飞廉属 *Carduus*

节毛飞廉 *Carduus acanthoides*

丝飞廉 *Carduus crispus*

天名精属 *Carpesium*

天名精 *Carpesium abrotanoides*

烟管头草 *Carpesium cernuum*

金挖耳 *Carpesium divaricatum*

大花金挖耳 *Carpesium macrocephalum*

暗花金挖耳 *Carpesium triste*

石胡荽属 *Centipeda*

石胡荽 *Centipeda minima*

菊属 *Dendranthema*

野菊 *Dendranthema indicum*

甘菊 *Dendranthema lavandulifolium*

菊花 *Dendranthema morifolium*

毛华菊 *Dendranthema vestitum*

紫花野菊 *Dendranthema zawadskii*

菊苣属 *Cichorium*

菊苣 *Cichorium intybus*

蓟属 *Cirsium*

绿蓟 *Cirsium chinense*

蓟 *Cirsium japonicum*

魁蓟 *Cirsium leo*

线叶蓟 *Cirsium lineare*

烟管蓟 *Cirsium pendulum*

刺儿菜 *Cirsium setosum*

牛口蓟 *Cirsium shansiense*

绒背蓟 *Cirsium vlassovianum*

白酒草属 *Conyza*

香丝草 *Conyza bonariensis*

小蓬草 *Conyza canadensis*

还阳参属 *Crepis*

北方还阳参 *Crepis crocea*

大丽花属 *Dahlia*

大丽花 *Dahlia pinnata*

东风菜属 *Doellingeria*

东风菜 *Doellingeria scabra*

蓝刺头属 *Echinops*

砂蓝刺头 *Echinops gmelinii*

驴欺口 *Echinops latifolius*

鳢肠属 *Eclipta*

鳢肠 *Eclipta prostrata*

飞蓬属 *Erigeron*

飞蓬 *Erigeron acer*

一年蓬 *Erigeron annuus*

堪察加飞蓬 *Erigeron kamtschaticus*

泽兰属 *Eupatorium*

白头婆 *Eupatorium japonicum*

林泽兰 *Eupatorium lindleyanum*

牛膝菊属 *Galinsoga*

牛膝菊 *Galinsoga parviflora*

大丁草属 *Gerbera*

大丁草 *Gerbera anandria*

鼠麴草属 *Gnaphalium*

鼠麴草 *Gnaphalium affine*

秋鼠麴草 *Gnaphalium hypoleucum*

裸菀属 *Gymnaster*

裸菀 *Gymnaster picolii*

向日菊属 *Phoebanthus*

向日葵 *Helianthus annuus*

菊芋 *Helianthus tuberosus*

泥胡菜属 *Hemisteptia*

泥胡菜 *Hemisteptia lyrata*

狗娃花属 *Heteropappus*

阿尔泰狗娃花 *Heteropappus altaicus*

狗娃花 *Heteropappus hispidus*

山柳菊属 *Hieracium*

山柳菊 *Hieracium umbellatum*

猫儿菊属 *Hypochaeris*

猫儿菊 *Hypochaeris ciliata*

旋覆花属 *Inula*

旋覆花 *Inula japonica*

线叶旋覆花 *Inula lineariifolia*

柳叶旋覆花 *Inula salicina*

蓼子朴 *Inula salsoloides*

小苦荬属 *Ixeridium*

中华小苦荬 *Ixeridium chinense*

细叶小苦荬 *Ixeridium gracile*

窄叶小苦荬 *Ixeridium gramineum*

抱茎小苦荬 *Ixeridium sonchifolium*

苦荬菜属 *Ixeris*

深裂苦荬菜 *Ixeris dissecta*

剪刀股 *Ixeris japonica*

苦荬菜 *Ixeris polycephala*

马兰属 *Kalimeris*

马兰 *Kalimeris indica*

全叶马兰 *Kalimeris integrifolia*

山马兰 *Kalimeris lautureana*

蒙古马兰 *Kalimeris mongolica*

莴苣属 *Lactuca*

莴苣 *Lactuca sativa*

山莴苣属 *Lagedium*

山莴苣 *Lagedium sibiricum*

火绒草属 *Leontopodium*

薄雪火绒草小头变种 *Leontopodium japonicum* var. *microcephalum*

火绒草 *Leontopodium leontopodioides*
长叶火绒草 *Leontopodium longifolium*
橐吾属 *Ligularia*
齿叶橐吾 *Ligularia dentata*
蹄叶橐吾 *Ligularia fischeri*
鹿蹄橐吾 *Ligularia hodgsonii*
狭苞橐吾 *Ligularia intermedia*
掌叶橐吾 *Ligularia przewalskii*
橐吾 *Ligularia sibirica*
窄头橐吾 *Ligularia stenocephala*
离舌橐吾 *Ligularia veitchiana*
乳苣属 *Mulgedium*
乳苣 *Mulgedium tataricum*
蚂蚱腿子属 *Myripnois*
蚂蚱腿子 *Myripnois dioica*
火媒草属 *Olgaea*
火媒草 *Olgaea leucophylla*
黄瓜菜属 *Paraixeris*
黄瓜菜 *Paraixeris denticulata*
羽裂黄瓜菜 *Paraixeris pinnatipartita*
尖裂黄瓜菜 *Paraixeris serotina*
蟹甲草属 *Parasenecio*
两似蟹甲草 *Parasenecio ambiguus*
耳叶蟹甲草 *Parasenecio auriculatus*
山尖子 *Parasenecio hastatus*
耳翼蟹甲草 *Parasenecio otopteryx*
红毛蟹甲草 *Parasenecio rufipilis*
中华蟹甲草 *Parasenecio sinicus*
帚菊属 *Pertya*
瓜叶帚菊 *Pertya henanensis*
华帚菊 *Pertya sinensis*
毛连菜属 *Picris*
毛连菜 *Picris hieracioides*
日本毛连菜 *Picris japonica*
福王草属 *Prenanthes*
多裂福王草 *Prenanthes macrophylla*
福王草 *Prenanthes tatarinowii*
翅果菊属 *Pterocypsela*
高大翅果菊 *Pterocypsela elata*
台湾翅果菊 *Pterocypsela formosana*
翅果菊 *Pterocypsela indica*
多裂翅果菊 *Pterocypsela laciniata*
毛脉翅果菊 *Pterocypsela raddeana*
风毛菊属 *Saussurea*
风毛菊 *Saussurea japonica*
钝苞雪莲 *Saussurea nigrescens*
银背风毛菊 *Saussurea nivea*
篦苞风毛菊 *Saussurea pectinata*
杨叶风毛菊 *Saussurea populifolia*
昂头风毛菊 *Saussurea sobarocephala*
喜林风毛菊 *Saussurea stricta*
乌苏里风毛菊 *Saussurea ussuriensis*
鸦葱属 *Scorzonera*
华北鸦葱 *Scorzonera albicaulis*
鸦葱 *Scorzonera austriaca*
蒙古鸦葱 *Scorzonera mongolica*
桃叶鸦葱 *Scorzonera sinensis*
千里光属 *Senecio*
琥珀千里光 *Senecio ambraceus*
额河千里光 *Senecio argunensis*
林荫千里光 *Senecio nemorensis*
千里光 *Senecio scandens*
麻花头属 *Serratula*
麻花头 *Serratula centauroides*
伪泥胡菜 *Serratula coronata*
豨莶属 *Siegesbeckia*
腺梗豨莶 *Siegesbeckia pubescens*
水飞蓟属 *Silybum*
水飞蓟 *Silybum marianum*
华蟹甲属 *Sinacalia*
华蟹甲 *Sinacalia tangutica*
蒲儿根属 *Sinosenecio*
蒲儿根 *Sinosenecio oldhamianus*
苦苣菜属 *Sonchus*
苣荬菜 *Sonchus arvensis*
花叶滇苦菜 *Sonchus asper*
苦苣菜 *Sonchus oleraceus*

全叶苦苣菜 *Sonchus transcaspicus*
漏芦属 *Stemmacantha*
漏芦 *Stemmacantha uniflora*
兔儿伞属 *Syneilesis*
兔儿伞 *Syneilesis aconitifolia*
山牛蒡属 *Synurus*
山牛蒡 *Synurus deltoides*
蒲公英属 *Taraxacum*
华蒲公英 *Taraxacum borealisinense*
蒲公英 *Taraxacum mongolicum*
白缘蒲公英 *Taraxacum platypecidum*
狗舌草属 *Tephroseris*
狗舌草 *Tephroseris kirilowii*
碱菀属 *Tripolium*
碱菀 *Tripolium vulgare*
女菀属 *Turczaninovia*
女菀 *Turczaninovia fastigiata*
款冬属 *Tussilago*
款冬 *Tussilago farfara*
苍耳属 *Xanthium*
苍耳 *Xanthium sibiricum*
黄鹌菜属 *Youngia*
黄鹌菜 *Youngia japonica*
香蒲科 Typhaceae
香蒲属 *Typha*
水烛 *Typha angustifolia*
小香蒲 *Typha minima*
香蒲 *Typha orientalis*
宽叶香蒲 *Typha latifolia*
黑三棱科 Sparganiaceae
黑三棱属 *Sparganium*
小黑三棱 *Sparganium simplex*
黑三棱 *Sparganium stoloniferum*
眼子菜科 Potamogetonaceae
眼子菜属 *Potamogeton*
菹草 *Potamogeton crispus*
小叶眼子菜 *Potamogeton cristatus*
眼子菜 *Potamogeton distinctus*
光叶眼子菜 *Potamogeton lucens*
微齿眼子菜 *Potamogeton maackianus*
浮叶眼子菜 *Potamogeton natans*
篦齿眼子菜 *Potamogeton pectinatus*
穿叶眼子菜 *Potamogeton perfoliatus*
小眼子菜 *Potamogeton pusillus*
禾叶眼子菜 *Potamogeton gramineus*
异叶眼子菜 *Potamogeton heterophyllus*
钝脊眼子菜 *Potamogeton octandrus* var. *miduhikimo*
竹叶眼子菜 *Potamogeton wrightii*
茨藻科 Najadaceae
茨藻属 *Najas*
茨藻 *Najas marina*
小茨藻 *Najas minor*
角果藻属 *Zannichellia*
角果藻 *Zannichellia palustris*
柄果角果藻 *Zannichellia palustris* var. *pedicellata*
泽泻科 Alismataceae
泽泻属 *Alisma*
草泽泻 *Alisma gramineum*
东方泽泻 *Alisma orientale*
泽泻 *Alisma plantago-aquatica*
慈姑属 *Sagittaria*
矮慈姑 *Sagittaria pygmaea*
野慈姑 *Sagittaria trifolia*
花蔺科 Butomaceae
花蔺属 *Butomus*
花蔺 *Butomus umbellatus*
水鳖科 Hydrocharitaceae
黑藻属 *Hydrilla*
黑藻 *Hydrilla verticillata*
水鳖属 *Hydrocharis*
水鳖 *Hydrocharis dubia*
禾本科 Gramineae
芨芨草属 *Achnatherum*
中华芨芨草 *Achnatherum chinense*

京芒草 *Achnatherum pekinense*
羽茅 *Achnatherum sibiricum*
芨芨草 *Achnatherum splendens*
獐毛属 *Aeluropus*
獐毛 *Aeluropus sinensis*
剪股颖属 *Agrostis*
细弱剪股颖 *Agrostis capillaris*
华北剪股颖 *Agrostis clavata*
小糠草 *Agrostis gigantea*
看麦娘属 *Alopecurus*
看麦娘 *Alopecurus aequalis*
日本看麦娘 *Alopecurus japonicus*
黄花茅属 *Anthoxanthum*
茅香 *Anthoxanthum nitens*
三芒草属 *Aristida*
三芒草 *Aristida adscensionis*
荩草属 *Arthraxon*
荩草 *Arthraxon hispidus*
中亚荩草 *Arthraxon hispidus* var. *centrasiaticus*
野古草属 *Arundinella*
毛秆野古草 *Arundinella hirta*
燕麦属 *Avena*
野燕麦 *Avena fatua*
燕麦 *Avena sativa*
菵草属 *Beckmannia*
菵草 *Beckmannia syzigachne*
孔颖草属 *Bothriochloa*
白羊草 *Bothriochloa ischaemum*
短颖草属 *Brachyelytrum*
日本短颖草 *Brachyelytrum japonicum*
短柄草属 *Brachypodium*
短柄草 *Brachypodium sylvaticum*
雀麦属 *Bromus*
无芒雀麦 *Bromus inermis*
雀麦 *Bromus japonicus*
拂子茅属 *Calamagrostis*
拂子茅 *Calamagrostis epigeios*
假苇拂子茅 *Calamagrostis pseudophragmites*
虎尾草属 *Chloris*
虎尾草 *Chloris virgata*
隐子草属 *Cleistogenes*
丛生隐子草 *Cleistogenes caespitosa*
朝阳隐子草 *Cleistogenes hackelii*
北京隐子草 *Cleistogenes hancei*
多叶隐子草 *Cleistogenes polyphylla*
糙隐子草 *Cleistogenes squarrosa*
薏苡属 *Coix*
薏苡 *Coix lacryma-jobi*
隐花草属 *Crypsis*
隐花草 *Crypsis aculeata*
蔺状隐花草 *Crypsis schoenoides*
橘草属 *Cymbopogon*
橘草 *Cymbopogon goeringii*
狗牙根属 *Cynodon*
狗牙根 *Cynodon dactylon*
鸭茅属 *Dactylis*
鸭茅 *Dactylis glomerata*
发草属 *Deschampsia*
发草 *Deschampsia cespitosa*
野青茅属 *Deyeuxia*
疏穗野青茅 *Deyeuxia effusiflora*
野青茅 *Deyeuxia pyramidalis*
华高野青茅 *Deyeuxia sinelatior*
龙常草属 *Diarrhena*
龙常草 *Diarrhena mandshurica*
马唐属 *Digitaria*
升马唐 *Digitaria ciliaris*
毛马唐 *Digitaria ciliaris* var. *chrysoblephara*
止血马唐 *Digitaria ischaemum*
马唐 *Digitaria sanguinalis*
紫马唐 *Digitaria violascens*
稗属 *Echinochloa*
长芒稗 *Echinochloa caudata*
芒稗 *Echinochloa colona*
光头稗 *Echinochloa colona*

稗 *Echinochloa crusgalli*

小旱稗 *Echinochloa crusgalli* var. *austrojaponensis*

无芒稗 *Echinochloa crusgalli* var. *mitis*

西来稗 *Echinochloa crusgalli* var. *zelayensis*

水田稗 *Echinochloa oryzoides*

䅟属 *Eleusine*

牛筋草 *Eleusine indica*

披碱草属 *Elymus*

涞源披碱草 *Elymus alienus*

纤毛披碱草 *Elymus ciliaris*

日本纤毛草 *Elymus ciliaris* var. *tzvelev* var. *hackelianu*

毛叶纤毛草 *Elymus ciliaris* var. *lasiophyllus*

披碱草 *Elymus dahuricus*

圆柱披碱草 *Elymus dahuricus* var. *cylindricus*

肥披碱草 *Elymus excelsus*

直穗披碱草 *Elymus gmelinii*

大披碱草 *Elymus grandis*

缘毛披碱草 *Elymus pendulinus*

秋披碱草 *Elymus serotinus*

老芒麦 *Elymus sibiricus*

中华披碱草 *Elymus sinicus*

肃草 *Elymus strictus*

九顶草属 *Enneapogon*

九顶草 *Enneapogon desvauxii*

画眉草属 *Eragrostis*

鼠妇草 *Eragrostis atrovirens*

秋画眉草 *Eragrostis autumnalis*

大画眉草 *Eragrostis cilianensis*

知风草 *Eragrostis ferruginea*

乱草 *Eragrostis japonica*

小画眉草 *Eragrostis minor*

黑穗画眉草 *Eragrostis nigra*

画眉草 *Eragrostis pilosa*

野黍属 *Eriochloa*

野黍 *Eriochloa villosa*

金茅属 *Eulalia*

金茅 *Eulalia speciosa*

箭竹属 *Fargesia*

箭竹 *Fargesia spathacea*

羊茅属 *Festuca*

远东羊茅 *Festuca extremiorientalis*

羊茅 *Festuca ovina*

紫羊茅 *Festuca rubra*

甜茅属 *Glyceria*

假鼠妇草 *Glyceria leptolepis*

东北甜茅 *Glyceria triflora*

牛鞭草属 *Hemarthria*

牛鞭草 *Hemarthria sibirica*

黄茅属 *Heteropogon*

黄茅 *Heteropogon contortus*

大麦属 *Hordeum*

大麦 *Hordeum vulgare*

猬草属 *Hystrix*

东北猬草 *Hystrix komarovii*

白茅属 *Imperata*

白茅 *Imperata cylindrica*

箬竹属 *Indocalamus*

阔叶箬竹 *Indocalamus latifolius*

箬叶竹 *Indocalamus longiauritus*

柳叶箬属 *Isachne*

柳叶箬 *Isachne globosa*

洽草属 *Koeleria*

洽草 *Koeleria macrantha*

千金子属 *Leptochloa*

千金子 *Leptochloa chinensis*

双稃草 *Leptochloa fusca*

赖草属 *Leymus*

羊草 *Leymus chinensis*

赖草 *Leymus secalinus*

黑麦草属 *Lolium*

多花黑麦草 *Lolium multiflorum*

毒麦 *Lolium temulentum*

淡竹叶属 *Lophatherum*

淡竹叶 *Lophatherum gracile*

臭草属 *Melica*
大花臭草 *Melica grandiflora*
细叶臭草 *Melica radula*
臭草 *Melica scabrosa*
大臭草 *Melica turczaninowiana*
莠竹属 *Microstegium*
竹叶茅 *Microstegium nudum*
柔枝莠竹 *Microstegium vimineum*
粟草属 *Milium*
粟草 *Milium effusum*
芒属 *Miscanthus*
荻 *Miscanthus sacchariflorus*
芒 *Miscanthus sinensis*
乱子草属 *Muhlenbergia*
乱子草 *Muhlenbergia huegelii*
日本乱子草 *Muhlenbergia japonica*
求米草属 *Oplismenus*
求米草 *Oplismenus undulatifolius*
黍属 *Panicum*
糠稷 *Panicum bisulcatum*
稷 *Panicum miliaceum*
雀稗属 *Paspalum*
双穗雀稗 *Paspalum distichum*
雀稗 *Paspalum thunbergii*
狼尾草属 *Pennisetum*
狼尾草 *Pennisetum alopecuroides*
白草 *Pennisetum flaccidum*
御谷 *Pennisetum glaucum*
显子草属 *Phaenosperma*
显子草 *Phaenosperma globosa*
虉草属 *Phalaris*
虉草 *Phalaris arundinacea*
梯牧草属 *Phleum*
高山梯牧草 *Phleum alpinum*
鬼蜡烛 *Phleum paniculatum*
芦苇属 *Phragmites*
芦苇 *Phragmites australis*
刚竹属 *Phyllostachys*
淡竹 *Phyllostachys glauca*
紫竹 *Phyllostachys nigra*
刚竹 *Phyllostachys sulphurea* var. *viridis*
早熟禾属 *Poa*
早熟禾 *Poa annua*
贫叶早熟禾 *Poa araratica* subsp. *oligophylla*
法氏早熟禾 *Poa faberi*
林地早熟禾 *Poa nemoralis*
尼泊尔早熟禾 *Poa nepalensis*
草地早熟禾 *Poa pratensis*
细叶早熟禾 *Poa pratensis* subsp. *angustifolia*
硬质早熟禾 *Poa sphondylodes*
多叶早熟禾 *Poa sphondylodes* var. *erikssonii*
山地早熟禾 *Poa versicolor* subsp. *orinosa*
棒头草属 *Polypogon*
棒头草 *Polypogon fugax*
长芒棒头草 *Polypogon monspeliensis*
细柄茅属 *Ptilagrostis*
细柄茅 *Ptilagrostis mongholica*
碱茅属 *Puccinellia*
碱茅 *Puccinellia distans*
星星草 *Puccinellia tenuiflora*
囊颖草属 *Sacciolepis*
囊颖草 *Sacciolepis indica*
裂稃茅属 *Schizachne*
裂稃茅 *Schizachne purpurascens* subsp. *callosa*
狗尾草属 *Setaria*
大狗尾草 *Setaria faberi*
谷子 *Setaria italica*
金色狗尾草 *Setaria pumila*
狗尾草 *Setaria viridis*
高粱属 *Sorghum*
高粱 *Sorghum bicolor*
大油芒属 *Spodiopogon*
大油芒 *Spodiopogon sibiricus*
针茅属 *Stipa*
长芒草 *Stipa bungeana*

菅属 *Themeda*
黄背草 *Themeda triandra*
菅 *Themeda villosa*
虱子草属 *Tragus*
虱子草 *Tragus berteronianus*
草沙蚕属 *Tripogon*
中华草沙蚕 *Tripogon chinensis*
三毛草属 *Trisetum*
三毛草 *Trisetum bifidum*
湖北三毛草 *Trisetum henryi*
贫花三毛草 *Trisetum pauciflorum*
西伯利亚三毛草 *Trisetum sibiricum*
菰属 *Zizania*
菰 *Zizania latifolia*
结缕草属 *Zoysia*
结缕草 *Zoysia japonica*
玉蜀黍属 *Zea*
玉米 *Zea mays*
莎草科 Cyperaceae
扁穗草属 *Blysmus*
华扁穗草 *Blysmus sinocompressus*
球柱草属 *Bulbostylis*
球柱草 *Bulbostylis barbata*
丝叶球柱草 *Bulbostylis densa*
薹草属 *Carex*
青菅 *Carex breviculmis*
褐果薹草 *Carex brunnea*
发秆薹草 *Carex capillacea*
羊角薹 *Carex capricornis*
弓喙薹草 *Carex capricornis*
垂穗薹草 *Carex dimorpholepis*
二形鳞薹草 *Carex dimorpholepis*
弯囊薹草 *Carex dispalata*
签草 *Carex doniana*
穹隆薹草 *Carex gibba*
叉齿薹草 *Carex gotoi*
华北薹草 *Carex hancockiana*
点叶薹草 *Carex hancockiana*
异鳞薹草 *Carex heterolepis*
异穗薹草 *Carex heterostachya*
日本薹草 *Carex japonica*
筛草 *Carex kobomugi*
披针薹草 *Carex lanceolata*
大披针薹草 *Carex lanceolata*
膨囊薹草 *Carex lehmanii*
尖嘴薹草 *Carex leiorhyncha*
舌叶薹草 *Carex ligulata*
二柱薹草 *Carex lithophila*
卵囊薹草 *Carex lithophila*
卵果薹草 *Carex maackii*
翼果薹草 *Carex neurocarpa*
云雾薹草 *Carex nubigena*
针叶薹草 *Carex onoei*
扁秆薹草 *Carex planiculmis*
疏穗薹草 *Carex remotiuscula*
宽叶薹草 *Carex siderosticta*
东陵薹草 *Carex tangiana*
莎草属 *Cyperus*
风车草 *Cyperus alternifolius* subsp. *flabelliformis*
扁穗莎草 *Cyperus compressus*
异型莎草 *Cyperus difformis*
褐穗莎草 *Cyperus fuscus*
头状穗莎草 *Cyperus glomeratus*
畦畔莎草 *Cyperus haspan*
碎米莎草 *Cyperus iria*
旋鳞莎草 *Cyperus michelianus*
具芒碎米莎草 *Cyperus microiria*
白鳞莎草 *Cyperus nipponicus*
三轮草 *Cyperus orthostachyus*
香附子 *Cyperus rotundus*
莎草 *Cyperus rotundus*
荸荠属 *Eleocharis*
荸荠 *Eleocharis dulcis*
透明鳞荸荠 *Eleocharis pellucida*
具刚毛荸荠 *Eleocharis valleculosa* var. *setosa*

羽毛荸荠 *Eleocharis wichurai*
牛毛毡 *Eleocharis yokoscensis*
飘拂草属 *Fimbristylis*
复序飘拂草 *Fimbristylis bisumbellata*
两歧飘拂草 *Fimbristylis dichotoma*
长穗飘拂草 *Fimbristylis longispica*
水虱草 *Fimbristylis miliacea*
烟台飘拂草 *Fimbristylis stauntoni*
双穗飘拂草 *Fimbristylis subbispicata*
水莎草属 *Juncellus*
花穗水莎草 *Juncellus pannonicus*
水莎草 *Juncellus serotinus*
嵩草属 *Kobresia*
嵩草 *Kobresia myosuroides*
水蜈蚣属 *Kyllinga*
无刺鳞水蜈蚣 *Kyllinga brevifolia* var. *leiolepis*
湖瓜草属 *Lipocarpha*
湖瓜草 *Lipocarpha microcephala*
扁莎属 *Pycreus*
球穗扁莎 *Pycreus flavidus*
直球穗扁莎 *Pycreus flavidus* var. *strictus*
红鳞扁莎 *Pycreus sanguinolentus*
水葱属 *Schoenoplectus*
萤蔺 *Schoenoplectus juncoides*
水毛花 *Schoenoplectus mucronatus* subsp. *robustus*
扁秆荆三棱 *Schoenoplectus planiculmis*
三棱水葱 *Schoenoplectus triqueter*
水葱 *Schoenoplectus tabernaemontani*
藨草属 *Scirpus*
藨草 *Scirpus triqueter*
荆三棱 *Scirpus yagara*
天南星科 Araceae
菖蒲属 *Acorus*
菖蒲 *Acorus calamus*
石菖蒲 *Acorus tatarinowii*
魔芋属 *Amorphophallus*
魔芋 *Amorphophallus konjac*
天南星属 *Arisaema*
东北南星 *Arisaema amurense*
朝鲜南星 *Arisaema angustatum*
刺柄南星 *Arisaema asperatum*
一把伞南星 *Arisaema erubescens*
天南星 *Arisaema heterophyllum*
半夏属 *Pinellia*
虎掌 *Pinellia pedatisecta*
半夏 *Pinellia ternata*
犁头尖属 *Typhonium*
独角莲 *Typhonium giganteum*
浮萍科 Lemnaceae
浮萍属 *Lemna*
浮萍 *Lemna minor*
稀脉浮萍 *Lemna perusilla*
品藻 *Lemna trisulca*
紫萍属 *Spirodela*
紫萍 *Spirodela polyrrhiza*
芜萍属 *Wolffia*
芜萍 *Wolffia arrhiza*
鸭跖草科 Commelinaceae
鸭跖草属 *Commelina*
鸭跖草 *Commelina communis*
竹叶子属 *Streptolirion*
竹叶子 *Streptolirion volubile* subsp. *volubile*
雨久花科 Pontederiaceae
雨久花属 *Monochoria*
雨久花 *Monochoria korsakowii*
灯心草科 Juncaceae
灯心草属 *Juncus*
翅茎灯心草 *Juncus alatus*
小花灯心草 *Juncus articulatus*
小灯心草 *Juncus bufonius*
星花灯心草 *Juncus diastrophanthus*
灯心草 *Juncus effusus*
细灯心草 *Juncus gracillimus*
片髓灯心草 *Juncus inflexus*
多花灯心草 *Juncus modicus*

乳头灯心草 *Juncus papillosus*
单枝灯心草 *Juncus potaninii*
野灯心草 *Juncus setchuensis*
地杨梅属 *Luzula*
多花地杨梅 *Luzula multiflora*
华北地杨梅 *Luzula oligantha*
羽毛地杨梅 *Luzula plumosa*
百合科 Liliaceae
粉条儿菜属 *Aletris*
粉条儿菜 *Aletris spicata*
葱属 *Allium*
矮韭 *Allium anisopodium*
砂韭 *Allium bidentatum*
黄花韭 *Allium condensatum*
天蓝韭 *Allium cyaneum*
薤白 *Allium macrostemon*
卵叶山葱 *Allium ovalifolium*
天蒜 *Allium paepalanthoides*
多叶韭 *Allium plurifoliatum*
韭葱 *Allium porrum*
野韭 *Allium ramosum*
雾灵韭 *Allium stenodon*
山韭 *Allium senescens*
细叶韭 *Allium tenuissimum*
球序韭 *Allium thunbergii*
合被韭 *Allium tubiflorum*
茖葱 *Allium victorialis*
知母属 *Anemarrhena*
知母 *Anemarrhena asphodeloides*
天门冬属 *Asparagus*
天门冬 *Asparagus cochinchinensis*
羊齿天门冬 *Asparagus filicinus*
长花天门冬 *Asparagus longiflorus*
南玉带 *Asparagus oligoclonos*
龙须菜 *Asparagus schoberioides*
大百合属 *Cardiocrinum*
荞麦叶大百合 *Cardiocrinum cathayanum*
七筋姑属 *Clintonia*
七筋姑 *Clintonia udensis*
铃兰属 *Convallaria*
铃兰 *Convallaria majalis*
万寿菊属 *Disporum*
宝铎草 *Disporum sessile*
顶冰花属 *Gagea*
少花顶冰花 *Gagea pauciflora*
萱草属 *Hemerocallis*
黄花菜 *Hemerocallis citrina*
北萱草 *Hemerocallis esculenta*
萱草 *Hemerocallis fulva*
北黄花菜 *Hemerocallis lilioasphodelus*
小黄花菜 *Hemerocallis minor*
多花萱草 *Hemerocallis multiflora*
百合属 *Lilium*
野百合 *Lilium brownii*
条叶百合 *Lilium callosum*
渥丹 *Lilium concolor*
川百合 *Lilium davidii*
山丹 *Lilium pumilum*
卷丹 *Lilium tigrinum*
百合 *Lilium brownii* var. *viridulum*
山麦冬属 *Liriope*
山麦冬 *Liriope spicata*
洼瓣花属 *Lloydia*
洼瓣花 *Lloydia serotina*
鹿药属 *Maianthemum*
舞鹤草 *Maianthemum bifolium*
管花鹿药 *Maianthemum henryi*
鹿药 *Maianthemum japonicum*
沿阶草属 *Ophiopogon*
麦冬 *Ophiopogon japonicus*
重楼属 *Paris*
北重楼 *Paris verticillata*
狭叶重楼 *Paris polyphylla* var. *stenophylla*
黄精属 *Polygonatum*
卷叶黄精 *Polygonatum cirrhifolium*
多花黄精 *Polygonatum cyrtonema*
细根黄精 *Polygonatum gracile*

二苞黄精 *Polygonatum involucratum*
玉竹 *Polygonatum odoratum*
黄精 *Polygonatum sibiricum*
轮叶黄精 *Polygonatum verticillatum*
菝葜属 *Smilax*
菝葜 *Smilax china*
短柄菝葜 *Smilax discotis*
粉菝葜 *Smilax glaucochina*
小叶菝葜 *Smilax microphylla*
白背牛尾菜 *Smilax nipponica*
牛尾菜 *Smilax riparia*
短梗菝葜 *Smilax scobinicaulis*
鞘叶菝葜 *Smilax stans*
糙柄菝葜 *Smilax trachypoda*
油点草属 *Tricyrtis*
黄花油点草 *Tricyrtis pilosa*
藜芦属 *Veratrum*
藜芦 *Veratrum nigrum*
棋盘花属 *Zigadenus*
棋盘花 *Zigadenus sibiricus*
绵枣儿属 *Barnardia*
绵枣儿 *Barnardia japonica*
石蒜科 Amaryllidaceae
石蒜属 *Lycoris*
忽地笑 *Lycoris aurea*
薯蓣科 Dioscoreaceae
薯蓣属 *Dioscorea*
穿山龙 *Dioscorea nipponica*
薯蓣 *Dioscorea polystachya*
鸢尾科 Iridaceae
射干属 *Belamcanda*
射干 *Belamcanda chinensis*
鸢尾属 *Iris*
野鸢尾 *Iris dichotoma*
蝴蝶花 *Iris japonica*
白花马蔺 *Iris lactea*
紫苞鸢尾 *Iris ruthenica*
鸢尾 *Iris tectorum*
细叶鸢尾 *Iris tenuifolia*
兰科 Orchidaceae
无柱兰属 *Amitostigma*
细葶无柱兰 *Amitostigma gracile*
头蕊兰属 *Cephalanthera*
长叶头蕊兰 *Cephalanthera longifolia*
蜈蚣兰属 *Cleisostoma*
蜈蚣兰 *Cleisostoma scolopendrifolium*
凹舌兰属 *Coeloglossum*
凹舌兰 *Coeloglossum viride*
珊瑚兰属 *Corallorhiza*
珊瑚兰 *Corallorhiza trifida*
杜鹃兰属 *Cremastra*
杜鹃兰 *Cremastra appendiculata*
兰属 *Cymbidium*
蕙兰 *Cymbidium faberi*
杓兰属 *Cypripedium*
毛杓兰 *Cypripedium franchetii*
紫点杓兰 *Cypripedium guttatum*
绿花杓兰 *Cypripedium henryi*
大花杓兰 *Cypripedium macranthum*
石斛属 *Dendrobium*
细叶石斛 *Dendrobium hancockii*
火烧兰属 *Epipactis*
小花火烧兰 *Epipactis helleborine*
天麻属 *Gastrodia*
天麻 *Gastrodia elata*
斑叶兰属 *Goodyera*
大花斑叶兰 *Goodyera biflora*
小斑叶兰 *Goodyera repens*
斑叶兰 *Goodyera schlechtendaliana*
手参属 *Gymnadenia*
手参 *Gymnadenia conopsea*
角盘兰属 *Herminium*
叉唇角盘兰 *Herminium lanceum*
角盘兰 *Herminium monorchis*
无喙兰属 *Holopogon*
无喙兰 *Holopogon gaudissartili*

羊耳蒜属 *Liparis*
羊耳蒜 *Liparis japonica*
对叶兰属 *Listera*
对叶兰 *Listera puberula*
沼兰属 *Malaxis*
沼兰 *Malaxis monophyllos*
鸟巢兰属 *Neottia*
尖唇鸟巢兰 *Neottia acuminata*
堪察加鸟巢兰 *Neottia camtschatea*
兜被兰属 *Neottianthe*
二叶兜被兰 *Neottianthe cucullata*
红门兰属 *Orchis*
广布红门兰 *Orchis chusua*
山兰属 *Oreorchis*
山兰 *Oreorchis patens*
舌唇兰属 *Platanthera*
二叶舌唇兰 *Platanthera chlorantha*
密花舌唇兰 *Platanthera hologlottis*
细距舌唇兰 *Platanthera metabifolia*
朱兰属 *Pogonia*
朱兰 *Pogonia japonica*
绶草属 *Spiranthes*
绶草 *Spiranthes sinensis*
蜻蜓兰属 *Tulotis*
蜻蜓兰 *Tulotis fuscescens*
小花蜻蜓兰 *Tulotis ussuriensis*
2. 裸子植物
银杏科 Ginkgoaceae
银杏属 *Ginkgo*
银杏 *Ginkgo biloba*
松科 Pinaceae
冷杉属 *Abies*
巴山冷杉 *Abies fargesii*
落叶松属 *Larix*
日本落叶松 *Larix kaempferi*
华北落叶松 *Larix gmelinii* var. *principis-rupprechtii*
松属 *Pinus*
华山松 *Pinus armandii*
白皮松 *Pinus bungeana*
油松 *Pinus tabuliformis*
黑松 *Pinus thunbergii*
铁杉属 *Tsuga*
铁杉 *Tsuga chinensis*
雪松属 *Cedrus*
雪松 *Cedrus deodara*
杉科 Taxodiaceae
水杉属 *Metasequoia*
水杉 *Metasequoia glyptostroboides*
落羽杉属 *Taxodium*
池杉 *Taxodium distichum* var. *imbricatum*
落羽杉 *Taxodium distichum* var. *imbricatum*
柏科 Cupressaceae
圆柏属 *Sabina*
铺地柏 *Sabina procumbens*
圆柏 *Sabina chinensis*
刺柏属 *Juniperus*
刺柏 *Juniperus formosana*
杜松 *Juniperus rigida*
高山柏 *Juniperus squamata*
侧柏属 *Platycladus*
侧柏 *Platycladus orientalis*
三尖杉科 Cephalotaxaceae
三尖杉属 *Cephalotaxus*
粗榧 *Cephalotaxus sinensis*
红豆杉科 Taxaceae
红豆杉属 *Taxus*
南方红豆杉 *Taxus wallichiana* var. *mairei*
3. 蕨类植物
石松科 Lycopodiaceae
石杉属 *Huperzia*
蛇足石杉 *Huperzia serrata*
石松属 *Lycopodium*
石松 *Lycopodium japonicum*
多穗石松 *Lycopodium annotinum*
扁枝石松属 *Diphasiastrum*
扁枝石松 *Diphasiastrum complanatum*

卷柏科 Selaginellaceae
卷柏属 *Selaginella*
蔓出卷柏 *Selaginella davidii*
小卷柏 *Selaginella helvetica*
兖州卷柏 *Selaginella involvens*
江南卷柏 *Selaginella moellendorffii*
伏地卷柏 *Selaginella nipponica*
红枝卷柏 *Selaginella sanguinolenta*
中华卷柏 *Selaginella sinensis*
旱生卷柏 *Selaginella stauntoniana*
异穗卷柏 *Selaginella heterostachys*
鞘舌卷柏 *Selaginella vaginata*
垫状卷柏 *Selaginella pulvinata*
卷柏 *Selaginella tamariscina*
木贼科 Equisetaceae
木贼属 *Equisetum*
问荆 *Equisetum arvense*
犬问荆 *Equisetum palustre*
草问荆 *Equisetum pratense*
节节草 *Equisetum ramosissimum*
木贼 *Equisetum hyemale*
笔管草 *Equisetum ramosissimum* subsp. *debile*
阴地蕨科 Botrychiaceae
阴地蕨属 *Botrychium*
扇羽阴地蕨 *Botrychium lunaria*
瓶尔小草科 Ophioglossaceae
瓶尔小草属 *Ophioglossum*
狭叶瓶尔小草 *Ophioglossum thermale*
膜蕨科 Hymenophyllaceae
团扇蕨属 *Gonocormus*
团扇蕨 *Gonocormus minutus*
碗蕨科 Dennstaedtiaceae
碗蕨属 *Dennstaedtia*
溪洞碗蕨 *Dennstaedtia wilfordii*
细毛碗蕨 *Dennstaedtia hirsuta*
蕨科 Pteridiaceae
蕨属 *Pteridium*
蕨 *Pteridium aquilinum* var. *latiusculum*
凤尾蕨科 Pteridaceae
凤尾蕨属 *Pteris*
狭叶凤尾蕨 *Pteris henryi*
井栏凤尾蕨（凤尾草）*Pteris multifida*
中国蕨科 Sinopteridaceae
粉背蕨属 *Aleuritopteris*
银粉背蕨 *Aleuritopteris argentea*
陕西粉背蕨 *Aleuritopteris argentea* var. *obscura*
珠蕨属 *Cryptogramma*
珠蕨 *Cryptogramma raddeana*
旱蕨属 *Pellaea*
旱蕨 *Pellaea nitidula*
中国蕨属 *Sinopteris*
小叶中国蕨 *Sinopteris albofusca*
铁线蕨科 Adiantaceae
铁线蕨属 *Adiantum*
团羽铁线蕨 *Adiantum capillus-junonis*
铁线蕨 *Adiantum capillus-veneris*
白背铁线蕨 *Adiantum davidii*
普通铁线蕨 *Adiantum edgeworthii*
掌叶铁线蕨 *Adiantum pedatum*
裸子蕨科 Hemionitidaceae
凤丫蕨属 *Coniogramme*
普通凤丫蕨 *Coniogramme intermedia*
凤丫蕨 *Coniogramme japonica*
乳头凤丫蕨 *Coniogramme rosthornii*
疏网凤丫蕨 *Coniogramme wilsonii*
金毛裸蕨属 *Paragymnopteris*
金毛裸蕨 *Paragymnopteris vestita*
耳羽金毛裸蕨 *Paragymnopteris bipinnata* var. *auriculata*
蹄盖蕨科 Athyriaceae
短肠蕨属 *Allantodia*
黑鳞短肠蕨 *Allantodia crenata*
安蕨属 *Anisocampium*
华东安蕨 *Anisocampium sheareri*
蹄盖蕨属 *Athyrium*
东北蹄盖蕨 *Athyrium brevifrons*

麦秆蹄盖蕨 *Athyrium fallaciosum*
日本蹄盖蕨 *Athyrium niponicum*
中华蹄盖蕨 *Athyrium sinense*
禾秆蹄盖蕨 *Athyrium yokoscense*
角蕨属 *Cornopteris*
角蕨 *Cornopteris decurrenti-alata*
冷蕨属 *Cystopteris*
高山冷蕨 *Cystopteris montana*
宝兴冷蕨 *Cystopteris moupinensis*
介蕨属 *Dryoathyrium*
华中介蕨 *Dryoathyrium okuboanum*
朝鲜介蕨 *Dryoathyrium coreanum*
羽节蕨属 *Gymnocarpium*
羽节蕨 *Gymnocarpium remote-pinnatum*
蛾眉蕨属 *Lunathyrium*
陕西蛾眉蕨 *Lunathyrium giraldii*
蛾眉蕨 *Lunathyrium acrostichoides*
假冷蕨属 *Pseudocystopteris*
大叶假冷蕨 *Pseudocystopteris atkinsonii*
假冷蕨 *Pseudocystopteris spinulosa*
肿足蕨科 Hypodematiaceae
肿足蕨属 *Hypodematium*
修株肿足蕨 *Hypodematium gracile*
鳞毛肿足蕨 *Hypodematium squamuloso*-pilosum
金星蕨科 Thelypteridaceae
金星蕨属 *Parathelypteris*
金星蕨 *Parathelypteris glanduligera*
中日金星蕨 *Parathelypteris nipponica*
卵果蕨属 *Phegopteris*
延羽卵果蕨 *Phegopteris decursive-pinnata*
卵果蕨 *Phegopteris connectilis*
沼泽蕨属 *Thelypteris*
沼泽蕨 *Thelypteris palustris*
铁角蕨科 Aspleniaceae
铁角蕨属 *Asplenium*
虎尾铁角蕨 *Asplenium incisum*
北京铁角蕨 *Asplenium pekinense*
华中铁角蕨 *Asplenium sarelii*
铁角蕨 *Asplenium trichomanes*
卵叶铁角蕨 *Asplenium ruta-muraria*
变异铁角蕨 *Asplenium varians*
过山蕨属 *Camptosorus*
过山蕨 *Camptosorus sibiricus*
睫毛蕨科 Pleurosoriopsidaceae
睫毛蕨属 *Pleurosoriopsis*
睫毛蕨 *Pleurosoriopsis makinoi*
球子蕨科 Onocleaceae
荚果蕨属 *Matteuccia*
荚果蕨 *Matteuccia struthiopteris*
东方荚果蕨属 *Pentarhizidium*
中华东方荚果蕨 *Pentarhizidium intermedium*
东方荚果蕨 *Pentarhizidium orientalis*
岩蕨科 Woodsiaceae
膀胱蕨属 *Protowoodsia*
膀胱蕨 *Protowoodsia manchuriensis*
岩蕨属 *Woodsia*
妙峰岩蕨 *Woodsia oblonga*
东亚岩蕨 *Woodsia intermedia*
耳羽岩蕨 *Woodsia polystichoides*
密毛岩蕨 *Woodsia rosthorniana*
嵩县岩蕨 *Woodsia pilosa*
鳞毛蕨科 Dryopteridaceae
贯众属 *Cyrtomium*
贯众 *Cyrtomium fortunei*
宽羽贯众 *Cyrtomium fortunei* f. *latipina*
多羽贯众 *Cyrtomium fortunei* f. *polypterum*
鳞毛蕨属 *Dryopteris*
两色鳞毛蕨 *Dryopteris bissetiana*
阔鳞鳞毛蕨 *Dryopteris championii*
中华鳞毛蕨 *Dryopteris chinensis*
粗茎鳞毛蕨 *Dryopteris crassirhizoma*
华北鳞毛蕨 *Dryopteris goeringiana*
假异鳞毛蕨 *Dryopteris immixta*
半岛鳞毛蕨 *Dryopteris peninsulae*

豫陕鳞毛蕨 *Dryopteris pulcherrima*
腺毛鳞毛蕨 *Dryopteris sericea*
耳蕨属 *Polystichum*
布朗耳蕨 *Polystichum braunii*
鞭叶耳蕨 *Polystichum craspedosorum*
黑鳞耳蕨 *Polystichum makinoi*
密鳞耳蕨 *Polystichum squarrosum*
戟叶耳蕨 *Polystichum tripteron*
对马耳蕨 *Polystichum tsus-simense*
水龙骨科 Polypodiaceae
伏石蕨属 *Lemmaphyllum*
伏石蕨 *Lemmaphyllum microphyllum*
瓦韦属 *Lepisorus*
狭叶瓦韦 *Lepisorus angustus*
网眼瓦韦 *Lepisorus clathratus*
扭瓦韦 *Lepisorus contortus*
有边瓦韦 *Lepisorus marginatus*
瓦韦 *Lepisorus thunbergianus*
乌苏里瓦韦 *Lepisorus ussuriensis*
水龙骨属 *Polypodiodes*
友水龙骨 *Polypodiodes amoena*
日本水龙骨 *Polypodiodes niponica*
中华水龙骨 *Polypodiodes chinensis*
石韦属 *Pyrrosia*
光石韦 *Pyrrosia calvata*
华北石韦 *Pyrrosia davidii*
毡毛石韦 *Pyrrosia drakeana*
有柄石韦 *Pyrrosia petiolosa*
石蕨属 *Saxiglossum*
石蕨 *Saxiglossum angustissima*
苹科 Marsileaceae
苹属 *Marsilea*
苹 *Marsilea quadrifolia*
槐叶苹科 Salviniaceae
槐叶苹属 *Salvinia*
槐叶苹 *Salvinia natans*
满江红科 Azollaceae
满江红属 *Azolla*
满江红 *Azolla pinnata* subsp. *asiatica*

4. 苔藓植物

苔纲 Hepaticae

睫毛苔科 Blepharostomaceae
睫毛苔属 *Blepharostoma* Dumort.
睫毛苔 *Blepharostoma trichophyllum*（L.）Dum.
绒苔科 Trichocoleaceae
绒苔属 *Trichocolea* Dumort.
绒苔 *Trichocolea tomentella*（Ehrh.）Dum.
护蒴苔科 Calypogeiaceae
护蒴苔属 *Calypogeia* Raddi
刺叶护蒴苔 *Calypogeia arguta* Mont. et Nee.
裂叶苔科 Lophoziaceae
广萼苔属 *Chandonanthus* Mitt.
全缘广萼苔 *Chandonanthus birmesis* Steh.
叶苔科 Jungermanniaceae
叶苔属 *Jungermannia* L.
叶苔 *Jungermannia lanceolata* L.
被蒴苔属 *Nardia* S. F. Gray
细茎被蒴苔 *Nardia leptocaulia* Gao
合叶苔科 Scapaniaceae
合叶苔属 *Scapania* Dumort.
斯氏合叶苔 *Scapania stephanii* K Muell.
被瓣合叶苔 *Scapania undula*（L.）Dum.
齿萼苔科 Lophocoleaceae
裂萼苔属 *Chiloscyphus* Cord.
多苞裂萼苔 *Chiloscyphus polyanthus*（L.）Cord.
异萼苔属 *Heteroscyphus* Schiffn.
双齿异萼苔 *Heteroscyphus coalitus*（Hook.）Schiffn.
平叶异萼苔 *Hetercoscyphus planus*（Mitt.）Schiffn.
羽苔科 Plagiochilaceae
羽苔属 *Plagiochila*（Dumort.）Dumort.
卵叶羽苔 *Plagiochila ovalifolia* Mitt.

扁萼苔科 Radulaceae

扁萼苔属 *Radula* Dumort.

扁萼苔 *Radula complanata*（L.）Dum.

日本扁萼苔 *Radula japonica* Steph.

光萼苔科 Porellaceae

光萼苔属 *Porella* Lindb.

丛生光萼苔 *Porella caespitans*（Steph.）Hatt.

中华光萼苔 *Porella chinensis*（Steph.）Hatt.

亮叶光萼苔 *Porlla nitens*（Steph.）Hatt.

细鳞苔科 Lejeuneaceae

细鳞苔属 *Lejeunea* Libert

黄色细鳞苔 *Lejeunea flava*（Swartz.）Nee.

叉苔科 Metzeriaceaeae

叉苔属 *Metzgeria* Raddi

平叉苔 *Metzgeria conjugata* Lindb.

石地钱科 Grimaldiaceae

石地钱属 *Reboulia* Raddi

石地钱 *Reboulia hemisphaerica*（L.）Raddi

蛇苔科 Conocephalaceae

蛇苔属 *Conocephalum* Weber

蛇苔 *Conocephalum conicum*（L.）Dum.

小蛇苔 *Conocephalum supradecompositum*（Lindb.）Steph.

片叶苔科 Ricciaceaeae

片叶苔属 *Riccia* L.

宽片叶苔 *Riccia latiforons* Lindb.

藓纲

牛舌藓科 Anomodontaceae

角齿藓属 *Ceratodon*

角齿藓 *Ceratodon purpureus* Hedw. Brid.

丛毛藓属 *Pleuridium*

丛毛藓 *Pleuridium subulatum* Hedw. Rabenh.

虾藓科 Bryoxiphiaceae

虾藓属 *Bryoxiphium*

虾藓东亚变种 *Bryoxiphium norvegicum* Brid Mitt. subsp. *japonicum* Berggr. Loeve et Loeve

曲尾藓科 Dicranaceae

青毛藓属 *Dicranodontium*

丛叶青毛藓 *Dicranotontium caespitosum* Mitt. Par.

曲尾藓属 *Dicranum*

陕西曲尾藓 *Dicranum theliotum* C. Muell.

曲背藓属 *Oncophorus*

叶曲背藓 *Oncophorus crispifolius* Mitt. Lindb.

凯氏藓属 *Kiaeria*

泛生凯氏藓 *Kiaeria starkei* web. et Mohr Hag.

镰叶凯氏藓 *Kiaeria falcata* Hedw. Hag.

小曲尾藓属 *Dicranella*

细叶小曲尾藓 *Dicranella micro-divaricata* C. Muell. Par.

多形曲尾藓 *Dicranella heteromalla* Hedw. Schimp.

长蒴藓属 *Trematodon*

长蒴藓 *Trematodon longicollis*

凤尾藓科 Fissidentaceae

凤尾藓属 *Fissidens*

凤尾藓 *Fissidens bryoides* Hedw.

卷叶凤尾藓 *Fissidens cristatus*

垂叶凤尾藓 *Fissidens obscurus* Mitt.

粗肋凤尾藓 *Fissidens laxus* Sull. Et Lesq.

大帽藓科 Encalyptaceae

大帽藓属 *Encalypta*

钝叶大帽藓 *Encalypta vulgaris* Hedw.

大帽藓 *Encalypta ciliata* Hedw.

丛藓科 Pottiaceae

墙藓属 *Tortula*

中华墙藓 *Tortula sinensis* C. Muell Broth.

墙藓 *Tortula Subulata* Hedw.

小墙藓属 *Weisiopsis*

褶叶小墙藓 *Weisiopsis anomala* Broth. et

Par. Broth.

酸土藓属 *Oxystegus*

酸土藓 *Oxystegus cylindricus* Brid. Hilp.

小酸土藓 *Oxystegus cuspidatus* Doz. et Molk. Chen

扭口藓属 *Barbula*

扭口藓 *Barbula unguiculata* Hedw.

土生扭口藓 *Barbula vineslis* Brid.

北地扭口藓 *Barbula fallax* Hedw.

大扭口藓 *Barbula gigantea* Funck.

曲喙藓属 *Rhamphidium*

粗肋曲喙藓 *Rhamphidium crassicostatum* Li.

拟合睫藓属 *Pseudosymblepharis*

细拟合睫藓 *Pseudosymblepharis duriusada* Wils. Chen.

拟合睫藓 *Pseudosymblepharis papillosula* Card. Et Ther. Broth.

纽藓属 *Tortella*

丛叶纽藓 *Tortella humilis* Hedw. Jenn.

长叶纽藓 *Tortella tortuosa* Hedw. Limpr.

石灰藓属 *Hydrogonium*

细叶石灰藓 *Hydrogonium gracilentum* Mitt Chen.

丛本藓属 *Anoectangium*

丛本藓 *Anoectangium aestivum* Hedw. Mitt.

绿丛本藓 *Anoectangium euchloron* Schwaegr. Mitt.

卷叶丛本藓 *Anoectangium thomsonii* Mitt.

小石藓属 *Weissia*

东亚小石藓 *Weisia exserta* Broth. Chen

小石藓 *Weisia controvetsa* Hedw.

反纽藓属 *Timmiella*

反纽藓 *Timmiella anomala* B. S. G. limpr

小反纽藓 *Timmiella diminuta* C. Muell Chen.

净口藓属 *Gymnostomum*

净口藓 *Gymnostomum calcareum* Nees et Hornsch.

凯氏藓属 *Kiaeria*

细叶凯氏藓 *Kiaeria glacialis* Berggr. Hag.

湿地藓属 *Hyophila*

卷叶湿地藓 *Hyophila involuta* Hook Jaeg.

缩叶藓科 Ptychomitriaceae

缩叶藓属 *Ptychomitrium*

狭叶缩叶藓 *Ptychomitrium linearifolium* Reim.

中华缩叶藓 *Ptychomitrium sinense* Mitt.

紫萼藓科 Grimmiaceae

紫萼藓属 *Grimmia*

近缘紫萼藓 *Grimmia sgginid* Hornsch.

毛尖紫萼藓 *Grimmia pilifera* P. Beauv.

卵叶紫萼藓 *Grimmia ovalis* Hedw. Lindb.

卷边紫萼藓 *Grimmia donniana* Sm.

北方紫萼藓 *Grimmia decipiens* Schultz. lindb.

连轴藓属 *Schistidium*

溪岸连轴藓 *Schistidium Rivulare* Bird. Podp.

细叶连轴藓 *Schistidium liliputanum* C. Muell. Deguch.

砂藓属 *Racomitrium*

丛枝砂藓 *Racomitrium fasciculare* Hedw. Brid.

葫芦藓科 Funariaceae

立碗藓属 *Physcomitrium*

立碗藓 *Physcomitrium sphaericum* Ludw. Fuernr.

葫芦藓属 *Funaria*

中华葫芦藓 *Funaria sinensis* Dix

真藓科 Bryaceae

真藓属 *Bryum*

丛生真藓 *Bryum caespiticium* Hedw.

银叶真藓 *Bryum Argenteum* Hedw.

高山真藓 *Bryum alpinum* Huds. ex With.

卷叶真藓 *Bryum thomsonii* Mitt.

湿地真藓 *Bryum schleicheri* Schwwaegr.
柔叶真藓 *Bryum cellulare* Hook.
沼生真藓 *Bryum Knowltonii* Barnes.
丝瓜藓属 *Pohlia*
黄丝瓜藓 *Pohlia nutans* Hedw. Lindb.
泛生丝瓜藓 *Pohlia oruda* Hedw. Lindb.
大叶藓属 *Rhodobryum*
狭边大叶藓 *Rhodobryum spathulatum* Hornsch.
大叶藓 *Rhodobryum roseum* Hedw. Limpr.
平蒴藓属 *Plagiobryum*
钝叶平蒴藓 *Plagiobryum giraldii* C. Muell. Par.
提灯藓科 Mniaceae
提灯藓属 *Mnium*
长叶提灯藓 *Mnium lycopodioides* Schwaegr.
大叶提灯藓 *Mnium suculentum* Mitt.
粗齿提灯藓 *Mnium drummondii* Bruch et Schimp.
全缘提灯藓 *Mnium integrum* Bosch et lac.
具缘提灯藓 *Mnium marginatum* With. P. Beauv.
走灯藓属 *Plagiomnium*
缘叶走灯藓 *Plagiomnium vesicatum* Besch.
尖叶走灯藓 *Plagiomnium cuspidatum* Hedw. T. kap.
钝叶大叶走灯藓 *Plagiomnium rostratum* schrad. T. Kop.
立灯藓属 *Orthomnium*
柔叶立灯藓 *Orthomnium dilatatum* Mitt. Chen
珠藓科 Bartramiaceae
平珠藓属 *Plagiopus*
平珠藓 *Plagiopus oederi* Brid. Limpr.
珠藓属 *Bartramia*
珠藓 *Bartramia pomiformis* Hedw.
泽藓属 *Philonotis*
泽藓 *Philonotis fontana* Hedw. Brid.
东亚泽藓 *Philonotis turneriana* Schwaegr Mitt.
木灵藓科 Orthotrichaceae
蓑藓属 *Macromitrium*
中华蓑藓 *Macromitrium sinense* Bartr.
虎尾藓科 Hedwigiaceae
虎尾藓属 *Hedwigia*
虎尾藓 *Hedwigia oiliata* Hedw. Ehrh. ex P. Beauv
隐蒴藓科 Cryphaeaceae
残齿藓属 *Forsstroemia*
残齿藓 *Forsstroemia trichomitria* Hedw. Lindb.
中华残齿藓小叶变种 *Forsstroemia sinensis* Besch. Par. var. *minor*
乌苏里残齿藓 *Forsstroemia kusnezovii* Broth.
扭叶藓科 Trachypodaceae
扭叶藓属 *Trachypus*
扭叶藓 *Trachypus bicolor* Reinw. et Hornsch
小扭叶藓 *Trachypus humilis* Lindb.
拟扭叶藓属 *Trachypodopsis*
拟扭叶藓卷叶变种 *Trachypodopsis serrulata* Beauv. Fleisch. var. *crispatula* Hook. Zant.
蔓藓科 Meteoriaceae
毛扭藓属 *Aerobryidium*
毛扭藓 *Aerobryidium ilamentosum* Hook. Fleisch.
平藓科 Neckeraceae
树平藓属 *Homaliodendron*
小树平藓 *Homaliodendron exiguum* Bosch et Lac. Fleisch.
平藓属 *Neckera*
平藓 *Neckera pennata*
翠平藓 *Neckera perpinnata*
扁枝藓属 *Homalia*
扁枝藓 *Homalia trichomanoides* Hedw. B. S. G.

羽枝藓属 *Pinnatella*

东亚木枝藓 *Pinnatella makinoi* Broth. Broth.

万年藓科 Climaciaceae

万年藓属 *Climacium*

万年藓 *Climacium dendroides* Hedw. Web et Mohr.

东亚万年藓 *Climacium amerticanum* Brid sp. *japenicum* Lindb. perss.

碎米藓科 Fabroniaceae

小绢藓属 *Rozea*

翼叶小绢藓 *Rozea pteogonioides* Harv. Jaeg.

碎米藓属 *Fabronia*

东亚碎米藓 *Fabronia matsumurae* Besch.

陕西碎米藓 *Fabronia schensiana* C. Muell.

薄罗藓科 Leskeaceae

多毛藓属 *Lescuraea*

弯叶多毛藓 *Lescuraea incurvata* Hedw. Lawt

细枝藓属 *Lindbergia*

细枝藓 *Lindbergia brachyptera* Mitt. kindb.

疣齿细枝藓 *Lindbergia austinii* sull. Broth.

中华细枝藓 *Lindbergia sinensis* C. Muell. Broth.

牛舌藓科 Anomodontaceae

多枝藓属 *Haplohymenium*

多枝藓 *Haplohymenium sieboldii* Doz. et Molk Doz et M.

牛舌藓属 *Anomodon*

皱叶牛舌藓 *Anomodon rugelii* C. Muell Keissl.

牛舌藓 *Anomodon viticudosus* Hedw. Hook et Tayl.

小牛舌藓 *Anomodon minor* Hedw. Fuernr.

羊角藓属 *Herpetineuron*

羊角藓 *Herpetineuron toccoae* Sull. et Lesq. Card.

羽藓科 Thuidiaceae

麻羽藓属 *Claopodium*

皱叶麻羽藓 *Claopodium ngulosifolium* Zeng

羽藓属 *Thuidium*

细羽藓 *Thuidium minutulum* Hedw. B. S. G.

黄羽藓 *Thuidium pycnothallus* C. Muell. Par.

叉羽藓属 *Leptopterigynandrum*

卷叶叉羽藓 *Leptopterigynandrum incurvatum* Broth.

山羽藓属 *Abietinella*

山羽藓 *Abietinella abieta* Hedw. Heisch.

小羽藓属 *Haplocladium*

狭叶小羽藓 *Haplocladium angustifolium* Hampe. et C. Muell Broth

硬羽藓属 *Rauiella*

东亚硬羽藓 *Rauiella fujisana* Par. Reim.

柳叶藓科（Amblystegiaceae）

镰刀藓属 *Drepanocladus*

钩枝镰刀藓长枝变型 *Drepanocladus uncinatus* Hedw. warnwt f. *longicuspis* Smith.

细湿藓属 *Campylium*

细湿藓 *Campylium polygamum* B. S. G. C. Jens.

长肋细湿藓 *Campylium polyamum* B. S. G. C. Jens.

柳叶藓属 *Amblystegium*

长叶柳叶藓 *Amblystegium juratzkanum* Schimp

牛角藓属 *Cratoneuron*

牛角藓 *Cratoneuron filicinum* Hedw. Spruc.

水灰藓属 *Hygrohypnum*

水灰藓 *Hygrohypnum ochraceum* Wils. Loesk.

青藓科 Brachytheciaceae

青藓属 *Brachythecium*

林地青藓 *Brachythecium starkei* Brid. B. S. G.

毛尖青藓 *Brachythecium piligerum* Card.

齿边青藓 *Brachythecium buchananii* Hook Jaeg.

多褶青藓 *Brachythecium buchananii* Hook. Jaeg.
青藓 *Brachythecium populeum* Hedw. B. S. G.
羽叶青藓 *Brachythecium pinnatum* Tak.
扁枝青藓 *Brachythecium helminthocladum* Broth. et Par.
纤细青藓 *Brachythecium rhynchostegielloides* Card.
溪边青藓 *Brachythecium rivulare* B. S. G.
长喙藓属 *Rhynchostegium*
淡叶长喙藓 *Rhynchostegium pallidifolium* Mitt. Jaeg.
斜枝长喙藓 *Rhynchostegium iclinatum* Mitt. Jaeg.
细喙藓属 *Rhynchostegium*
细肋细喙藓 *Rhynchostegium leptoneura* Dix et Ther.
美喙藓属 *Eurhynchium*
卵叶美喙藓 *Eurhynchium anguatirete* Broth. T. Kop.
疏网美喙藓 *Eurhynchium laxirete* Broth. ex Card.
褶叶藓属 *Palamocladium*
东亚褶叶藓 *Palamocladium sciureum* mitt. Broth.
同蒴藓属 *Homalothecium*
同蒴藓 *Homalothecium sericeum* Hedw. B. S. G.
绢藓科 Entodontaceae
绢藓属 *Entodon*
绢藓 *Entodon cladorrhizans* Hedw. C. Muell.
兜叶绢藓 *Entodon conchophyllus* Card.
鳞叶绢藓 *Entodon amblyophyllum* C. Muell.
亮叶绢藓 *Entodon aeruginosus* C. Muell.
陕西绢藓 *Entodon schensianus* C. Muell.
细绢藓 *Entodon giraldii* C. Muell.
钝叶绢藓 *Entodon obtusatus* Broth.
深绿绢藓 *Entodon Luridus* Griff. Jaeg.
中华绢藓 *Entodon smaragdinus* Par. et. Broth.
斜齿藓属 *Mesonodon*
黄色斜齿藓 *Mesonodo flavescens* Hook. Bosch et Lac.
棉藓科 Plagiotheciaceae
棉藓属 *Plagiothecium*
扁平棉藓 *Plagiothecium neckeroideum* B. S. G.
林地棉藓 *Plagiothecium sylvaticum* Brid B. S. G. var. *neglectum* Moenk. Koppe.
毛尖棉藓 *Plagiothecium piliferum* sw. B. S. G.
丛林棉藓 *Plagiothecium nemorale* Mitt. Jaeg.
圆枝棉藓 *Plagiothecium roeseanum* B. S. G.
阔叶棉藓 *Plagiothecium platyphyllum* Moenk.
锦藓科 Sematophyllaceae
小锦藓属 *Brotherella*
东亚小锦藓 *Brotherella yokohamae* Broth. Broth.
全缘小锦藓 *Brotherella integrifolia* Broth.
赤茎小锦藓 *Brotherella erthrocaulis* Mitt. Fleisch
锦藓属 *Sematophyllum*
矮锦藓 *Sematophyllum subhumile* C. Muell Fleisch
灰藓科 Hypnaceae
粗枝藓属 *Gollania*
粗枝藓 *Gollsnis neckerella* [C. Muell.] Broth.
金灰藓属 *Pylaisia*
金灰藓 *Pylaisia polyantha* Hedw. B. S. G.
东亚金灰藓 *Pylaisia brotheri* Besch. Iwats. et Nog.
灰藓属 *Hypnum*
大灰藓 *Hypnum plum aeforme* Wils.

尖叶灰藓 *Hypnum callichroum* Brid.
直叶灰藓 *Hypnum vaucheri* Lesq.
灰藓 *Hypnum cupressiforme* L. ex Hedw.
鳞叶藓属 ***Taxiphyllum***
鳞叶藓 *Taxiphllum taxiram eum* Mitt. Fleisch.
陕西鳞叶藓 *Taxiphllum giraldii* C. Muell. Fleisch.
毛灰藓属 ***Homomallium***
东亚毛灰藓 *Homomallium cennexum* Card. Broth.
毛灰藓 *Homomallium incurvatum* Brid. loesk.
细叶毛灰藓原变种 *Homomallium leptothallum* C. Muell. Nog var. *leptothallum*
同叶藓属 ***Isopterygium***
淡色同叶藓 *Isopteryugium albescens* Hook. Jaeg.
纤枝同叶藓 *Isopteryugium minutirameum* C. Mull Jaeg.
明叶藓属 ***Vesicularia***
长尖明叶藓 *Vesicularia reticulata* Doz. et. Molk Broth.
暖地明叶藓 *Vesicularia ferriei* Card et Ther. Broth.
毛梳藓属 ***Ptilium***
毛梳藓 *Ptilium crista-castrensis* Hedw. De Not
梳藓属 ***Ctenidium***
梳藓 *Ctenidium molluscum* Hedw. Mitt.
垂枝藓科 Rhytidaceae
垂枝藓属 ***Rhytidium***
垂枝藓 *Rhytidium rugosum* hedw. Kindb.
塔藓科 Hylocomiaceae
塔藓属 ***Hylocomium***
船叶塔藓 *Hylocomium cavifolium* Lac.
塔藓 *Hylocomium splendens* Hedw. B. S. G.
赤茎藓属 ***Pleurozium***
赤茎藓 *Pleurozium schreberi* Brid. Mitt.
金发藓科 Polytrichaceae
金发藓属 ***Polytrichum***
疣金发藓 *Polyutrichum urnigerum* Hedw. P. Beauv.
苞叶金发藓 *Polyutrichum spinulosum* Mitt.
扭叶金发藓 *Polyutrichum contortum* Brid. Lesq.
仙鹤藓属 ***Atrichum***
仙鹤藓 *Atrichum undulatum* Hedw. P. Besuv.
小金发藓属 ***Pogonatum***
小金发藓 *Pogonatum aloides* Hedw. P. Beauv.
东亚小金发藓 *Pogonatum inflexum* Lindb. Lac.

附录 2　河南洛阳熊耳山省级自然保护区野生动物名录

1. 哺乳动物

仓鼠科 Cricetidae

甘肃仓鼠 *Cansumys canus*

苛岚绒鼮 *Caryomys ineznux*

黑线仓鼠 *Cricetulus barabensis*

长尾仓鼠 *Cricetulus longicaudatus*

大仓鼠 *Cricetulus triton*

子午沙鼠 *Meriones meridianus*

狭颅田鼠 *Microtus gregalis*

棕色田鼠 *Microtus mandarinus*

鼹形鼠科 Spalacidae

东北鼢鼠 *Myospalax psilurus*

罗氏鼢鼠 *Myospalax rothschildi*

中华鼢鼠 *Myospalax fontanierii*

豪猪科 Hystricidae

中国豪猪 *Hystrix hodgsoni*

鼠科 Muridae

黑线姬鼠 *Apodemus agrarius*

中华姬鼠 *Apodemus draco*

大林姬鼠 *Apodemus peninsulae*

小泡巨鼠 *Leopoldamys edwardsi*

小家鼠 *Musmus culus*

安氏白腹鼠 *Niviventer andersoni*

社鼠 *Niviventer confucianus*

黄胸鼠 *Rattus flavipectus*

大足鼠 *Rattus nitidus*

褐家鼠 *Rattus norvegicus*

松鼠科 Sciuridae

赤腹松鼠 *Callosciurus erythraeus*

岩松鼠 *Sciurotamias davidianus*

达乌尔黄鼠 *Spermophilus dauricus*

花鼠 *Tamiassibiricus senescens*

隐纹花鼠 *Tamiops swinhoeivestitus*

鼯鼠科 Petauristidae

小飞鼠 *Pteromys volans*

复齿鼯鼠 *Trogopterus xanthipes*

鹿科 Cervidae

梅花鹿 *Cervus nipponrt*

小麂 *Muntiacus reevesi*

牛科 Bovidae

藏南斑羚 *Naemor hedusgoral*

麝科 Moschidae

林麝 *Moschus berezovskii*

猪科 Suidae

野猪 *Sus scrofa*

鼩鼱科 Soricidae

喜马拉雅水鼩 *Chimarro galehimalayica*

灰麝鼩 *Crocidura attenuata*

北小麝鼩 *Crocidura suaveolens*

猬科 Erinaceidae

普通刺猬 *Erinaceus amurensis*

鼹科 Talpidae

小缺齿鼹 *Mogera wogura*

麝鼹 *Scaptochirus moschatus*

灵猫科 Viverridae

花面狸 *Paguma larvata*

大灵猫 *Viverra zibetha*

猫科 Felidae

豹猫 *Prionailurus bengalensis*

犬科 Canidae

狼 *Canislupus chanco*

豺 *Cuon alpinus*

貉 *Nyctereutes procyonoides*

赤狐 *Vulpe vulpes*

鼬科 Mustelidae

猪獾 *Arctonyx collaris*

水獭 *Lutra lutra*

青鼬 *Martes flavigula*

狗獾 *Meles meles*

香鼬 *Mustela altaica*

艾鼬 *Mustela eversmanni*

黄鼬 *Mustela sibirica*

鼠兔科 Ochotonidae

黄河鼠兔 *Ochotona huangensis*

兔科 Leporidae

草兔 *Lepusca pensis*

蝙蝠科 Vespertilionidae

大棕蝠 *Eptesicus serotinus*

白腹管鼻蝠 *Murina leucogaster*

水鼠耳蝠 *Myotis daubentonii*

北京鼠耳蝠 *Myotis pequinius*

大足鼠耳蝠 *Myotis ricketti*

褐山蝠 *Nyctalus noctula*

东亚伏翼 *Pipistrellus abramus*

爪哇伏翼 *Pipistrellus javanicus*

萨氏伏翼 *Pipistrellus savii*

褐长耳蝠 *Plecotus auritus*

菊头蝠科 Rhinolophidae

间型菊头蝠 *Rhinolophus affinis*

角菊头蝠 *Rhinolophus cornutus*

马铁菊头蝠 *Rhinolophus ferrumequinum*

2. 鸟类

䴙䴘目 Podicipediformes

䴙䴘科 Podicipedidae

小䴙䴘 *Tachybaptus ruficollis*

赤颈䴙䴘 *Podiceps grisegena*

凤头䴙䴘 *Podiceps cristatus*

鹳形目 Ciconiiformes

鹭科 Ardeidae

苍鹭 *Ardea cinerea*

大白鹭 *Egretta albu*

中白鹭 *Egretta intermedia*

白鹭 *Egretta garzetta*

牛背鹭 *Bubulcus ibis*

池鹭 *Ardeola bacchus*

绿鹭 *Butorides striatus*

夜鹭 *Nycticorax nycticorax*

雁形目 Anseriformes

鸭科 Anatidae

鸿雁 *Anser cygnoides*

豆雁 *Anser fabalis*

灰雁 *Anser anser*

赤麻鸭 *Tadorna ferruginea*

鸳鸯 *Aix galericulata*

赤颈鸭 *Anas penelope*

罗纹鸭 *Anas falcata*

花脸鸭 *Anas formosa*

绿翅鸭 *Anas crecca*

绿头鸭 *Anas platyrhynchos*

斑嘴鸭 *Anas poecilorhyncha*

针尾鸭 *Anas acuta*

青头潜鸭 *Aythya baeri*

凤头潜鸭 *Aythya fuligula*

鹊鸭 *Bucephala clangula*

斑头秋沙鸭 *Mergellus albellus*

普通秋沙鸭 *Mergus merganser*

隼形目 Falconiformes

鹰科 Accipitridae

黑冠鹃隼 *Aviceda leuphotes*

凤头蜂鹰 *Pernis ptilorhyncus*

黑鸢 *Milvus migrans*

蛇雕 *Spilornis cheela*
白尾鹞 *Circus cyaneus*
鹊鹞 *Circus melanoleucos*
凤头鹰 *Accipiter trivrgatus*
赤腹鹰 *Accipiter soloensis*
日本松雀鹰 *Accipiter gularis*
雀鹰 *Accipiter nisus*
苍鹰 *Accipiter gentilis*
灰脸鵟鹰 *Butastur indicus*
普通鵟 *Buteo buteo*
大鵟 *Buteo hemilasius*
金雕 *Aquila chrysaetos*
白腹隼雕 *Hieraaetus fasciatus*

隼科 Falconidae

白腿小隼 *Microhierax melanoleucus*
红隼 *Falco tinnunculus*
红脚隼 *Falco amurensis*
灰背隼 *Falco columbarius*
燕隼 *Falco subbuteo*
猎隼 *Falco cherrug*

鸡形目 Galliformes

雉科 Phasianidae

鹌鹑 *Coturnix japonica*
勺鸡 *Pucrasia macrolopha*
红腹锦鸡 *Chrysolophus pictus*
环颈雉 *Phasianus colchicus*

鹤形目 Gruiformes

秧鸡科 Rallidae

红脚苦恶鸟 *Amaurornis akool*
白胸苦恶鸟 *Amaurornis phoenicurus*
董鸡 *Gallicrex cinerea*
黑水鸡 *Gallinula chloropus*
白骨顶 *Fulica atra*

鸻形目 Charadriiformes

水雉科 Jacanidae

水雉 *Hydrophasianus chirurgus*

鸻科 Charadriidae

凤头麦鸡 *Vanellus vanellus*
灰头麦鸡 *Vanellus cinereus*
金眶鸻 *Charadrius dubius*

鹬科 Scolopacidae

丘鹬 *Scolopax rusticola*
针尾沙锥 *Gallinago stenura*
大沙锥 *Gallinago megala*
扇尾沙锥 *Gallinago gallinago*
鹤鹬 *Tringa erythropus*
红脚鹬 *Tringa totanus*
青脚鹬 *Tringa nebularia*
白腰草鹬 *Tringa ochropus*
矶鹬 *Actitis hypoleucos*
黑腹滨鹬 *Calidris alpina*

鸽形目 Columbiformes

鸠鸽科 Columbidae

岩鸽 *Columba rupestris*
山斑鸠 *Streptopelia orientalis*
灰斑鸠 *Streptopelia decaocto*
火斑鸠 *Streptopelia tranquebarica*
珠颈斑鸠 *Streptopelia chinensis*
斑尾鹃鸠 *Macropygia unchall*

鹃形目 Cuculiformes

杜鹃科 Cuculidae

红翅凤头鹃 *Clamator coromandus*
鹰鹃 *Cuculus sparverioides*
四声杜鹃 *Cuculus micropterus*
大杜鹃 *Cuculus canorus*
中杜鹃 *Cuculus saturatus*
小杜鹃 *Cuculus poliocephalus*
八声杜鹃 *Cacomantis merulinus*
噪鹃 *Eudynamys scolopaceus*
褐翅鸦鹃 *Centropus sinensis*
小鸦鹃 *Centropus bengalensis*

鸮形目 Strigiformes

草鸮科 Tytonidae

草鸮 *Tyto capensis*

鸱鸮科 Stigidae

领角鸮 *Otus bakkamoena*

红角鸮 *Otus sunia*

雕鸮 *Bubo bubo*

领鸺鹠 *Glaucidium brodiei*

斑头鸺鹠 *Glaucidium cuculoides*

纵纹腹小鸮 *Athene noctua*

鹰鸮 *Ninox scutulata*

长耳鸮 *Asio otus*

短耳鸮 *Asio flammeus*

夜鹰目 Caprlmulgiformes

夜鹰科 Caprimulgidae

普通夜鹰 *Caprimulgus indicus*

雨燕目 Apodiformes

雨燕科 Apodidae

白喉针尾雨燕 *Hirundapus caudacutus*

雨燕 *Apus apus*

白腰雨燕 *Apus pacificus*

佛法僧目 Coraciiformes

翠鸟科 Alcedinidae

普通翠鸟 *Alcedo atthis*

白胸翡翠 *Halcyon smyrnensis*

蓝翡翠 *Halcyon pileata*

冠鱼狗 *Megaceryle lugubris*

斑鱼狗 *Ceryle rudis*

蜂虎科 Meropidae

蓝喉蜂虎 *Merops viridis*

佛法僧科 Coraciidae

三宝鸟 *Eurystomus orientalis*

戴胜目 Upupiformes

戴胜科 Upupidae

戴胜 *Upupa epops*

鴷形目 Piciformes

啄木鸟科 Picidae

斑姬啄木鸟 *Picumnus innominatus*

星头啄木鸟 *Picoides canicapillus*

棕腹啄木鸟 *Picoides hyperythrus*

大斑啄木鸟 *Picoides major*

灰头绿啄木鸟 *Picus canus*

雀形目 Passeriformes

百灵科 Alaudidae

大短趾百灵 *Calandrella brachydactyla*

短趾百灵 *Calandrella cheleensis*

云雀 *Alauda arvensis*

小云雀 *Alauda gulgula*

燕科 Hirundinidae

崖沙燕 *Riparia riparia*

家燕 *Hirundo rustica*

金腰燕 *Hirundo daurica*

烟腹毛脚燕 *Delichon dasypus*

鹡鸰科 Motacillidae

山鹡鸰 *Dendronanthus indicus*

白鹡鸰 *Motacilla alba*

黄鹡鸰 *Motacilla flava*

灰鹡鸰 *Motacilla cinerea*

田鹨 *Anthus richardi*

树鹨 *Anthus hodgsoni*

水鹨 *Anthus spinoletta*

黄腹鹨 *Anthus rubescens*

山椒鸟科 Campephagidae

暗灰鹃鵙 *Coracina melaschistos*

粉红山椒鸟 *Pericrocotus roseus*

小灰山椒鸟 *Pericrocotus cantonensis*

灰山椒鸟 *Pericrocotus divaricatus*

鹎科 Pycnonotidae

领雀嘴鹎 *Spizixos semitorques*

黄臀鹎 *Pycnonotus xanthorrhous*

白头鹎 *Pycnonotus sinensis*

黑［短脚］鹎 *Hypsipetes leucocephalus*

太平鸟科 Bombycillidae

太平鸟 *Bombycilla garrulus*

伯劳科 Laniidae

虎纹伯劳 *Lanius tigrinus*

牛头伯劳 *Lanius bucephalus*

红尾伯劳 *Lanius cristatus*

棕背伯劳 *Lanius schach*

灰背伯劳 *Lanius tephronotus*

楔尾伯劳 *Lanius sphenocercus*

黄鹂科 Oriolidae

黑枕黄鹂 *Oriolus chinensis*

卷尾科 Dicruridae

黑卷尾 *Dicrurus macrocercus*

灰卷尾 *Dicrurus leucophaeus*

发冠卷尾 *Dicrurus hottentottus*

椋鸟科 Sturnidae

八哥 *Acridotheres cristatellus*

北椋鸟 *Sturnus sturnina*

丝光椋鸟 *Sturnus sericeus*

灰椋鸟 *Sturnus cineraceus*

鸦科 Corvidae

松鸦 *Garrulus glandarius*

灰喜鹊 *Cyanopica cyana*

红嘴蓝鹊 *Urocissa erythrorhyncha*

喜鹊 *Pica pica*

达乌里寒鸦 *Corvus dauuricus*

秃鼻乌鸦 *Corvus frugilegus*

小嘴乌鸦 *Corvus corone*

大嘴乌鸦 *Corvus macrorhynchos*

白颈鸦 *Corvus torquatus*

河乌科 Cinclidae

褐河乌 *Cinclus pallasii*

鹪鹩科 Troglodytidae

鹪鹩 *Troglodytes troglodytes*

鸫科 Turdidae

蓝短翅鸫 *Brachypteryx montana*

红尾歌鸲 *Luscinia sibilans*

红喉歌鸲 *Luscinia calliope*

蓝喉歌鸲 *Luscinia svecicus*

蓝歌鸲 *Luscinia cyane*

红胁蓝尾鸲 *Tarsiger cyanurus*

鹊鸲 *Copsychus saularis*

黑喉红尾鸲 *Phoenicurus hodgsoni*

北红尾鸲 *Phoenicurus auroreus*

红尾水鸲 *Rhyacornis fuliginosus*

白顶溪鸲 *Chaimarrornis leucocephalus*

小燕尾 *Enicurus scouleri*

白额燕尾 *Enicurus leschenaulti*

黑喉石䳭 *Saxicola torquata*

蓝矶鸫 *Monticola solitarius*

紫啸鸫 *Myophonus caeruleus*

橙头地鸫 *Zoothera citrina*

虎斑地鸫 *Zoothera dauma*

灰背鸫 *Turdus hortulorum*

乌灰鸫 *Turdus cardis*

乌鸫 *Turdus merula*

白腹鸫 *Turdus pallidus*

斑鸫 *Turdus eunomus*

宝兴歌鸫 *Turdus mupinensis*

鹟科 Muscicapidae

白喉林鹟 *Rhinomyias brunneata*

灰纹鹟 *Muscicapa griseisticta*

乌鹟 *Muscicapa sibirica*

北灰鹟 *Muscicapa dauurica*

白眉［姬］鹟 *Ficedula zanthopygia*

黄眉姬鹟 *Ficedula elisae*

鸲［姬］鹟 *Ficedula mugimaki*

红喉［姬］鹟 *Ficedula parva*

白腹蓝［姬］鹟 *Cyanoptila cyanomelana*

棕腹仙鹟 *Niltava sundara*

方尾鹟 *Culicicapa ceylonensis*

王鹟科 Monarchindae

寿带［鸟］ *Terpsiphone paradisi*

画眉科 Timaliidae

黑脸噪鹛 *Garrulax perspicillatus*

白喉噪鹛 *Garrulax albogularis*

画眉 *Garrulax canorus*

棕颈钩嘴鹛 *Pomatorhinus ruficollis*

红嘴相思鸟 *Leiothrix lutea*

鸦雀科 Paradoxornithidae

棕头鸦雀 *Paradoxornis webbianus*

扇尾莺科 Cisticolidae

棕扇尾莺 *Cisticola juncidis*

山鹛 *Rhopophilus pekinensis*

山鹪莺 *Prinia crinigera*

莺科 Sylviidae

鳞头树莺 *Urosphena squameiceps*

远东树莺 *Cettia canturians*

淡脚树莺 *Cettia pallidipes*

日本树莺 *Cettia diphone*

强脚树莺 *Cettia fortipes*

棕褐短翅莺 *Bradypterus luteoventris*

矛斑蝗莺 *Locustella lanceolata*

黑眉苇莺 *Acrocephalus bistrigiceps*

钝翅苇莺 *Acrocephalus concinens*

东方大苇莺 *Acrocephalus orientalis*

厚嘴苇莺 *Acrocephalus aedon*

叽咋柳莺 *Phylloscopus collybitus*

褐柳莺 *Phylloscopus fuscatus*

棕腹柳莺 *Phylloscopus subaffinis*

黄腰柳莺 *Phylloscopus proregulus*

黄眉柳莺 *Phylloscopus inornatus*

极北柳莺 *Phylloscopus borealis*

双斑绿柳莺 *Phylloscopus plumbeitarsus*

冕柳莺 *Phylloscopus coronatus*

棕脸鹟莺 *Abroscopus albogularis*

戴菊科 Regulidae

戴菊 *Regulus regulus*

绣眼鸟科 Zosteropidae

红胁绣眼鸟 *Zosterops erythropleurus*

暗绿绣眼鸟 *Zosterops japonicus*

长尾山雀科 Aegithalidae

银喉（长尾）山雀 *Aegithalos caudatus*

红头（长尾）山雀 *Aegithalos concinnus*

山雀科 Paridae

沼泽山雀 *Parus palustris*

煤山雀 *Parus ater*

黑冠山雀 *Parus rubidiventris*

黄腹山雀 *Parus venustulus*

大山雀 *Parus major*

䴓科 Sittidae

普通䴓 *Sitta europaea*

雀科 Passeridae

山麻雀 *Passer rutilans*

麻雀 *Passer montanus*

梅花雀科 Estrildidae

白腰文鸟 *Lonchura striata*

燕雀科 Fringillidae

燕雀 *Fringilla montifringilla*

普通朱雀 *Carpodacus erythrinus*

黄雀 *Carduelis spinus*

金翅［雀］ *Carduelis sinica*

锡嘴雀 *Coccothraustes coccothraustes*

黑尾蜡嘴雀 *Eophona migratoria*

黑头蜡嘴雀 *Eophona personata*

鹀科 Emberizidae

凤头鹀 *Melophus lathami*

灰眉岩鹀 *Emberiza godlewskii*

三道眉草鹀 *Emberiza cioides*

白眉鹀 *Emberiza tristrami*

栗耳鹀 *Emberiza fucata*

小鹀 *Emberiza pusilla*

黄眉鹀 *Emberiza chrysophrys*

田鹀 *Emberiza rustica*

黄喉鹀 *Emberiza elegans*

黄胸鹀 *Emberiza aureola*

栗鹀 *Emberiza rutila*

灰头鹀 *Emberiza spodocephala*

苇鹀 *Emberiza pallasi*

3. 爬行动物

龟鳖目 Testudinata

鳖科 Trionychidae
鳖 *Pelodiscus sinensis*
潮龟科 Bataguridae
乌龟 *Chinemys reevesii*

有鳞目 Squamata

壁虎科 Gekkonidae
无蹼壁虎 *Gekko swinhonis*
蝰科 Viperidae
短尾蝮 *Gloydius brevicaudus*
菜花烙铁头 *Protobothrops jerdonii*
鬣蜥科 Agamidae
丽纹龙蜥 *Japalura splendida*
石龙子科 Scincidae
蓝尾石龙子 *Eumeces elegans*
铜蜓蜥 *Sphenomorphus indicus*
蜥蜴科 Lacertidae
丽斑麻蜥 *Eremias argus argus*
山地麻蜥 *Eremias brenchleyi*
北草蜥 *Takydromus septentrionalis*
游蛇科 Colubridae
锈链腹链蛇 *Amphiesma craspedogaster*
草腹链蛇 *Amphiesma stolata*
黄脊游蛇 *Coluber spinalis*
翠青蛇 *Cyclophiops major*
赤链蛇 *Dinodon rufozonatum*
赤峰锦蛇 *Elaphe anomala*
双斑锦蛇 *Elaphe bimaculata*
王锦蛇 *Elaphe carinata*
白条锦蛇 *Elaphe dione*
玉斑锦蛇 *Elaphe mandarina*
紫灰锦蛇 *Elaphe porphyracea*
黑眉锦蛇 *Elaphe taeniura*
斜鳞蛇 *Pseudoxenodon macrops*
虎斑颈槽蛇 *Rhabdophis tigrinus*
黑头剑蛇 *Sibynophis chinensis*
赤链华游蛇 *Sinonatrix annularis*
乌华游蛇 *Sinonatrix percarinata*
乌梢蛇 *Zaocys dhumnades*

4. 两栖动物

无尾目 Anura

蟾蜍科 Bufonidae
花背蟾蜍 *Bufo raddei*
中华蟾蜍 *Bufo gargarizans*
角蟾科 Megophryidae
宁陕齿突蟾 *Scutiger ningshanensis*
姬蛙科 Microhylidae
北方狭口蛙 *Kaloula borealis*
饰纹姬蛙 *Microhyla ornata*
蛙科 Ranidae
泽蛙 *Fejervarya multistriata*
虎纹蛙 *Hoplobatrachus rugulosus*
花臭蛙 *Odorrana schmackeri*
黑斑侧褶蛙 *Pelophylax nigromaculatus*
金线侧褶蛙 *Pelophylax plancyi*
太行隆肛蛙 *Feirana taihangnicus*
中国林蛙 *Rana chensinensis*
雨蛙科 Hylidae
无斑雨蛙 *Hyla immaculata*
中国雨蛙 *Hyla chinensis*

有尾目 Caudata

小鲵科 Hynobiidae
施氏巴鲵 *Liua shihi*
秦巴拟小鲵 *Pseudohynobius tsinpaensis*
隐鳃鲵科 Cryptobranchidae
大鲵 *Andrias davidianus*

5. 鱼类

合鳃鱼目 Synbranchiformes

合鳃鱼科 Synbranchidae
黄鳝 *Monopterus albus*

鲤形目 Cypriniformes

鲤科 Cyprinidae

棒花鱼 *Abbottina rivularis*
须鱊 *Acheilognathus barbatus*
兴凯鱊 *Acheilognathus chankaensis*
鳙 *Aristichthys nobilis*
似鲭 *Belligobio nummifer*
鲫 *Carassius auratus auratus*
草鱼 *Ctenopharyngodon idellus*
翘嘴鲌 *Culter alburnus*
达氏鲌 *Culter dabryi dabryi*
鲤 *Cyprinus carpio*
圆吻鲴 *Distoechodon tumirostris*
鳡 *Elopichthys bambusa*
隐须颌须鮈 *Gnathopogon nicholsi*
短须颌须鮈 *Gnathopogon imberbis*
似铜鮈 *Gobio coriparoides*
细体鮈 *Gobio tenuicorpus*
短吻鳅鮀 *Gobiobotia brevirostris*
唇鲭 *Hemibarbus labeo*
花鲭 *Hemibarbus maculatus*
贝氏鳘 *Hemiculter bleekeri*
鳘 *Hemiculter leucisculus*
鲢 *Hypophthalmichthys molitrix*
团头鲂 *Megalobrama amblycephala*
三角鲂 *Megalobrama terminalis*
青鱼 *Mylopharyngodon piceus*
鳊 *Parabramis pekinensis*
圆筒吻鮈 *Rhinogobio cylindricus*
大鼻吻鮈 *Rhinogobio nasutus*
吻鮈 *Rhinogobio typus*
彩石鳑鲏 *Rhodeus lighti*
中华鳑鲏 *Rhodeus sinensis*
黑鳍鳈 *Sarcocheilichthys nigripinnis*
华鳈 *Sarcocheilichthys sinensis sinensis*
蛇鮈 *Saurogobio dabryi*
赤眼鳟 *Squaliobarbus curriculus*
似鱎 *Toxabramis swinhonis*
银鲴 *Xenocypris argentea*
黄尾鲴 *Xenocypris davidi*
方氏鲴 *Xenocypris fangi*
细鳞鲴 *Xenocypris microlepis*
宽鳍鱲 *Zacco platypus*

鳅科 Cobitidae

泥鳅 *Misgurnus anguillicaudatus*
北方泥鳅 *Misgurnus bipartitus*

鲈形目 Perciformes

鮨科 Serranidae

鳜 *Siniperca chuatsi*
大眼鳜 *Siniperca kneri*
斑鳜 *Siniperca scherzeri*

鳢科 Channidae

乌鳢 *Channa argus*

鲇形目 Siluriformes

鲿科 Bagridae

黄颡鱼 *Pelteobagrus fulvidraco*
光泽黄颡鱼 *Pelteobagrus nitidus*
央堂拟鲿 *Pseudobagrus ondon*
圆尾拟鲿 *Pseudobagrus tenuis*
切尾拟鲿 *Pseudobagrus truncatus*

鲇科 Siluridae

鲇 *Silurus asotus*

附录 3　河南洛阳熊耳山省级自然保护区植被类型名录

1. 针叶林

（1）常绿针叶林：

华山松林 Form. *Pinus armandii*

油松林 Form. *Pinustabulae formis*

粗榧林 Form. *Cephalotaxus sinensis*

（2）落叶针叶林：

日本落叶松林 Form. *Larix* kaempferi

华北落叶松林 Form. *Larix gmelinii* var. *principis-rupprechtii*

2. 阔叶林

（1）落叶阔叶林：

栓皮栎林 Form. *Quercus variabilis*

锐齿栎林 Form. *Quercus acutidentata*

槲栎林 Form. *Quercus aliena*

短柄枹林 Form. *Quercus glandulifera* var. *brevipetiolata*

槲树林 Form. *Quercus dentata*

茅栗林 Form. *Castariea seguinii*

千金榆林 Form. *Carpinus cordata*

铁木林 Form. *Ostrya japonica*

石灰花楸林 Form. *Sorbus folgneri*

水榆花楸林 Form. *Sorbus alnifolia*

山杨林 Form. *Populus davidiana*

白桦林 Form. *Betula platyphylla*

坚桦林 Form. *Betula chinensis*

葛萝槭林 Form. *Acer grosseri*

化香林 Form. *Platycarya strobilacea*

短梗稠李林 Form. *Padus brachypoda*

山樱花林 Form. *Cerasus serrulata*

灯台树林 Form. *Cornus controversa*

四照花林 Form. *Cornus kousa* subsp. *Chinensis*

臭辣吴萸林 Form. *Evodia fargesii*

领春木林 Form. *Euptelea pleiosperma*

青檀林 Form. *Pteroceltis tatarinowii*

牛鼻栓林 Form. *Fortuneria sinensis*

漆树林 Form. *Toxicodendron vernixiflum*

君迁子林 Form. *Diospyros lotus*

野核桃林 Form. *Juglans cathayensis*

河楸林 Form. *Catalpa ovata*

山柳林 Form. *Salix phylicifolia*

河柳林 Form. *Salix chaenoineloides*

山茱萸人工林 Form. *Macrocarpium oficinale*

（2）常绿半常绿阔叶林：

橿子栎林 Form. *Querces baronii*

3. 针阔叶混交林

华山松、锐齿栎混交林 Form. *Pinus armandii*, *Quercus acutidentata*

油松、槲栎混交林 Form. *Pinus tabulaeformis*, *Quercus aliena*

4. 竹林

（1）单轴竹林：

桂竹林 Form. *Phyllostachis bambusoides*

斑竹林 Form. *Phyllostachis bambusoides* f. *lacrima*

淡竹林 Form. *Phyllostachis glauca*

5. 灌丛和灌草丛

（1）灌丛：

1）常绿灌丛：

河南杜鹃灌丛 Form. *Rhododendron henanense*

照山白灌丛 Form. *Rhododendron micrunthum*

2）落叶灌丛：

荆条灌丛 Form. *Vitex chinensis*

黄栌灌丛 Form. *Cotinus cogygria* var. *pubescens*

杜鹃灌丛 Form. *Rhododendron simsii*

连翘灌丛 Form. *Forsythia suspensa*

杭子梢灌丛 Form. *Campylotropis macrocarpa*

绿叶胡枝子灌丛 Form. *Lespedeza buergeri*

美丽胡枝子灌丛 Form. *Lespedeza formosa*

六道木灌丛 Form. *Abelia zanderi*

白檀灌丛 Form. *Symplocos paniculata*

山胡椒灌丛 Form. *Lindera glauca*

三裂绣线菊灌丛 Form. *Spiraea trilobata*

山梅花灌丛 Form. *Philadelphus incanus*

桦叶荚蒾灌丛 Form. *Viburnum betulifolium*

天目琼花灌丛 Form. *Viburnum sargentii*

多花溲疏灌丛 Form. *Deutzia micrantha*

接骨木灌丛 Form. *Sambuscus williamsii*

珍珠梅灌丛 Form. *Sorbaria kirilowii*

白鹃梅灌丛 Form. *Exochorda*

榛灌丛 Form. *Corylus heterophylla*

卫矛灌丛 Form. *Euonymus* alatus

米面蓊灌丛 Form. *Buckleya henrvi*

伞花胡颓子灌丛 Form. *Elueagntrum bellata*

野山楂灌丛 Form. *Crataegus cuneata*

紫珠灌丛 Form. *Callicarpa* spp.

苦皮藤灌丛 Form. *Celastrus angulatus*

棣棠灌丛 Form. *Kerria japonica*

杠柳灌丛 Form. *Periploca sepium*

忍冬灌丛 Form. *Lonicera japonica*

小叶忍冬灌丛 Form. *Lonicera microphylla*

悬钩子灌丛 Form. *Rubus* spp.

醉鱼草灌丛 Form. *Buddleja officinalis*

西北栒子 Form. *Cotoneaster zabelii*

秦岭小檗灌丛 Form. *Berberis circumserrata*

华茶藨子灌丛 Form. *Ribes fasciculatum*

（2）灌草丛：

美丽胡枝子、黄背草灌草丛 Form. *Lespedzea formosa*，*Themeda trianda* var. *japonica*

荆条、酸枣、黄背草灌草丛 Form. *Vilex chinensis*，*Zizyphus spinosus*，*Themeda trianda* var. *japonica*

悬钩子、大油芒灌草丛 Form. *Rubus* spp.，*Spodipogon sibiricus*

6. 草甸

（1）典型草甸：

1）根茎禾草草甸：

狗牙根草甸 Form. *Cynodon dactylon*

结缕草草甸 Form. *Zoysia japonica*

白茅草甸 Form. *Imperata cylindrica* var. *major*

野古草草甸 Form. *Arundinella hirta*

野青茅草甸 Form. *Deyeuxia sylvaticu*

马唐、画眉草草甸 Form. *Digitaria sanguinatis*，*Eragrostis pilosa*

白羊草草甸 Form. *Bothriochloai schaeinurn*

狼尾草草甸 Form. *Penniseturna alopecuroides*

知风草草甸 Form. *Eragrostrs ferruginea*

2）丛生禾草草甸：

黄背草草甸 Form. *Therneda triandra* var. *japonica*

鹅观草、早熟禾草甸 Form. *Roegncria kamoji*，

Poa spp.

斑茅草甸 Form. *Sacharumarun dinaceum*

芒草草甸 Form. *Miscanthus sinemsis*

3）杂类草草甸：

黄花菜草甸 Form. *Hemerocallis citrina*

香青草甸 Form. *Anaphalis sinica*

蒿类草甸 Form. *Artemisia* spp.

血见愁老鹳草草甸 Form. *Geranium henryi*

（2）湿生草甸：

酸模叶蓼草甸 Form. *Polygonum lapathifolium*

脉果苔草、水金凤草甸 Form. *Carex neurocarpa*，*Impatiens nolitangere*

7. 沼泽植被和水生植被

（1）沼泽：

灯心草沼泽 Form. *Juncus effusus*

荆三棱、莎草沼泽 Form. *Scirpus maritimus*，*Cyperus rotundus*

东陵苔草沼泽 Form. *Carex tangiana*

慈姑群落 Form. *Sagittaria sagittifolia*

喜旱莲子草沼泽 Form. *Alternanthora philoxeroides*

（2）水生植被：

1）挺水植被：

香蒲沼泽 Form. *Typha* spp.

芦苇沼泽 Form. *Phragmites communis*

菰群落 Form. *Zizania latifolia*

2）浮水植被：

满江红、槐叶萍群落 Form. *Azollaim bricata*，*Salvinia natans*

浮萍、紫萍群落 Form. *Lemna minor*，*Spirodela polyrrhiza*

荇菜群落 Form. *Nymphoides peltatum*

芡实、菱群落 Form. *Eurya leferox*，*Trapa* spp.

菱群落 Form. *Trapa* spp.

眼子菜群落 Form. *Potamogeton distinctus*

3）沉水植被：

狐尾藻群落 Form. *Myriophyllum spicatum*

黑藻群落 Form. *Hydrilla verticillata*

菹草群落 Form. *Fotamogeton erispus*

竹叶眼子菜群落 Form. *Potamogeton malainus*

金鱼藻群落 Form. *Ceratophyllum demersum*

附录4　河南洛阳熊耳山省级自然保护区昆虫名录

（一）蜻蜓目 Odonata

蜓科 Aeschnidae

黑纹伟蜓 *Anax nigrafasciatus* Oguma

碧伟蜓 *Anax parthenope julius*（Brauer）

工纹长尾蜓 *Gynacantha bayadera* Selys

米普蜓 *Planaeschna milnei* Selys

黑多棘蜓 *Polycanthagyna melanictera*（Selys）

春蜓科 Gomphidae

和平亚春蜓 *Asiagomphus pacificus*（Chao）

平截戴春蜓 *Davidius truncus* Chao

长腹春蜓 *Gastrogomphus abdominalis*（McLachlan）

环纹环尾春蜓 *Lamelligomphus ringens*（Needham）

小尖尾春蜓 *Stylogomphus tantulus* Chao

大蜓科 Cordulegasteridae

次大蜓 *Anotogaster kuchenbeiseri* Goerster

晋大蜓 *Cordulegaster jinensis* Zhu et Han

伪蜓科 Corduliidae

绿金光伪蜓 *Somatochlora dido* Needham

蜻科 Libellulidae

闪绿广腹蜻 *Lyriothemis pachgastra* Selys

白尾灰蜻 *Orthetrum albistylum speciosum* Uhler

褐肩灰蜻 *Orthetrum japonicum internum* McLachlan

黑斑青灰蜻 *Orthetrum triangulare melania* Selys

青灰蜻 *Orthetrum triangulare triangulare*（Selys）

红蜻 *Crocothemis servilia*（Drury）

夏赤蜻 *Sympetrum darwinianum*（Selys）

眉斑赤蜻 *Sympetrum eroticum*（Selys）

秋赤蜻 *Sympetrum frequens*（Selys）

黄腿赤蜻 *Sympetrum imitens*（Selys）

褐顶赤蜻 *Sympetrum infuscatum*（Selys）

小黄赤蜻 *Sympetrum kunckeli* Selys

小赤蜻 *Sympetrum parvulum* Bartnef

晓褐蜻 *Trithemis aurora*（Burmeister）

玉带蜻 *Pseudothemis zonata*（Burmeister）

黄蜻 *Pantala flavesens* Fabricius

丽蟌科 Amphipterygidae

大丽蟌 *Philoganga robusta* Navas

色蟌科 Agriidae

黑色蟌 *Agrion atratum* Selys

晕翅眉蟌 *Matrona basilaris basilaris* Selys

褐翅眉蟌 *Matrona basilaris nigipectus* Selys

绿蟌 *Mnais andersoni tenuis*（Ogima）

紫闪蟌 *Calaphaea consimilis* Mclachlan

溪蟌科 Euphaeidae

巨齿尾溪蟌 *Bayadera medanopteryx* Ris

山蟌科 Megapodagrionidae

藏山蟌 *Mesopodagrion tibetanum* Mclachlan

二星齿山蟌 *Rhipidolestes nectans*（Needham）

扇蟌科 Platycnemidae

四斑长腹蟌 *Coeliccia didyma*（Selys）

白扇蟌 *Platycnemis foliacea foliacea* Selys
粉白扇蟌 *Platycnemis phyllopoda* Djakonov

蟌科 Coenagrionidae

杯斑小蟌 *Agriocnemis femina* (Brauer)
长尾黄蟌 *Ceriagrion fallax* Ris
显突蟌 *Coenagrion barbatum* Needham

丝蟌科 Lestidae

蓝丝蟌 *Ceylomlestes gracilis extraneus* Needham
黑脊蓝丝蟌 *Ceylonlestes birmanus* (Selys)

综蟌科 Chlorolestidae

褐腹绿综蟌 *Megalestes chengi* Chao
褐尾绿综蟌 *Megalestes distans* Needham

(二) 襀翅目 Plecoptera

扁襀科 Peltoperlidae

尖刺刺扁襀 *Cryptoperla stilifera* Sivec

绿襀科 Chloroperlidae

长突长绿襀 *Sweltsa longistyla* (Wu)
反曲长绿襀 *Sweltsa recurvata* (Wu)

襀科 Perlinae

黄色扣襀 *Kiotina biocellata* (Chu)

(三) 蜚蠊目 Blattodea

蜚蠊科 Blattidae

美洲大蠊 *Periplaneta americana* (Linnaeus)

姬蠊科 Phyllodromiidae

拟德姬蠊 *Blattella lituricollis* (Walker)

地鳖蠊科 Polyphagidae

冀地鳖蠊 *Polyphaga plancyi* Bolivar
中华真地鳖 *Eupolyphaga sinensis* (Walker)

(四) 等翅目 Isoptera

鼻白蚁科 Rhinotermitidae

黑胸散白蚁 *Reticulitermes chinensis* Snyder

白蚁科 Termitidae

黑翅土白蚁 *Odontotermes formosanus* (Shiraki)

(五) 螳螂目 Mantodea

螳科 Mantidae

薄翅螳 *Mantis religinsa* (*Linnaeus*)
棕污斑螳 *Statilia maculata* (Thunberg)
狭翅大刀螳 *Tenodera anguscipennis* Saussure
中华大刀螳 *Tenodera sinensis* Saussure
广斧螳 *Hierodula patellifera* (Serville)

(六) 革翅目 Dermaptera

球螋科 Forficuloidae

达氏球螋 *Forficula davidi* Burr

(七) 直翅目 Orthoptera

刺翼蚱科 Scelimenidae

大优角蚱 *Eucriotettix grandis* (Hancock)

蚱科 Tetrigidae

卡尖顶蚱 *Teredorus carmichaeli* Hancock
曲缘尖顶蚱 *Teredorus camurimarginus* Zheng
印度柯蚱 *Coptotettix indicus* Hancock
波氏蚱 *Tettix bolivari* Saulcy
日本蚱 *Tettix japonica* (Bolivar)
武当山微翅蚱 *Alulatettix wudangshanensis* Wang et Zheng
秦岭台蚱 *Formosatettix qinlingensis* Zheng
毛长背蚱 *Paratettix hirsutus* Brunner van Watteuwyl
长翅长背蚱 *Paratettix uvarovi* Semenov
二斑悠背蚱 *Euparatettix bimaculatus* Zheng

槌角蜢科 Gomphomastacidae

细尾比蜢 *Pielomastax tenuicerca* Hsia et Liu

癞蝗科 Pamphagidae

笨蝗 *Haplotropis brunneriana* Saussure

锥头蝗科 Pyrgomorphidae

短额负蝗 *Atractomorpha sinensis* I. Bolivar

斑腿蝗科 Catantopidae

棉蝗 *Chondracris rosea* (De Geer)

日本黄脊蝗 *Patanga japonica* (I. Bolivar)
红褐斑腿蝗 *Catantops pinguis* (Stal)
短角外斑腿蝗 *Xenocatantops humilis brachycerus* Willemse C.
四川凸额蝗 *Traulia orientalis szetschuanensis* Ramme
短星翅蝗 *Calliptamus abbreviatus* Ikonn.
长肢素木蝗 *Shirakiacris shirakii* (I. Bolivar)
斑角蔗蝗 *Hieroglyphus annulicornis* (Shirubi)
小稻蝗 *Oxya hyla intricate* (Stal)
中华稻蝗 *Oxya chinensis* (Thunberg)
比氏蹦蝗 *Sinopodisma pieli* (Chang)
峨眉腹露蝗 *Fruhstorferiola omei* (Rehn et Rehn)
绿腿腹露蝗 *Fruhstorferiola viridifemorata* (Caud)

斑翅蝗科 Oedipodidae

云斑车蝗 *Gastrimargus marmoratus* (Thunberg)
东亚飞蝗 *Locusta migratoria manilensis* (Meyen)
花胫绿纹蝗 *Aiolopus tanulus* (Fabricius)
方异距蝗 *Heteropternis respondens* (Walker)
黄胫小车蝗 *Oedaleus infernalis* Saussure
小赤翅蝗 *Celes akalozubovi* Adelung
疣蝗 *Trilophidia annulata* (Thunberg)
秦岭束颈蝗 *Sphingonotus tsinlingensis* Cheng et al.

网翅蝗科 Arcypteridae

大青背竹蝗 *Ceracris nigricornis laeta* (I. Bolivar)
网翅蝗 *Arcyptera fussa* (Pallas)
隆额网翅蝗 *Arcyptera coreana* Shiraki
中华雏蝗 *Chorthippus chinensis* Tarbinsky
鹤立雏蝗 *Chorthippus fuscipennis* (Caudell)
北方雏蝗 *Chorthippus hammarstroemi* (Miram)
楼观雏蝗 *Chorthippus louguanensis* Cheng et Tu
东方雏蝗 *Chorthippus intermedius* (B. Bienko)
周氏异爪蝗 *Euchorthippus choui* Zheng
条纹异爪蝗 *Euchorthippus vittatus* Zheng
镇巴异爪蝗 *Euchorthippus chenbaensis* Tu et Cheng

剑角蝗科 Acrididae

异翅鸣蝗 *Mongolotettix anomopterus* (Caud.)
中华剑角蝗 *Acrida cinerea* Thunberg
二色戛蝗 *Gonista bicolor* De Haan

蚤蝼科 Tridactylidae

日本蚤蝼 *Tridactylus japonicus* de Haan

蝼蛄科 Gryllotalpidae

东方蝼蛄 *Gryllotalpa orientalis* Burmeister
华北蝼蛄 *Gryllotalpa unispina* Saussure

蛉蟋科 Trigonidiidae

斑腿双针蟋 *Dianemobius fascipes* (Walker)

蟋蟀科 Gryllidae

刻点哑蟋 *Goniogryllus punctatus* Chopard
油葫芦 *Gryllus testaceus* Walker

露螽科 Phaneropteridae

秋掩耳螽 *Elimaea fallax* Bey-Bienko
四川华绿螽 *Sinochlora szechuanensis* Tinkham
短突平背螽 *Isopsera brachystylata* Liu et Wang
黑角露螽 *Phaneroptera nigro-antennata* Brunner von Wattenwyl
赤褐环螽 *Letana rubescens* (Stal)
日本条螽 *Ducetia japonia* (Thunberg)
中华桑螽 *Kuwayamaea chinensis* (Brunner von Wattenwyl)

螽斯科 Tettigoniidae

中华螽斯 *Tettigonia chinensis* Willemse

中华蝈螽 *Gampsocleis sinensis*（Walker）
布氏蝈螽 *Gampsocleis buergeri*（De Haan）
草螽科 Conocephalidae
厚头拟喙螽 *Pseudorhynchus crassiceps*（De Haan）
疑钩额螽 *Ruspolia dubius*（Redtenbacher）
斑翅草螽 *Conocephalus maculates*（Le Guillou）
长瓣草螽 *Conocephalus gladiatus*（Redtenbacher）
比尔锥尾螽 *Conanalus pieli* Tinkham
蛩螽科 Meconematidae
黑膝剑螽 *Xiphidiopsis geniculata* Bey-Bienko
贺氏剑螽 *Xiphidiopsis howardi* Tinkham
驼螽科 Rhaphidophoridae
中华疾灶螽 *Tachycines chinensis* Storozhenko

（八）竹节虫目 Phasmatodea

竹节虫科 Phasmatidae
异齿短肛竹节虫 *Baculum irregulariter-dentatum*（Brunner-Wattenwyl）
长角短肛竹节虫 *Baculum longicornis*（Bi et Wang）
岳西短肛竹节虫 *Baculum yuexiense*（Chen et He）
异竹节虫科 Heteronemiidae
细皮竹节虫 *Phraortes confucias*（Westwood）
平端管竹节虫 *Sipyloidea trancata* Shiraki

（九）虱目 Anoplura

血虱科 Haematopinidae
牛血虱 *Haematopinus eurysternus*（Nitzsch）
猪血虱 *Haematopinus suis*（Linnaeus）
虱科 Pediculidae
人头虱 *Pediculus humanus corporis* De Geer
人体虱 *Pediculus humanus capitis* De Geer
阴虱科 Phthiridae
阴虱 *Phthirus pubis* Linnaeus

（十）缨翅目 Thysanoptera

纹蓟马科 Aeolothripidae
横纹蓟马 *Aeolothrips fasciatus*（Linnaeus）
蓟马科 Thripidae
花蓟马 *Frankliniella intonsa*（Trybom）
禾蓟马 *Frankliniella tenuicornis*（Uzel）
端大蓟马 *Megalurothrips distalis*（Karny）
小头蓟马 *Microcephalothrips abdominalis*（Crawford）
肖长角六点蓟马 *Scolothrips dilongicornis* Han et Zhang
塔六点蓟马 *Scolothrips takahashii* Priesner
葱蓟马 *Thrips alliorum*（Priesner）
蓟马 *Thrips flavus* Schrank
烟蓟马 *Thrips tabaci* Lindeman
管蓟马科 Phlaeothripidae
中华简管蓟马 *Haplothrips chinensis* Priesner
草简管蓟马 *Haplothrips ganglboueri* Schmutz
麦简管蓟马 *Haplothrips tritici*（Kurdjumov）

（十一）半翅目 Hemiptera

蜡蝉科 Fulgoridae
斑衣蜡蝉 *Lycorma delicatula*（White）
广翅蜡蝉科 Ricaniidae
眼斑宽广蜡蝉 *Pochazia discreta* Melichar
蛾蜡蝉科 Flatidae
碧蛾蜡蝉 *Geisha distinctissima*（Walker）
飞虱科 Delphacidae
灰飞虱 *Laodelphax striatellus*（Fallen）
褐飞虱 *Nilaparvata lugens*（Stål）
白背飞虱 *Sogatella furcifera*（Harvath）
瓢蜡蝉科 Issidae
网纹圆瓢蜡蝉 *Gergithus reticulatus*

Matsumura

蝉科 Cicadidae

黑蚱蝉 *Cryptotympana atrata* Fabricius

桑黑蝉 *Cryptotympana japonensis* Kato

蚱蝉 *Cryptotympana pustulata*（Fabricius）

绿蝉 *Mogannia iwasakii* Motschulsky

蟪蛄 *Platypleura kaemferi*（Fabricius）

沫蝉科 Cercopidae

赤斑稻沫蝉 *Callitettix versicolor*（Fabricius）

叶蝉科 Cicadellidae

耳叶蝉亚科 Ledrinae

明冠耳叶蝉 *Ledra hyalina* Kuoh et Cai

黑纹耳叶蝉 *Ledra nigrolineata* Kuoh et Cai

四脊耳叶蝉 *Ledra quadricarina* Walker

离脉叶蝉亚科 Coelidiinae

尼氏单突叶蝉 *Lodiana nielsoni* Zhang

齿片单突叶蝉 *Lodiana ritcheriina* Zhang

凹片叶蝉 *Thagria fossa* Nielson

大叶蝉亚科 Cicadellinae

工纹条大叶蝉 *Atkinsoniclla opponens*（Walker）

隐纹条大叶蝉 *Atkinsoniclla thalia*（Distant）

华凹大叶蝉 *Bothrogonia sinica* Yang et Li

大青叶蝉 *Cicadella viridis*（Linne）

白边大叶蝉 *Kolla paulula*（Walker）

横脊叶蝉亚科 Evacanthinae

黑带脊额叶蝉 *Carinata nigrofasciata* Li et Wang

梵净横脊叶蝉 *Evacanthus fanjinganus* Li et Wang

黄面横脊叶蝉 *Evacanthus interruptus*（Linnaeus）

圆痕叶蝉亚科 Agallinae

二点圆痕叶蝉 *Agallia onukii*（Matsumura）

片角叶蝉亚科 Idiocerinae

黑纹片角叶蝉 *Idiocerus koreanus* Matsumura

叶蝉亚科 Iassinae

齿茎长突叶蝉 *Batracomorphus dentatus*（Kuoh）

足长突叶蝉 *Batracomorphus inachus* Knight

细茎槽胫叶蝉 *Drabescus minipenis* Zhang et Zhang

黄胸槽胫叶蝉 *Drabescus nigrifemoratus*（Matsumura）

赭面槽胫叶蝉 *Drabescus ochrifrons* Vilbaste

中华管茎叶蝉 *Fistulatus sinensis* Zhang et Zhang

阔颈增脉叶蝉 *Kutata nuchalis*（Jacobi）

角顶叶蝉亚科 Deltocephalinae

印度顶带叶蝉 *Exitianus indicus*（Distant）

横线顶带叶蝉 *Exitianus nanus*（Distant）

腹钩菱纹叶蝉 *Hishimonus bucephalus* Emeljanov

端钩菱纹叶蝉 *Hishimonus hamatua* Kuoh

四点二叉叶蝉 *Macrosteles quadrimaculata*（Matsumura）

一点炎叶蝉 *Phlogotettix cyclops*（Mulsant et Rey）

白条带叶蝉 *Scaphoideus albovittatus* Matsumura

横带叶蝉 *Scaphoideus festivus* Matsumura

箭带叶蝉 *Scaphoideus kumamotonis* Matsumura

红色带叶蝉 *Scaphoideus rufilineatus* Li

白边宽额叶蝉 *Usuironus limbifera*（Matsumura）

隐脉叶蝉亚科 Nirvaninae

白头小板叶蝉 *Oniella leucocephala* Matsumura

红缘拟隐脉叶蝉 *Sophonia rubrolimbata*（Kuoh et Kuoh）

赤条拟隐脉叶蝉 *Sophonia rufofascia*（Kuoh et Kuoh）

红线拟隐脉叶蝉 *Sophonia rufolineata* (Kuoh)

小叶蝉亚科 Typhlocybinae

云南白小叶蝉 *Elbelus yunnanensis* Chou et Ma

棉叶蝉 *Empoasca biguttula* (Ishida)

小绿叶蝉 *Empoasca flavescens* Fabricius

猩红小绿叶蝉 *Empoasca tufa* Melichar

桑斑叶蝉 *Erythroneura mori* Matsumura

桃一点斑叶蝉 *Erythroneura sudra* (Dist.)

葡萄斑叶蝉 *Zygina apicalis* Nawa

木虱科 Psyllidae

槐豆木虱 *Cyamophila willieti* (Wu)

梨木虱 *Psylla pyrisuga* Forst

梧桐裂木虱 *Carsidara limbata* (Euderlein)

球蚜科 Adelgidae

华山松球蚜 *Pineus laevis* Maskell

根瘤蚜科 Phylloxeridae

梨黄粉蚜 *Aphanostigma jakusuiensis* (Kishida)

瘿绵蚜科 Pemphigidae

榆绵蚜 *Eriosoma dilanuginosum* Zhang

杨柄叶瘿绵蚜 *Pemphigus matsumurai* Monzer

榆瘿蚜 *Pemphigua akinire* Sasaki

五倍子蚜 *Schlechtendalia chinensis* (Bell)

平翅绵蚜科 Pholeomyzidae

杨平翅绵蚜 *Phloeomyzus passerinii zhangwuensis* Zhang

大蚜科 Lachnidae

松长足大蚜 *Cinara pinea* Mordvilko

栗枝大蚜 *Lachnus tropicalis* van der Goot

斑蚜科 Callaphididae

栗角斑蚜 *Myzocallis kuricola* Matsumura

毛蚜科 Chaitophoridae

柳黑毛蚜 *Chaitophorus salinigri* Shinji

榆华毛蚜 *Sinochaitophorus maoi* Takahashi

蚜科 Aphididae

苜蓿无网蚜 *Acyrthosiphon kondoi* Shinyi et Konto

麦无网蚜 *Acyrthosiphon dirhodum* (Walker)

豌豆蚜 *Acyrthosiphon pisum* (Harris)

茄无网蚜 *Acyrthosiphon solani* (Kaltenbach)

萝藦蚜 *Aphis asclepiadis* Fitch

竹蚜 *Aphis bambusae* Fallaway

绣线菊蚜 *Aphis citricola* van der Goot

豆蚜 *Aphis craccivora* Koch

柳蚜 *Aphis farinose* Gmelia

大豆蚜 *Aphis glycines* Matsumura

棉蚜 *Aphis gossypii* Glover

杠柳蚜 *Aphis periplocophila* Zhang

刺槐蚜 *Aphis robiniae* Machiati

刀豆黑蚜 *Aphis robiniae canavaliae* Zhang

甘蓝蚜 *Breviciryne brassicae* (Linnaeus)

夏至草隐瘤蚜 *Cryptomyzus taoi* Hille Ris Lambers

桃粉大尾蚜 *Hyalopterus amygdale* Blanchard

萝卜蚜 *Lipaphis erysimi* (*Kaltenbach*)

高粱蚜 *Longiunguis sacchari* (Zehntner)

菊小长管蚜 *Macrosiphoniella sanborni* (Gillette)

麦长管蚜 *Macrosiphum avenae* (Fabricius)

金针瘤蚜 *Myzus hemerocallis* Takahashi

苹果瘤蚜 *Myzus malisuctus* Matsumura

桃蚜 *Myzus persicae* (Sulzer)

桃纵卷叶蚜 *Myzus tropicalis* Takahashi

玉米蚜 *Rhopalosiphum maidis* (Fitch)

禾谷缢管蚜 *Rhopalosiphum padi* (Linnaeus)

麦二叉蚜 *Schizaphis graminum* (Rondni)

梨二叉蚜 *Schizaphis piricola* (Matsumura)

中华莎草二叉蚜 *Schizaphis siniscirpi* Zhang

胡萝卜微管蚜 *Semiaphis heraclei* (Takahashi)

乌桕蚜 *Toxoptera odinae* (van der Goot)

桃瘤头蚜 *Tuberocephalus momonis* (Matsumura)

绵蚧科 Monophlebidae

桑履绵蚧 *Drosicha contrahens* Walker

日本履绵蚧(草履蚧) *Drosicha corpulenta* (Kuwanna)

枣履绵蚧 *Drosicha* sp.

旌蚧科 Ortheziidae

荨麻旌蚧 *Orthezia urticae* Linnaeus

粉蚧科 Pseudococcidae

拂子茅配粉蚧 *Allotrionymus calamagrostis* Wu

高加索平粉蚧 *Balanococcus caucasicus* Danzig

中亚灰粉蚧 *Dysmicoccus multivorus* (Kiritshenko)

狗牙根新粉蚧 *Neotrionymus cynodontis* (Kiritshenko)

古北绵粉蚧 *Phenacoccus interruptus* Green

羊草绵粉蚧 *Phenacoccus pennisectus* Tang

金盏菊绵粉蚧 *Phenacoccus solani* Ferris

旧北蔗粉蚧 *Saccharicoccus penium* Williams

红蚧科 Kermesidae

麻栎绛蚧 *Kermes* sp.

毡蚧科 Eriococcidae

东方根毡蚧 *Rhizococcus orientalis* (Danzig)

毛竹根毡蚧 *Rhizococcus rugosus* (Wang)

蚧科 Coccidae

角蜡蚧 *Ceroplastes ceriferus* (Anderson)

枣龟蜡蚧 *Ceroplastes japonicus* Green

朝鲜球坚蚧 *Didesmococcus coreanus* Borchsnius

枣大球蚧 *Eulecanium gigantea* (Shinji)

水木坚蚧 *Parthenolecanium corni* (Bouche)

杏球蚧 *Sphaeroleanium prunastri* (Fonscolombe)

盾蚧科 Diaspididae

月季白轮盾蚧 *Aucalaspis rosarum* Borchsenius

柳蛎盾蚧 *Lepidosaphes salicina* Borchsnius

榆蛎盾蚧 *Lepidosaphes ulmi* (Linnaeus)

蛎盾蚧 *Lepidosaphes* sp.

梨长白蚧 *Lopholeucaspis japonica* (Cockerell)

桑白盾蚧 *Pseudaulacaspis pentagona* (Targioni-Tozzetti)

卫茅尖盾蚧 *Unaspis euoymi* (Comstocki)

黾蝽科 Gerridae

长翅大黾蝽 *Aquarius elongatus* Uhler

圆臀大黾蝽 *Aquarius paludus* (Fabricius)

负子蝽科 Belostomatidae

大田鳖 *Kirkaldyia deyrollei* Vuillefroy

划蝽科 Corixidae

横纹划蝽 *Sigara substriata* Uhler

仰蝽科 Notonectidae

华仰蝽 *Enithares sinica* (Stal)

猎蝽科 Reduviidae

多氏田猎蝽 *Agriosphodrus dohrni* (Signoret)

瘤素猎蝽 *Epidaus tuberosus* Yang

日月盗猎蝽 *Peirates arcuatus* (Stål)

红缘猎蝽 *Reduvius lateralis* Hsiao

黄足锥头猎蝽 *Sirthenea flavipes* (Stål)

盲蝽科 Miridae

三点盲蝽 *Adelphocoris fasiaticollis* Reuter

苜蓿盲蝽 *Adelphocoris lineolatus* Geoze

中黑盲蝽 *Adelphocoris sutjralis* Jakovlev

黑食蚜盲蝽 *Deraeocoris punctulatus* Fallen

烟盲蝽 *Gallobelicus crassicornis* Distant

绿盲蝽 *Lygus lucorum* Meyer-Dur

红楔异盲蝽 *Poeciloscytus cognatus* Fieber

条赤须盲蝽 *Trigonotylus coelestialium* (Kirkaldy)

网蝽科 Tingidae

钩樟冠网蝽 *Stephanitis ambigua* Horvath

梨冠网蝽 *Stephanitis nashi* Esali et Takeya

卷毛裸菊网蝽 *Tingis crispata* (Herrich-Schaeffer)

姬蝽科 Nabidae

泛希姬蝽 *Himacerus apterus* (Fabricius)

华姬蝽 *Nabis sinoferus* Hsiao

花蝽科 Anthocoridae

黑头叉胸花蝽 *Amphiareus obscuriceps* (Poppius)

微小花蝽 *Orius minuts* Linnaeus

东方细角花蝽 *Lyctocoris beneficus* (Hiura)

仓花蝽 *Xylocoris cursitans* (Fallen)

臭虫科 Cimicidae

温带臭虫 *Cimex lectularius* (Linnaeus)

跷蝽科 Berytidae

娇驼跷蝽 *Gampsocoris pulchellus* (Dallas)

圆肩跷蝽 *Metatropis longirostris* Hsiao

锤胁跷蝽 *Yemma signatus* (Hsiao)

长蝽科 Lygaeidae

豆突眼长蝽 *Chauliops fallax* Scott

大眼蝉长蝽 *Geocoris pallidipennis* (Costa)

宽大眼长蝽 *Geocoris varius* (Uhler)

红长蝽 *Lygaeus dohertyi* Distant

拟方红长蝽 *Lygaeus oreophilus* (Kiritshenko)

中国束长蝽 *Malcus sinicus* Stys

东亚毛肩长蝽 *Neolethaeus* dallasi (Scott)

台裂腹长蝽 *Nerthus taivanicus* (Bergroth)

谷子小长蝽 *Nysius ericae* (Schilling)

川鄂缢胸长蝽 *Paraeucosmetus sinensis* Zheng

蒴长蝽 *Pylorgus* sp.

山地浅缢长蝽 *Stigmatonotum rufipes* (Motschulsky)

红蝽科 Pyrrhocoridae

小斑红蝽 *Physopelta cincticollis* Stål

蛛缘蝽科 Alydidae

异稻缘蝽 *Leptocorisa varicornis* Fabricius

点蜂缘蝽 *Riptortus pedestis* Fabricius

缘蝽科 Coreidae

斑背安缘蝽 *Anoplocnemis binotata* Distant

稻棘缘蝽 *Cletus punctiger* Dallas

宽棘缘蝽 *Cletus rusticus* Stål

波原缘蝽 *Coreus potanini* Jakovlev

月肩奇缘蝽 *Derepterys lunata* (Distant)

广腹同缘蝽 *Homoeocerus dilatatus* Horvath

纹须同缘蝽 *Homoeocerus striicornis* Scott

瓦同缘蝽 *Homoeocerus walkerianus* Lethierry et Severin

暗黑缘蝽 *Hygia opaca* Uhler

副锤缘蝽 *Paramarcius puncticeps* Hsiao

肩异缘蝽 *Pterygomia humeralis* Hsiao

姬缘蝽科 Rhopalidae

粟缘蝽 *Liorhyssus hyalinus* Fabricius

黄伊缘蝽 *Rhopalus maculatus* (Fieber)

褐伊缘蝽 *Rhopalus sapporensis* (Matsumura)

异蝽科 Urostylidae

亮壮异蝽 *Urochela distincta* Distant

短壮异蝽 *Urochela falloüi* Reuter

无斑壮异蝽 *Urochela pollescens* (Jakovlev)

黑足壮异蝽 *Urochela rubra* Yang

淡娇异蝽 *Urostylis yangi* Maa

同蝽科 Acanthosomatidae

细铗同蝽 *Acanthosoma forficula* Jakovlev

甘肃直同蝽 *Elasmostethus kansuensis* Hsiao et Liu

绿板同蝽 *Lindbergicoris hochii* (Yang)

伊锥同蝽 *Sastragala esakii* (Hasegowa)

龟蝽科 Plataspidae

双列圆龟蝽 *Coptosoma bifaria* Mondandon

双痣圆龟蝽 *Coptosoma biguttula* Motschulsky

圆头豆龟蝽 *Megacopta cycloceps* Hsiao et Jen

盾蝽科 Scutelleridae

扁盾蝽 *Eurygaster testudinarius* (Geoffroy)

金绿宽盾蝽 *Porcilocoris lewisi* Distant

蝽科 Pentatomidae

蠋蝽 *Arma chinensis*（Fallou）

驼蝽 *Brachycerocoris camelus* Costa

辉蝽 *Carbula obtusangula* Reuter

斑须蝽 *Dolycoris baccarum*（Linnaeus）

麻皮蝽 *Erthesina fullo*（Thunberg）

硕蝽 *Eurostus validus* Dallas

菜蝽 *Eurydema dominulus*（Scopoli）

暗绿巨蝽 *Eusthenes saevus* Stål

赤条蝽 *Graphosoma rubrolieata*（Westwood）

茶翅蝽 *Halyomorpha halys*（Stål）

玉蝽 *Hoplistodera fergussoni* Distant

弯角蝽 *Lelia decempunctata* Motschulsky

稻绿蝽 *Nezara viridula*（Linnaeus）

褐蝽 *Niphe elongatus* Dallas

褐真蝽 *Pentatoma armandi* Fallou

益蝽 *Picromerus lewisi* Scott

斯氏珀蝽 *Plautia stali* Scott

弯刺黑蝽 *Scotinophara horvathi* Distant

二星蝽 *Stollia guttiger*（Thunberg）

（十二）广翅目 Megaloptera

齿蛉科 Corydalidae

东方巨齿蛉 *Acanthacorydalis orientalis*（Machachlan）

碎斑鱼蛉 *Neochauliodes discretus* Yang et Yang

（十三）脉翅目 Neuroptera

草蛉科 Chrysopidae

丽草蛉 *Chrysopa formosa* Brauer

叶色草蛉 *Chrysopa phyllochrona* Wesmael

大草蛉 *Chrysopa pallens*（Ramber）

中华通草蛉 *Chrysoperla sinica* Tjeder

蚁蛉科 Myrmeleontidae

长裳树蚁蛉 *Dendroleon javanus* Bands

黑斑离蚁蛉 *Distoleon nigricanus* Okamoto

陆溪蚁蛉 *Epacanthaclisis continentalis* Esben-Petersen

中华东蚁蛉 *Euroleon sinicus*（Navas）

小华锦蚁蛉 *Gatzara decorilla* Yang

白云蚁蛉 *Glenuroides japonicas* Maclachlan

钩臀蚁蛉 *Myrmeleon bore* Tjeder

泛蚁蛉 *Myrmeleon formicarious* Linnaeus

蝶角蛉科 Ascalaphidae

长翅蝶角蛉 *Suphalacsa longialata* Yang

（十四）鞘翅目 Coleoptera

虎甲科 Cicindelidae

中国虎甲 *Cicindela chinensis* De Geer

云纹虎甲 *Cicindela elisae* Motschulsky

镜面虎甲 *Cicindela specularis* Chaudoir

步甲科 Carabidae

金星步甲 *Calosoma chinense* Kirby

暗星步甲 *Calosoma lugens* Chaudoir

日本裂跗步甲 *Dischissus japonicus* Andrewes

奇裂跗步甲 *Dischissus mirandus* Bates

蠋步甲 *Dolichus halensis*（Schaller）

毛婪步甲 *Harpalus griseus*（panzer）

淡鞘婪步甲 *Harpalus pallidipennis* Morawitz

黄缘心步甲 *Nebria livida* Linnaeus

广屁步甲 *Pheropsophus occipitalis*（Macleay）

隐翅甲科 Staphylinidae

黄足蚁形隐翅虫 *Paederus fuscipes* Curtis

黑足蚁形隐翅虫 *Paederus tamulus* Erichson

阎甲科 Histeridae

黑矮阎甲 *Caecinops quattuordecimstriata*（Stephens）

仓储阎甲 *Dendtrophillus xavieri* Marseul

锹甲科 Lucanide

贺氏弯齿锹甲 *Dorcus curvidens* Hopei Saunders

红腿赢锹甲 *Nipponodorcus rubrofemoratus* (Vollenhoven)

害群赢锹甲 *Nipponodorcus haitschunus* (Didier et Sguy)

粪金龟科 Geotrupidae

戴锤角粪金龟 *Bolbotrypes davidis* Fairmaire

月角粪金龟 *Outhophagus rugulosus*

粪堆粪金龟 *Geotrupes stercorarius* Linnaeus

蜉金龟科 Aphodiidae

骚蜉金龟 *Aphodius sirex* (Fabricius)

皮金龟科 Trogidae

鲍皮金龟 *Trox boucomonti* Paulian

金龟科 Scarabaeidae

神农蜣螂 *Catharsius molossus* Linnaeus

臭蜣螂 *Copris ochus* Mots.

中华蜣螂 *Copris sinicus* Hope

头镰角蜣螂 *Drepanocerus integriceps* Janssens

墨侧裸蜣螂 *Gymnopleurus mopsus* (Pallas)

翘侧裸蜣螂 *Gymnopleurus sinuatus* Olivier

镰宽胸蜣螂 *Onitis falcatus* Wulfen

日本嗡蜣螂 *Onthophagus japonicus* Harold

三角嗡蜣螂 *Onthophagus tricornis* Wiederman

台风蜣螂 *Scarabaeus typhoon* Fischer

斯氏蜣螂 *Sisyphus schaefferi* Linnaeus

犀金龟科 Dynastidae

双叉犀金龟 *Allomyrina dichotoma* (Linnaeus)

华扁犀金龟 *Eophileurus chinensis* (Faldermann)

阔胸禾犀金龟 *Pentoden mongolicus* Motschulsky

丽金龟科 Rutelidae

毛喙丽金龟 *Adoretus hirsutus* Ohaus

斑喙丽金龟 *Adoretus tenuimaculatus* Waterhouse

铜黑异丽金龟 *Anomala antigue* Gyllenhal

铜绿异丽金龟 *Anomala corpulenta* Motschulsky

黄褐异丽金龟 *Anomala exoleta* Faldermann

侧斑异丽金龟 *Anomala luculent* Erichson

油桐绿异丽金龟 *Anomala sieversi* Heyden

弱脊异丽金龟 *Anomala sulcipennis* (Faldermann)

大绿异丽金龟 *Anomala virens* Lin

蓝边矛丽金龟 *Callistethus plagiicollis* Fairmaire

草绿彩丽金龟 *Mimela passerinii* Hope

琉璃弧丽金龟 *Popillia flavossellata* Fairmaire

棉花弧丽金龟 *Popillia mutans* Newman

曲带弧丽金龟 *Popillia pustulata* Fairmaire

中华弧丽金龟 *Popillia quadriguttata* Fabricius

苹毛丽金龟 *Proagopertha lucidula* Faldermann

鳃金龟科 Melolonthidae

二色希鳃金龟 *Hilyotrogus bicoloreus* (Heyden)

华北大黑鳃金龟 *Holotrichia oblita* (Faldermann)

暗黑鳃金龟 *Holotrichia parallela* Motschulsky

四川大黑鳃金龟 *Holotrichia szechuanensis* Chang

棕色鳃金龟 *Holotrichia titanis* Reitter

毛黄鳃金龟 *Holotrichia trichophora* (Fairmaire)

灰胸突鳃金龟 *Hoplosternus incanus* Motschulsky

小阔胫玛绢金龟 *Maladera ovatula* Fairmaire

阔胫玛绢金龟 *Maladera verticalis* Fairmaire

弟兄鳃金龟 *Melolontha frater* Arrow

鲜黄鳃金龟 *Metabolus tumidifrons* Fairmaire

东方绢金龟 *Serica orientalis* Motschulsky
华索鳃金龟 *Sophrops chinensis* (Brenske)
条索鳃金龟 *Sophrops striata* (Brenske)

花金龟科 Cetoniidae

白斑跗花金龟 *Clinterocera mandarina* (Westwood)
布尔鹿花金龟 *Dicranocephalus bourgoini* Pouillande
斑青花金龟 *Oxycetonia bealiae* (Gory et Percheron)
小青花金龟 *Oxycetonia jucunda* (Faldermann)
褐锈花金龟 *Poecilophilides rusticola* (Burmeister)
凸绿星花金龟 *Protaetia aerata* (Erichson)
白星花金龟 *Protaetia brevitarsis* (Lewis)

斑金龟科 Trichiidae

短毛斑金龟 *Lasiotrichius succinctus* (Pallas)

吉丁甲科 Buprestidae

核桃小吉丁虫 *Agrilus lewisellus* Kere
日本吉丁虫 *Chalcophora japonica* Gory

叩甲科 Elateridae

细胸锥尾叩甲（细胸叩头虫）*Agriotes subvittatus* Motschulsky
褐纹梳爪叩甲 *Melanotus caudex* Lewis
沟线角叩甲（沟叩头虫）*Pleonomus canaliculatus* (Faldermann)

皮蠹科 Dermestidae

标本圆皮蠹 *Anthrenus museorum* (Linnaeus)
小圆皮蠹 *Anthrenus verbasci* (Linnaeus)
黑毛皮蠹 *Attagenus unicolor japonicus* Reitter
钩纹皮蠹 *Dermester ater* De Geer
拟白腹皮蠹 *Dermester frischi* Kugelann
白腹皮蠹 *Dermester maculatus* De Geer
赤毛皮蠹 *Dermester tessellatocollis* Motschulsky
远东螵蛸皮蠹 *Thaumaglossa ovivora* (Matsumura et Yokoyama)
百怪皮蠹 *Thylodrias contractus* Motschulsky
花斑皮蠹 *Trogoderma variabile* Ballion

窃蠹科 Anobiidae

烟草甲 *Lasioderma serricorne* (Fabricius)
梳角窃蠹 *Ptilineurus marmoratus* Reitter
药材甲 *Stegobium paniceum* (Linnaeus)

蛛甲科 Ptinidae

拟裸蛛甲 *Gibbium aequinoctiale* Boiedieu
褐蛛甲 *Pseudeurostus hilleri* (Reitter)

长蠹科 Bostrichidae

竹蠹 *Dinoderus minutus* (Fabricius)
谷蠹 *Rhyzopertha dominica* (Fabricius)

谷盗科 Trogossitidae

大谷盗 *Tenebroides mauritanicus* (Linnaeus)

露尾甲科 Nitidulidae

细胫露尾甲 *Carpophilus delkeskampi* Hisamatsu
凹胫露尾甲 *Carpophilus pilosellus* Motschulsky

扁甲科 Cucujidae

锈赤扁谷盗 *Cryptolestes ferrugineus* (Stephens)
长角扁谷盗 *Cryptolestes pusillus* (Schonherr)
土耳其扁谷盗 *Cryptolestes turcicus* (Grouville)

锯谷盗科 Silvanidae

米扁虫 *Ahasverus advena* (Waltl)
锯谷盗 *Oryzaephilus surinamensis* (Linnaeus)
圆筒胸锯谷盗 *Silvanoprus cephalotes* (Reitter)
尖胸锯谷盗 *Silvanoprus scuticollis* (Walker)

隐食甲科 Cryptophagidae

钩角隐食甲 *Cryptophagus acutangulus* Gyllenhal

腐隐食甲 *Cryptophagus obsoletus* Reitter

瓢虫科 Coccinellidae

红瓢虫亚科 Coccidulinae

红褐粒眼瓢虫 *Sumnius brunneus* Jing

小毛瓢虫亚科 Scymninae

黑背显盾瓢虫 *Hyperaspis amurensis* Weise

中华显盾瓢虫 *Hyperaspis sinensis* (Crotch)

秭归弯叶毛瓢虫 *Nephus* (*Bipunctatus*) *ziguiensis* Yu

双膜方瓢虫 *Pseudoscymnus disselasmatus* Pang et Huang

黑背毛瓢虫 *Scymnus* (*Neopullus*) *babai* Sasaji

黑襟毛瓢虫 *Scymnus* (*Neopullus*) *hoffmanni* Weise

套矛毛瓢虫 *Scymnus* (*Neopullus*) *thecacontus* Ren et Pang

锈色小瓢虫 *Scymnus* (*Pullus*) *dorcatomoides* Weise

矛端小瓢虫 *Scymnus* (*Pullus*) *lonchiatus* Pang et Huang

后斑小瓢虫 *Scymnus* (*Pullus*) *posticalis* Sicard

柳端小瓢虫 *Scymnus* (*Pullus*) *rhamphiatus* Pang et Huang

束小瓢虫 *Scymnus* (*Pullus*) *sodalis* Weise

内囊小瓢虫 *Scymnus* (*Pullus*) *yangi* Yu et Pang

长毛小毛瓢虫 *Scymnus* (*Scymnus*) *crinitus* Fürsch

拳爪小毛瓢虫 *Scymnus* (*Scymnus*) *scapanulus* Pang et Huang

阿穆尔食螨瓢虫 *Stethorus* (*Allostethorus*) *amurensis* Iablokoff-Khnzorian

束管食螨瓢虫 *Stethorus* (*Allostethorus*) *chengi* Sasaji

深点食螨瓢虫 *Stethorus* (*Stethorus*) *punctillum* Weise

盔唇瓢虫亚科 Chilocorinae

红点唇瓢虫 *Chilocorus kuwanae* Silvestri

黑缘红瓢虫 *Chilocorus rubidus* Hope

四斑广盾瓢虫 *Platynaspidius maculosus* (Weise)

中原寡节瓢虫 *Telsimia nigra centralis* Pang et Mao

小艳瓢虫亚科 Sticholotidinae

镰叶刀角瓢虫 *Serangium drepnicum* Xiao

瓢虫亚科 Coccinellinae

二星瓢虫 *Adalia bipunctata* (Linnaeus)

六斑异瓢虫 *Aiolocaria hexaspilota* (Hope)

展缘异点瓢虫 *Anisosticta kobensis* Lewis

枝斑裸瓢虫 *Calvia hauseri* (Mader)

四斑裸瓢虫 *Calvia muiri* (Timberlake)

十五星裸瓢虫 *Calvia quindecimguttata* (Fabricius)

链纹裸瓢虫 *Calvia sicardi* (Mader)

六斑月瓢虫 *Cheilomenes sexmaculata* Mulsant

孪斑瓢虫 *Coccinella geminopunctata* Liu

五星瓢虫 *Coccinella quinquepunctata* Linneaus

七星瓢虫 *Coccinella septempunctata* Linnaues

横斑瓢虫 *Coccinella transversoguttata* Faldermann

十一星瓢虫 *Coccinella undecimpunctata* Linnaeus

异色瓢虫 *Harmonia axyridis* (Pallas)

隐斑瓢虫 *Harmonia yedoensis* (Takizawa)

十三星瓢虫 *Hippodamia tredecimpunctata* (Linnaeus)

多异瓢虫 *Hippodamia variegata* (Goeze)

素鞘瓢虫 *Illeis cincta* (Fabricius)

周缘盘瓢虫 *Lemnia circumvelata* (Mulsant)
白条菌瓢虫 *Macroilleis hauseri* Mader
十二斑巧瓢虫 *Oenopia bissexnotata* (Mulsant)
梯斑巧瓢虫 *Oenopia scalaris* (Timberlake)
龟纹瓢虫 *Propylea japonica* (Thunberg)
黄室盘瓢虫 *Propylea luteopustulata* (Mulsant)
二十二星菌瓢虫 *Psyllobora vigintiduopunctata* (Linnaeus)
十二斑褐菌瓢虫 *Vibidia duodecimguttata* (Poda)

食植瓢虫亚科 Epilachninae

端球崎齿瓢虫 *Afissula expansa* (Dieke)
菱斑食植瓢虫 *Epilachna insignis* Gorham
尖翅食植瓢虫 *Epilachna acuta* (Weise)
安徽食植瓢虫 *Epilachna anhweiana* (Dieke)
马铃薯瓢虫 *Henosepilachna viginotioctomaculata* (Motschulsky)
茄二十八星瓢虫 *Henosepilachna vigintioctopunctata* (Fabricius)

薪甲科 Lathridiidae

缩颈薪甲 *Cartodere constricta* (Gyllenhal)
脊突薪甲 *Enicmus histrio* Joy et Tomlin
湿薪甲 *Enicmus minutus* (Linnaeus)
扁薪甲 *Holoparamecus depressus* Curtis
椭圆薪甲 *Holoparamecus ellipticus* Wollaston
头角薪甲 *Holoparamecus signatus* Wollaston
四行薪甲 *Lathridius bergrothi* Reitter
红颈小薪甲 *Microgramme ruficollis* (Marsham)
东方薪甲 *Migneauxia orientalis* Reitter

小蕈甲科 Mycetophagidae

小蕈甲 *Typhaea stercorea* (Linnaeus)

拟步甲科 Tenebrionidae

黑菌虫 *Alphitobius diaperinus* Panzer
褐菌虫 *Alphitobius laevigatus* Fabricius
二带黑菌虫 *Alphitophagus bifasciatus* Say
蒙古拟地甲 *Gonocephalus reticulatus* Motschulsky
仓潜 *Mesomorphus villiger* Blanchard
网目拟地甲 *Opatrum sabulosum* Linnaeus
姬粉盗 *Palorus ratzeburgi* (Wissman)
黑粉虫 *Tenebrio obscurus* Fabricius
赤拟谷盗 *Tribolium castaneum* (Herbst)
杂拟谷盗 *Tribolium confusum* Jacquelin du Val

芫菁科 Meloidae

中国豆芫菁 *Epicauta chinensis* Laporte
豆芫菁 *Epicauta gorhami* Marseul
绿芫菁 *Lytta caraganae* Pallas
眼斑芫菁 *Mylabris cicharii* Linnaeus
大斑芫菁 *Mylabris phalerafa* Pallas

天牛科 Cerambycidae

锯天牛亚科 Prioninae

沟翅土天牛 *Dorysthenes fossatus* (Pascoe)
曲牙土天牛 *Dorysthenes hydropicus* Pascoe
中华薄翅天牛 *Megopis sinica* (White)

花天牛亚科 Lepturinae

赤杨缘花天牛 *Anoplodera rubra dichroa* (Blanch)
斑角缘花天牛 *Anoplodera variicornis* (Dalman)
异色花天牛 *Leptura thoracira* Creutzer
松脊花天牛 *Stenocorus inquisitor japonicus* (Bates)
二点瘦花天牛 *Strangalia savioi* Pic

天牛亚科 Cerambycinae

皱胸闪光天牛 *Aeolesthes holosericea* Fabricius
白角纹虎天牛 *Anaglyptus apicicornis* (Gressitt)
黄带纹虎天牛 *Anaglyptus subfasciatus* Pic
台湾柄天牛 *Aphrodisium sauteri* Matsushita
桃红颈天牛 *Aromia bungii* Faldermann

红缘亚天牛 *Asias halodendri* (Pallas)
日本绿天牛 *Chloridolum japonicum* Harold
弧纹绿虎天牛 *Chlorophorus miwai* Gressitt
散斑绿虎天牛 *Chlorophorus notabilis cuneatus* (Fairmaire)
裂纹绿虎天牛 *Chlorophorus separatus* Gressitt
六斑绿虎天牛 *Chlorophorus sexmaculatus* (Motschulsky)
栗山天牛 *Massicus raddei* Blessig
桃褐天牛 *Nadezhdiella aurea* Gressitt
橘褐天牛 *Nadezhdiella cantori* (Hope)
黑肿角天牛 *Neocerambyx mandarinus* Gressitt
黑跗虎天牛 *Perissus minicus* Gressitt & Rondon
帽斑紫天牛 *Purpuricenus petatifer* Fairmaire
连纹艳虎天牛 *Rhaphuma elongate* Gressitt
蓝丽天牛 *Rosalia coelestis* Semenov
家茸天牛 *Trichoferus campestris* (Faldermann)
刺角天牛 *Trirachys orientalis* Hope
合欢双条天牛 *Xystrocera globosa* (Olivier)

沟胫天牛亚科 Lamiinae

灰长角天牛 *Acanthocinus aedilis* (Linnaeus)
小灰长角天牛 *Acanthocinus griseus* (Fabricius)
灰斑安天牛 *Annamanum albisparsum* (Gahan)
星天牛 *Anoplophore chinensis* (Forster)
胸斑星天牛 *Anoplophore chinensis macularia* (Thomson)
光肩星天牛 *Anoplophore glabripennis* (Motschulsky)
粒肩天牛 *Apriona germari* (Hope)
黄荆重突天牛 *Astathes episcopalis* Chevrolat
黑跗眼天牛 *Bacchisa atritarsis* (Pic)
梨眼天牛 *Bacchisa fortunei* (Thomson)
橙斑白条天牛 *Batocera davidis* Deyrolle
云斑白条天牛 *Batocera horsfieldi* (Hope)
台湾缨象天牛 *Cacia arisana* (Kano)
梨突天牛 *Diboma malina* Gressitt
双带粒翅天牛 *Lamiomimus gottschei* Kolbe
三带象天牛 *Mesosa longipennis* Bates
四点象天牛 *Mesosa myops* (Dalman)
双簇污天牛 *Moechotypa diphysis* (Pascoe)
松墨天牛 *Monochamus alternatus* Hope
红足墨天牛 *Monochamus dubius* Gahan
麻斑墨天牛 *Monochamus sparsutus* Fairmaire
黑腹筒天牛 *Oberea nigriventris* Bates
灰翅筒天牛 *Oberea oculata* (Linnaeus)
苎麻双脊天牛 *Paraglenea fortunei* (Saundeas)
中华蛛天牛 *Parechthistatus chinensis* Breuning
橄榄梯天牛 *Pharsalia subgemmata* (Thomson)
黄星天牛 *Psacothea hilaris* (Pascoe)
伪昏天牛 *Pseudanaesthetis langana* Pic
棕竿天牛 *Pseudocalambius leptissimus* Gressitt
山杨楔天牛 *Saperda carcharias* (Linnaeus)
青杨楔天牛 *Saperda populnea* (Linnaeus)
麻竖毛天牛 *Thyeslilla gebleri* (Faldermann)
刺胸毡天牛 *Thylactus simulans* Gahan

幽天牛亚科 Aseminae

褐梗天牛 *Arhopalus rusticus* (Linnaeus)
光胸断眼天牛 *Tetropium castaneum* (Linnaeus)

负泥虫科 Crioceridae

千斤拔叶甲 *Sagra moghanii* Chen

叶甲科 Chrysomelidae

黄守瓜 *Aulacophora femoralis* (Motschulsky)

麦跳甲 *Chaetocnema hortensis* (Geoffroy ap. Fourcroy)
杨叶甲 *Chrysomela populi* Linnaeus
核桃扁叶甲 *Gastrolina depressa* Baly
葡萄十星叶甲 *Oides decempunctata* (Billberg)
黑跗瓢萤叶甲 *Oides tarsata* (Baly)
黄宽条跳甲 *Phyllotreta humilis* Weise
黄直条跳甲 *Phyllotreta rectilineata* Chen
黄狭条跳甲 *Phyllotreta vittula* Redtenbacher
柳蓝叶甲 *Plagiodera versicolora* (Laicharting)
黄色漆树跳甲 *Podontia lutea* (Olivier)
榆绿毛萤叶甲 *Pyrrhalta aenescens* (Fairmaire)
榆黄毛萤叶甲 *Pyrrhalta maculicollis* Motschulsky

肖叶甲科 Eumolpidae

甘薯叶甲 *Colasposoma dauricum* Mannerheim
杨梢叶甲 *Parnops glasunowi* Jacobson

铁甲科 Hispidae

泡桐锯龟甲 *Basiprionota bisignata* (Boheman)
甘薯蜡龟甲 *Laccoptera quadrimaculata* (Thunberg)

豆象科 Bruchidae

绿豆象 *Callosobruchus chinensis* (Linnaeus)

卷象科 Attelabidae

栎卷象 *Paroplapoderus pardalis* Snellen van Vollenhoven
枫杨卷象 *Paroplapoderus semiamulatus* Jekel
栎小卷象 *Paroplapoderus vanvolxemi* Roelofs

象甲科 Curculionidae

柳绿象 *Chlorophanus sibiricus* Gyllenhyl
象实象甲 *Curculio robustus* Roelofs
核桃根象甲 *Dyscerus juglans* Chao
柳瘿象甲 *Eteophilus maculipennis* Roelofs
椿小象 *Eucryptorrhynchus brandti* Harold
椿大象 *Eucryptorrhynchus chinensis* (Olivier)
松大象甲 *Hylobius abietis* Linnaeus
蓝绿象 *Hypomeces squamosus* Fabricius
黄星象 *Lepyrus japonicus* Roelofs
棉尖象 *Phytoscaphus gossypii* Chao
玉米象 *Sitophilus zeamais* Motschulsky
大灰象 *Sympiezomias velatus* (Chevrolat)
蒙古象 *Xylinophorus mongolicus* Faust

小蠹科 Scolytidae

马尾松梢小蠹 *Cryphalus massonianus* Tsai et Li
华山松大小蠹 *Dendroctonus armandi* Tsai et Li
松六齿小蠹 *Ips acuminatus* Gyllenhal
松十二齿小蠹 *Ips sexdentatus* Boerner
柏肤小蠹 *Phloeosinus aubei* Perris
黄须球小蠹 *Sphaerotrypes coimbatorensis* Stebbing
核桃球小蠹 *Sphaerotrypes juglansi* Tsai et Yin
横坑切梢小蠹 *Tomicus minor* Hartig
纵坑切梢小蠹 *Tomicus piniperda* Linnaeus

(十五) 捻翅目 Strepsiptera

栉蝙科 Halictophagidae

二点栉蝙 *Halictophagus bipunctatus* Yang

(十六) 双翅目 Diptera

蚊科 Culicidae

白纹伊蚊 *Aedes albopictus* Skuse
二带喙库蚊 *Culex bitaeniorhynchus* Giles
淡色库蚊 *Culex pipiens pallens* Coquillett
中华库蚊 *Culex sinensis* Theobald
三带喙库蚊 *Culex tritaeniorhynchus* Giles

瘿蚊科 Cecidomyiidae

食蚜瘿蚊 *Aphidoletes meridonalis* Felt

柳芽瘿蚊 *Rhabdophaga rosaria* H. Loew

柳梢瘿蚊 *Rhabdophaga salicis* Schrenk

柳干瘿蚊 *Rhabdophaga saliciperda* Duf.

食虫虻科 Asilidae

残低颜食虫虻 *Cerdistus debilis* Becker

互突额食虫虻 *Dioctria lateralis* Meigen

蕾潘蓬食虫虻 *Pamponerus germanicus helveticus* (Mik)

孔毛突食虫虻 *Tolmerus atripes* Loew

长足虻科 Dolichopodidae

宽额隐脉长足虻 *Asyndetus latifrons* (Loew)

黄斑短跗长足虻 *Chaetogonopterus luteicinctus* (Parent)

毛盾寡长足虻 *Hercostomus* (*Gymnopterus*) *congruens* Becker

天目山寡长足虻 *Hercostomus tianmushanus* Yang

大须寡长足虻 *Hercostomus potanini* Stachelberg

黄斑粗柄长足虻 *Ludovicius flavus* Yang

尖角弓脉长足虻 *Paraclius acutatus* Yang et Li

食蚜蝇科 Syrphidae

黄毛黑蚜蝇 *Cheilosia chloris* (Meigen)

黑足黑蚜蝇 *Cheilosia nigripes* (Meigen)

黑带细腹食蚜蝇 *Episyrphus balteatus* (De Gear)

短腹管蚜蝇 *Eristalis arbustorum* (Linnaeus)

洋葱平颜蚜蝇 *Eumerus strigatus* (Fallén)

铜鬃胸蚜蝇 *Ferdinandea cuprea* (Scopoli)

短刺刺腿食蚜蝇 *Ischiodon scutallaris* (Fabricius)

三色毛管蚜蝇 *Mallota tricolor* Loew

梯斑墨蚜蝇 *Melanostoma scalare* (Fabricius)

大灰后食蚜蝇 *Metasyrphus corollae* (Fabricius)

黄缘斜环蚜蝇 *Palumbia nova* (Hull)

刻点小蚜蝇 *Paragus tibialis* (Fallén)

裸芒宽盾蚜蝇 *Phytomia errans* (Fabricius)

斜斑鼓额食蚜蝇 *Scaeva pyrastri* (Linnaeus)

月斑鼓额食蚜蝇 *Scaeva selenitica* (Meigen)

短翅细腹食蚜蝇 *Sphaerophoria scripta* (Linnaeus)

叉叶细腹食蚜蝇 *Sphaerophoria taeniata* (Meigen)

水蝇科 Ephydridae

尖唇粗腿水蝇 *Ochthera circularis* Cresson

潜蝇科 Agromyzidae

东方麦潜蝇 *Agromyza ambigua yanonis* Matsumura

豆秆黑潜蝇 *Melanagromyza sojae* (Zehntner)

豌豆植潜蝇 *Phytomyza horticola* Goureau

麦植潜蝇 *Phytomyza nigra* Meigen

秆蝇科 Chloropidae

麦秆蝇 *Meromyza saltatrix* Linnaeus

花蝇科 Anthomyiidae

毛尾地种蝇 *Delia pilipyga* (Villeneuve)

灰地种蝇 *Delia platura* (Meigen)

四条泉蝇 *Pegomya quadrivittata* Karl

厕蝇科 Fanniidae

夏厕蝇 *Fannia canicularis* (Linnaeus)

瘤胫厕蝇 *Fannia scalaris* (Fabricius)

蝇科 Muscidae

东方角蝇 *Haematobia exigua* de Meijere

骚血喙蝇 *Haematobosca perturbans* (Bezzi)

刺血喙蝇 *Haematobosca sanguinolenta* (Austen)

金尾墨蝇 *Mesembrina aurocaudata* Emden

逐畜家蝇 *Musca conducens* Walker

家蝇 *Musca domestica* Linnaeus

黑边家蝇 *Musca hervei* Villeneuve
狭额腐蝇 *Muscina angustifrons* (Loew)
厩腐蝇 *Muscina stabulans* (Fallén)
绿翠蝇 *Neomyia cornicina* (Fabricius)
厩螫蝇 *Stomoxys calcitrans* (Linnaeus)
印度螫蝇 *Stomoxys indicus* Picard

丽蝇科 Calliphoridae

巨尾阿丽蝇 *Aldrichina grahami* (Aldrich)
乌拉尔丽蝇 *Calliphora uralensis* Villeneuve
红头丽蝇 *Calliphora vicina* Robineau-Desvoidy
反吐丽蝇 *Calliphora vomitoria* (Linnaeus)
亮绿蝇 *Lucilia illustris* (Meigen)
丝光绿蝇 *Lucilia sericata* (Meigen)
不显口鼻蝇 *Stomorhina obsoleta* (Wiedemann)

麻蝇科 Sarcophagidae

棕尾别麻蝇 *Boettcherisca peregrina* (Robineau-Desvoidy)
黑尾黑麻蝇 *Helicophagella melanura* (Meigen)
白头突额蜂麻蝇 *Metopia argyrocephala* Meigen
山东肿额潘麻蝇 *Pandelleana protuberans shantungensis* Yeh
短角亚麻蝇 *Parasarcophaga brevicornis* (Ho)
酱亚麻蝇 *Parasarcophaga dux* (Thomson)
贪食亚麻蝇 *Parasarcophaga harpax* (Pandellé)
巨耳亚麻蝇 *Parasarcophaga macroauriculata* (Ho)
秉氏亚麻蝇 *Parasarcophaga pingi* (Ho)
灰小翅蜂麻蝇 *Pterella grisra* (Meigen)
红尾拉麻蝇 *Ravinia striata* (Fabricius)
拟东方辛麻蝇 *Seniorurhitea reciproca* (Walker)

寄蝇科 Tachinidae

裸短尾寄蝇 *Aplomyia metallica* (Wiedemann)
伞裙追寄蝇 *Exorista civilis* (Rondani)
草地追寄蝇 *Exorista pratensis* (Robineav-Desvoidy)
叉叶江寄蝇 *Janthinomyia elegans* Matsum
裂肛短须寄蝇 *Linnaemya fissiglobula* Pandellé
欧短须寄蝇 *Linnaemya olsufjevi* Zimin
绿毛短须寄蝇 *Linnaemya zimini* Chao
玉米螟厉寄蝇 *Lydella grisescens* Robineau-Desvoidy
髯须侧盾寄蝇 *Paratryphera barbatula* Rondani
黏虫长须寄蝇 *Peleteria varia* (Fabricius)
普通怯寄蝇 *Phryxe vulgaris* (Fallén)
柔毛扁寄蝇 *Platymyia mitis* Meigen
火灯寄蝇 *Tachina ardens* (Zimin)
软鬃寄蝇 *Vibrissina debilitata* (Pandellé)

（十七）蚤目 Siphonaptera

蚤科 Pulicidae

猫栉首蚤 *Ctenocephalides felis* (Bouche)
人蚤 *Pulex irritans* Linnaeus
印鼠客蚤 *Xenopsylla cheopis* (Rothschild)

细蚤科 Leptopsyllidae

缓慢细蚤 *Leptopsylla segnis* (Schonberr)

角叶蚤科 Ceratophyllidae

不等单蚤 *Monopsyllus anisus* (Rothschild)

（十八）鳞翅目 Lepidoptera

蝙蝠蛾科 Hepialidae

湖南鸠蝠蛾 *Phassus hunanensis* Chu et Wang

谷蛾科 Tineidae

褐斑谷蛾 *Homalopsycha agglutinata* Meyrick
四点谷蛾 *Tinea tugurialis* Meyrick

蓑蛾科 Psychidae

白囊蓑蛾 *Chalioides kondonis* Matsumura

小巢蓑蛾 *Clania minuscula* Butler
大巢蓑蛾 *Clania variegata* Snellen

细蛾科 Gracillariidae

梨潜皮细蛾 *Acrocercops astaurota* Meyrick
金纹细蛾 *Lithocolletis ringoniella* Matsumura

举肢蛾科 Heliodinidae

核桃举肢蛾 *Atrijuglans hetauhei* Yang
柿举肢蛾 *Starhmopoda massinissa* Meyrick

潜蛾科 Lyonetiidae

旋纹潜蛾 *Leucoptera scitella* Zeller
杨白潜蛾 *Leucoptera susinela* Herrich-Schaffer
桃潜蛾 *Lyonetia clerkella* Linnaeus

叶潜蛾科 Phyllocnistidae

杨银叶潜蛾 *Phyllocnistis saligna* Zeller

华蛾科 Sinitineidae

梨瘿华蛾 *Sinitinea pyrigalla* Yang

菜蛾科 Plutellidae

小菜蛾 *Plutella xylostella*（Lineanius）

巢蛾科 Yponomeutidae

银带巢蛾 *Cedestis exiguata* Moriuti
金冠褐巢蛾 *Metanomeuta fulvicrinis* Meyrick
矛雪巢蛾 *Niphonympha varivera* Yu et Li
灰巢蛾 *Yponomeuta cinefactus* Meyrick
稠李巢蛾 *Yponomeuta evonymellus*（Linnaeus）
苹果巢蛾 *Yponomeuta padella*（Linnaeus）
同伴巢蛾 *Yponomeuta sociatus* Moriuti

木蠹蛾科 Cossidae

芳香木蠹蛾 *Cossus cossus orientalis* Gaede
柳干蠹蛾 *Holcocerus vicarius* Walker
咖啡豹蠹蛾 *Zeuzera coffeae*（Nietner）

宽蛾科 Depressariidae

二点广宽蛾 *Agonopterix costaemacullella*（Christoph）
钩广宽蛾 *Agonopterix kaekeritziana*（Linnaeus）
多广宽蛾 *Agonopterix multiplicella*（Erschoff）

木蛾科 Xyloryctidae

德尔塔隆木蛾 *Aeolanthes deltogramma* Meyrick
红隆木蛾 *Aeolanthes erythrantis* Meyrick

织蛾科 Oecophoridae

大黄隐织蛾 *Cryptolechia malacobyrsa* Meyrick
斜带隐织蛾 *Cryptolechia torophanes* Meyrick
黄枯织蛾 *Lasiochira xanthacma*（Meyrick）
米仓织蛾 *Martyringa xeraula*（Meyrick）
澄城带织蛾 *Periacma chengchengensis* Wang et Zheng
周至带织蛾 *Periacma zhouzhiensis* Wang et Zheng
斜锦织蛾 *Promalactis autoclina* Meyrick
红锦织蛾 *Promalactis rubra* Wang，Zheng et Li
点线锦织蛾 *Promalactis suzukiella*（Matsumura）
秦岭斑织蛾 *Ripeacma qinlingensis* Wang et Zheng
佛坪斑织蛾 *Ripeacma fopingensis* Wang et Zheng
丽展足蛾 *Stathmopoda callopis* Meyrick
黑缘酪织蛾 *Tyrolimnas anthraconesa* Meyrick

祝蛾科 Lecithoceridae

黄宽银祝蛾 *Glaucolychna fornicata* Wu et Liu
二点祝蛾 *Odites xenophaea* Meyrick
梅祝蛾 *Scythropiodes issikii*（Takahashi）

麦蛾科 Gelechiidae

甘薯麦蛾 *Brachmia macroscopa* Meyrick
青冈指麦蛾 *Dactylethrella tegulifera*（Meyrick）
中带林麦蛾 *Dendrophilia mediofasciana*（Park）

灌县林麦蛾 *Dendrophilia saxigera* (Meyrick)

玉山林麦蛾 *Dendrophilia yushanica* Li et Zheng

远东棕麦蛾 *Dichomeris fareasta* Park

褐棕麦蛾 *Dichomeris fuscahopa* Li et Zheng

霍棕麦蛾 *Dichomeris hodgesi* Li et Zheng

日本棕麦蛾 *Dichomeris japonicella* (Zeller)

鸡血藤麦蛾 *Dichomeris oceanis* Meyrick

长须棕麦蛾 *Dichomeris okadai* (Moriuti)

桃棕麦蛾 *Dichomeris picrocarpa* (Meyrick)

栎棕麦蛾 *Dichomeris quercicola* Meyrick

艾棕麦蛾 *Dichomeris rasilella* (Herrich-Schäffer)

异脉筛麦蛾 *Ethmiopsis prosectrix* Meyrick

胡枝子树麦蛾 *Evippe albidorsella* (Snellen)

拟蛮麦蛾 *Homoshelas epichthonia* Meyrick

栎蛮麦蛾 *Hypatima venefica* Ponomarenko

白线荚麦蛾 *Mesophleps albilinella* (Park)

棉红铃虫 *Platyedra gossypiella* (Saunders)

麦蛾 *Sitotroga cerealella* (Olivier)

黑星麦蛾 *Telphusa chloroderces* Meyrick

斑黑麦蛾 *Telphusa euryzeucta* Meyrick

圆托麦蛾 *Tornodox tholocharda* Meyrick

卷蛾科 Tortricidae

黄斑长翅卷蛾 *Acleris fimbriana* (Thunberg et Becklin)

南川卷蛾 *Hoshinoa longicellana* (Walsingham)

苹褐卷蛾 *Pandemis heparana* (Denis et Schiffermuller)

苹小食心虫 *Grapholitha inopinata* (Heinrich)

梨小食心虫 *Grapholitha molesta* (Busck)

油松球果小卷蛾 *Gravitarmata margarotana* (Heinemann)

杨柳小卷蛾 *Gypsonoma minutana* (Hubner)

芽白小卷蛾 *Spilonota lechriaspis* Meyrick

透翅蛾科 Sesiidae

白杨透翅蛾 *Paranthrene tabaniformis* Rott.

海棠透翅蛾 *Synanthedon haitangvora* Yang

斑蛾科 Zygaenidae

竹小斑蛾 *Artona funeralis* Butler

白带锦斑蛾 *Chalcosia remota* (Walker)

茶柄脉锦斑蛾 *Eterusia aedea* Linnaeus

梨叶斑蛾 *Illiberis pruni* Dyar

亮翅叶斑蛾 *Illiberis translucida* Poujade

刺蛾科 Limacodidae

背刺蛾 *Belippa horrida* Walker

仿姹刺蛾 *Chalcoscelides castaneipars* (Moore)

黄刺蛾 *Cnidocampa flavescens* Walker

八字刺蛾 *Cochlidion christophi* Graes

漪刺蛾 *Iraga rugosa* (Wileman)

枣奕刺蛾 *Iragoides conjuncta* (Walker)

枯刺蛾 *Mahanta quadrilinea* Moore

迹银纹刺蛾 *Miresa inornata* Walker

线银纹刺蛾 *Miresa urga* Hering

迷刺蛾 *Miresina banghaasi* (Hering et Hopp)

银眉刺蛾 *Narosa doenia* (Moore)

黄眉刺蛾 *Narosa* sp.

梨娜刺蛾 *Narosoideus flavidorsalis* (Staudinger)

双齿绿刺蛾 *Parasa hilarata* (Stdudinger)

丽绿刺蛾 *Parasa lepida* (Cramer)

迹斑绿刺蛾 *Parasa pastoralis* Butler

肖媚绿刺蛾 *Parasa pseudorepanda* Hering

中国绿刺蛾 *Latoia sinica* Moore

角齿刺蛾 *Rhamnosa angulata kwangtungensis* Hering

灰齿刺蛾 *Rhamnosa uniformis* (Swinhoe)

扁刺蛾 *Thosea sinensis* (Walker)

蛀果蛾科 Carposinidae

山茱萸蛀果蛾 *Carposina coreana* Kim

桃蛀果蛾 *Carposina sasakii* Matsumura

羽蛾科 Pterophoridae

胡枝子小羽蛾 *Fuscoptilia emarginata* (Snellen)

甘薯异羽蛾 *Emmelina monodactylus* Linnaeus

网蛾科 Thyrididae

树形拱肩网蛾 *Camptochilus aurea* Butler

叉纹拱肩网蛾 *Camptochilus bisulcus* Chu et Wang

金盏拱肩网蛾 *Camptochilus sinuosus* Warren

中带网蛾 *Rhodoneura midfascia* Chu et Wang

螟蛾科 Pyralidae

长锥峰斑螟 *Acrobasis birgitella* (Roesler)

Acrobasis indigenella (Zeller)

果叶峰斑螟 *Acrobasis tokiella* Rugonot

米缟螟 *Aglossa dimidiate* (Haworth)

竹织叶野螟 *Algedonia coclesalis* Walker

稻巢草螟 *Ancylolomia japonica* Zeller

二点织螟 *Aphomis zelleri* Joannis

黄翅缀叶野螟 *Botyodes diniasalis* Walker

干果斑螟 *Cadra cautella* (Walker)

褐纹水螟 *Cataclysta blandialis* (Walker)

目纹栉角斑螟 *Ceroprepes ophthalmicella* (Christoph)

黑斑草螟 *Chrysoteuchia atrosignata* (Zeller)

稻纵卷叶螟 *Cnaphalocrocis medinalis* Guenee

米螟 *Corcyra cephalonica* Staint

伊锥歧角螟 *Cotachena histricalis* (Walker)

黑纹草螟 *Crambus nigriscriptellus* South

竹云纹野螟 *Demobotys pervulgalis* (Hampson)

瓜绢野螟 *Diaphania indica* (Saunders)

狭带绢野螟 *Diaphania pryeri* Butler

桑绢野螟 *Diaphania pyloalis* (Walker)

四斑绢野螟 *Diaphania quadrimaculalis* (Bremer et Grey)

桃蛀螟 *Dichocrocis punctiferalis* (Guenee)

松果梢斑螟 *Dioryctria mendacella* Standinger

松梢斑螟 *Dioryctria splendidella* Herrich-Schaeffer

拟粉斑螟 *Ephestia figulilella* Gregson

海斑水螟 *Eoophyla halialis* (Walker)

华斑水螟 *Eoophyla sinensis* (Hampson)

豆荚斑螟 *Etiella zinckenella* (Treitschke)

Eulogia ochrifrontella (Zeller)

双斑薄翅野螟 *Evergestis junctalis* (Warren)

黑杂黄草螟 *Flavocrambus striatellus* Leech

菜心野螟 *Hellula undalis* (Fabricius)

褐巢螟 *Hypsopygia regina* Butler

暗褐蚀叶野螟 *Lamprosema indistincta* Warren

扶桑四点野螟 *Lygropia quaternalis* Zeller

豆荚野螟 *Maruca testulalis* (Geyer)

三点并脉草螟 *Neopediasia mixtalis* (Walker)

双色云斑螟 *Nephopteryx bicolorella* Leech

梨云翅斑螟 *Nephopteryx pirivorella* Matsumura

麦牧野螟 *Nomophila noctuella* Schiffermuller et Denis

目水螟 *Nymphicula blandialis* (Walker)

楸蠹野螟 *Omphisa plagialis* Wileman

紫双点螟 *Orybina plangonalis* (Walker)

艳双点螟 *Orybina regalis* Leech

亚洲玉米螟 *Ostrinia furnacalis* (Guenee)

白蜡绢须野螟 *Palpita nigropunctalis* (Bremer)

一点缀螟 *Paralipsa gularis* (Zeller)

珍洁水螟 *Parthenodes prodigalis* (Leech)

暗瘿斑螟 *Pempelia morosalis* (Saalmüller)

三条蛀野螟 *Pleuroptya chlorophanta* (Butler)
印度谷斑螟 *Plodia interpunctella* Hubner
旱柳原野螟 *Proteuclasta stötznerin* (Caradja)
黄纹银草螟 *Pseudargyria interruptella* (Walker)
豹纹卷叶螟 *Pycnarmon pantherata* (Butler)
紫斑谷螟 *Pyralis farinalis* Linnaeus
金黄螟 *Pyralis regalis* (Dennis et Schiffermuller)
棉卷叶野螟 *Sylepta derogata* Fabricius
斑点卷叶野螟 *Sylepta maculalis* Leech
宁波卷叶野螟 *Sylepta ningpoalis* Leech
四斑卷叶野螟 *Sylepta quadrimaculalis* Kollar
日华美德螟 *Teliphasa elegans* Butler
麻楝棘丛螟 *Termioptycha margarita* Butler
黄黑纹野螟 *Tyspanodes hypsalis* Warren

波纹蛾科 Thyatiridae

红华波纹蛾 *Habrosyne sanguinea* Moore
米波纹蛾 *Mimopsestis basalis* (Wileman)
褐太波纹蛾 *Tethea fusca* Werny
小太波纹蛾 *Tethea or* (Schiffermuller et Denis)

钩蛾科 Drepanidae

豆点丽钩蛾 *Callidrepana gemina* Watson
短铃钩蛾 *Macrocilix mysticata brevinotata* Watson
古钩蛾指名亚种 *Palaeodrepana harpagula harpagula* (Esper)
三线钩蛾 *Pseudalbara parvula* (Leech)

敌蛾科 Epiplemidae

黄带敌蛾 *Epiplema flavistriga* Warren

尺蛾科 Geometridae

姬尺蛾亚科 Sterrhinae

黑条眼尺蛾 *Problepsis diazoma* Prout
猫眼尺蛾 *Problepsis superans* (Butler)

花尺蛾亚科 Larentiinae

云南松回纹尺蛾 *Chartographa fabiolaria* (Oberthur)
葡萄回纹尺蛾 *Chartographa ludovicaria* (Oberthur)
狭折线尺蛾 *Ecliptopera angustaria* (Leech)
方折线尺蛾 *Ecliptopera benigna* (Prout)
金纹焰尺蛾 *Electrophaes fulgidaria* (Leech)
细纹尺蛾 *Eulithis convergenata* (Bremer)
黑斑褥尺蛾 *Eustroma aerosa* (Butler)
中国枯叶尺蛾 *Gandaritis sinicaria* Leech
点玷尺蛾 *Naxidia punctata* (Butler)
拉维尺蛾 *Venusia laria* Oberthur

星尺蛾亚科 Oenochrominae

女贞尺蛾 *Naxa seriaria* Motschulsky

尺蛾亚科 Geometrinae

藏仿锈腰青尺蛾 *Chlorissa gelida* Butler
栎绿尺蛾 *Comibaena delicator* Warren
黑点绿尺蛾 *Comibaena nigromacularia* Leech
坦氏绿尺蛾 *Comibaena tancrei* Graos.
白脉青尺蛾 *Hipparchus albovenaria* Bremer
中绿青尺蛾 *Hipparchus mandarinaria* Leech
齿脉青尺蛾 *Hipparchus papilionaria subrigua* Prout
直脉青尺蛾 *Hipparchus valida* Felder
青辐射尺蛾 *Iotaphora admirabilis* Oberthus
中国巨青尺蛾 *Limbatochlamys rothorni* Rothschild
染垂耳尺蛾 *Pachyodes decorata* (Warren)
广州粉尺蛾 *Pingasa chlora crenaria* Guenee

灰尺蛾亚科 Ennominae

丝棉木金星尺蛾 *Abraxas suspecta* Warren
掌尺蛾 *Amraica superans* (Butler)
抵果尺蛾 *Anticypella diffusaria* (Leech)
沙枣尺蛾 *Apochima cinerarius* Erschoff

黄星尺蛾 *Arichanna melanaria fraterna* (Butler)

大造桥虫 *Ascotis selenaria dianeria* Hubner

娴尺蛾 *Auaxa cesadaria* Walker

双云尺蛾 *Biston comitata* (Warren)

焦边尺蛾 *Bizia aexaria* Walker

光穿孔尺蛾 *Corymica specularia* (Moore)

木橑尺蛾 *Culcula panterinaria* (Brener et Grey)

赭达尺蛾 *Dalima ocrearia* Leech

秋黄尺蛾 *Ennomos autumnaria* (Werneburg)

细枝树尺蛾 *Erebomorpha fulguraria intervolans* Wehrli

金沙尺蛾 *Euchristophia cumulata* (Christoph)

黄斑滨尺蛾 *Exangerona prattiaria* Leech

洞魑尺蛾 *Garaeus specularis* Moore

茶用克尺蛾 *Junkowskia athleta* Oberthur

粉红边尺蛾 *Leptomiza crenularia* (Leech)

桑尺蛾 *Menophra atrilinearia* (Butler)

三线皎尺蛾 *Myrteta angelica* Butler

巨长翅尺蛾 *Obeidia gigantearia* Leech

择长翅尺蛾 *Obeidia tigrata neglecta* Thierry-Mieg

核桃四星尺蛾 *Ophthalmodes albosignaria juglandaria* Oberthur

点尾尺蛾 *Ourapteryx nigrociliaris* Leech

雪尾尺蛾 *Ourapteryx nivea* Butler

拟柿星尺蛾 *Percnia albinigerata* Warren

川匀点尺蛾 *Percnia belluaria sifanica* Wehrli

柿星尺蛾 *Percnia giraffata* (Guenee)

斧木纹尺蛾 *Plagodis dolabraria* (Linnaeus)

并链白尖尺蛾 *Pseudomyia cruentaria* (Moore)

紫白尖尺蛾 *Pseudomyia obliquaria* (Leech)

白尖尺蛾 *Pseudomiza cruentaria flavescens* (Swinhoe)

四月尺蛾 *Selenia tetralunaria* (Hufnagel)

合欢庶尺蛾 *Semiothisa defixaria* (Walker)

雨庶尺蛾 *Semiothisa pluviata* (Fabricius)

上海庶尺蛾 *Semiothisa shanghaisaria* Walker

黑玉臂尺蛾 *Xandrames dholaria sericea* Butler

美虎斑尺蛾 *Polythrena miegata* Poujade

蚕蛾科 Bombycidae

多齿翅蚕蛾 *Oberthueria caeca* (Oberthur)

野蚕蛾 *Theophila mamdarina* (Moore)

直线野蚕蛾 *Theophila religiosa* Helfer

大蚕蛾科 Saturniidae

绿尾大蚕蛾 *Actias selene ningpoana* Felder

柞蚕 *Antheraea pernyi* Guerin-Menecille

黄豹大蚕蛾 *Loepa katinka* Westwood

蓖麻蚕 *Philosamia cynthia ricina* Donovan

樗蚕 *Philosamia cynthia Cynthia* (Drurvy)

箩纹蛾科 Brahmaeidae

紫光箩纹蛾 *Brahmaea porphyrio* Chu et Wang

枯球箩纹蛾 *Brahmophthalma wallichii* (Gray)

枯叶蛾科 Lasiocampidae

蓝灰小毛虫 *Cosmotriche monotona* (F. Daniel)

马尾松毛虫 *Dendrolimus punctatu* (Walker)

文山松毛虫 *Dendrolimus punctatus wenshanensis* Tsai et Liu

油松毛虫 *Dendrolimus tabuleaformis* Tsai et Liu

竹纹枯叶蛾 *Euthrix laeta* (Walker)

杨褐枯叶蛾 *Gastropacha populifolia* (Esper)

北李褐枯叶蛾 *Gastropacha quercifolia cerridifolia* Felder et Felder

伏牛杂毛虫 *Kunugia brunnea funiuensis* (Hou)

黄褐天幕毛虫 *Malacosoma neustria testacea* Motschulsky

苹毛虫 *Odonestis pruni* (Linnaeus)

栎毛虫 *Paralebeda plagifera* Walker

月光枯叶蛾 *Somadasys lunatus* Lajonquiere

新光枯叶蛾 *Somadasys saturatus* Zolotuhin

刻缘枯叶蛾 *Takanea miyaker yangtsei* Lajonquiere

大黄枯叶蛾 *Trabala vishnou gigantina* Yang

天蛾科 Sphingidae

面形天蛾亚科 Acherontiinae

鬼脸天蛾 *Acherontia lachesis* (Fabricius)

绒星天蛾 *Dolbina tancrei* Staudinger

甘薯天蛾 *Herse convolvuli* (Linnaeus)

白须天蛾 *Kentrochrysalis sieversi* Alpheraky

丁香天蛾 *Psilogramma increta* (Walker)

霜天蛾 *Psilogramma menephron* (Cramer)

红节天蛾 *Sphinx ligustri constricta* Butler

云纹天蛾亚科 Ambulicinae

黄脉天蛾 *Amorpha amurensis* Staudinger

榆绿天蛾 *Callambulyx tatarinovi* (Bremer)

西昌榆绿天蛾 *Callambulyx tatarinovi sichangensis* Chu et Wang

豆天蛾 *Clanis bilineata tsingtauica* Mell

洋槐天蛾 *Clanis deucalion* (Walker)

甘蔗天蛾 *Leucophlebia lineata* Westwood

椴六点天蛾 *Marumba dyras* (Walker)

梨六点天蛾 *Marumba gaschkewitschi complacens* Walker

枣桃六点天蛾 *Marumba gaschkewitschi gaschkewitschi* (Bremer et Grey)

枇杷六点天蛾 *Marumba spectabilis* Butler

黄边六点天蛾 *Marumba maacki* (Bremer)

栗六点天蛾 *Marumba sperchius* Menentries

栎鹰翅天蛾 *Oxyambulyx liturata* (Butler)

鹰翅天蛾 *Oxyambulyx ochracea* (Butler)

核桃鹰翅天蛾 *Oxyambulyx schauffelbergeri* (Bremer et Grey)

构月天蛾 *Parum colligata* (Walker)

紫光盾天蛾 *Phyllosphingia dissimilis sinensis* Jordan

齿翅三线天蛾 *Polyptychus dentatus* (Cramer)

杨目天蛾 *Smerithus caecus* Menetries

蓝目天蛾 *Smerithus planus planus* Walker

透翅天蛾亚科 Sesiinae

木蜂天蛾 *Sataspes tagalica* Boisduval

蜂形天蛾亚科 Philampelinae

葡萄缺角天蛾 *Acosmeryx naga* (Moore)

葡萄天蛾 *Ampelophaga rubiginosa rubiginosa* Bremmer et Grey

绒绿天蛾 *Angonyx testacea* (Walker)

青背长喙天蛾 *Macroglossum bombylans* (Boisduval)

小豆长喙天蛾 *Macroglossum stellatarum* (Linnaeus)

斜纹天蛾亚科 Choerocampinae

条背天蛾 *Cechenena lineosa* (Walker)

平背天蛾 *Cechenena minor* (Butler)

深色白眉天蛾 *Celerio gallii* (Rollemburg)

八字白眉天蛾 *Celerio lineate livornica* (Esper)

红天蛾 *Pergesa elpenor lewisi* (Butler)

白肩天蛾 *Rhagastis mongoliana mongoliana* (Butler)

锯线白肩天蛾 *Rhagastis acuta aurifera* (Butler)

斜绿天蛾 *Rhyncholaba acteus* (Cramer)

斜纹天蛾 *Theretra clotho clotho* (Drury)

雀纹天蛾 *Theretra japonica* (Orza)

芋双线天蛾 *Theretra oldenlandiae* (Fabricius)

舟蛾科 Notodontidae

蕊舟蛾亚科 Dudusinae

著蕊舟蛾 *Dudusa nobilis* Walker

黑蕊舟蛾 *Dudusa sphingiformis* Moore

锯齿星舟蛾 *Euhampsonia serratifera* Sugi

钩翅舟蛾 *Gangarides dharma* Moore

黄二星舟蛾 *Lampronadata cristata* (Butler)

银二星舟蛾 *Lampronadata splendida* (Oberthur)

窦舟蛾 *Zaranga pannosa* Moore

角茎舟蛾亚科 Biretinae

皮纡舟蛾 *Periergos magna* (Matsumura)

竹箩舟蛾 *Ceira retrofusca* (de Joannis)

蚁舟蛾亚科 Stauropinae

黑带二尾舟蛾 *Cerura felina* Butler

杨二尾舟蛾 *Cerura menciana* Moore

灰舟蛾 *Cnethodona grisescens* Staudinger

曲纷舟蛾 *Fentonia excurvata* (Hampson)

栎纷舟蛾 *Fentonia ocypete* (Bremer)

涟纷舟蛾 *Fentonia parabolica* Matsumura

燕尾舟蛾 *Furcula furcula* (Clerck)

栎枝背舟蛾 *Harpyia umbrosa* (Staudinger)

云舟蛾 *Neopheosia fasciata* (Moore)

艾涟舟蛾 *Shachia eingana* (Schaus)

茅莓蚁舟蛾 *Stauropus basalis* Moore

微灰胯舟蛾 *Syntypistis subgriseoviridis* (Kiriakoff)

核桃美舟蛾 *Uropyia meticulodina* (Oberthur)

梨威舟蛾乌苏里亚种 *Wilemanus bidentatus ussuriensis* (Pungeler)

舟蛾亚科 Notodontinae

木霭舟蛾 *Hupodonta lignea* Mutsumura

冠舟蛾 *Lophocosma atriplaga* Staudinger

中介冠舟蛾 *Lophocosma intermedia* Kiriakoff

弯臂冠舟蛾 *Lophocosma nigrilinea* (Leech)

朝鲜新林舟蛾 *Neodrymonia coreana* Matsumura

白线舟蛾 *Notodonta albicosta* (Matsumura)

仿白边舟蛾 *Paranerice hoenei* Kiriakoff

著内斑舟蛾 *Peridea aliena* (Staudinger)

厄内斑舟蛾 *Peridea elzet* Kiriakoff

扇内斑舟蛾 *Peridea grahami* (Schaus)

沙舟蛾 *Shaka atrovittata* (Bremer)

羽齿舟蛾亚科 Ptilodoninae

暗齿舟蛾 *Allodontoides tenebrosa* (Moore)

歧怪舟蛾 *Hagapteryx mirabilior* (Oberthur)

扁齿舟蛾 *Hiradonta takaonis* Matsumura

槐羽舟蛾 *Pterostoma sinicum* Moore

富羽齿舟蛾 *Ptilodon ladislai* (Oberthur)

土舟蛾 *Togepteryx velutina* (Oberthur)

掌舟蛾亚科 Phalerinae

栎掌舟蛾 *Phalera assimilis* (Bremer et Grey)

高粱掌舟蛾 *Phalera combusta* (Walker)

苹掌舟蛾 *Phalera flavescens* (Bremer et Grey)

刺槐掌舟蛾 *Phalera grotei* Moore

黄条掌舟蛾 *Phalera huangtiao* Schintlmeister et Fang

榆掌舟蛾 *Phalera takasagoensis* Matsumura

灰掌舟蛾 *Phalera torpida* Walker

扇舟蛾亚科 Pygaerinae

新奇舟蛾 *Allata sikkima* (Moore)

伪奇舟蛾 *Allata laticostalis* (Hampson)

杨扇舟蛾 *Clostera anachoreta* (Denis et Schiffermuller)

分月扇舟蛾 *Clostera anastomosis* (Linnaeus)

柳扇舟蛾 *Clostera pallida* (Walker)

金纹角翅舟蛾 *Gonoclostera argentana* (Oberthur)

角翅舟蛾 *Gonoclostera timonides* (Bremer)

杨小舟蛾 *Micromelalopha sieversi* (Staudinger)

艳金舟蛾 *Spatalia doerriesi* Graeser

富金舟蛾 *Spatalia plusiotis* (Oberthur)

毒蛾科 Lymantriidae

白毒蛾 *Arctornis l-nifrum* (Muller)

结丽毒蛾 *Calliteara lunulata* (Butler)

丽毒蛾 *Calliteara pudibunda* (Linnaeus)

折带黄毒蛾 *Euproctis flava* (Bremer)

岩黄毒蛾 *Euproctis flavotriangulata* Gaede

漫星黄毒蛾 *Euproctis plana* Walker

苔棕毒蛾 *Ilema eurydice* (Butler)

榆黄足毒蛾 *Ivela ochropoda* (Eversmann)

杨雪毒蛾 *Leucoma candida* (Staudinger)

雪毒蛾 *Leucoma salisis* (Linnaeus)

舞毒蛾 *Lymantria dispar* (Linnaeus)

条毒蛾 *Lymantria dissoluda* Swinhoe

杧果毒蛾 *Lymantria marginata* Walker

栎毒蛾 *Lymantria mathhura* Moore

叉斜带毒蛾 *Numenes separata* Leech

古毒蛾 *Orgyia antiqua* (Linnaeus)

侧柏毒蛾 *Parocneria furva* (Leech)

盗毒蛾 *Porthesia similis* (Fueszly)

角斑台毒蛾 *Teia gonostigma* (Linnaeus)

苔蛾科 Lithosiidae

点艳苔蛾 *Asura unipuncta megala* Hampson

蛛雪苔蛾 *Cyana ariadne* (Elwes)

血红雪苔蛾 *Cyana sanguinea* (Bremer et Grey)

黄边土苔蛾 *Eilema fumidisca* (Hampson)

粉鳞土苔蛾 *Eilema moorei* (Leech)

黄土苔蛾 *Eilema nigripoda* (Bremer)

头橙荷苔蛾 *Ghoria gigantea* (Oberthur)

四点苔蛾 *Lithosia quadra* (Linnaeus)

乌闪网苔蛾 *Macrobrochis staudingeri* (Alpheraky)

齿美苔蛾 *Miltochrista dentifascia* Hampson

美苔蛾 *Miltochrista miniata* (Forster)

东方美苔蛾 *Miltochrista orientalis* Daniel

朱美苔蛾 *Miltochrista pulchra* Butler

优美苔蛾 *Miltochrista striata* (Bremer et Grey)

之美苔蛾 *Miltochrista ziczac* (Walker)

黄痣苔蛾 *Stigmatophora flava* (Bremer et Grey)

灯蛾科 Arctiidae

红缘灯蛾 *Aloa lactinea* (Cremer)

豹灯蛾 *Arctia caja* (Linnaeus)

仿首丽灯蛾 *Callimorpha equitalis* (Koller)

首丽灯蛾 *Callimorpha principalis* (Kollar)

花布灯蛾 *Camptoloma interiorata* (Walker)

白雪灯蛾 *Chionarctia nivens* (Menetries)

洁白雪灯蛾 *Chionarctia pura* (Leech)

四枝灯蛾 *Cladarctia quadriramosa* (Kollar)

黑条灰灯蛾 *Creatonotos gangis* (Linnaeus)

八点灰灯蛾 *Creatonotos transiens* (Walker)

褐带东灯蛾 *Eospilarctia lewisi* (Butler)

点线望灯蛾 *Lemyra punctilinea* (Moore)

粉蝶灯蛾 *Nyctemera adversata* (Schaller)

黄灯蛾 *Rhyparia purpurata* (Linnaeus)

肖浑黄灯蛾 *Rhyparioides amurensis* (Bremer)

黑带污灯蛾 *Spilarctia quercii* (Oberthur)

强污灯蛾 *Spilarctia robusta* (Leech)

净污灯蛾 *Spilarctia album* (Bremer et Grey)

人纹污灯蛾 *Spilarctia subcarnea* (Walker)

黄星雪灯蛾 *Spilosoma lubricipedum* (Linnaeus)

拟灯蛾科 Hypsidae

杉拟灯蛾 *Digma abietis* Leech

鹿蛾科 Amatidae

广鹿蛾 *Amata emma* (Butler)

蕾鹿蛾 *Amata germana* (Felder)

虎蛾科 Agaristidae

黄修虎蛾 *Sarbanissa flavida* Leech

小修虎蛾 *Sarbanissa mandarina* Leech

白云修虎蛾 *Sarbanissa transiens* (Walker)

夜蛾科 Noctuidae

毛夜蛾亚科 Pantheinae
缤夜蛾 *Moma alpium* (Osbeck)
黄颈缤夜蛾 *Moma fulvicollis* Lattin
镶夜蛾 *Trichosea champa* (Moore)
污后夜蛾 *Trisuloides contaminata* Draudt
角后夜蛾 *Trisuloides cornelia* (Staudinger)
后夜蛾 *Trisuloides sericea* Butler
剑纹夜蛾亚科 Acronictinae
桃剑纹夜蛾 *Acronicta intermedia* Warren
桑剑纹夜蛾 *Acronicta major* (Bremer)
梨剑纹夜蛾 *Acronicta rumicis* (Linnaeus)
暗钝夜蛾 *Anacronicta caliginia* (Butler)
郁钝夜蛾 *Anacronicta infausta* (Walker)
黑条青夜蛾 *Diphtherocome marmorea* (Leech)
绿孔雀夜蛾 *Nacna malachites* (Oberthus)
纶夜蛾 *Thalatha sinens* (Walker)
苔藓夜蛾亚科 Bryophilinae
绿藓夜蛾 *Cryphia prasina* (Draudt)
夜蛾亚科 Noctuinae
警纹地夜蛾 *Agrotis exclamationis* (Linnaeus)
小地老虎 *Agrotis ipsilon* (Hufnagel)
黄地老虎 *Agrotis segetum* (Denis et Schiffermuller)
大地老虎 *Agrotis tokionis* Butler
黄绿组夜蛾 *Anaplectoides virens* (Butler)
朽木夜蛾 *Axylia putris* (Linnaeus)
茶色狭翅夜蛾 *Hermonassa cecilia* Butler
淡狭翅夜蛾 *Hermonassa pallidula* (Leech)
斑狭翅夜蛾 *Hermonassa stigmatica* Warren
红棕狼夜蛾 *Ochropleura ellapsa* (Corti)
基角狼夜蛾 *Ochropleura triangularis* Moore
扇夜蛾 *Sineugrapha disgnosta* (Boursin)
紫棕扇夜蛾 *Sineugraphe exusta* (Butler)
八字地老虎 *Xestia c-nigrum* (Linnaeus)
褐纹鲁夜蛾 *Xestia fuscostigma* (Bremer)
大三角鲁夜蛾 *Xestia kollari* (Lederer)
三角地老虎 *Xestia triangulum* (Hufnagel)
实夜蛾亚科 Heliothinae
棉铃虫 *Helicoverpa armigera* (Hubner)
烟青虫 *Helicoverpa assulta* (Guenee)
实夜蛾 *Heliothis viriplaca* (Hufnagel)
盗夜蛾亚科 Hadeninae
柔研夜蛾 *Aletia placida* (Butler)
斑盗夜蛾 *Hadena confusa* (Hufnagel)
唳盗夜蛾 *Hadena rivularis* (Fabricius)
仿劳粘夜蛾 *Leucania insecuta* Walker
白点粘夜蛾 *Leucania loreyi* (Duponchel)
白钩粘夜蛾 *Leucania proxima* Leech
甘蓝夜蛾 *Mamestra brassicae* (Linnaeus)
乌夜蛾 *Melanchra persicariae* (Linnaeus)
曲线秘夜蛾 *Mythimna divergens* Butler
宏秘夜蛾 *Mythimna grandis* Butler
东小眼夜蛾 *Panolis exquisita* Draudt
红棕灰夜蛾 *Polia illoba* (Butler)
粘虫 *Pseudaletia separata* (Walker)
掌夜蛾 *Tiracola plagiata* (Walker)
冬夜蛾亚科 Cuculliinae
黍睫冬夜蛾 *Blepharosis paspa* (Pungeler)
碧银冬夜蛾 *Cucullia argentea* (Hufnagel)
长冬夜蛾 *Cucullia elongata* (Butler)
勒冬夜蛾 *Cucullia ledereri* Staudinger
斑冬夜蛾 *Cucullia maculosa* Staudinger
摊巨冬夜蛾 *Meganephria tancrei* Graeser
日美冬夜蛾 *Xanthia japonago* (Wileman et West)
杂夜蛾亚科 Amphipyrinae
间纹炫夜蛾 *Actinotia intermedia* Bremer
沪齐夜蛾 *Allocosmia hoenei* (Bang-Haas)
波奂夜蛾 *Amphipoea burrowsi* (Chapman)
北奂夜蛾 *Amphipoea ussuriensis* (Petersen)
紫黑杂夜蛾 *Amphipyra livida* (Denis et Schifffermuller)
大红裙杂夜蛾 *Amphipyra monolitha* Guenee
桦杂夜蛾 *Amphipyra schrenckii* Menetres

斜额夜蛾 *Antha grata* (Butler)
亚秀夜蛾 *Apamea askoldis* (Oberthur)
洼夜蛾 *Balsa malana* (Fitch)
白线散纹夜蛾 *Callopistria albolineola* (Graeser)
散纹夜蛾 *Callopistria juventina* (Stoll)
红晕散纹夜蛾 *Callopistria repleta* Walker
沟散纹夜蛾 *Callopistria rivularis* Walker
维夜蛾 *Chalconyx ypsilon* (Butler)
黑斑流夜蛾 *Chytonix albonotata* (Staudinger)
曲纹兜夜蛾 *Cosmia camptostigma* (Menetres)
小兜夜蛾 *Cosmia exigua* (Butler)
白斑兜夜蛾 *Cosmia restituta* Walker
血兜夜蛾 *Cosmia sanguinea* Sugi
白斑锦夜蛾 *Euplexia albovittata* Moore
逸色夜蛾 *Ipimorpha retusa* (Linnaeus)
杨逸色夜蛾 *Ipimorpha subtusa* (Denis et Schiffermuller)
独夜蛾 *Nikara castanea* Moore
乏夜蛾 *Niphonix segregata* (Butler)
白斑胖夜蛾 *Orthogonia canimaculata* Warren
胖夜蛾 *Orthogonia sera* Felder et Felder
云星夜蛾 *Perigea polimera* (Hampson)
日月明夜蛾 *Sphragifera biplaga* (Walker)
斑明夜蛾 *Sphragifera maculata* (Hampson)
大斑明夜蛾 *Sphragifera magniplaga* Chen
小斑明夜蛾 *Sphragifera mioplaga* Chen
甜菜夜蛾 *Spodoptera exigua* (Hubner)
斜纹夜蛾 *Spodoptera litura* (Fabricius)
白斑陌夜蛾 *Trachea auriplena* (Walker)
美带夜蛾 *Triphaenopsis pulcherrima* (Moore)
路夜蛾 *Xenotrachea albidisca* (Moore)

丽夜蛾亚科 Chloephorinae

鼎点钻夜蛾 *Earias cupreoviridis* (Walker)
粉缘钻夜蛾 *Earias pudicana* Staudinger
翠纹钻夜蛾 *Earias rittella* (Fabricius)
旋夜蛾 *Eligma narcissus* (Cramer)
土夜蛾 *Macrochthonia fervens* Butler
饰夜蛾 *Pseudoips fagana* (Fabricius)
胡桃豹夜蛾 *Sinna extrema* (Walker)

绮夜蛾亚科 Acontiinae

两色绮夜蛾 *Acontia bicolora* Leech
谐夜蛾 *Emmelia trabealis* (Scopoli)
黑俚夜蛾 *Lithacodia atrata* (Butler)
亭俚夜蛾 *Lithacodia gracilior* Draudt
木俚夜蛾 *Lithacodia nemorum* (Oberthur)
小冠微夜蛾 *Lophomilia polybapta* (Butler)
美蝠夜蛾 *Lophoruza pulcherrima* (Butler)
白斑瑙夜蛾 *Maliattha melaleuca* (Hampson)
路瑙夜蛾 *Maliattha vialis* (Moore)
粉条巧夜蛾 *Oruza divisa* (Walker)
兰纹夜蛾 *Stenoloba jankowskii* (Oberthur)
漾筑夜蛾 *Zurobata vacillans* (Walker)

尾夜蛾亚科 Euteliinae

月殿尾夜蛾 *Anuga lunulata* Moore
折纹殿尾夜蛾 *Anuga multiplicans* Walker
滑尾夜蛾 *Eutelia blandiatrix* Hampson
漆尾夜蛾 *Eutelia geyeri* (Felder et Rogenhofer)
钩尾夜蛾 *Eutelia hamulatrix* Draudt

皮夜蛾亚科 Sarrothripinae

柿癣皮夜蛾 *Blenina senex* (Butler)
癞皮夜蛾 *Iscadia inexacta* (Walker)
曲缘皮夜蛾 *Negritothripa hampsoni* (Wileman)
洼皮夜蛾 *Nolathripa lactaria* (Graeser)
细皮夜蛾 *Selepa celtis* Moore

金翅夜蛾亚科 Plusiinae

银纹夜蛾 *Acanthoplusia agnata* (Staudinger)
瓜夜蛾 *Anadevidia hebetata* (Strand)

满丫纹夜蛾 *Autographa mandarina* (Freyer)
黑点丫纹夜蛾 *Autographa nigrisigna* (Walker)
南方锞纹夜蛾 *Chrysodeixis eriosoma* (Doubleday)
白条夜蛾 *Ctenoplusia albostriata* (Bremer & Grey)
比八纹夜蛾 *Diachrysia bieti* (Oberthur)
碧金翅夜蛾 *Diachrysia nadeja* (Oberthur)
饰金翅夜蛾 *Erythroplusia ornatissima* Walker
银锭夜蛾 *Macdunnoughia crassisigna* (Warren)
淡银纹夜蛾 *Macdunnoughia purissima* (Butler)
Sclerogenia jessica (Butler)
中金弧夜蛾 *Trichoplusia intermixta* (Warren)
金弧夜蛾 *Trichoplusia orichalcea* (Fabricius)
粉斑夜蛾 *Trichoplusia ni* (Hubner)

裳夜蛾亚科 Catocalinae

白肾裳夜蛾 *Catocala agitatrix* Graeser
茂裳夜蛾 *Catocala doerriesi* Staudinger
柳裳夜蛾 *Catocala electa* (Vieweg)
裳夜蛾 *Catocala nupta* (Linnaeus)
鸱裳夜蛾 *Catocala patala* Felder et Rogenhofer
Catocala separans Leech
玫瑰巾夜蛾 *Dysgonia arctotaenia* (Guenee)
霉巾夜蛾 *Dysgonia maturata* Walker
石榴巾夜蛾 *Dysgonia stuposa* (Fabricius)
布光裳夜蛾 *Ephesia butleri* (Leech)
鸽光裳夜蛾 *Ephesia columbina* (Leech)
栎光裳夜蛾 *Ephesia dissimilis* (Bremer)
意光裳夜蛾 *Ephesia ella* (Butler)
兴光裳夜蛾 *Ephesia eminens* (Staudinger)
柞光裳夜蛾 *Ephesia streckeri* (Staudinger)
雪耳夜蛾 *Ercheia niveostrigata* Warren
毛目夜蛾 *Erebus pilosa* (Leech)
朴变色夜蛾 *Hypopyra feniseca* Guenee
比夜蛾 *Leucomelas juvenilis* (Bremer)
蚪目夜蛾 *Metopta rectifasciata* (Menetres)
懈毛胫夜蛾 *Mocis annetta* (Butler)
苹刺裳夜蛾 *Mormonia bella* (Butler)
绕环夜蛾 *Spirama helicina* (Hubner)
环夜蛾 *Spirama retorta* (Clerck)
庸肖毛翅夜蛾 *Thyas juno* (Dalman)

强喙夜蛾亚科 Ophiderinae

小桥夜蛾 *Anomis flava* (Fabricius)
中桥夜蛾 *Anomis mesogona* (Walker)
寒锉夜蛾 *Blasticorhinus ussuriensis* (Bremer)
齿斑畸夜蛾 *Bocula quadrilineata* (Walker)
平嘴壶夜蛾 *Calyptra lata* (Butler)
疖角壶夜蛾 *Calyptra minuticornis* (Guenee)
客来夜蛾 *Chrysorithrum amata* (Bremer et Grey)
残夜蛾 *Colobochyla salicalis* (Denis et Schiffermuller)
斑蕊夜蛾 *Cymatophotopsis sinuata* (Moore)
三斑蕊夜蛾 *Cymatophotopsis trimaculata* (Bremer)
红尺夜蛾 *Dierna timandra* Alpheraky
曲带双衲夜蛾 *Dinumma deponens* Walker
白线蓖夜蛾 *Episparis liturata* (Fabricius)
枯艳叶夜蛾 *Eudocima tyrannus* (Guenee)
鹰夜蛾 *Hypocala deflorata* (Fabricius)
苹梢鹰夜蛾 *Hypocala subsatura* Guenee
勒夜蛾 *Laspeyria flexula* (Denis et Schiffermuller)
巨影夜蛾 *Lygephila maxima* (Bremer)
直影夜蛾 *Lygephila recta* (Bremer)
焚影夜蛾 *Lygephila vulcanea* (Bremer)

灰薄夜蛾 *Mecodina cineracea* (Butler)
白痣眉夜蛾 *Pangrapta albistigma* (Hampson)
灰眉夜蛾 *Pangrapta cana* (Leech)
苹眉夜蛾 *Pangrapta obscurata* (Butler)
肖金夜蛾 *Plusiodonta coelonota* (Kollar)
涂析夜蛾 *Sypnoides picta* (Butler)
褐析夜蛾 *Sypnoides prunosa* (Moore)

长须夜蛾亚科 Herminiinae

并线尖须夜蛾 *Bleptina parallela* Leech
钩白肾夜蛾 *Edessena hamada* Felder et Rogenhofer
曲线贫夜蛾 *Simplicia niphona* (Butler)
角镰须夜蛾 *Zanclognatha angulina* (Leech)
镰须夜蛾 *Zanclognatha lunalis* (Scopoli)

髯须夜蛾亚科 Hypeninae

燕夜蛾 *Aventiola pusilla* (Butler)
满卜夜蛾 *Bomolocha mandarina* (Leech)
张卜夜蛾 *Bomolocha rhombaris* (Guenee)
污卜夜蛾 *Bomolocha squalida* (Butler)
阴卜夜蛾 *Bomolocha stygiana* (Butler)
斜线髯须夜蛾 *Hypena amica* (Butler)
清髯须夜蛾 *Hypena indicatalis* (Walker)
马蹄髯须夜蛾 *Hypena sagitta* (Fabricius)
豆髯须夜蛾 *Hypena tristalis* Lederer

弄蝶科 Hesperiidae

白弄蝶 *Abraximorpha davidii* (Mabille)
钩形黄斑弄蝶 *Ampittia virgata virgata* Leech
绿伞弄蝶 *Bibasis striata* (Hewitson)
斑星弄蝶 *Celaenorrhinus maculosus* (Felder et Felder)
小斑窗弄蝶 *Coladenia hoenei* Evans
幽窗弄蝶 *Coladenia sheila* Evans
梳翅弄蝶 *Ctenoptilum vasava* Moore
黑弄蝶 *Daimio tethys* (Menetries)
深山珠弄蝶 *Erynnis montanus* (Bremer)
双带弄蝶 *Lobocla bifasciata* (Bremer et Grey)
黄赭弄蝶 *Ochlodes crataeis* (Leech)
宽边赭弄蝶 *Ochlodes ochracea* (Bremer)
白斑赭弄蝶 *Ochlodes subhyalina* (Bremer et Grey)
直纹稻弄蝶 *Parnara guttata* (Bremer et Grey)
隐纹谷弄蝶 *Pelopidas nathins* (Fabricius)
中华谷弄蝶 *Pelopidas sinensis* (Mabille)
黄室弄蝶 *Potanthus confucius* (Felder et Felder)
花弄蝶华南亚种 *Pyrgus maculatus bocki* (Oberthur)
飒弄蝶 *Satarupa gopala* Moore
黑豹弄蝶 *Thymelicus sylvaticus* (Bremer)

凤蝶科 Papilionidae

麝凤蝶 *Byasa alcinous* (Klug)
灰绒麝凤蝶 *Byasa mencius* (Felder et Felder)
青凤蝶 *Graphium sarpedon* (Linnaeus)
中华虎凤蝶李氏亚种 *Luehdorfia chinensis leei* Chou
红基美凤蝶 *Papilio alcmenor* Felder
碧凤蝶 *Papilio bianor* Cramen
穹翠凤蝶 *Papilio dialis* Leech
金凤蝶 *Papilio machaon* Linnaeus
美妹金凤蝶 *Papilio macilentus* Janson
巴黎翠凤蝶中原亚种 *Papilio paris chinensis* Rothschild
玉带凤蝶 *Papilio polytes* Linnaeus
蓝凤蝶 *Papilio protenor* Cramer
柑橘凤蝶 *Papilio xuthus* Linnaeus
丝带凤蝶 *Sericinus montela* Gray
金裳凤蝶 *Troides aeacus* (Felder et Felder)

绢蝶科 Parnassiidae

冰清绢蝶 *Parnassius glacialis* Butler

粉蝶科 Pieridae

黄尖襟粉蝶 *Anthocharis scolymus* Butler

绢粉蝶 *Aporia crataegi*（Linnaeus）
大绢粉蝶 *Aporia largeteaui*（Oberthur）
斑缘豆粉蝶 *Colias erate*（Esper）
橙黄豆粉蝶 *Colias fieldii* Menetries
宽边黄粉蝶 *Eurema hecabe*（Linnaeus）
圆翅钩粉蝶 *Gonepteryx amintha* Blancnard
尖钩粉蝶 *Gonepteryx mahaguru* Gistel
钩粉蝶 *Gonepteryx rhamni*（Linnaeus）
突角小粉蝶 *Leptidea amurensis*（Menetries）
荠小粉蝶 *Leptidea gigantea*（Leech）
莫氏小粉蝶 *Leptidea morsei*（Fenton）
东方菜粉蝶 *Pieris canidia* Sparrman
黑脉粉蝶 *Pieris melete* Menetries
暗脉菜粉蝶 *Pieris napi*（Linnaeus）
菜粉蝶 *Pieris rapae* Linnaeus
云粉蝶 *Pontia doplidice* Linnaeus

眼蝶科 Satyridae

阿芬眼蝶 *Aphantopus hyperanthus*（Linnaeus）
牧女珍眼蝶 *Coenonympha amaryllis*（Cramer）
爱珍眼蝶 *Coenonympha oedippus*（Fabricius）
绢眼蝶 *Daridina armandi* Oberthur
斗毛眼蝶 *Lasiommata deidamia*（Eversmenn）
布氏黛眼蝶 *Lethe butleri* Leech
奇纹黛眼蝶 *Lethe cyrene* Leech
苔娜黛眼蝶 *Lethe diana*（Butler）
直带黛眼蝶 *Lethe lanaris* Butler
弧带黛眼蝶 *Lethe marginalis*（Motschulsky）
黑带黛眼蝶 *Lethe nigrifascia* Leech
蛇神黛眼蝶 *Lethe satyrina* Butler
黄环链眼蝶 *Lopinga achine*（Scopoli）
白瞳舜眼蝶 *Loxerebia saxicala*（Oberthur）
曼丽白眼蝶 *Melanargia meridionalis* Felder
蛇眼蝶 *Minois dryas*（Scopoli）
稻眉眼蝶 *Mycalesis gotama* Moore
蒙链荫眼蝶 *Neope muirheadi* Felder
丝链荫眼蝶 *Neope yama*（Moore）
宁眼蝶 *Ninguta schrenchii*（Menetries）
古眼蝶 *Palaeonympha opalina* Butler
网眼蝶 *Rhaphicera dumicola*（Oberthur）
藏眼蝶 *Tatinga tibetana* Oberthur
矍眼蝶 *Ypthima argus* Butler
链纹矍眼蝶 *Ypthima balda*（Fabricius）
中华矍眼蝶 *Ypthima chinensis* Leech
幽矍眼蝶 *Ypthima conjuncta* Leech
乱云矍眼蝶 *Ypthima megalomma* Butler
大波矍眼蝶 *Ypthima tappana* Matsumura

斑蝶科 Danaidae

虎纹斑蝶 *Danaus genutia*（Cramer）

蛱蝶科 Nymphalidae

黑条伞蛱蝶 *Aldania raddei*（Bremer）
柳紫闪蛱蝶 *Apatura ilia*（Denis et Schiffermuller）
紫闪蛱蝶 *Apatura iris*（Linnaeus）
曲纹蜘蛱蝶 *Araschnia doris* Leech
绿豹蛱蝶 *Argynnis paphia*（Linnaeus）
斐豹蛱蝶 *Argyreus hyperbius*（Linnaeus）
老豹蛱蝶 *Argyronome laodice*（Pallas）
虬眉带蛱蝶 *Athyma opalina constricta* Alpheraky
小豹蛱蝶 *Brenthis daphne ochroleuca*（Fruhstorfer）
大卫绢蛱蝶 *Calinaga davidis* Oberthur
曲纹银豹蛱蝶 *Childrena zenobia*（Leech）
青豹蛱蝶 *Damora sagana*（Doubleday）
长纹电蛱蝶 *Dichorragia nesseus* Grose-Smith
明窗蛱蝶 *Dilipa fenestra*（Leech）
西藏翠蛱蝶 *Euthalia tibetana*（Poujade）
灿福蛱蝶 *Fabriciana adippe* Denis et Schiffermuller
蟾福蛱蝶 *Fabriciana nerippe*（Felder et Felder）

银白蛱蝶 *Helcyra subalba* (Poujade)
黑脉蛱蝶 *Hestina assimilis* (Linnaeus)
绿脉蛱蝶 *Hestina mena nigrivena* (Leech)
拟斑脉蛱蝶 *Hestina persimilis* Westwood
美眼蛱蝶 *Junonia almana* (Linnaeus)
翠蓝眼蛱蝶 *Junonia orithya* (Linnaeus)
琉璃蛱蝶 *Kaniska canace* (Linnaeus)
王氏黑三角蛱蝶 *Lelecella limenitoides wangi* Chou
巧克力线蛱蝶 *Limenitis ciocolatina* Poujade
断眉线蛱蝶 *Limenitis doerriesi* Staudinger
扬眉线蛱蝶 *Limenitis helmanni* Lederer
戟眉线蛱蝶 *Limenitis homeyeri* Tancre
横眉线蛱蝶 *Limenitis molrechti* Kardakaff
折线蛱蝶 *Limenitis sydyi* Lederer
拟缕蛱蝶 *Litinga mimica* (Poujade)
斑网蛱蝶 *Melitaea didymoides* Eversmann
网蛱蝶 *Melitaea diamina* Lang
大网蛱蝶 *Melitaea scotosia* Butler
迷蛱蝶 *Mimathyma chevana* (Moore)
白斑迷蛱蝶 *Mimathyma schrenckii* (Menetries)
重环蛱蝶 *Neptis alwina* (Bremer et Grey)
羚环蛱蝶 *Neptis antilope* Leech
折环蛱蝶 *Neptis beroe* Leech
中环蛱蝶 *Neptis hylas* (Linnaeus)
啡环蛱蝶 *Neptis philyra* Menetries
朝鲜环蛱蝶 *Neptis philyroides* Staudinger
链环蛱蝶 *Neptis pryeri* Butler
单环蛱蝶 *Neptis rivularis* (Scopoli)
断环蛱蝶 *Neptis sankara* (Kollar)
小环蛱蝶 *Neptis sappho* (Pallas)
黄环蛱蝶 *Neptis themis* Leech
提环蛱蝶 *Neptis thisbe* Menetries
朱蛱蝶 *Nymphalis xanthomelas* Denis et Schiffermuller
云豹蛱蝶 *Nephorgynnis anadyomene* (Felder et Felder)
中华黄葩蛱蝶 *Patsuia sinensis* (Oberthur)
白钩蛱蝶 *Polygonia c-album* (Linnaeus)
黄钩蛱蝶 *Polygonia c-aureum* (Linnaeus)
二尾蛱蝶 *Polyura nareum* (Hewitson)
大紫蛱蝶 *Sasakia charonda* (Hewitson)
黄帅蛱蝶 *Sephisa princeps* (Fixsen)
猫蛱蝶 *Timelaea maculata* (Bremer et Grey)
小红蛱蝶 *Vanessa cardui* (Linnaeus)
大红蛱蝶 *Vanessa indica* (Linnaeus)

喙蝶科 Libytheidae

朴喙蝶 *Libythea celtis* Godart

蚬蝶科 Riodinidae

银纹尾蚬蝶 *Dodona eugenes maculosa* Leech

灰蝶科 Lycaenidae

梳灰蝶 *Ahlbergia prodiga* Johnson
丫灰蝶 *Amblopala avidiena* (Hewitson)
青灰蝶 *Antigius attilia* (Bremer)
癞灰蝶 *Araragi enthea* (Janson)
雾驳灰蝶 *Bothrinia nebulosa* Leech
靛灰蝶 *Caerulea coeligena* (Oberthur)
琉璃灰蝶中国亚种 *Celastrina argiola caphis* (Linnaeus)
金灰蝶 *Chrysozephyrus brillantinus* (Staudinger)
斯金灰蝶 *Chrysozephyrus smaragdinus* (Bremer)
尖翅银灰蝶 *Curetis acuta* Moore
北方蓝灰蝶 *Everes argiades hellotia* (Menetries)
亲艳灰蝶 *Favonius cognatus* Staudinger
佩工灰蝶 *Gonerilia pesthis* Wang et Chou
银线工灰蝶 *Gonerilia thespis* (Leech)
工灰蝶（未定种）*Gonerilia* sp.
莎菲彩灰蝶 *Heliophorus saphir* (Blanchard)
黄灰蝶 *Japonica lutea* (Hewitson)
红灰蝶 *Lycaena phlaeas* (Linnaeus)

黑灰蝶 *Niphanda fusca*（Bremer et Grey）
锯灰蝶 *Orthomiella pontis*（Elwes）
中华锯灰蝶 *Orthomiella sinensis*（Elwes）
酢浆灰蝶 *Pseudozizeeria maha*（Kollar）
莱燕灰蝶 *Rapala repercussa*（Leech）
彩燕灰蝶 *Rapala selira*（Moore）
珞灰蝶 *Scolitantides orion*（Pallas）
陕西灰蝶 *Shaanxiana takashimai* Koiwaya
三星银线灰蝶 *Spindasis syama*（Horsfield）
阔痣乌灰蝶 *Strymonidia eximia*（Fixsen）
奥乌灰蝶 *Strymonidia ornata*（Leech）
苹果乌灰蝶 *Strymonidia pruni*（Linnaeus）
线灰蝶 *Thecla betulinus* Staudinger
点玄灰蝶 *Tongeia filicandis*（Pryer）
长尾玄灰蝶 *Tongeia potanini*（Alpheraky）
赭灰蝶 *Ussuriana michaelis*（Oberthur）
华灰蝶 *Wagimo signata* Butler
华灰蝶（未定种）*Wagimo* sp.

（十九）膜翅目 Hymenoptera

三节叶蜂科 Argidae

粗短黄腹三节叶蜂 *Arge brevigastera* Wei
无斑黄腹三节叶蜂 *Arge geei* Rohwer
背斑黄腹三节叶蜂 *Arge victoriae* Kirby
黑基黑头三节叶蜂 *Arge melanocoxa* Wei
尖鞘环腹三节叶蜂 *Arge acutiformis* Wei
柄室黑毛三节叶蜂 *Arge petiodiscoidalis* Wei
光唇黑毛三节叶蜂 *Arge similis*（Vollenhoven）
瘤鞘淡毛三节叶蜂 *Arge tuberculatheca* Wei
杨氏淡毛三节叶蜂 *Arge yangi* Wei
肖氏截唇三节叶蜂 *Arge xiaoweii* Wei
异眼红胸三节叶蜂 *Arge sanguinolenta* Mocsary

叶蜂科 Tenthredinidae

黑胫长室叶蜂 *Alphostromboceros nigritibia* Wei
日本凹颚叶蜂 *Aneugmenus japonicus* Rohwer
黄带凹颚叶蜂 *Aneugmenus pteridii* Malaise
小膜凹颚叶蜂 *Aneugmenus cenchrus* Wei
秦岭脉柄叶蜂 *Busarbidea qinlingia* Wei
宽颊线缝叶蜂 *Neostromboceros dentiserra* Malaise
日本侧齿叶蜂 *Neostromboceros nipponicus* Takeuchi
细角侧齿叶蜂 *Neostromboceros tenuicornis* Wei
中华浅沟叶蜂 *Pseudostromboceros sinensis* Forsius
斑盾长柄叶蜂 *Strombocerina delicatula*（Fallen）
单齿锤缘叶蜂 *Pristiphora pallipes* Lepeletier
杨直角叶蜂 *Stauronematus compressicornis*（Fabricius）
黄褐基叶蜂 *Beleses unicolor* Wei
亮背真片叶蜂 *Eutomostethus metallicus*（Sato）
中华栉齿叶蜂 *Neoclia sinensis* Malaise
淡斑珠角叶蜂 *Onychostethomostus insularis*（Rohwer）
白唇角瓣叶蜂 *Senoclidea decora*（Konow）
无柄钝颊叶蜂 *Aglaostigma sesselia* Wei
黑唇平背叶蜂 *Allantus luctifer*（Smith）
白唇平背叶蜂 *Allantus nigrocaeruleus*（Smith）
麦叶蜂 *Dolerus tritici* Chu
白端宽腹叶蜂 *Macrophya apicalis*（Smith）
伏牛宽腹叶蜂 *Macrophya funiushana* Wei
长鞘宽腹叶蜂 *Macrophya parimitator* Wei
申氏宽腹叶蜂 *Macrophya sheni* Wei
刻盾宽腹叶蜂 *Macrophya tattakanoides* Wei
糙板宽腹叶蜂 *Macrophya vittata* Mallach
文氏钩瓣叶蜂 *Macrophya weni* Wei
白环细叶蜂 *Pachyprotarsis alboannulata*

Forsius
蔡氏细叶蜂 *Pachyprotarsis caii* Wei
红足细叶蜂 *Pachyprotarsis flavipes* (Cameron)
微斑方颜叶蜂 *Pachyprotarsis micromaculata* Wei et Nie
黑唇方颜叶蜂 *Pachyprotarsis nigroclypeata* Wei et Nie
副色方颜叶蜂 *Pachyprotarsis parasubtilis* Wei
秦岭方颜叶蜂 *Pachyprotarsis qinlingica* Wei et Nie
环斑细叶蜂 *Pachyprotarsis sellata* Malaise
黄跗细叶蜂 *Pachyprotarsis subtilis* Malaise
黑唇副元叶蜂 *Parasiobla attenata* Rohwer
红胸狭并叶蜂 *Propodea rotundiventris* (Cameron)
刘氏侧跗叶蜂 *Siobla liui* Wei
近眼侧跗叶蜂 *Siobla sturmi plesia* Malaise
环丽侧跗叶蜂 *Siobla venusta* (Konow)
蓬莱元叶蜂 *Taxonus formosacolus* (Rohwer)
钩纹绿斑叶蜂 *Tenthredo bilineacornis* Wei
短刃白端叶蜂 *Tenthredo breviserrata* Wei
顶斑亚黄叶蜂 *Tenthredo cestanella* Wei
雅致绿痣叶蜂 *Tenthredo elegansoma* Wei
长突绿斑叶蜂 *Tenthredo longitubercula* Wei
小凹斑翅叶蜂 *Tenthredo microexcisa* Wei
多齿绿斑叶蜂 *Tenthredo multidentella* Wei
宽条绿斑叶蜂 *Tenthredo nephritica* Malaise
黑额亚黄叶蜂 *Tenthredo nigrofrontalinia* Wei
大斑短角叶蜂 *Tenthredo pseudocontraria* Wei
痕纹绿斑叶蜂 *Tenthredo pseudonephritica* Wei
刻颜白环叶蜂 *Tenthredo puncticinctina* Wei
天目亚黄叶蜂 *Tenthredo tianmushanica* Takeuchi
三突绿斑叶蜂 *Tenthredo tridentoclypeata* Wei
台岛合叶蜂 *Tenthredopsis insularis* Takeuchi
短跗富槛叶蜂 *Togashia brevitarsis* Wei
斑腹单齿叶蜂 *Ungulia fasciativentris* Malaise

树蜂科 Siricidae

黑顶树蜂 *Tremex apicalis* Matsumura

茎蜂科 Cephidae

麦茎蜂 *Cephus pygmaeus* Linnaeus
梨茎蜂 *Janus piri* Okamoto et Muramatsu

小蜂科 Chalcididae

无脊大腿小蜂 *Brachymeria excarinata* Gahan
寄蝇大腿小蜂 *Brachymeria fiskei* Crawford
红腿大腿小蜂 *Brachymeria podagrica* (Fabricius)
广大腿小蜂 *Brachymeria lasus* (Walker)
次生大腿小蜂 *Brachymeria secundaria* (Ruschka)

广肩小蜂科 Eurytomidae

刺槐种子广肩小蜂 *Eurytoma philorobinae* Liao
刺蛾广肩小蜂 *Eurytoma monemae* Ruschka

长尾小蜂科 Torymidae

中华螳小蜂 *Podagrion chinensis* Ashmead

金小蜂科 Pteromalidae

蚜虫金小蜂 *Asaphes vulgaris* Walker
蚜虫宽缘金小蜂 *Pachyneuron aphidis* (Bouche)

跳小蜂科 Encyrtidae

蚜虫跳小蜂 *Aphidencyrtus aphidivorus* (Mayr)
绵蚧阔柄跳小蜂 *Metaphycus pulvinariae* (Howard)

赤眼蜂科 Trichogrammatidae

舟蛾赤眼蜂 *Trichogramma closterae* Pang et

Chen

螟黄赤眼蜂 *Trichogramma chilonis* Ishii

松毛虫赤眼蜂 *Trichogramma dendrolimi* Matsumura

玉米螟赤眼蜂 *Trichogramma ostriniae* Pang et Chen

缘腹细蜂科 Scelionidae

飞蝗黑卵蜂 *Scelio uvarovi* Ogloblin

草蛉黑卵蜂 *Telenomus acrobates* Giard

杨扇舟蛾黑卵蜂 *Telenomus closterae* Wu et Chen

稻蝽小黑卵蜂 *Telenomus gifuensis* Ashmead

斑须蝽卵蜂 *Trissolcus nigripedius* Nakagawa

分盾细蜂科 Ceraphronidae

菲岛分盾细蜂 *Ceraphron manilae* Ashmead

姬蜂科 Ichneumonidae

游走巢姬蜂指名亚种 *Acroricnus ambulator ambulator* (Smith)

台湾非姬蜂黑基亚种 *Afrephialtes taiwanus nigricoxis* Gupta et Tiker

台湾非姬蜂指名亚种 *Afrephialtes taiwanus taiwanus* Gupta et Tiker

棉铃虫齿唇姬蜂 *Campoletis chlorideae* Uchida

螟蛉悬茧姬蜂 *Charops bicolor* (Szepligeti)

朝鲜绿姬蜂 *Chlorocryptus coreanus* (Szepligeti)

紫绿姬蜂 *Chlorocryptus purpuratus* Smith

蓑蛾黑瘤姬蜂 *Coccygomimus aterrima* Gravenhorst

稻苞虫黑瘤姬蜂 *Coccygomimus parnarae* Viereck

毛圆胸姬蜂中华亚种 *Colpotrochia* (Colpotrochia) *pilosa sinensis* Uchida

颚兜姬蜂 *Dolichomitus mandibularis* (Uchida)

具区切顶姬蜂 *Dyspetes areolatus* He et Wan

台湾甲腹姬蜂 *Hemigaster taiwana* (Sonan)

松毛虫埃姬蜂 *Itoplectis alternans spectabilis* (Matsumura)

黑背隆侧姬蜂 *Latibulus nigrinotum* (Uchida)

汤氏角突姬蜂 *Megalomya townesi* He

盘背菱室姬蜂 *Mesochorus discitergus* (Say)

甘蓝夜蛾拟瘦姬蜂 *Netelia ocellaris* (Thomson)

夜蛾瘦姬蜂 *Ophion luteus* (Linnaeus)

黑毕卡姬蜂 *Picardiella melanoceucus* (Gravenhorst)

中华齿腿姬蜂 *Pristomerus chinensis* Ashmead

黄褐齿胫姬蜂 *Scolobates testaceus* Morley

白毛角姬蜂 *Seticornuta albopilosa* (Lameron)

黄框离缘姬蜂 *Trathala flavo-orbitalis* (Cameron)

黏虫白星姬蜂 *Vulgichneumon leucaniae* Uchida

松毛虫黑点瘤姬蜂 *Xanthopimpla pedator* Fabricius

广黑点瘤姬蜂 *Xanthopimpla punctata* Fabricius

高山野姬蜂 *Yezoceryx montana* Chiu

茧蜂科 Braconidae

稻纵卷叶螟绒茧蜂 *Apanteles cypris* Nixon

螟黄足绒茧蜂 *Apanteles flavipes* (Cameron)

黏虫绒茧蜂 *Apanteles kariyai* Watanabe

枯叶蛾绒茧蜂 *Apanteles lipanidis* (Bouche)

菲岛腔室茧蜂 *Aulacocentrum philippinensis* (Ashmead)

菜粉蝶盘绒茧蜂 *Cotesia glomeratus* (Linnaeus)

螟蛉盘绒茧蜂 *Cotesia ruficrus* (Haliday)

瓢虫茧蜂 *Dinocampus coccinellae* (Schrank)

麦蛾茧蜂 *Habrobracon hebetor* (Say)

腰带长体茧蜂 *Macrocentrus cingulum*

Brischke
斑痣悬茧蜂 *Meteorus pulchricornis* Wesmael
黄色白茧蜂 *Phanerotoma flava* Ashmead

蚜茧蜂科 Aphidiidae

烟蚜茧蜂 *Aphidius gifuensis* (Ashmead)
菜少脉蚜茧蜂 *Diaeretiella rapae* Curtis
麦蚜茧蜂 *Ephedrus plagiator* (Nees)
棉蚜茧蜂 *Lysiphlebia japonica* (Ashmead)

螯蜂科 Dryinidae

斑衣蜡蝉螯蜂 *Dryinus lycormae* Yang
两色螯蜂 *Echthrodelphax bicolor* Esaki et Hashimoto
黑腹螯蜂 *Haplogonatopus atratus* Esaki et Hashimoto

青蜂科 Chrysididae

上海青蜂 *Chrysis shanghaiensis* Smith

土蜂科 Scoliidae

白毛长腹土蜂 *Campsomeris annulata* (Fabricius)
金毛长腹土蜂 *Campsomeris prismatica* (Smith)

蚁科 Formicidae

日本弓背蚁 *Camponotus japonicus* Mayr
玉米毛蚁 *Lasius alienus* (Foerster)
大齿猛蚁 *Odontomachus monticola* (Emery)
铺道蚁 *Tetramorium caespitum* (Linnaeus)

蜾蠃科 Eumenidae

镶黄蜾蠃 *Eumenes decoratus* Smith
点蜾蠃 *Eumenes pomiformis pomiformis* (Fabricius)
方蜾蠃 *Eumenes quadratus* Smith
四带佳盾蜾蠃 *Euodynerus quatrifasciatus* (Fabricius)

胡蜂科 Vespidae

黄边胡蜂 *Vespa crabro crabro* Linnaeus
纹胡蜂 *Vespa crabro niformis* Smith
环黄胡蜂 *Vespula orbata* (Buysson)

异腹胡蜂科 Polybiidae

变侧异腹胡蜂 *Parapolybia varia varia* (Fabricius)

马蜂科 Polistidae

角马蜂 *Polistes antennalis* Perez
中华马蜂 *Polistes chinensis* Fabricius
柑马蜂 *Polistes mandarinus* Saussure
果马蜂 *Polistes olivaceus* (de Geer)
和马蜂 *Polistes rothneyi* ven der Vecht

蜜蜂科 Apidae

中华蜜蜂 *Apis cerana* Fabricius
意大利蜜蜂 *Apis mellifera* Linnaeus

泥蜂科 Sphecidae

红腰泥蜂 *Ammophila aemulans* Kohl
赛氏沙泥蜂 *Ammophila sickmanni* Kohl
日本蓝泥蜂 *Chalybion japonicum* Gribodo
黑足泥蜂 *Sphex umbrosus* Fabricius

(二十) 蜱螨目 Acarina

叶螨科 Tetranychidae

苜蓿苔螨 *Bryobia praetiosa* Koch
悬钩子全爪螨 *Panonychus caglei* Mellott
麦岩螨 *Petrobia latens* (Muller)
荚裂爪螨 *Schizotetranychus leguminosus* Ehara
朱砂叶螨 *Tetranychus cinnabarinus* (Boisduval)
截形叶螨 *Tetranychus truncatus* Ehara
棉叶螨 *Tetranychus urticae* Koch
山楂叶螨 *Tetranychus viennensis* Zacher

植绥螨科 Phytoseiidae

长刺钝绥螨 *Amblyseius longispinosus* (Evans)

瘿螨科 Eriophyidae

枣瘿螨 *Eriophyes annultus* Nalepa
毛白杨瘿螨 *Eriophyes dispar* Nalepa
梨潜叶瘿螨 *Eriophyes pyri* (Pagensteches)

粉螨科 Acaridae

腐食酪螨 *Tyrophagus putrescentiae* (Schrenk)

叶爪螨科 Penthaleidae

麦叶爪螨 *Penthaleus major*（Duges）

（二十一）蜘蛛目 Araneida

地蛛科 Atypidae

宝天曼地蛛 *Atypus baotianmanensis* Hu

绥宁地蛛 *Atypus suiningensis* Zhang

沟纹硬皮地蛛 *Calommata signata* Karsch

长尾蛛科 Dipluridae

中华短瘤蛛 *Brachythele sinensis*（Zhu et Mao）

拟壁钱科 Oecobiidae

户内拟壁钱 *Oecobius cellariorum*（Duges）

壁钱科 Urocteidae

北国壁钱 *Uroctea lesserti* Schenkel

暗蛛科 Amaurobiidae

黑隐石蛛 *Titanoeca nipponica* Yaginuma

卷叶蛛科 Dictynidae

黑斑卷叶蛛 *Dictyna maculosa* Kishida

蜘蛛科 Uloboridae

松三角蛛 *Hyptiotes paradoxus*（C. L. Koch）

东方长蛛 *Miagrammopes orientalis* Boes. et Str.

中华涡蛛 *Octonoba sinensis*（Simon）

花皮蛛科 Scytodidae

黑花皮蛛 *Scytodes nigrolineata*（Simon）

黄昏花皮蛛 *Scytodes thoracica*（Latreille）

幽灵蛛科 Pholcidae

豫幽灵蛛 *Pholcus henanensis* Zhu et Mao

中国幽灵蛛 *Pholcus sinensis* Zhu et Wang

圆蛛科 Araneidae

黄斑圆蛛 *Araneus ejusmodi* Boesenberg et Strand

豫圆蛛 *Araneus henanensis*（Hu et al.）

花岗圆蛛 *Araneus marmoreus* Clerck

拟刺圆蛛 *Araneus pseudocentrodes* Boes. et Str.

半月圆蛛 *Araneus semilunaris*（Karsch）

类十字圆蛛 *Araneus diadematoides* Zhu et al.

大腹圆蛛 *Araneus ventricosus*（L. Koch）

六痣蛛 *Araniella displicata*（Hentz）

横纹金蛛 *Argiope bruennichii*（Scopoli）

小悦目金蛛 *Argiope minuta* Karsch

银背艾蛛 *Cyclosa argenteoalba* Boesenberg et Strand

黑尾艾蛛 *Cyclosa atrata* Boesenberg et Strand

岛艾蛛 *Cyclosa insulana*（Costa）

双锚艾蛛 *Cyclosa bianochoria* Yin et al.

六突艾蛛 *Cyclosa laticauda* Boesenberg et Strand

八瘤艾蛛 *Cyclosa octotuberculata* Karsch

库氏棘腹蛛 *Gasteracantha kuhli* C. L. Koch

中华窨蛛 *Meta sinensis* Schenkel

黄褐新圆蛛 *Neoscona doenitzi*（Boesenberg et Strand）

灰褐新圆蛛 *Neoscona fuscoclorata*（Boesenberg et Strand）

拟嗜水新圆蛛 *Neoscona pseudonautica* Yin

青新圆蛛 *Neoscona scylla*（Karsch）

拟青新圆蛛 *Neoscona scylloides*（Boesenberg et Strand）

梅氏新圆蛛 *Neoscona mellotteei*（Simon）

嗜水新圆蛛 *Neoscona nautica*（L. Koch）

棒络新妇 *Nephila clavata* L. Koch

黑亮腹蛛 *Singa hamata*（Clerck）

肖蛸科 Tetragnathidae

肩斑银鳞蛛 *Leucauge blanda*（L. Koch）

纵条银鳞蛛 *Leucauge magnifica* Yaginuma

锥腹肖蛸 *Tetragnatha japonica* Boesenberg et Strand

前齿肖蛸 *Tetragnatha praedonia* L. Koch

圆尾肖蛸 *Tetragnatha vermiformis* Emerton

鳞纹肖蛸 *Tetragnatha squamata* Karsch

球蛛科 Theridiidae

拟板希蛛 *Achaearanea subabulata* Zhu

温室希蛛 *Achaearanea tepidariorum* (C. L. Koch)

蚓腹银斑蛛 *Argyrodes cylindrogaster* (Simon)

珍珠齿螯蛛 *Enoplognatha margarita* Yaginuma

高汤球蛛 *Theridion takayense* Saito

芜菁球腹蛛 *Theridion rapuium* Yaginuma

皿蛛科 Linyphiidae

草间小黑蛛 *Erigonidium graminicolum* (Sundevall)

醒目盖蛛 *Neriene emphana* (Walckenaer)

日本盖蛛 *Neriene japonica* (Oi)

长肢盖蛛 *Neriene longipedella* (Boesenberg et Strand)

花腹盖蛛 *Neriene radiata* (Walckenaer)

漏斗蛛科 Agelenidae

机敏漏斗蛛 *Agelena difficilis* Fox

迷宫漏斗蛛 *Agelena labyrinthica* Clerck

缘漏斗蛛 *Agelena limbata* Thorell

污浊隙蛛 *Coelotes lutulentus* Wang

刺瓣拟隙蛛 *Parasodotes spinivulva* (Simon)

刺隅蛛 *Tegenaria aculeata* Wang

隅蛛 *Tegenaria domestica* (Clerck)

栅蛛科 Hahniidae

树皮栅蛛 *Hahnia corticicola* Boesenberg et Strand

狼蛛科 Lycosidae

锯齿熊蛛 *Aretosa serrulata* Mao et Song

唇形狼蛛 *Lycosa labialis* Mao et Song

短豹蛛 *Pardosa brevivulva* Tanaka

查平豹蛛 *Pardosa chapini* (Fox)

琴形豹蛛 *Pardosa lyrifera* Schenkel

雾豹蛛 *Pardosa nebulosa* (Thorell)

星豹蛛 *Pardosa astrigera* L. Koch

沟渠豹蛛 *Pardosa laura* Karsch

琼华豹蛛 *Pardosa qionghuai* Yin et al.

简突水狼蛛 *Pirata haploaphysis* Chai

类水狼蛛 *Pirata piratoides* (Boesenberg et Strand)

刺独獾蛛 *Trochosa spinipalpis* (O. P. Cambridge)

盗蛛科 Pisoridae

掠狡蛛 *Dolomedes raptor* Bösenberg et Strand

驼盗蛛 *Pisaura lama* Boesenberg et Strand

猫蛛科 Oxyopidae

小猫蛛 *Oxyopes parvus* Paik

平腹蛛科 Gnaphosidae

陕西近狂蛛 *Drassyllus shanxiensis* Platnick

锚近狂蛛 *Drassyllus vinealis* (Kulczynski)

宝天曼平腹蛛 *Gnaphosa baotianmanensis* Hu et Wang

邓氏平腹蛛 *Gnaphosa denisi* Schenkel

单腹腹蛛 *Poecilocjroa unifascigera* (Boesenberg et Strand)

亚洲狂蛛 *Zelotes asiaticus* (Boesenberg et Strand)

胡氏狂蛛 *Zelotes hui* Pletnick et Song

转蛛科 Trochanteriidae

日本转蛛 *Plator nipponicus* (Kishida)

管巢蛛科 Clubionidae

赫定管巢蛛 *Clubiona hedini* Schenkel

粽管巢蛛 *Clubiona japonicola* Boesenberg et Strand

软管巢蛛 *Clubiona lena* Boesenberg et Strand

乳突管巢蛛 *Clubiona papillata* Schenkel

栉足蛛科 Ctenidae

黄豹栉蛛 *Anahita fauna* Karsch

巨蟹蛛科 Heteropodidae

钩巨蟹蛛 *Heteropoda hamata* Fox

星巨蟹蛛 *Heteropoda stellata* Schenkel

岷山巨蟹蛛 *Sinoposa minshchana* (Schenkel)

拟扁蛛科 Selenopidae

豫拟扁蛛 *Selenops henanensis* Zhu et Mao

蟹蛛科 Thomisidae

黑革蛛 *Coriarachne melancholica* Simon

长毛蟹蛛 *Heriaeus oblongus* Simon

梅氏毛蟹蛛 *Heriaeus mellotteei* Simon

三突花蛛 *Misumenops tricuspidatus* (Fabricius)

冲绳绿蟹蛛 *Oxytate hoshizuna* Ono

圆花叶蛛 *Synaema globosum* (Fabricius)

胡氏蟹蛛 *Thomisus hui* Song et Zhu

角红蟹蛛 *Thomisus labefactus* Karsch

角突峭腹蛛 *Tmarus piger* (Walckenaer)

波纹花蟹蛛 *Xysticus croceus* Fox

鞍形花蟹蛛 *Xysticus ephippiatus* Simon

逍遥蛛科 Philodromidae

白色逍遥蛛 *Philodromus cespitum* (Walckenaer)

蚁狼逍遥蛛 *Thanatus formicinus* (Clerck)

娇长逍遥蛛 *Tibellus tenellus* (L. Koch)

跳蛛科 Salticidae

黄线跳蛛 *Carrhotus xonthogramma* (Latreille)

暗色追蛛 *Dendryphantes atraus* (Karsch)

波氏闪蛛 *Heliophanus potanini* Schenkel

前斑蛛 *Euophrys frontalis* (Walckenaer)

白斑猎蛛 *Evarcha albaria* (L. Koch)

多色金蝉蛛 *Phintella versicoror* (C. L. Koch)

波氏黑灰蛛 *Phlegra potanini* Schenkel

盘触蝇虎 *Plexippus discifer* Schenkel

黑色蝇虎 *Plexippus paykulli* (Audouin)

条纹蝇虎 *Plexippus setipes* Karsch

指状拟蝇虎 *Plexippoides digitutus* Peng et Li

小类蝇虎 *Plexippoides regius* Wesolowska

银宽胸蝇虎 *Rhene argentata* Wesolowska

大卫士长蛛 *Tasa davidi* (Schenkel)

蓝翠蛛 *Silerella cupreus* Simon

附录5 河南洛阳熊耳山省级自然保护区大型真菌名录

麦角菌科 Clavicipitaceae

蛹虫草（蛹草）*Cordyceps militaris* Link.

马鞍菌科 Helvellaceae

皱柄白马鞍菌（皱马鞍菌）*Helvella crispa* Fr.

棱柄马鞍菌（多洼马鞍菌）*Helvella lacunosa* Afz，Fr.

赭鹿花菌（赭马鞍菌）*Gyromitra infula* Quèl. Helvella infula Schaeff. Fr.

红毛盘菌（盾盘菌）*Scutellinia scutellata* Lamb.

地舌菌科 Geoglossaceae

凋萎锤舌菌（黄柄胶地锤）*Leotia marcida* Pers.

毛舌菌 *Trichoglossum hirsutum* Boud.

核盘菌科 Sclerotiniaceae

核盘菌 *Sclerotinia sclerotiorum*（Lib.）de Bary

胶陀螺（猪嘴蘑、木海螺）*Bulgaria inquinans* Fr.

银耳科 Tremellaceae

焰耳（胶勺）*Phlogiotis helvelloides* Martin

茶色银耳（血耳、茶银耳）*Tremella foliacea* Pers，Fr.

橙黄银耳（金耳、亚橙耳）*Tremella lutescens* Fr.

金黄银耳（黄木耳、黄金银耳）*Tremella mesenterica* Retz，Fr.

花耳科 Dacrymycetaceae

角状胶角耳（胶角菌）*Calocera cornea* Fr.

胶皱孔菌（胶质干朽菌）*Merulius tremellusus* Schrad，Fr.

韧革菌科 Stereaceae

扁韧革菌 *Stereum ostrea* Fr. Stereum fasciatum Fr. T.

头花状革菌 *Thelephora anthocephala* Fr.

多瓣革菌 *Thelephora multipartita* Schw.

珊瑚菌科 Clavariaceae

帚状羽瑚菌 *Pterula penicellata* Lloyd.

扁珊瑚菌 *Clavaria gibbsiae* Ramsb.

虫形珊瑚菌（豆芽菌）*Clavaria vermicularis* Fr.

金赤拟锁瑚菌（红豆芽菌）*Clavulinopsis aurantio-cinnabarina*

冠锁瑚菌（仙树菌）*Clavulina cristata* Schroet.

皱锁瑚菌（秃仙树菌）*Clavulina rugosa* Schroet.

小冠瑚菌 *Clavicorona colensoi* Corner

变绿枝瑚菌（绿丛枝菌、冷杉枝瑚菌）*Ramaria abietina* Quèl.

疣孢黄枝瑚菌（黄枝瑚菌）*Ramaria flava* Quèl.

粉红枝瑚菌（粉红丛枝菌）*Ramaria formosa* Quèl.

暗灰枝瑚菌（暗灰丛枝菌）*Ramaria fumigata* Corner

偏白枝瑚菌（白丛枝菌）*Ramaria secunda* Corner

密枝瑚菌（枝瑚菌、密丛枝）*Ramaria stricta* Quèl.

小刺猴头菌 *Hericium caput-medusae* Pers.

珊瑚状猴头菌 *Hericium coralloides* Pers., Gray.

猴头菌（猴头蘑、刺猬菌）*Hercium erinaceus* Pers.

齿菌科 Hydnaceae

卷须齿耳菌（肉齿耳）*Steccherinum cirrhatum* Teng

耳匙菌 *Auriscalpium vulgare* S. F. Gray

遂缘裂齿菌 *Odontia fimbriata* Pers, Fr.

翘鳞肉齿菌（獐子菌、獐头菌）*Sercodon imbricatum* Karst.

杯形丽齿菌（灰薄栓齿菌）*Calodon cyathiforme* Quèl.

钹孔菌（多年生集毛菌）*Coltricia perennis* Murr.

贝状木层孔菌（针贝针孔菌）*Phellinus conchatus* Quèl.

火木层孔菌（针层孔菌、桑黄）*Phellinus igniarius* Quèl.

八角生木层孔菌（蛋白针层孔、黄缘针层孔）*Phellinus illicicola* Teng

裂蹄木层孔菌 *Phellinus linteus* (Berk. et Cart.) Teng

忍冬木层孔菌 *Phellinus lonicerinus* (Bond) Bond et Sing.

毛韧革菌（毛栓菌）*Stereum hirsutum* S. F. Gray

多孔菌科 Polyporaceae

猪苓（猪粪菌、猪灵芝）*Grifola umbellata* Pilat.

大孔菌（棱孔菌）*Favolus alveolaris* Quèl. P

漏斗大孔菌（漏斗棱孔菌）*Favolus arcularius* Ames.

宽鳞大孔菌（宽鳞棱孔）*Favolus squamosus* Ames.

冠突多孔菌（毛地花）*Polyporus cristatus* Fr.

青柄多孔菌（褐多孔菌）*Polyporus picipes* Fr.

多孔菌（多变拟多孔菌）*Polyporus varius* Karst.

拟多孔菌 *Polyporellus brumalis* Karst.

茯苓（松茯苓、茯灵、茯兔）*Poria cocos* Wolf.

褐黏褶菌 *Gloeophyllum subferrugineum* (Berk.) Bond. et Sing.

裂蹄木层孔菌（裂蹄针层孔菌、针裂蹄、裂蹄木层孔）*Phellinus linteus* Teng

杨锐孔菌（囊层菌）*Oxyporus populinus* Donk. Fomes *populinus* Cke.

蹄形干酪菌 *Tyromyces lacteus* Murr.

疣面革褶菌 *Lenzites acuta* Berk. *Trametes acuta* Imaz.

宽褶革褶菌（宽褶革裥菌）*Lenzites platyphylla* Lev.

冷杉囊孔菌（冷杉黏褶菌）*Hirschioporus abietinus* Dank

长毛囊孔菌 *Hirschioporus versatilis* Imaz.

烟管菌（烟色多孔菌、黑管菌）*Bjerkandera adusta* Karst.

毛带褐薄芝（粗壁孢革盖菌、毛芝）*Coriolus fibula* Quèl.

单色云芝（齿毛芝、单色革盖菌）*Coriolus unicolor* Pat.

偏肿栓菌（短孔栓菌）*Trametes gibbosa* Fr. *Daedalea gibbosa* Pers, Fr.

灰栓菌 *Trametes griseo-dura* Teng

东方栓菌（灰带栓菌、东方云芝）*Trametes orientalis* Imaz.

紫椴栓菌（密孔菌、皂角菌）*Trametes palisoti* Imaz. *Daedalea palisoti* Fr.

血红栓菌（红栓菌小孔变种、朱血菌）

Trametes sanguinea Lloyd

赭肉色栓菌 *Trametes insularis* Murr.

白肉迷孔菌科 Fomitopsidaceae

木蹄层孔菌（木蹄）*Fomes fomentarius* Kick. *Polyporus fomentarius* L，Fr. *Pyrpolyporus fomentarius* Teng

牛肝菌科 Boletaceae

亚绒盖牛肝菌（绒盖牛肝菌）*Xerocomus subtomentosus* Quèl.

黄粉牛肝菌（黄肚菌、黄粉末牛肝菌）*Pulveroboletus ravenelii* Murr.

黏盖牛肝菌（黏盖牛肝、乳牛肝菌）*Suillus bovinus* O. Kuntze

橙黄黏盖牛肝菌（黄乳牛肝菌）*Suillus flavaus* Sing.

皱盖疣柄牛肝菌（虎皮牛肝）*Leccinum rugosiceps* Sing.

褐疣柄牛肝菌 *Leccinum scabrum* Gray

苦粉孢牛肝菌（老苦菌、闹马肝）*Tylopilus felleus* Karst

红网牛肝菌（褐黄牛肝菌）*Boletus luridus* Schaeff. Fr.

紫红牛肝菌 *Boletus purpureus* Fr.

削脚牛肝菌（红脚牛肝）*Boletus queletii* Schulz.

蜡伞科 Hygrophoraceae

变黑蜡伞 *Hygrophorus conicus* Fr.

小红湿伞（朱红蜡伞、小红蜡伞）*Hygrophorus miniatus* Fr. *Hygrocybe miniatus* Kumm.

大杯伞（大漏斗菌）*Clitocybe maxima*（Gartn. et Mey，Fr.）Quèl.

赭杯伞 *Clitocyb sinopica* Gill.

白蘑科 Tricholomataceae

香菇（香蕈、椎茸、香信、冬菰）*Lentinus edodes* Sing.

白环黏奥德蘑（白环蕈、黏小奥德蘑）*Oudenmansiella mucida* Hohnel

紫晶蜡蘑（假花脸蘑、紫皮条菌）*Laccaria amethystea*（Bull，Gray）Murr.

Omphalia amethystea Gray Clitocybe *amethystea* Bull：Gray

灰离褶伞（块根蘑）*Lyophyllum cinerascens* Konr. et Maubl.

黄干脐菇（钟形脐菇）*Xeromphalina campanella*. Kuhn. et Maire

脐顶小皮伞（脐顶皮伞）*Marasmius chordalis* Fr.

丛生斜盖伞（密簇斜盖伞）*Clitopilus caespitosus* Pk.

栎小皮伞（栎金钱菌、嗜栎金钱菌）*Marasmius dryophilus*（Bolt.）

红柄小皮伞 *Marasmius erythropus* Fr.

琥珀小皮伞 *Marasmius siccus* Fr.

斜盖粉褶菌（角孢斜盖伞）*Rhodophyllus abortivus* Sing.

Entoloma abortivum Donk. *Clitopilus abortivus* Sacc.

晶盖粉褶菌（红质赤褶菇）*Rhodophyllus clypeatus* Quèl.

毒粉褶菌（土生红褶菌）*Rhodophyllus sinuatus* Pat.

鹅膏菌科 Amanitaceae

白橙盖鹅膏菌（橙盖伞白色变种）*Amonita caesarea* Pers，Schw. var. *alba* Gill.

橙黄鹅膏菌（柠檬黄伞）*Amanita citrina* Pers.

块鳞青鹅膏菌（青鹅膏、块鳞青毒伞）*Amanita excelsa* Quèl.

黄盖鹅膏菌（黄盖鹅膏、黄盖伞、白柄黄盖伞）*Amanita gemmata* Gill.

毒鹅膏菌（绿帽菌、鬼笔鹅膏、毒伞）*Amanita phalloides* Secr.

纹缘鹅膏菌（纹缘毒伞、条缘鹅膏菌）*Amanita spreta* Sacc.

鳞柄白毒鹅膏菌（鳞柄白毒伞）*Amanita*

virosa Lam，Fr.

蘑菇科 Agaricaceae

锐鳞环柄菇（尖鳞环柄菇、红环柄菇）*Lepiota acutesquamosa* Gill.

细环柄菇（盾形环柄菇）*Lepiota clypeolaria* Quèl.

冠状环柄菇（小环柄菇）*Lepiota cristata* Quèl.

淡紫环柄菇 *Lepiota lilacea* Bers.

双环林地蘑菇（扁圆盘伞菌、双环菇）*Agaricus placomyces* Peck

皱皮蜜环菌（皱盖囊皮菌）*Armillariella armianthina* Kauffm.

林地蘑菇（林地伞菌）*Agaricus silvaticus* Schaeff. Fr.

粪锈伞（粪伞菌、狗尿苔）*Bolbitius vitellinus* Fr.

黑伞科 Agaicaceae

大孢花褶伞（蝶形斑褶菇）*Panaeolus papilionaceus* Quèl.

球盖菇科 Strophariaceae

齿环球盖菇（冠状球盖菇）*Stropharia coronilla* Quèl.

橙环锈伞（橙鳞伞）*Pholiota junonia* Karst.

黄伞（柳蘑、多脂鳞伞）*Pholiota adiposa* Quèl.

丝膜菌科 Lortinariaceae

米黄丝膜菌（多形丝膜菌）*Cortinarius multiformis* Fr.

紫丝膜菌（紫色丝膜菌）*Cortinarius purpurascens* Fr.

黄丝膜菌 *Cortinarius turmalis* Fr.

绿褐裸伞（铜绿菌）*Gymnopilus aeruginosus* Sing.

褐丝盖伞 *Inocybe brunnea* Quèl.

黄丝盖伞（黄毛锈伞）*Inocybe fastigiata* Fr.

淡紫丝盖伞 *Inocybe lilacina* Kauffm.

茶褐丝盖伞（茶色毛锈伞）*Inocybe umbrinella* Bres.

黄盖丝膜菌（侧丝膜菌）*Cortinarius latus* Fr.

芜菁状丝膜菌 *Cortinarius rapaceus* Fr.

锈色丝膜菌 *Cortinarius subferrugineus* Fr.

橘黄裸伞（红环锈伞、大笑菌）*Gymnopilus spectabilis* Sing.

星孢丝盖伞（星孢毛锈伞）*Inocybe asterospora* Quèl.

白绒鬼伞（绒鬼伞）*Coprinus lagopus* Fr.

毡毛小脆柄菇（疣孢花边伞）*Psathyrella velutina* Sing.

黄茸锈耳（鳞锈耳、黄茸靴耳）*Crepidotus fulvotomentosus* Peck

卷边网褶菌（卷边桩菇）*Paxillus involutu* Fr.

铆钉菇科 Gomphidiaceae

血红铆钉菇（红肉蘑、铆钉菇）*Gomphidius rutilus* Land. et Nannf.

笼头菌科 Clathraceae

佛手菌（爪哇尾花菌）*Anthurus javanicus* Cunn.

鬼笔科 Phallaceae

蛇头菌 *Mutinus caninus* *Phallus caninus* Huds

地星科 Geastraceae

毛咀地星 *Geastrum fimbriatum* Fischer

尖顶地星 *Geastrum triplex* Fisch.

马勃菌科 Lycoperdales

粗皮马勃 *Lycoperdon asperum* de Toni

褐皮马勃（裸皮马勃）*Lycoperdon fuscum* Bon.

梨形马勃（梨形灰包）*Lycoperdon pyriforme* Schaeff. Pers.

白刺马勃 *Lycoperdon wrightii* Berk. et Curt.

鸟巢菌科 Nidulariales

隆纹黑蛋巢菌 *Cyathus striatus* Willd,

Pers.

黑腹菌（含糊黑腹菌）*Melanogaster ambignus*（Vitt.）Tul.

硬皮马勃科 Sclerodermataceae

光硬皮马勃 *Scleroderma cepa* Pers.

橙黄硬皮马勃 *Scleroderma citrinum* Pers.

疣硬皮马勃（灰疣硬皮马勃）*Sclerodema verrucosum* Pers.

侧耳科 Agaricales

红柄香菇（红柄斗菇）*Lentinus haematopus* Berk.

毛革耳 *Panus setiger* Teng

勺状亚侧耳（花瓣亚侧耳）*Hohenbuehelia petaloides* Schulz.

红菇科 Russulaceae

黄斑绿菇（黄斑红菰、壳状红菇）*Russula crustosa* Peck

粉黄红菇（矮狮红菇）*Russula chamaeleontina* Fr.

小白菇（白红菇）*Russula albida* Peck

黑紫红菇 *Russula atropurpurea*（Krombh.）Britz.

红斑黄菇 *Russula aurata* Fr.

花盖菇（蓝黄红菇）*Russula cyanoxantha* Schaeff. Fr.

密褶黑菇（小叶火炭菇）*Russula densifolia* Gill.

紫红菇（紫菌子）*Russula depalleus* Fr.

粘绿红菇（叉褶红菇）*Russula furcata* Fr.

绵粒黄菇（绵粒红菇）*Russula granulata* Peck

叶绿红菇（异褶红菇）*Russula heterophylla* Fr.

红菇（美丽红菇、鳞盖红菇）*Russula lepida* Fr.

绒紫红菇（月季红菇）*Russula mairei* Sing.

黄红菇（黄菇）*Russula lutea*（Huds.）Fr.

赭盖红菇（厚皮红菇）*Russula mustelina* Fr. *Russula elephatina* Fr.

篦边红菇（篦形红菇）*Russula pectinata* Fr.

紫薇红菇（美红菇）*Russula puellaris* Fr.

玫瑰红菇 *Russula rosacea* Gray em. Fr.

绿菇（青脸菌、变绿红菇、青头菌）*Russula virescens* Fr.

血红菇 *Russula sanguinea* Fr.

毛头乳菇（疝疼乳菇）*Lactarius torminosus* Gray

多汁乳菇（红奶浆菌）*Lactarius volemus* Fr.

稀褶乳菇（湿乳菇）*Lactarius hygrophoroides* Berk. et Curt.

苦乳菇 *Lactarius hysginus* Fr.

苍白乳菇 *Lactarius pallidus* Fr.

红褐乳菇（红乳菇）*Lactarius rufus* Fr.

窝柄黄乳菇（黄乳菇）*Lactarius scrobiculatus* Fr.

一、景　观

雄浑熊耳山

花果山下

群贤毕至

石门天开

花果山飞来石

全宝山迎客松

二、植被类型

落叶松林

落叶阔叶林

栓皮栎林

短柄枹栎林

槲栎林

茅栗林

漆树林

鹅耳枥林

水杉林

三、珍稀植物

白皮松

蝟实

秦岭冷杉

太平花

连香树

香果树

血皮槭

鸡麻

桦叶荚蒾

接骨木

盘叶忍冬

杜鹃

猕猴桃

薄皮木

水团花

忍冬

杭子梢

荚果蕨

竹节参

白头翁

耧斗菜

浅裂剪秋罗

苦马豆

大山黧豆

睫毛凤仙花

水金凤

獐牙菜

蓝盆花

风铃草

山牛蒡

橐吾属

山丹

萱草

灯台莲

四、培训考察

保护区野生植物调查培训

培训学员合影

考察-1

考察-2

考察-3

考察-4

考察-5

考察-6

考察-7

考察-8

五、基本图件

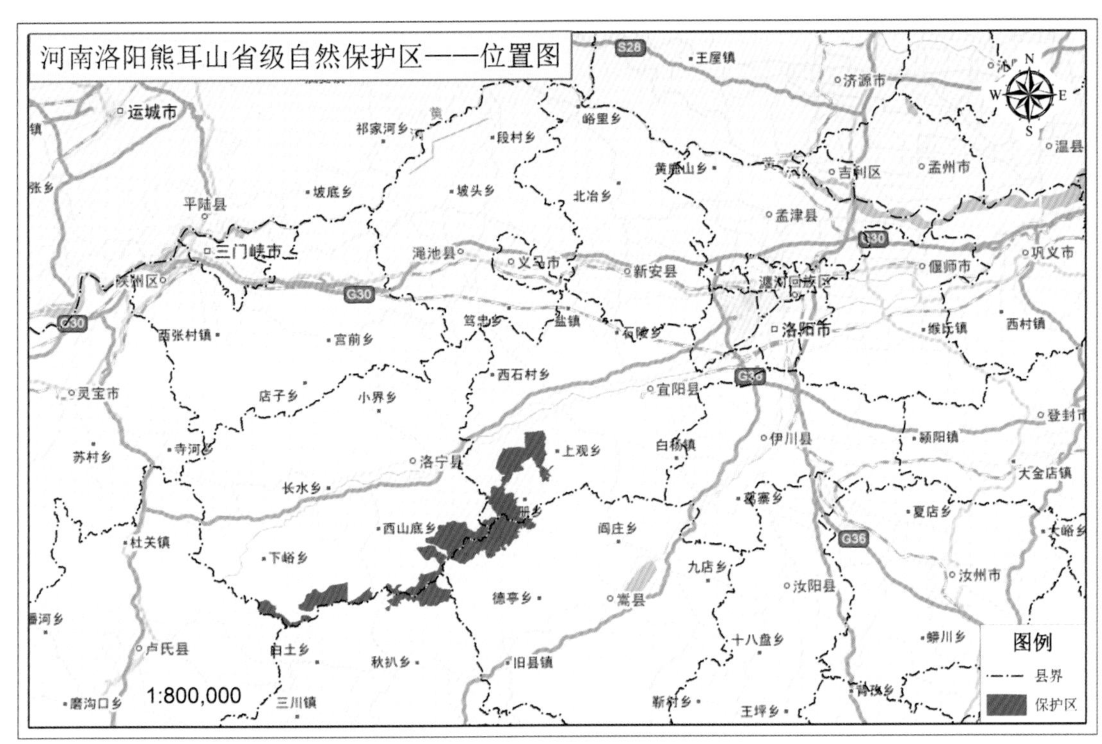

位置图

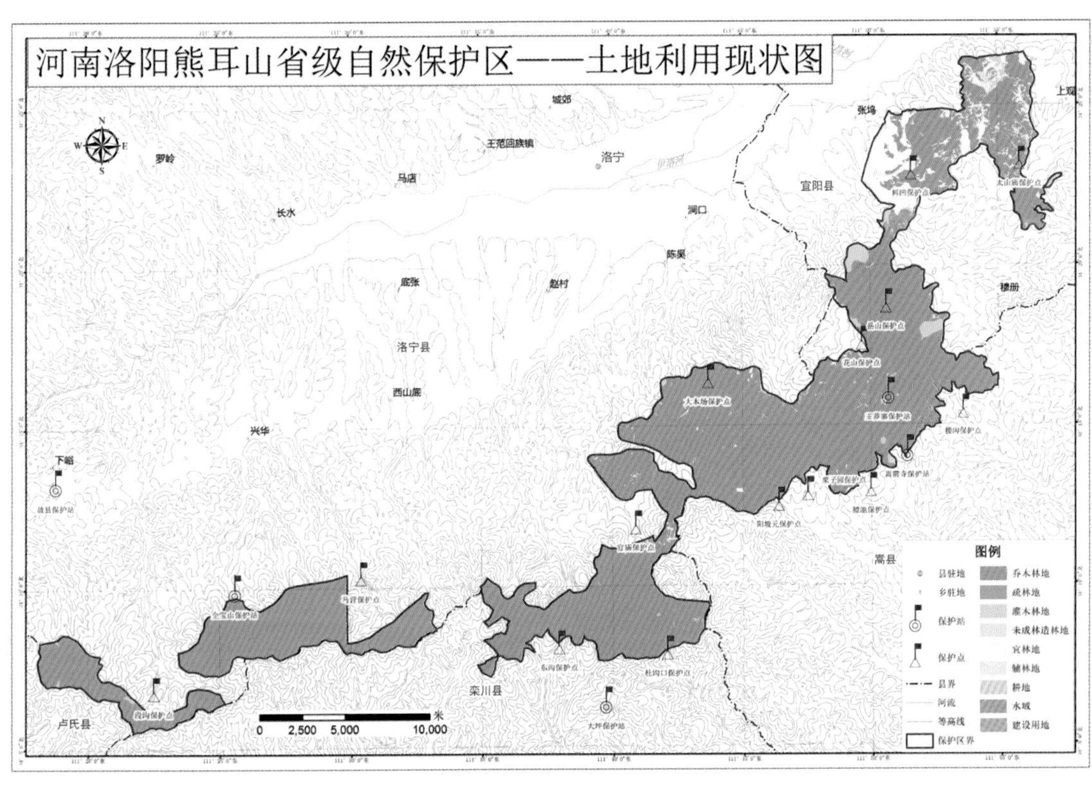

土地利用现状图

河南洛阳熊耳山省级自然保护区——地形图

三乡
郑卢高速
安虎线
上观
城郊
张坞
王范回族镇
八官线
洛宁
罗岭
马店
宜阳县
料凹保护点
太山庙保护点
长水
涧口
陈吴
底张
赵村
穆册
岳山保护点
洛宁县
S249
花山保护点
大木场保护点
西山底
工菲寨保护站
楼沟保护点
兴华
下峪
嵩前寺保护站
栗子园保护点
鳔池保护点
故县保护站
阳坡元保护点
官庙保护点
嵩县
马营保护点
全宝山保护站
东沟保护点
杜沟口保护点
栾川县
段沟保护点
卢氏县
大坪保护站

图例
县驻地
乡驻地
保护站
保护点
县界
河流
铁路
高速
国道
省道
等高线
保护区界

0 2,500 5,000 10,000 米

地形图

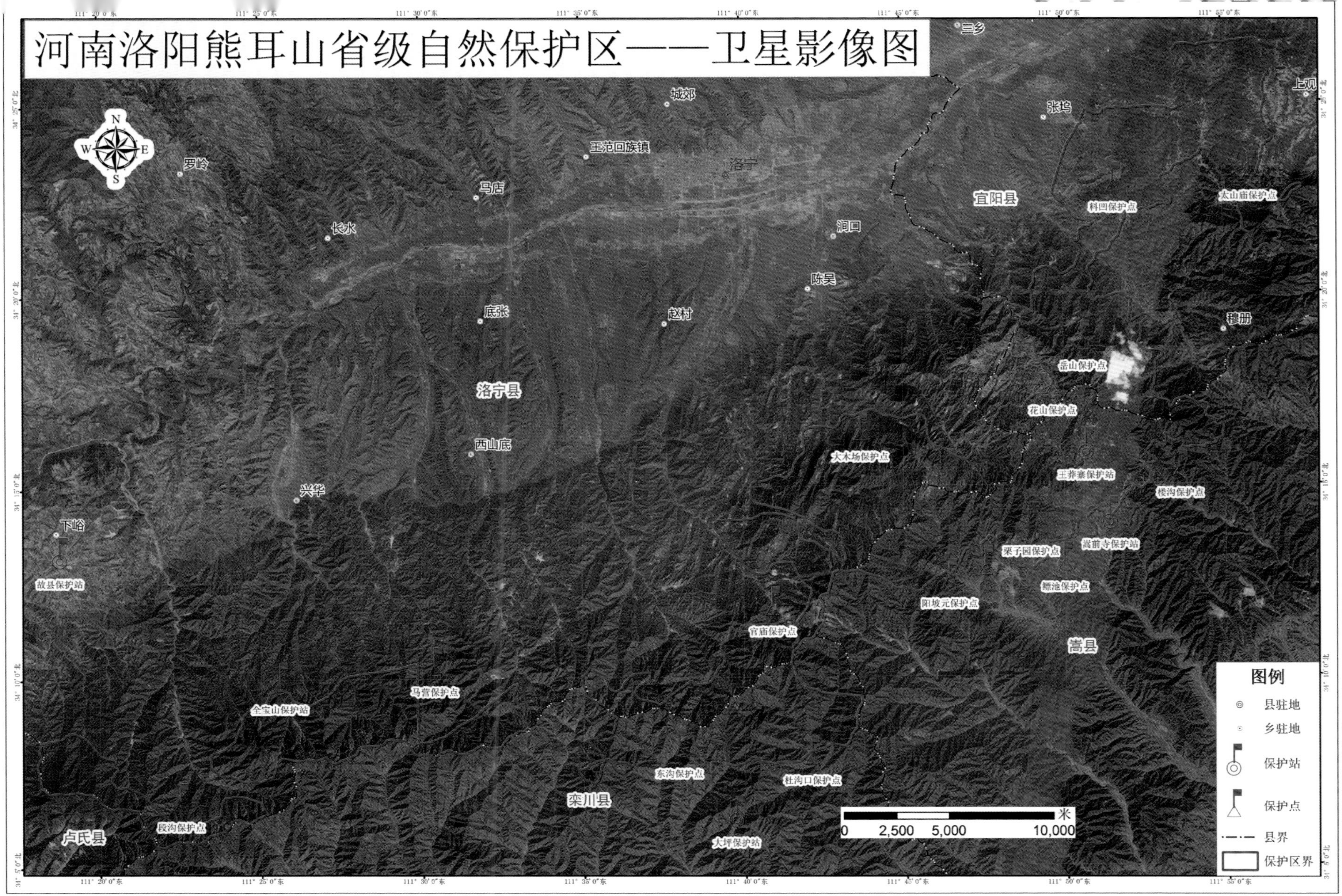

河南洛阳熊耳山省级自然保护区——卫星影像图

卫星影像图

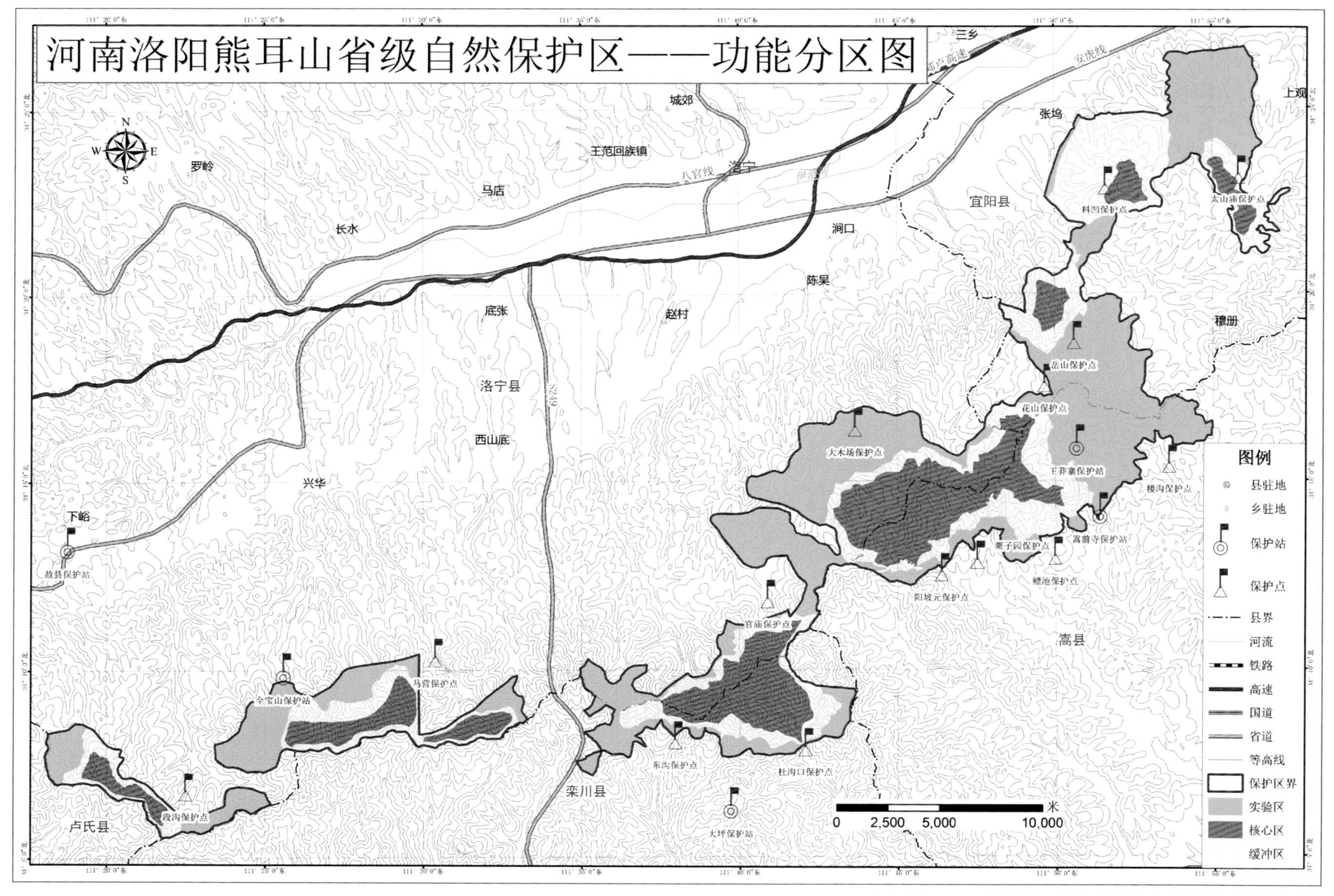

河南洛阳熊耳山省级自然保护区——功能分区图
图例
县驻地
乡驻地
保护站
保护点
县界
河流
铁路
高速
国道
省道
等高线
保护区界
实验区
核心区
缓冲区
0 2,500 5,000 10,000 米
上观
张坞
宜阳县
科凹保护点
太山庙保护点
城郊
王范回族镇
洛宁
罗岭
马店
长水
洞口
陈吴
赵村
底张
洛宁县
西山底
兴华
下峪
故县保护站
穆册
岳山保护点
花山保护点
王莽寨保护站
大木场保护点
楼沟保护点
嵩前寺保护站
栗子园保护点
鳔池保护点
阳坡元保护点
嵩县
官庙保护点
东沟保护点
杜沟口保护点
大坪保护站
栾川县
全宝山保护站
马营保护点
段沟保护点
卢氏县
S249
八官线
安虎线
三乡

功能分区图

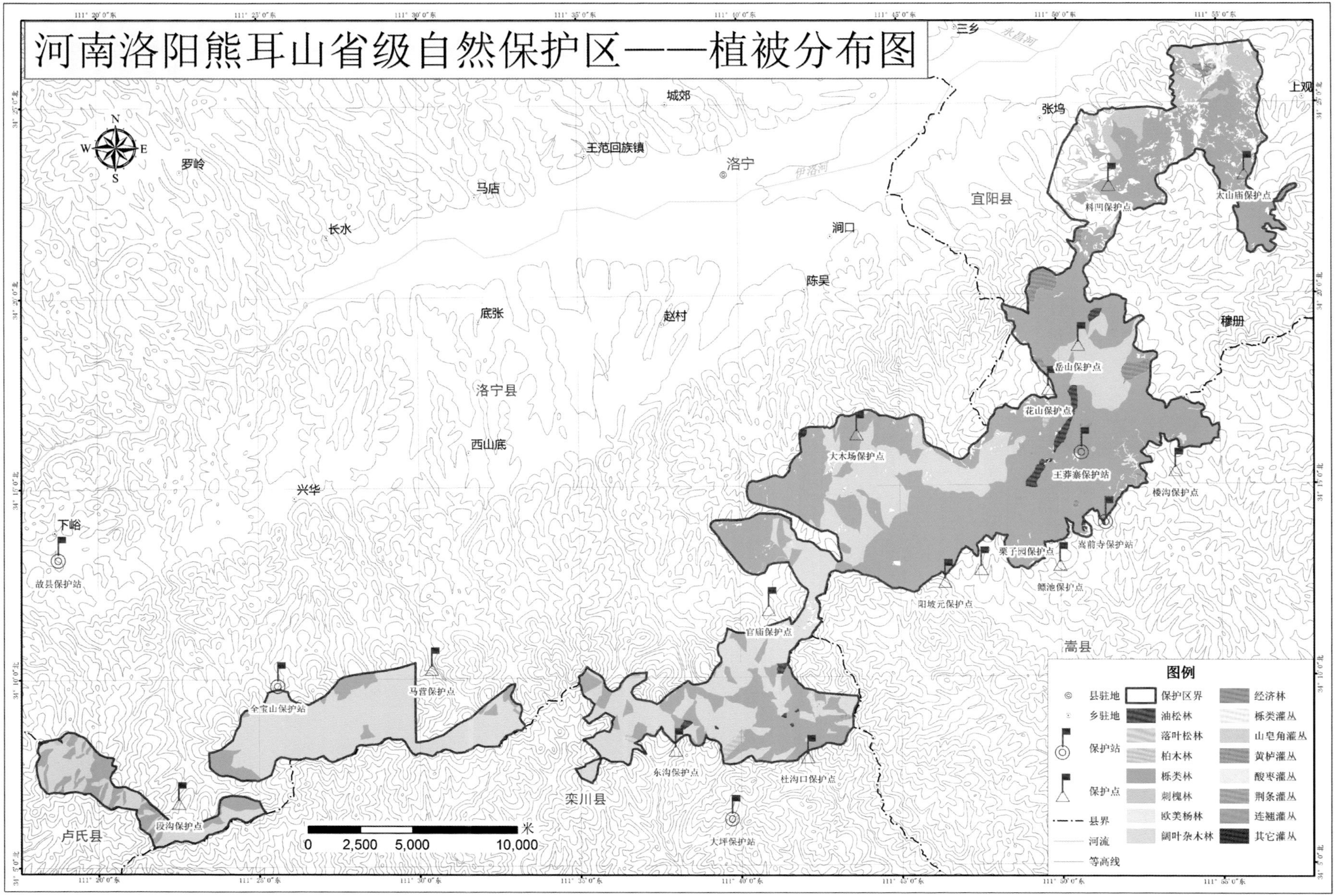

河南洛阳熊耳山省级自然保护区——植被分布图
三乡
永昌河
城郊
上观
张坞
王范回族镇
洛宁
伊洛河
罗岭
马店
宜阳县
料凹保护点
太山庙保护点
长水
涧口
陈吴
底张
赵村
穆册
岳山保护点
洛宁县
花山保护点
西山底
大木场保护点
王莽寨保护站
兴华
楼沟保护点
下峪
嵩前寺保护站
栗子园保护点
故县保护站
鳖池保护点
阳坡元保护点
官庙保护点
嵩县
马营保护点
全宝山保护站
东沟保护点
杜沟口保护点
段沟保护点
栾川县
卢氏县
大坪保护站
0 2,500 5,000 10,000 米
图例
县驻地
乡驻地
保护站
保护点
县界
河流
等高线
保护区界
油松林
落叶松林
柏木林
栎类林
刺槐林
欧美杨林
阔叶杂木林
经济林
栎类灌丛
山皂角灌丛
黄栌灌丛
酸枣灌丛
荆条灌丛
连翘灌丛
其它灌丛

植被分布图

河南洛阳熊耳山省级自然保护区——重点保护物种分布图

城郊
王范回族镇
洛宁
伊洛河
罗岭
马店
长水
涧口
陈吴
宜阳县
张坞
上观
穆册
底张
赵村
洛宁县
西山底
兴华
下峪
故县保护站
卢氏县
栾川县
料凹保护点
太山庙保护点
岳山保护点
花山保护点
大木场保护点
王莽寨保护站
楼沟保护点
嵩前寺保护站
栗子园保护点
鳖池保护点
阳坡元保护点
官庙保护点
杜沟口保护点
东沟保护点
大坪保护站
马营保护点
全宝山保护站
段沟保护点

0　2,500　5,000　10,000 米

图例

县驻地	秦岭冷杉	山白树	林麝	白尾鹞
乡驻地	大果青杆	华榛	大灵猫	游隼
保护站	连香树	青檀	小灵猫	红脚隼
保护点	水曲柳	天目木兰	鬣羚	灰林鸮
县界	黄檗	凹叶厚朴	狼	短耳鸮
河流	山核桃	刺五加	豺	雕鸮
等高线	领春木	延龄草	水獭	长耳鸮
保护区界	水青树	天麻	大鲵	黑鹳
银杏	山白树	独花兰	金雕	红腹锦鸡
	金钱槭	野大豆	苍鹰	勺鸡
	杜仲	狭叶瓶耳小草	雀鹰	
		金钱豹	松雀鹰	

重点保护物种分布图